实用模具设计与生产
应用手册

压 铸 模

SHIYONG MUJU SHEJI YU
SHENGCHAN YINGYONG SHOUCE
YAZHUMU

刘志明　编著

U0296726

化学工业出版社
·北京·

本书是编者在多年从事教学与生产一线工作的基础上编写的，是多年实践经验的总结。全书涵盖了压铸模具设计与生产技术方方面面的知识，详细地讲解了压铸合金和压铸工艺、压铸设备、压铸模具设计等内容，着重介绍了压铸新工艺与压铸模常用的国家标准。本书紧贴生产实际，涵盖丰富的图例，做到了从理论与实践两个方面进行细致深入的讲解。

　　主要内容包括：压铸合金和压铸工艺；压铸机设备；压铸模分型面与浇注系统；压铸模结构设计；压铸新工艺及其模具；压铸模常用国家标准；常用压铸模材料；压铸模实用图例等。

　　手册中编入的压铸模设计与生产应用技术资料、数据，翔实可靠，实用性强，可供从事压铸模设计、生产管理人员使用，也可供相关专业院校的师生参考。

图书在版编目（CIP）数据

实用模具设计与生产应用手册. 压铸模/刘志明编著.
—北京：化学工业出版社，2019.4
ISBN 978-7-122-33909-6

Ⅰ.①实… Ⅱ.①刘… Ⅲ.①模具-设计-手册②压铸模-设计　Ⅳ.①TG762-62

中国版本图书馆 CIP 数据核字（2019）第 029711 号

责任编辑：张兴辉　金林茹　　　　　　　　　文字编辑：陈　喆
责任校对：张雨彤　　　　　　　　　　　　　装帧设计：王晓宇

出版发行：化学工业出版社（北京市东城区青年湖南街 13 号　邮政编码 100011）
印　　刷：三河市延风印装有限公司
装　　订：三河市宇新装订厂
787mm×1092mm　1/16　印张 19½　字数 522 千字　2019 年 7 月北京第 1 版第 1 次印刷

购书咨询：010-64518888　　　　　　　　　售后服务：010-64518899
网　　址：http://www.cip.com.cn
凡购买本书，如有缺损质量问题，本社销售中心负责调换。

定　　价：98.00 元

前言
PREFACE

金属产品尤其是有色金属产品中的立体成型零件离不开浇注，在现代成型的先进技术中首选是压铸成型工艺。 金属模具压铸技术是现代机械制造业无切削加工的先进工艺技术。随着金属压铸技术不断发展，新的压铸工艺技术也不断地出现并趋于完善。 压铸成型模具也成为模具现代工业生产中的重要工艺装备。 随着现代化工业的高速发展，压铸成型模具在航空、航天、航海、电子、汽车等行业的应用越来越广泛，在国民经济发展中起着非常重要的作用。

现代工业制造业中的机械产品铸造成型工艺技术离不开模具成型技术。 模具既是一种先进的工艺手段，又是机械制造业中促进经济发展的高效产业。

模具是制造业的基础工艺装备，被称为"制造业之母"。 由于模具的技术水平在很大程度上决定着产品的质量、新产品的开发能力和企业的经济效益，因此模具生产技术水平的高低已成为衡量一个国家产品制造水平高低的重要标志。 模具的应用范围十分广泛，其所涉及的行业产品中，60% ~ 80% 的零部件都要依靠模具成型。 另外模具还是"效益放大器"，用模具生产的最终产品的价值已超出模具自身价值的几十倍甚至上百倍。

模具设计是一项较为复杂的工程，模具的门类品种繁多，又是单一品种生产，使模具设计较为繁重。 设计中所涉及的知识及相关的技术资料也较广。 金属压铸模具所涉及的不仅是有色金属产品，而且也应用于黑色金属的压铸成型技术。 对模具专业设计人员来说，无论是初涉还是资深者，其知识与经验都是有限的。 在应用技术上必须借助相关资料及经验才能完成一项模具设计，而且有些模具可能还需经过多次试验才能投入实际生产。

本书将模具设计中相关的基础理论和实践经验相结合，较为详细地介绍了压铸成型技术中相关金属材料的成型工艺性能，压铸模具的结构设计，压铸成型的金属液与模具温度的控制，压铸成型使用的机械与液压机械设备的合理选用等。

本书是作者基于多年从事模具设计的实践编写的，内容丰富、简明、实用、图文并茂、重点突出，力求使读者易懂、便捷查阅的设计资料。

由于作者专业知识水平有限，书中难免有不足之处，敬请读者批评指正。

编著者
于宁波

目录
Contents

第1章
压铸合金和压铸工艺

1.1 压铸合金

1.1.1 对压铸合金的要求

压铸件所用的材料，对压铸模的性能影响较大。压铸合金不仅应具有较好的力学性能和尺寸精度的稳定性，而且在压铸成型过程中，压铸合金是在高温下的流动成型，因此，对压铸合金有如下要求。

① 在过热温度较低时，液态流动性好，能顺利充填复杂型腔，铸件获得良好的表面质量。

② 收缩率和热裂倾向性小。在压铸过程中，以避免铸件在冷却凝固过程中产生变形及裂纹，并获得较好的尺寸精度。

③ 结晶温度范围要小。防止铸件产生过多的缩孔和组织疏松。

④ 在常温下应具有较高的强度，以适应大型薄壁复杂铸件的生产需要。

⑤ 合金对模具型腔壁间产生物理、化学作用的倾向性小，以减少粘模或相互熔蚀及磨损的倾向。

⑥ 应具有良好的机械加工性能和一定的抗腐蚀性。

⑦ 压铸合金应有较低的熔点，以利于延长压铸模的使用寿命。

1.1.2 常用压铸合金的特点

① 铝合金 它具有密度较小，比强度高；在高温与常用温下都具有良好的力学性能，其冲击韧性也很好；具有较好的导电性和导热性以及较好切削性能；具有良好的压铸性能和较好的表面粗糙度及较小的热裂性。但其体积收缩率较大，铸件在最后凝固处易形成较大的集中缩孔。同时对模具有一定的黏附性，在脱模时，易产生黏附现象。

② 锌合金 具有较好的压铸性能，流动性较好，可压铸形状复杂的薄壁铸件；它的结晶温度范围小，易于成型，不易粘模，易于脱模；由于浇铸温度较低，压铸模使用寿命较

长；收缩率较小，压铸件尺寸精度较高；压铸合金的综合力学性能较高，特别是抗压和耐磨性较好；但密度大，易老化，抗腐蚀性不强，其应用范围在一定程度上有所限制。

③镁合金　密度最小，比强度较高，在低温下力学性能较好，能承受冲击载荷，在浇注温度下，流动性较好，铸件尺寸稳定，切削加工性能好。但铸件易产生缩松和热裂现象，在大气潮湿条件下耐蚀性较差，由于镁易燃烧，镁液遇水会引起剧烈作用而导致爆炸，而且镁粉尘也易自行燃烧而引起爆炸，故在镁合金生产中应采取必要的安全措施。

④铜合金　它的密度较大，熔点也高，导热性、导电性好，并具有抗磁性能、耐磨性好、耐蚀性强，气密性也较好，压铸时充填成型性较好，可以压铸薄壁的零件。

1.1.3　常用压铸合金的种类

（1）压铸铝合金

1）压铸铝合金和铝合金压铸件的化学成分和力学性能及应用范围见表1-1～表1-5。

表 1-1　压铸铝合金的化学成分（GB/T 15115—2009）

序号	合金牌号	合金代号	化学成分(质量分数)/%									
			Si	Cu	Mn	Mg	Fe	Ni	Ti	Zn	Pb	Sn	Al
1	YZAlSi10Mg	YL101	9.0~10.0	≤0.6	≤0.35	0.45~0.65	≤1.0	≤0.5	—	≤0.40	≤0.10	≤0.15	
2	YZAlSi12	YL102	10.0~13.0	≤1.0	≤0.35	≤0.10	≤1.0	≤0.5	—	≤0.4	≤0.10	≤0.15	
3	YZAlSi10	YL104	8.0~10.5	≤0.3	0.2~0.5	0.30~0.50	0.50~0.80	≤1.0	—	≤0.3	≤0.05	≤0.01	
4	YZAlSi9Cu4	YL112	7.5~9.5	3.0~4.0	≤0.5	≤0.10	≤1.0	≤0.5	—	≤2.9	≤0.10	≤0.15	其余
5	YZAlSi11Cu3	YL113	9.5~11.5	2.0~3.0	≤0.5	≤0.10	≤1.0	≤0.30	—	≤2.90	≤0.1	—	
6	YZAlSi17Cu5Mg	YL117	16.0~18.0	4.0~5.0	≤0.5	0.50~0.70	≤1.0	≤0.10	≤0.2	≤1.4	≤1.0	—	
7	YZAlMg5Si1	YL302	≤0.35	≤0.25	≤0.35	7.6~8.6	≤1.1	≤0.15	—	≤1.5	≤1.0	≤1.5	

注：1. 除有范围的元素和铁为必检元素外，其余元素在有要求时抽检。

2. 在合金牌号前面冠以字母"YZ"，即"Y"和"Z"分别为"压"和"铸"两字汉语拼音的第一个字母，表示为压铸合金；合金代号中"YL"，即"Y"和"L"分别为"压"和"铝"两字汉语拼音的第一个字母，表示压铸铝合金。YL后第一个数字1、2、3、4分别表示Al-Si、Al-Cu、Al-Mg、Al-Sn系列合金，代表合金的代号。YL后第二、三两个数字为顺序号。

表 1-2　压铸铝合金性能及其他特性

合金牌号	YZAlSi10Mg	YZAlSi12	YZAlSi10	YZAlSi9Cu4	YZAlSi11Cu3	YZAlSi17Cu5Mg	YZAlMg5Si1
合金代号	YL101	YL102	YL104	YL112	YL113	YL117	YL302
热裂性	1	1	1	2	1	4	5
致密性	2	1	2	2	2	4	5
充型能力	3	1	3	2	1	1	5
不粘型性	2	1	1	1	2	2	5
耐蚀性	2	2	1	4	3	3	1
加工性	3	4	3	3	2	5	1
抛光性	3	5	3	3	3	5	1
电镀性	2	3	2	1	2	3	5

续表

合金牌号	YZAlSi10Mg	YZAlSi12	YZAlSi10	YZAlSi9Cu4	YZAlSi11Cu3	YZAlSi17Cu5Mg	YZAlMg5Si1
阳极处理	3	5	3	3	3	5	1
氧化保护层	3	3	3	4	4	5	1
高温强度	1	3	1	3	2	3	4

注：1 表示最佳，5 表示最差。

表 1-3　压铸铝合金特点及应用举例

合金系	牌　号	代号	合金特点	应用举例
Al-Si 系	YZAlSi12	YL102	共晶铝硅合金。具有较好的抗热裂性能和很好的气密性，以及很好的流动性，不能热处理强化，抗拉强度低	用于承受低负荷、形状复杂的薄壁铸件，如各种仪表壳体、汽车机匣、牙科设备、活塞等
Al-Si-Mg 系	YZAlSi10Mg	YL101	亚共晶铝硅合金。较好的抗腐蚀性能，较高的冲击韧性和屈服强度，但铸造性能稍差	汽车车轮罩、摩托车曲轴箱、自行车车轮、船外机螺旋桨等
	YZAlSi10	YL104		
Al-Si-Cu 系	YZAlSi9Cu4	YL112	具有较好的铸造性能和力学性能，很好的流动性、气密性和抗热裂性，较好的力学性能、切削加工性、抛光性和铸造性能	常用于齿轮箱、空冷气缸头、发报机机座、割草机罩子、气动刹车、汽车发动机零件、摩托车缓冲器、发动机零件及箱体、农机具用箱体、缸盖和缸体、3C 产品壳体、电动工具、缝纫机零件、渔具、煤气用具、电梯零件等。YL112 典型用途为带轮、活塞和气缸头等
Al-Si-Cu 系	YZAlSi11Cu3	YL113	过共晶铝硅合金。具有特别好的流动性、中等的气密性和好的抗热裂性，特别是具有高的耐磨性和低的热膨胀系数	主要用于发动机机体，刹车块、带轮、泵和其他要求耐磨的零件
	YZAlSi17Cu5Mg	YL117		
Al-Mg 系	YZAlMg5Si1	YL302	耐蚀性强和冲击韧性高，伸长率差，铸造性能差	汽车变速器的油泵壳体、摩托车的衬垫和车架的联结器、农机具的连杆、船外机螺旋桨、钓鱼竿及卷线筒等零件

表 1-4　压铸铝合金力学性能

序号	合金牌号	合金代号	抗拉强度 R_m/MPa	伸长率 A/%（$L_0=50$）	布氏硬度（HBW）
1	YZAlSi10Mg	YL101	200	2	70
2	YZAlSi12	YL102	220	2	60
3	YZAlSi10	YL104	220	2	70
4	YZAlSi9Cu4	YL112	320	3.5	85
5	YZAlSi11Cu3	YL113	230	1	80
6	YZAlSi17Cu5Mg	YL117	220	<1	—
7	YZAlMg5Si1	YL302	220	2	70

注：表中未特殊说明的数值均为最小值。

表 1-5　铝合金压铸件的化学成分（GB/T 15114—2009）

序号	合金牌号	合金代号	化学成分（质量分数）/%										
			Si	Cu	Mn	Mg	Fe	Ni	Ti	Zn	Pb	Sn	Al
1	YZAlSi10Mg	YL101	9.0~10.0	≤0.6	≤0.35	0.40~0.60	≤1.3	≤0.5	—	≤0.50	≤0.10	≤0.15	其余

序号	合金牌号	合金代号	化学成分(质量分数)/%										
			Si	Cu	Mn	Mg	Fe	Ni	Ti	Zn	Pb	Sn	Al
2	YZAlSi12	YL102	10.0~13.0	≤1.0	≤0.35	≤0.10	≤1.3	≤0.5	—	≤0.5	≤0.10	≤0.15	其余
3	YZAlSi10	YL104	8.0~10.5	≤0.3	0.2~0.5	0.17~0.30	≤1.0	≤0.5	—	≤0.4	≤0.05	≤0.01	
4	YZAlSi9Cu4	YL112	7.5~9.5	3.0~4.0	≤0.5	≤0.10	≤1.3	≤0.5	—	≤3.0	≤0.10	≤0.15	
5	YZAlSi11Cu3	YL113	9.5~11.5	2.0~3.0	≤0.5	≤0.10	≤1.3	≤0.30	—	≤3.0	≤0.1	≤0.35	
6	YZAlSi17Cu5Mg	YL117	16.0~18.0	4.0~5.0	≤0.5	0.45~0.65	≤1.3	≤0.10	≤0.1	≤1.5	≤1.0	—	
7	YZAlMg5Si1	YL302	≤0.35	≤0.25	≤0.35	7.5~8.5	≤1.8	≤0.15		≤1.5	≤1.0	≤1.5	

注：除有范围的元素和铁为必检元素外，其余元素在有要求时抽检。

2）线性尺寸受分型面影响和模具活动部分影响时的附加量（增或减）见表1-6、表1-7。

表 1-6 线性尺寸受分型面影响时的附加量（增或减）

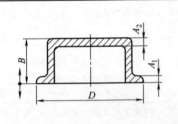

铸件在分型面上的投影面积/cm²	A 处和 B 处的附加量/mm
≤150	0.10
>150~300	0.15
>300~600	0.20
>600~1200	0.30
>1200~1800	0.40

注：铸件在分型面上的投影面积，包括浇注系统和排气系统在分型面上的投影面积。

表 1-7 线性尺寸受模具活动部分影响时的附加量（增或减）

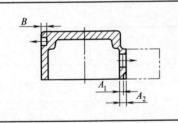

模具活动部分投影面积/cm²	A 处和 B 处的附加量/mm
≤50	0.10
>50~100	0.20
>100~300	0.30
>300~600	0.40

注：投影面积系指模具活动部分形成的并与移动方向垂直的面上的投影面积。

3）压铸件的形状和位置公差见表1-8~表1-10。

表 1-8 压铸件平面度公差 mm

被测量部位尺寸	铸态	整形后	被测量部位尺寸	铸态	整形后
	公 差 值			公 差 值	
≤25	0.20	0.10	>160~250	0.80	0.30
>25~63	0.30	0.15	>250~400	1.10	0.40
>63~100	0.40	0.20	>400~630	1.50	0.50
>100~160	0.55	0.25	>630	2.00	0.70

表 1-9　压铸件平行度、垂直度、端面跳动公差　　　　　　　　　　mm

被测量部位在测量方向上的尺寸	被测部位和基准部位在同一半模内			被测部位和基准部位不在同一半模内		
	两个部位都不动的	两个部位中有一个动的	两个部位都动的	两个部位都不动的	两个部位中有一个动的	两个部位都动的
	公　差　值					
≤25	0.10	0.15	0.20	0.15	0.20	0.30
>25～63	0.15	0.20	0.30	0.20	0.30	0.40
>63～100	0.20	0.30	0.40	0.30	0.40	0.60
>100～160	0.30	0.40	0.60	0.40	0.60	0.80
>160～250	0.40	0.60	0.80	0.60	0.80	1.00
>250～400	0.60	0.80	1.00	0.80	1.00	1.20
>400～630	0.80	1.00	1.20	1.00	1.20	1.40
>630	1.00	—	—	1.20	—	—

表 1-10　压铸件同轴度、对称度公差　　　　　　　　　　mm

被测量部位在测量方向上的尺寸	被测部位和基准部位在同一半模内			被测部位和基准部位不在同一半模内		
	两个部位都不动的	两个部位中有一个动的	两个部位都动的	两个部位都不动的	两个部位中有一个动的	两个部位都动的
	公　差　值					
≤30	0.15	0.30	0.35	0.30	0.35	0.50
>30～50	0.25	0.40	0.50	0.40	0.50	0.70
>50～120	0.35	0.55	0.70	0.55	0.70	0.85
>120～250	0.55	0.80	1.00	0.80	1.00	1.20
>250～500	0.80	1.20	1.40	1.20	1.40	1.60
>500～800	1.20	—	—	1.60	—	—

注：表 1-9、表 1-10 不包括压铸件与镶嵌件有关部位的位置公差。

4）国内外主要压铸铝合金代号对照见表 1-11。

表 1-11　国内外主要压铸铝合金代号对照

合金系列	中国 GB/T 15115—2009	美国 ASTM B 179：2006	日本 JIS H 2118：2006	欧洲 EN 1676：1997
Al-Si 系	YL102	A413.1	AD1.1	EN AB-47100
Al-Si-Mg 系	YL101	A360.1	AD3.1	EN AB-43400
	YL104	360.2	—	—
Al-Si-Cu 系	YL112	A380.1	AD10.1	EN AB-46200
	YL113	383.1	AD12.1	EN AB-46100
	YL117	B390.1	AD14.1	—
Al-Mg 系	YL302	518.1	—	—

5）铝合金压铸件技术要求。

① 压铸件的几何形状和尺寸应符合铸件图样的规定。

② 压铸件的尺寸公差不包括铸件斜度。其不加工表面：包容面以小端为基准，被包容面以大端为基准。待加工表面：包容面以大端为基准，被包容面以小端为基准。有特殊规定和要求时，须在图样上注明。

③ 压铸件表面粗糙度应符合图样或客户的要求。

④ 压铸件不允许有裂纹、欠铸和任何穿透性缺陷。

⑤ 压铸件允许存在的擦伤、凹陷、缺肉和网状毛刺等缺陷，其缺陷的程度和数量应与供需双方商定的标准相一致。

⑥ 压铸件的浇口、飞边、溢流口、隔皮、顶杆痕迹等应进行清理，其允许留有的痕迹，

由供需双方商定。

⑦ 如图样无特别规定，有关压铸工艺的设置，如顶杆位置、分型线的位置、浇口和溢流口的位置等，由供方自行确定。

⑧ 压铸件需要特殊加工的表面，如抛光、喷丸、抛丸、镀铬、涂覆、阳极氧化、化学氧化等应在图样上注明。

⑨ 对压铸件的气压密封性、液压密封性、内部缺陷及本标准未列项目有要求时，应符合供需双方商定的验收标准。

⑩ 压铸件如能满足其使用要求，则压铸件气孔、缩孔缺陷不作为报废的依据。

在不影响压铸件使用的条件下，经需方同意。供方可以对压铸件进行浸渗、修补和变形校正处理。

6）压铸件质量保证。

① 当供需双方在合同或协议中有规定时，供方应对合同中规定的所有试验和检验项目负责。合同或协议中无规定时，经需方同意，供方可以用自己适宜的手段执行本标准所规定的试验和要求。需方有权对标准中的任何试验和检验项目进行检验，其质量标准根据供需双方之间的协议而定。

② 根据压铸生产特点，规定一个检验批量是指每台压铸设备在正常操作情况下，一个班次的生产量。设备、模具和操作连续性的任何重大变化都应视为一个新的批量的开始。

③ 供方对每批压铸件都要随机或统计地抽样检验，确定是否符合全部技术要求或图样的规定。检验结果应予以记录。

（2）压铸镁合金

1）压铸镁合金的化学成分见表 1-12。

表 1-12 压铸镁合金的化学成分 （GB/T 25748—2010）

序号	合金牌号	合金代号	化学成分(质量分数)/%									
			Al	Zn	Mn	Si	Cu	Ni	Fe	Re	其他杂质	Mg
1	YZMgAl2Si	YM102	1.9~2.5	≤0.20	0.20~0.60	0.70~1.2	≤0.008	≤0.001	≤0.004	—	≤0.01	余量
2	YZMgAl2Si(B)	YM103	1.9~2.5	≤0.25	0.05~0.15	0.7~1.2	≤0.008	≤0.001	≤0.004	0.06~0.25	≤0.01	余量
3	YZMgAl4Si(A)	YM104	3.7~4.8	≤0.10	0.22~0.48	0.60~1.40	≤0.04	≤0.01	—	—	—	余量
4	YZMgAl4Si(B)	YM105	3.7~4.8	≤0.10	0.35~0.60	0.60~1.40	≤0.015	≤0.001	≤0.004	—	≤0.01	余量
5	YZMgAl4Si(S)	YM106	3.5~5.0	≤0.20	0.18~0.70	0.5~1.5	≤0.01	≤0.002	≤0.004	—	≤0.02	余量
6	YZMgAl2Mn	YM202	1.6~2.5	≤0.20	0.33~0.70	≤0.08	≤0.008	≤0.001	≤0.004	—	≤0.01	余量
7	YZMgAl5Mn	YM203	4.5~5.3	≤0.20	0.28~0.50	≤0.08	≤0.008	≤0.001	≤0.004	—	≤0.01	余量
8	YZMgAl6Mn(A)	YM204	5.6~6.4	≤0.20	0.15~0.50	≤0.20	≤0.25	≤0.01	—	—	—	余量
9	YZMgAl6Mn	YM205	5.6~6.4	≤0.20	0.26~0.50	≤0.08	≤0.008	≤0.001	≤0.004	—	≤0.01	余量
10	YZMgAl8Zn1	YM302	7.0~8.1	0.4~1.0	0.13~0.35	≤0.30	≤0.10	≤0.01	—	—	≤0.3	余量

序号	合金牌号	合金代号	化学成分（质量分数）/%									
			Al	Zn	Mn	Si	Cu	Ni	Fe	Re	其他杂质	Mg
11	YZMgAl9Zn1（A）	YM303	8.5～9.5	0.45～0.90	0.15～0.40	≤0.20	≤0.08	≤0.01	—	—	—	余量
12	YZMgAl9Zn1（B）	YM304	8.5～9.5	0.45～0.90	0.15～0.40	≤0.20	≤0.25	≤0.01	—	—	—	余量
13	YZMgAl9Zn1（D）	YM305	8.5～9.5	0.45～0.90	0.17～0.40	≤0.08	≤0.025	≤0.001	≤0.004	—	≤0.01	余量

注：1. 除有范围的元素和铁为必检元素外，其余元素有要求时抽检。

2. 压铸镁合金牌号是由镁及主要合金元素的化学符号组成。主要合金元素后面跟有表示其名义质量分数的数字（名义质量分数为该元素平均质量分数的修约化整值），在合金牌号前面冠以字母"YZ"，即"Y"和"Z"分别为"压"和"铸"两字汉语拼音的第一个字母，表示为压铸合金；合金代号中"YM"，"Y"和"M"分别为"压"和"镁"两字汉语拼音的第一个字母，表示压镁铝合金。YM后第一个数字1、2、3分别表示 MgAlSi、MgAlMn、MgAlZn 系列合金、代表合金的代号。YM后第二、三两个数字为顺序号。

2）两种压铸镁合金压铸件材料的化学成分及力学性能见表1-13、表1-14。

表 1-13　ASTM B94：2007 中 AJ52A、AJ62A 的化学成分

序号	合金牌号	合金代号	元素含量（质量分数）/%									
			Al	Zn	Mn	Si	Cu	Ni	Fe	Sr	Re	其他元素	Mg
1	YZMgAl5Sr2	AJ52A	4.5～5.5	≤0.22	0.24～0.60	≤0.10	≤0.01	≤0.001	—	1.7～2.3	—	≤0.01	余量
2	YZMgAl6Sr2	AJ62A	5.5～6.6	≤0.22	0.24～0.60	≤0.10	≤0.01	≤0.001	—	2.0～2.8	—	≤0.01	余量

表 1-14　ASTM B94：2007 中 AJ52A、AJ62A 的力学性能

序号	合金牌号	合金代号	拉伸性能			布氏硬度（HBW）
			抗拉强度 R_m/MPa	规定非比例延伸强度 $R_{p0.2}$/MPa	伸长率 A（$L_0=50$）/%	
1	YZMgAl5Sr2	AJ52A	221	141	7	60
2	YZMgAl6Sr2	AJ62A	232	141	7	61

3）镁合金压铸件的化学成分见表1-15。

表 1-15　镁合金压铸件的化学成分（GB/T 25747—2010）

序号	合金牌号	合金代号	化学成分（质量分数）/%								
			Al	Zn	Mn	Si	Cu	Ni	Fe	Re	其他杂质	Mg
1	YZMgAl2Si	YM102	1.8～2.5	≤0.20	0.18～0.70	0.70～1.2	≤0.01	≤0.001	≤0.005	—	≤0.01	余量
2	YZMgAl2Si（B）	YM103	1.8～2.5	≤0.25	0.05～0.15	0.7～1.2	≤0.008	≤0.001	≤0.0035	0.06～0.25	≤0.01	余量
3	YZMgAl4Si（A）	YM104	3.5～5.0	≤0.12	0.20～0.50	0.50～1.50	≤0.06	≤0.03	—	—	—	余量
4	YZMgAl4Si（B）	YM105	3.5～5.0	≤0.12	0.35～0.70	0.50～1.50	≤0.02	≤0.002	≤0.0035	—	≤0.02	余量

序号	合金牌号	合金代号	化学成分（质量分数）/%									
			Al	Zn	Mn	Si	Cu	Ni	Fe	Re	其他杂质	Mg
5	YZMgAl4Si(S)	YM106	3.5~5.0	≤0.20	0.18~0.70	0.5~1.5	≤0.01	≤0.002	≤0.004	—	≤0.02	余量
6	YZMgAl2Mn	YM202	1.6~2.5	≤0.20	0.33~0.70	≤0.08	≤0.008	≤0.001	≤0.004	—	≤0.01	余量
7	YZMgAl5Mn	YM203	4.4~5.4	≤0.22	0.26~0.60	≤0.10	≤0.01	≤0.002	≤0.004	—	≤0.02	余量
8	YZMgAl6Mn(A)	YM204	5.5~6.5	≤0.22	0.13~0.60	≤0.50	≤0.35	≤0.03	—	—	—	余量
9	YZMgAl6Mn	YM205	5.5~6.5	≤0.22	0.24~0.60	≤0.10	≤0.01	≤0.002	≤0.005	—	≤0.02	余量
10	YZMgAl8Zn1	YM302	7.0~8.1	0.4~1.0	0.13~0.35	≤0.30	≤0.10	≤0.01	—	—	≤0.3	余量
11	YZMgAl9Zn1(A)	YM303	8.3~9.7	0.35~1.0	0.13~0.50	≤0.50	≤0.10	≤0.03	—	—	—	余量
12	YZMgAl9Zn1(B)	YM304	8.3~9.7	0.35~1.00	0.13~0.50	≤0.50	≤0.35	≤0.03	—	—	—	余量
13	YZMgAl9Zn1(D)	YM305	8.3~9.7	0.35~1.00	0.15~0.50	≤0.10	≤0.03	≤0.002	≤0.005	—	≤0.02	余量

4）压铸镁合金试样的力学性能见表 1-16。

表 1-16　压铸镁合金试样的力学性能

序号	合金牌号	合金代号	拉伸性能			布氏硬度（HBW）
			抗拉强度 R_m/MPa	屈服强度 $R_{p0.2}$/MPa	伸长率 A/%（$L_0 = 50$）	
1	YZMgAl2Si	YM102	230	120	12	55
2	YZMgAl2Si(B)	YM103	231	122	13	55
3	YZMgAl4Si(A)	YM104	210	140	6	55
4	YZMgAl4Si(B)	YM105	210	140	6	55
5	YZMgAl4Si(S)	YM106	210	140	6	55
6	YZMgAl2Mn	YM202	200	110	10	58
7	YZMgAl5Mn	YM203	220	130	8	62
8	YZMgAl6Mn(A)	YM204	220	130	8	62
9	YZMgAl6Mn	YM205	220	130	8	62
10	YZMgAl8Zn1	YM302	230	160	3	63
11	YZMgAl9Zn1(A)	YM303	230	160	3	63
12	YZMgAl9Zn1(B)	YM304	230	160	3	63
13	YZMgAl9Zn1(D)	YM305	230	160	3	63

注：表中未特殊说明的数值均为最小值。

5）线性尺寸受分型面影响和模具活动部分影响时的附加量（增或减）见表 1-17、表 1-18。

6）压铸件形状公差。

压铸件的表面形状公差值（平面度和拔模斜度除外）应在有关尺寸公差值范围内，见表 1-19。

7）压铸件位置公差见表 1-20。

8）压铸件同轴度、对称度公差见表 1-21。

表 1-17　线性尺寸受分型面影响时的附加量（增或减）

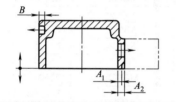

铸件在分型面上的投影面积/cm²	A 处和 B 处的附加量/mm
≤150	0.10
>150～300	0.15
>300～600	0.20
>600～1200	0.30
>1200～1800	0.40

注：铸件在分型面上的投影面积，包括浇注系统和排气系统在分型面上的投影面积。

表 1-18　线性尺寸受模具活动部分影响时的附加量（增或减）

模具活动部分投影面积/cm²	A 处和 B 处的附加量/mm
≤50	0.10
>50～100	0.20
>100～300	0.30
>300～600	0.40

注：投影面积是指用模具活动部分形成的并与移动方向垂直的面上的投影面积。

表 1-19　压铸件平面度公差　　　　mm

被测量部位尺寸	铸态	整形后	被测量部位尺寸	铸态	整形后
	公　差　值			公　差　值	
≤25	0.20	0.10	>160～250	0.80	0.30
>25～63	0.30	0.15	>250～400	1.10	0.40
>63～100	0.40	0.20	>400～630	1.50	0.50
>100～160	0.55	0.25	>630	2.00	0.70

表 1-20　压铸件平行度、垂直度、端面跳动公差　　　　mm

被测量部位在测量方向上的尺寸	被测部位和基准部位在同一半模内			被测部位和基准部位不在同一半模内		
	两个部位都不动的	两个部位中有一个动的	两个部位都动的	两个部位都不动的	两个部位中有一个动的	两个部位都动的
	公　差　值					
>25	0.10	0.15	0.20	0.15	0.20	0.30
>25～63	0.15	0.20	0.30	0.20	0.20	0.40
>63～100	0.20	0.30	0.40	0.30	0.40	0.60
>100～160	0.30	0.40	0.60	0.40	0.60	0.80
>160～250	0.40	0.60	0.80	0.60	0.80	1.00
>250～400	0.60	0.80	1.00	0.80	1.00	1.20
>400～630	0.80	1.00	1.20	1.00	1.20	1.40
>630	1.00	—	—	1.20	—	—

表 1-21　压铸件同轴度、对称度公差　　　　　　　　　　　　　　　　mm

被测量部位在测量方向上的尺寸	被测部位和基准部位在同一半模内			被测部位和基准部位不在同一半模内		
	两个部位都不动的	两个部位中有一个动的	两个部位都动的	两个部位都不动的	两个部位中有一个动的	两个部位都动的
	公　差　值					
>30	0.15	0.30	0.35	0.30	0.35	0.50
>30～50	0.25	0.40	0.50	0.40	0.50	0.70
>50～120	0.35	0.55	0.70	0.55	0.70	0.85
>120～250	0.55	0.80	1.00	0.80	1.00	1.20
>250～500	0.80	1.20	1.40	1.20	1.40	1.60
>500～800	1.20	—	—	1.60	—	—

注：表 1-20、表 1-21 不包括压铸件与镶嵌件有关部位的位置公差。

9）国内外主要镁合金压铸件材料代号对照见表 1-22。

表 1-22　国内外主要镁合金压铸件材料代号对照

合金系列	GB/T 25747—2010	ISO 16220:2005	ASTM B 94:2007	JIS H 5303:2006	EN 1753:1997
MgAlSi	YM101	MgAl2Si	AS21A	MDC6	EN-MC21310
	YM103	MgAl2Si(B)	AS21B	—	—
	YM104	MgAl4Si(A)	AS41A	—	—
	YM105	MgAl4Si(B)	AS41B	MDC3B	EN-MC21320
	YM106	MgAl4Si(S)	—	—	—
MgAlMn	YM202	MgAl2Mn	—	MDC5	EN-MC21210
	YM203	MgAl5Mn	AM50A	MDC4	EN-MC21220
	YM204	MgAl6Mn(A)	AM60A	—	—
	YM205	MgAl6Mn	AM60B	MDC2B	EN-MC21230
MgAlZn	YM302	MgAl8Zn1	—	—	EN-MC21110
	YM303	MgAl9Zn1(A)	AZ91A	—	EN-MC21120
	YM304	MgAl9Zn1(B)	AZ91B	MDC1B	EN-MC21121
	YM305	MgAl9Zn1(D)	AZ91D	MDC1D	—

10）镁合金压铸件技术要求。

① 压铸件的几何形状和尺寸应符合铸件图样的规定。

② 压铸件的尺寸公差不包括铸件斜度。其不加工表面：包容面以小端为基准，被包容面以大端为基准。待加工表面：包容面以大端为基准，被包容面以小端为基准。有特殊规定和要求时，须在图样上注明。

③ 压铸件表面粗糙度应符合图样或客户的要求。

④ 压铸件不允许有裂纹、贯穿性欠铸等穿透性缺陷。

⑤ 压铸件允许存在的擦伤、欠铸、凹陷、缺肉和网状毛刺等缺陷，其缺陷的程度和数量应与供需双方商定的标准相一致。

⑥ 压铸件的浇口、飞边、溢流口、隔皮、顶杆痕迹等应进行清理，其允许留有的痕迹，由供需双方商定。

⑦ 如图样无特别规定，有关压铸工艺的设置，如顶杆位置、分型线的位置、浇口和溢流口的位置等，由供方自行确定。

⑧ 压铸件需要特殊加工的表面，如抛光、喷丸、抛丸、镀铬、涂覆、阳极氧化、化学氧化等应在图样上注明。

⑨ 压铸件如能满足其使用要求，则压铸件气孔、缩孔缺陷不作为报废的依据。

⑩ 对压铸件的气压密封性、液压密封性、内部缺陷及本标准未列项目有要求时，应符合供需双方商定的验收标准。

在不影响压铸件使用的条件下，经需方同意。供方可以对压铸件进行浸渗、修补和变形校正处理。

11）压铸件质量保证。

① 当供需双方在合同或协议中有规定时，供方应对合同中规定的所有试验和检验项目负责。合同或协议中无规定时，经需方同意，供方可以用自己适宜的手段执行本标准所规定的试验和要求。需方有权对标准中的任何试验和检验项目进行检验，其质量标准根据供需双方之间的协议而定。

② 根据压铸生产特点，规定一个检验批量是指每台压铸设备在正常操作情况下，一个班次的生产量。设备、模具和操作连续性的任何重大变化都应视为一个新的批量的开始。

③ 供方对每批压铸件都要随机或统计地抽样检验，确定是否符合全部技术要求或图样的规定。检验结果应予以记录。

（3）压铸锌合金

1）压铸锌合金的化学成分见表 1-23。

表 1-23　压铸锌合金的化学成分（质量分数）（GB/T 13818—2009）　　　　　%

序号	合金牌号	合金代号	主要成分				杂质含量（不大于）			
			Al	Cu	Mg	Zn	Fe	Pb	Sn	Cd
1	YZZnAl4A	YX040A	3.9～4.3	≤0.1	0.03～0.06	余量	0.035	0.004	0.0015	0.003
2	YZZnAl4B	YX040B	3.9～4.3	≤0.1	0.01～0.02	余量	0.075	0.003	0.0010	0.002
3	YZZnAl4Cu1	YX041	3.9～4.3	0.7～1.1	0.03～0.06	余量	0.035	0.004	0.0015	0.003
4	YZZnAl4Cu3	YX043	3.9～4.3	0.7～3.3	0.025～0.05	余量	0.035	0.004	0.0015	0.003
5	YZZnAl8Cu1	YX081	8.2～8.8	0.9～1.3	0.02～0.03	余量	0.035	0.005	0.005	0.002
6	YZZnAl11Cu1	YX111	10.8～11.5	0.5～1.2	0.02～0.03	余量	0.05	0.005	0.005	0.002
7	YZZnAl27Cu2	YX272	25.5～28.0	2.0～2.5	0.012～0.02	余量	0.07	0.005	0.005	0.002

注：YZZnAl4B 中 Ni 含量为 0.005～0.020。

2）压铸合金牌号及代号的表示方法。

压铸合金牌号是由锌及主要合金元素的化学符号组成。主要合金元素后面有表示其名义百分含量的数字（名义百分含量为该元素的平均百分含量的修约化整值）。

在合金牌号前面的字母"Y""Z"，即"压""铸"两字汉语拼音的第一个字母，表示用于压力铸造。

标准中合金代号的字母"Y""X"，即"压""锌"两字汉语拼音的第一个字母，表示压铸锌合金。合金代号后面由三位阿拉伯数字以及一位字母组成。YX 后面前两位数字表示合金中化学元素铝的名义百分含量，第三个数字表示合金中化学元素铜的名义百分含量，末位字母用以区别成分略有不同的合金。

3）锌合金压铸件的分类。

锌合金压铸件按使用要求分为两类，见表 1-24。

表 1-24　锌合金压铸件的分类

类别	使用要求	检验项目
1	具有结构和功能性要求	尺寸公差、表面质量、化学成分、其他特殊要求
2	无特殊要求的零部件	表面质量、化学成分、尺寸公差

4）锌合金压铸件表面分级。

锌合金压铸件表面按使用要求分为三级，见表 1-25。

表 1-25 锌合金压铸件的表面分级

级别	符号	使 用 范 围	表面粗糙度 Ra
1	Y1	镀、抛光、研磨的表面,相对运动的配合面,危险应力区表面	不大于 $1.6\mu m$
2	Y2	要求密封的表面、装配接触面等	不大于 $3.2\mu m$
3	Y3	保护性的涂覆表面及紧固接触面,油漆打腻表面,其他表面	不大于 $6.3\mu m$

5)锌合金压铸件的化学成分见表 1-26。

表 1-26 锌合金压铸件的化学成分(质量分数)(GB/T 13821—2009) %

序号	合金牌号	合金代号	主要成分				杂质含量(不大于)			
			Al	Cu	Mg	Zn	Fe	Pb	Sn	Cd
1	YZZnAl4A	YX040A	3.5~4.3	≤0.25	0.02~0.06	余量	0.10	0.005	0.003	0.004
2	YZZnAl4B	YX040B	3.5~4.3	≤0.25	0.005~0.02	余量	0.075	0.003	0.001	0.002
3	YZZnAl4Cu1	YX041	3.5~4.3	0.75~1.25	0.03~0.08	余量	0.10	0.005	0.003	0.004
4	YZZnAl4Cu3	YX043	3.5~4.3	2.5~3.0	0.02~0.05	余量	0.10	0.005	0.003	0.004
5	YZZnAl8Cu1	YX081	8.0~8.8	0.8~1.3	0.015~0.03	余量	0.075	0.006	0.003	0.006
6	YZZnAl11Cu1	YX111	10.5~11.5	0.5~1.2	0.015~0.03	余量	0.075	0.006	0.003	0.006
7	YZZnAl27Cu2	YX272	25.0~28.0	2.0~2.5	0.010~0.02	余量	0.075	0.006	0.003	0.006

6)锌合金压铸件表面质量分级见表 1-27。

表 1-27 锌合金压铸件表面质量分级(附录 A)

序号	缺陷名称		检验范围	表面质量级别			说 明
				1级	2级	3级	
1	花纹麻面有色斑点		三者面积不超过总面积的百分数/%	5	25	40	
2	流痕		深度/mm	≤0.05	≤0.07	≤0.15	
			面积不大于总面积百分数/%	5	15	30	
3	冷隔		深度/mm	不允许	≤1/5 壁厚	≤1/4 壁厚	在同一部位对应处不允许同时存在 长度是指缺陷流向的展开长度
			长度不大于铸件最大轮廓尺寸/mm		1/10	1/5	
			所在面上不允许超过的数量		2 处	2 处	
			离铸件边缘距离/mm		≥4	≥4	
			两冷隔间距/mm		≥10	≥10	
4	擦伤		深度(≤)/mm	0.05	0.01	0.25	除1级表面外,浇口部位允许增加一倍
			面积不大于总面积百分数/%	3	5	10	
5	凹陷		凹入深度/mm	≤0.10	≤0.30	≤0.50	
6	黏附物痕迹		整个铸件不允许超过	不允许	1 处	2 处	
			占带缺陷表面积百分数/%		5	10	
7	边角残缺深度		铸件边长≤100mm 时	0.3	0.5	1.0	不超过边长度的5%
			铸件边长>100mm 时	0.5	0.8	1.2	
8	气泡	平均直径 ≤3mm	每100cm² 缺陷不超过个数	不允许	1	2	允许两种气泡同时存在,但大气泡≤3个,总数≤10个,且边距≥10mm
			整个铸件不超过个数		3	7	
			离铸件边缘距离/mm		≥3	≥3	
			气泡凸起高度/mm		≤0.2	≤0.3	
		平均直径 3~6mm	每100cm² 缺陷不超过个数	不允许	1	1	
			整个铸件气泡不超过个数		1	3	
			离铸件边缘距离/mm		≥5	≥5	
			气泡凸起高度/mm		≤0.3	≤0.5	

序号	缺陷名称	检验范围	表面质量级别			说　明
			1 级	2 级	3 级	
9	顶杆痕迹	凹入铸件深度不超过该处壁厚的	不允许	1/10	1/10	
		最大凹入量		0.4	0.4	
		凸起高度/mm		≥0.2	≥0.2	
10	网状痕迹	凸起或凹下/mm	不允许	≤0.2	≤0.2	
11	各类缺陷总和	面积不超过总面积的百分数/%	5	30	50	

注：其他压铸件与该表相同可参考。

7）锌合金牌号对照及典型的力学、物理性能见表 1-28。

表 1-28　锌合金牌号对照及典型的力学、物理性能（附录 B）

参数名称	量　值						
中国合金代号	YX040A	YX040B	YX041	YX043	YX081	YX111	YX272
北美商业标准（NADCA）	No.3	No.7	No.5	No.2	ZA-8	ZA-12	ZA-27
美国材料试验学会（ASTM）	AG-40A	AG-40B	AG-41A	—	—	—	—
力学性能							
极限抗拉强度/MPa	283	283	328	359	372	400	426
屈服强度/MPa	221	221	269	283	283～296	310～331	359～370
抗压屈服强度/MPa	414	414	600	641	252	269	358
伸长率/%	10	13	7	7	6～10	4～7	2～3.5
布氏硬度（HBW）	82	80	91	100	100～106	95～105	116～122
抗剪强度/MPa	214	214	262	317	275	296	325
冲击强度/J	58	58	65	47.5	32～48	20～37	9～16
疲劳强度/MPa	47.6	47.6	56.5	58.6	103	—	145
杨氏模量/GPa	—	—	—	—	85.5	83	77.9
物理性能							
密度/(g/cm³)	6.6	6.6	6.7	6.6	6.3	6.03	5
熔化温度范围/℃	381～387	381～387	380～386	379～390	375～404	377～432	372～484
比热容/[J/(kg·℃)]	419	419	419	419	435	450	525
热胀系数/(×10⁻⁶/K)	27.4	27.4	27.4	27.8	23.2	24.1	26.0
热导率/[W/(m·K)]	113	113	109	104.7	115	116	122.5
泊松比	0.30	0.30	0.30	0.30	0.30	0.30	0.30

注：本表力学性能数据是采用专用试样模具获得的单铸试样进行试验而得到的参考结果。

8）锌合金压铸件技术要求。

①压铸件的几何形状和尺寸应符合铸件图样的规定。

②压铸件的尺寸公差不包括铸件斜度。其不加工表面：包容面以小端为基准，被包容面以大端为基准；待加工表面：包容面以大端为基准，被包容面以小端为基准；有特殊规定和要求时，须在图样上注明。

③压铸件表面粗糙度应符合图样或客户的要求。

④压铸件不允许有裂纹、欠铸和任何穿透性缺陷。

⑤压铸件允许存在的擦伤、凹陷、缺肉和网状毛刺等缺陷，其缺陷的程度和数量应与供需双方商定的标准相一致。

⑥压铸件的浇口、飞边、溢流口、隔皮、顶杆痕迹等应进行清理，其允许留有的痕迹，由供需双方商定。

⑦如图样无特别规定，有关压铸工艺的设置，如顶杆位置、分型线的位置、浇口和溢

流口的位置等，由供方自行确定。

⑧ 压铸件需要特殊加工的表面，如抛光、喷丸、抛丸、镀铬、涂覆、阳极氧化、化学氧化等应在图样上注明。

⑨ 压铸件如能满足其使用要求，则压铸件气孔、缩孔缺陷不作为报废的依据。

⑩ 在不影响压铸件使用的条件下，经需方同意，供方可以对压铸件进行浸渗、修补和变形校正处理。

对本标准未列项目验收时，由供需双方商定。

9）压铸件质量保证。

① 当供需双方在合同或协议中有规定时，供方应对合同中规定的所有试验和检验项目负责。合同或协议中无规定时，经需方同意，供方可以用自己适宜的手段执行本标准所规定的试验和要求。需方有权对标准中的任何试验和检验项目进行检验，其质量标准应根据供需双方之间的协议而定。

② 根据压铸生产特点，规定一个检验批量是指每台压铸设备在正常操作情况下，一个班次的生产量。设备、模具和操作连续性的任何重大变化都应视为一个新的批量的开始。

③ 供方对每批压铸件都要随机或统计地抽样检验，确定是否符合全部技术要求或图样的规定。检验结果应予以记录。

（4）压铸铜合金

压铸铜合金的牌号、代号、化学成分和力学性能见表 1-29。

表 1-29 压铸铜合金的牌号、代号、化学成分和力学性能

合金牌号	合金代号	化学成分(质量分数)/%															力学性能 ≥		
		主要成分							杂质含量 ≤									σ_b/MPa	δ_5/%	硬度(HBW)(5/250/30)
		Cu	Pb	Al	Si	Mn	Fe	Zn	Fe	Si	Ni	Sn	Mn	Al	Pb	Sb	总和			
YZCuZn40Pb	YT40-1 铅黄铜	58~63	0.5~1.5	0.2~0.5	—	—	—	其余	0.8	0.05	—	—	0.5	—	—	1.0	1.5	300	6	85
YZCuZn16Si4	YT16-4 硅黄铜	79~81	—	—	2.5~4.5	—	—		0.6	—	0.3	0.5	0.1	0.5	0.1		2.0	345	25	85
YZCuZn30Al3	YT30-3 铝黄铜	66~68	—	2~3	—	—	—		0.8	—	1.0	0.5	—	1.0	—		3.0	400	15	110
YZCuZn35Al2Mn2Fe	YT35-2-2-1 铝锰铁黄铜	57~65	—	0.5~2.5	—	0.1~3.0	0.5~2.0		—	0.1	3.0	1.0	—	0	0.5	0.4①	2.0②	475	3	130

① $w(Sb+Pb+As) \leqslant 0.4\%$。

② 杂质总和中不包括 Ni。

1.2 压铸工艺

1.2.1 压铸件的精度等级与尺寸公差

压铸件的精度等级与尺寸公差按 GB/T 6414—1999《铸件尺寸公差与机械加工余量》中的规定，此项国家标准等效 ISO 8062：1994《铸件尺寸公差制》，选取见表 1-30～表 1-41。

表 1-30　压铸件尺寸公差（摘自 GB/T 6414—1999）　　　mm

铸件基本尺寸	铸件尺寸公差等级 CT[①]															
	1	2	3	4	5	6	7	8	9	10	11	12	13[②]	14[②]	15[②]	16[②③]
～10	0.09	0.13	0.18	0.26	0.36	0.52	0.74	1	1.5	2	2.8	4.2	—	—	—	—
＞10～16	0.1	0.14	0.2	0.28	0.38	0.54	0.78	1.1	1.6	2.2	3	4.4	—	—	—	—
＞16～25	0.11	0.15	0.22	0.30	0.42	0.58	0.82	1.2	1.7	2.4	3.2	4.6	6	8	10	12
＞25～40	0.12	0.17	0.24	0.32	0.46	0.64	0.9	1.3	1.8	2.6	3.6	4.6	7	9	11	14
＞40～63	0.13	0.18	0.26	0.36	0.5	0.7	1	1.4	2	2.8	4	5.6	8	10	12	16
＞63～100	0.14	0.2	0.28	0.4	0.56	0.78	1.1	1.6	2.2	3.2	4.4	6	9	11	14	18
＞100～160	0.15	0.22	0.3	0.44	0.62	0.88	1.2	1.8	2.5	3.6	5	7	10	12	16	20
＞160～250	—	0.24	0.34	0.5	0.72	1	1.4	2	2.8	4	5.6	8	11	14	18	22
＞250～400	—	—	0.4	0.56	0.78	1.1	1.6	2.2	3.2	4.4	6.2	9	12	16	20	25
＞400～630	—	—	—	0.64	0.9	1.2	1.8	2.6	3.6	5	7	10	14	18	22	28
＞630～1000	—	—	—	0.72	1	1.4	2	2.8	4	6	8	11	16	20	25	32
＞1000～1600	—	—	—	0.8	1.1	1.6	2.2	3.2	4.6	7	9	13	18	23	29	37
＞1600～2500	—	—	—	—	—	—	2.6	3.8	5.4	8	10	15	21	26	33	42
＞2500～4000	—	—	—	—	—	—	—	4.4	6.2	9	12	17	24	30	38	49
＞4000～6300	—	—	—	—	—	—	7	10	14	20	28	35	44	56		
＞6300～10000	—	—	—	—	—	—	—			11	16	23	32	40	50	64

① 在等级 CT1～CT15 中对壁厚采用粗一级公差。

② 对于不超过 16mm 的尺寸，不采用 CT13～CT16 的一般公差，对于这些尺寸应标注个别公差。

③ 等级 CT16 仅适用于一般公差规定为 CT15 的壁厚。

注：1. 对铝、镁合金压铸件选取 CT5～CT7。

2. 对锌合金压铸件选取 CT4～CT6。

3. 对铜合金压铸件选取 CT6～CT8。

表 1-31　高精度压铸件尺寸公差推荐值　　　mm

空间对角线	合金种类	基　本　尺　寸														相近公差等级(GB/T 1800.4 —1999)
		～18	＞18～30	＞30～50	＞50～80	＞80～120	＞120～180	＞180～250	＞250～315	＞315～400	＞400～500	＞500～630	＞630～800	＞800～1000	＞1000～1250	
≤50	锌合金	0.04	0.05	0.06												IT9
	铝、镁合金	0.07	0.08	0.10												IT10
	铜合金	0.11	0.13	0.16												IT11
＞50～180	锌合金	0.07	0.08	0.10	0.12	0.14	0.16									IT10
	铝、镁合金	0.11	0.13	0.16	0.19	0.22	0.25									IT11
	铜合金	0.18	0.21	0.25	0.30	0.35	0.40									IT12
＞180～500	锌合金	0.11	0.13	0.16	0.19	0.22	0.25	0.29	0.32	0.36	0.40					IT11
	铝、镁合金	0.18	0.21	0.25	0.30	0.35	0.40	0.46	0.52	0.57	0.63					IT12
	铜合金	0.27	0.33	0.39	0.46	0.54	0.63	0.72	0.81	0.89	0.97					IT13
＞500	锌合金	0.18	0.21	0.25	0.30	0.35	0.40	0.46	0.52	0.57	0.63	0.70	0.80	0.90	1.05	IT12
	铝、镁合金	0.27	0.33	0.39	0.46	0.54	0.63	0.72	0.81	0.89	0.97	1.10	1.25	1.40	1.65	IT13

表 1-32　压铸件尺寸推荐公差数值　　　mm

空间对角线	合金种类	基　本　尺　寸														相近公差等级(GB/T 1800.4 —1999)
		～18	＞18～30	＞30～50	＞50～80	＞80～120	＞120～180	＞180～250	＞250～315	＞315～400	＞400～500	＞500～630	＞630～800	＞800～1000	＞1000～1250	
≤50	锌合金	0.07	0.08	0.10												IT10
	铝、镁合金	0.11	0.13	0.16												IT11
	铜合金	0.18	0.21	0.25												IT12
＞50～180	锌合金	0.11	0.13	0.16	0.19	0.22	0.25									IT11
	铝、镁合金	0.18	0.21	0.25	0.30	0.35	0.40									IT12
	铜合金	0.27	0.33	0.39	0.46	0.54	0.63									IT13

续表

空间对角线	合金种类	基本尺寸													相近公差等级(GB/T 1800.4—1999)
		~18	>18~30	>30~50	>50~80	>80~120	>120~180	>180~250	>250~315	>315~400	>400~500	>500~630	>630~800	>800~1000	>1000~1250	
>180~500	锌合金	0.18	0.21	0.25	0.30	0.35	0.40	0.46	0.52	0.57	0.63					IT12
	铝、镁合金	0.27	0.33	0.39	0.46	0.54	0.63	0.72	0.81	0.89	0.97					IT13
	铜合金	0.35	0.43	0.51	0.60	0.71	0.82	0.94	1.06	1.15	1.21					(IT13＋IT14)/2
>500	锌合金	0.27	0.33	0.39	0.46	0.54	0.63	0.72	0.81	0.89	0.97	1.10	1.25	1.40	1.65	IT13
	铝、镁合金	0.35	0.43	0.51	0.60	0.71	0.82	0.94	1.06	1.15	1.21	1.43	1.62	1.85	2.21	(IT13＋IT14)/2

表 1-33　孔中心距尺寸公差　　　　mm

基本尺寸 合金种类	≤18	>18~30	>30~50	>50~80	>80~120	>120~160	>160~210	>210~260	>260~310	>310~360
锌、铝合金	0.10	0.12	0.15	0.23	0.30	0.35	0.40	0.48	0.56	0.65
镁、铜合金	0.16	0.20	0.25	0.35	0.48	0.60	0.78	0.92	1.08	1.25

注：孔中心距尺寸受分型面或模具活动部位影响时，表内数值应按表 1-17 和表 1-18 的规定，加上附加公差。

表 1-34　压铸件转接圆弧半径尺寸公差　　　　mm

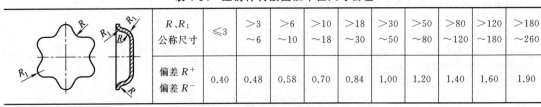

R、R_1 公称尺寸	≤3	>3~6	>6~10	>10~18	>18~30	>30~50	>50~80	>80~120	>120~180	>180~260
偏差 R^+ 偏差 R^-	0.40	0.48	0.58	0.70	0.84	1.00	1.20	1.40	1.60	1.90

表 1-35　压铸件壁厚尺寸公差　　　　mm

壁厚	≤3	>3~6	>6~10
厚度偏差	±0.15	±0.20	±0.30

表 1-36　铝、镁合金未注公差的压铸尺寸（长、宽、高、直径、中心距）的极限偏差　　　　mm

空间对角线	精度等级	与分型面关系	基本尺寸													相近公差等级(GB/T 1800.4—1999)
			~18	>18~30	>30~50	>50~80	>80~120	>120~180	>180~250	>250~315	>315~400	>400~500	>500~630	>630~800	>800~1000	>1000~1250	
≤50	II	A	±0.14	±0.17	±0.2												JS13
		B	±0.24	±0.27	±0.3												
	I	A	±0.11	±0.14	±0.16												(JS12＋JS13)/2
		B	±0.21	±0.24	±0.26												
>50~180	II	A	±0.17	±0.2	±0.25	±0.3	±0.35	±0.4									(JS13＋JS14)/2
		B	±0.32	±0.35	±0.4	±0.45	±0.5	±0.55									
	I	A	±0.14	±0.17	±0.2	±0.23	±0.27	±0.32									JS13
		B	±0.24	±0.27	±0.3	±0.33	±0.37	±0.42									
>180~500	II	A	±0.22	±0.26	±0.31	±0.37	±0.44	±0.5	±0.6	±0.65	±0.7	±0.8					JS14
		B	±0.42	±0.46	±0.51	±0.57	±0.64	±0.7	±0.8	±0.85	±0.9	±1					
	I	A	±0.17	±0.2	±0.25	±0.3	±0.35	±0.4	±0.45	±0.5	±0.55	±0.6					(JS13＋JS14)/2
		B	±0.32	±0.35	±0.4	±0.45	±0.5	±0.55	±0.6	±0.65	±0.7	±0.75					

空间对角线	精度等级	与分型面关系	基本尺寸														相近公差等级(GB/T 1800.4—1999)
			~18	>18~30	>30~50	>50~80	>80~120	>120~180	>180~250	>250~315	>315~400	>400~500	>500~630	>630~800	>800~1000	>1000~1250	
>500	II	A	±0.25	±0.35	±0.4	±0.45	±0.55	±0.65	±0.75	±0.8	±0.85	±0.95	±1.1	±1.2	±1.4	±1.6	(JS14+JS15)/2
		B	±0.55	±0.65	±0.7	±0.75	±0.85	±0.95	±1	±1.1	±1.1	±1.2	±1.4	±1.5	±1.7	±1.9	
	I	A	±0.22	±0.26	±0.31	±0.37	±0.44	±0.5	±0.6	±0.65	±0.7	±0.8	±0.9	±1	±1.2	±1.3	JS14
		B	±0.42	±0.46	±0.51	±0.57	±0.64	±0.7	±0.8	±0.85	±0.9	±1.1	±1.1	±1.2	±1.4	±1.5	

表 1-37 铝、镁合金未注公差的压铸尺寸（壁厚、肋、圆角）的极限偏差 mm

空间对角线	精度等级	与分型面关系	基本尺寸			相近公差等级(GB/T 1800.4—1999)
			~3	>3~6	>6~10	
≤50	II	A	±0.15	±0.2	±0.23	(JS14+JS15)/2
		B	±0.25	±0.3	±0.33	
	I	A	±0.13	±0.15	±0.18	JS14
		B	±0.23	±0.25	±0.28	
>50~180	II	A	±0.2	±0.25	±0.3	JS15
		B	±0.35	±0.4	±0.45	
	I	A	±0.15	±0.2	±0.23	(JS14+JS15)/2
		B	±0.25	±0.3	±0.33	
>180~500	II	A	±0.25	±0.3	±0.35	(JS15+JS16)/2
		B	±0.45	±0.5	±0.55	
	I	A	±0.2	±0.25	±0.3	JS15
		B	±0.35	±0.4	±0.45	
>500	II	A	±0.13	±0.4	±0.45	JS16
		B	±0.55	±0.6	±0.7	
	I	A	±0.25	±0.3	±0.35	(JS15+JS16)/2
		B	±0.45	±0.5	±0.55	

注：引自 DIN1688。

表 1-38 锌、锡、铅合金未注公差的压铸尺寸（长、宽、高、直径、中心距）的极限偏差 mm

空间对角线	精度等级	与分型面关系	基本尺寸														相近公差等级
			~18	>18~30	>30~50	>50~80	>80~120	>120~180	>180~250	>250~315	>315~400	>400~500	>500~630	>630~800	>800~1000	>1000~1250	
≤50	II	A	±0.11	±0.14	±0.16												(JS12+JS13)/2
		B	±0.21	±0.24	±0.26												
	I	A	±0.09	±0.11	±0.13												JS12
		B	±0.19	±0.21	±0.23												
>50~180	II	A	±0.14	±0.17	±0.2	±0.23	±0.27	±0.32									JS13
		B	±0.29	±0.32	±0.35	±0.38	±0.42	±0.47									
	I	A	±0.11	±0.14	±0.16	±0.19	±0.22	±0.25									(JS12+JS13)/2
		B	±0.21	±0.24	±0.26	±0.29	±0.32	±0.35									

续表

空间对角线	精度等级	与分型面关系	~18	>18~30	>30~50	>50~80	>80~120	>120~180	>180~250	>250~315	>315~400	>400~500	>500~630	>630~800	>800~1000	>1000~1250	相近公差等级
>180~500	II	A	±0.17	±0.2	±0.25	±0.3	±0.35	±0.4	±0.45	±0.5	±0.55	±0.6					(JS13+JS14)/2
		B	±0.37	±0.4	±0.45	±0.5	±0.55	±0.6	±0.65	±0.7	±0.75	±0.8					
	I	A	±0.14	±0.17	±0.2	±0.23	±0.27	±0.32	±0.36	±0.4	±0.45	±0.48					JS13
		B	±0.29	±0.32	±0.35	±0.38	±0.42	±0.47	±0.51	±0.55	±0.6	±0.63					
>500	II	A	±0.22	±0.26	±0.31	±0.37	±0.44	±0.5	±0.6	±0.65	±0.7	±0.8	±0.9	±1	±1.1	±1.3	
		B	±0.47	±0.51	±0.56	±0.62	±0.69	±0.75	±0.85	±0.9	±0.95	±1.1	±1.2	±1.3	±1.4	±1.6	JS14
	I	A	±0.17	±0.2	±0.25	±0.3	±0.35	±0.4	±0.45	±0.5	±0.55	±0.6	±0.7	±0.8	±0.9	±1.1	(JS13+JS14)/2
		B	±0.37	±0.4	±0.45	±0.5	±0.55	±0.6	±0.65	±0.7	±0.75	±0.8	±0.9	±1	±1.1	±1.3	

注：引自 DIN1687。

表 1-39　锌、锡、铅合金未注公差的压铸尺寸（壁厚、肋、圆角）的极限偏差　　mm

空间对角线	精度等级	与分型面关系	基本尺寸			相近公差等级 (GB/T 1800.4—1999)
			~3	>3~6	>6~10	
≤50	II	A	±0.13	±0.15	±0.18	JS14
		B	±0.23	±0.25	±0.28	
	I	A	±0.1	±0.12	±0.14	(JS13+JS14)/2
		B	±0.2	±0.22	±0.24	
>50~180	II	A	±0.15	±0.2	±0.2	(JS14+JS15)/2
		B	±0.3	±0.35	±0.35	
	I	A	±0.13	±0.15	±0.18	JS14
		B	±0.23	±0.25	±0.28	
>180~500	II	A	±0.2	±0.25	±0.3	JS15
		B	±0.4	±0.45	±0.5	
	I	A	±0.15	±0.2	±0.2	(JS14+JS15)/2
		B	±0.3	±0.35	±0.35	
>500	II	A	±0.25	±0.3	±0.35	(JS15+JS16)/2
		B	±0.45	±0.5	±0.55	
	I	A	±0.2	±0.25	±0.3	JS15
		B	±0.4	±0.45	±0.5	

注：引自 DIN1688。

表 1-40　铜合金未注公差的压铸尺寸（壁厚、肋、圆角）的极限偏差　　mm

空间对角线	精度等级	与分型面关系	基本尺寸			相近公差等级
			~3	>3~6	>6~10	
≤50	II	A	±0.2	±0.25	±0.3	JS15
		B	±0.35	±0.4	±0.45	
	I	A	±0.15	±0.2	±0.2	(JS14+JS15)/2
		B	±0.25	±0.3	±0.3	
>50~180	II	A	±0.25	±0.3	±0.35	(JS15+JS16)/2
		B	±0.45	±0.5	±0.55	
	I	A	±0.2	±0.25	±0.3	JS15
		B	±0.35	±0.4	±0.45	

续表

空间对角线	精度等级	与分型面关系	基本尺寸			相近公差等级
			～3	>3～6	>6～10	
>180～500	Ⅱ	A	±0.3	±0.4	±0.45	JS16
		B	±0.5	±0.6	±0.65	
	Ⅰ	A	±0.25	±0.3	±0.35	(JS15+JS16)/2
		B	±0.45	±0.5	±0.55	

注：引自 DIN1687。

表 1-41　铜合金未注公差的压铸尺寸（长、宽、高、直径、中心距）的极限偏差　　mm

空间对角线	精度等级	与分型面关系	基本尺寸										相近公差等级
			～18	>18～30	>30～50	>50～80	>80～120	>120～180	>180～250	>250～315	>315～400	>400～500	
≤50	Ⅱ	A	±0.22	±0.26	±0.31								JS14
		B	±0.37	±0.41	±0.46								
	Ⅰ	A	±0.17	±0.2	±0.25								(JS13+JS14)/2
		B	±0.27	±0.3	±0.35								
>50～180	Ⅱ	A	±0.25	±0.35	±0.4	±0.45	±0.55	±0.65					(JS14+JS15)/2
		B	±0.45	±0.55	±0.6	±0.65	±0.75	±0.85					
	Ⅰ	A	±0.22	±0.26	±0.31	±0.37	±0.44	±0.5					JS14
		B	±0.37	±0.41	±0.46	±0.52	±0.59	±0.65					
>180～500	Ⅱ	A	±0.35	±0.4	±0.5	±0.6	±0.7	±0.8	±0.95	±1.1	±1.2	±1.3	JS15
		B	±0.55	±0.6	±0.7	±0.8	±0.9	±1	±1.1	±1.3	±1.4	±1.5	
	Ⅰ	A	±0.25	±0.35	±0.4	±0.45	±0.55	±0.65	±0.75	±0.8	±0.9	±1	(JS14+JS15)/2
		B	±0.45	±0.55	±0.6	±0.65	±0.75	±0.85	±0.95	±1	±1.1	±1.2	

注：引自 DIN1687。

1.2.2　压铸件的角度与锥度偏差

角度公差包括自由角度公差和锥度公差，角度精度一般选用Ⅱ级精度。自由角度和锥度的极限偏差见表 1-42。

表 1-42　自由角度及锥度的极限偏差

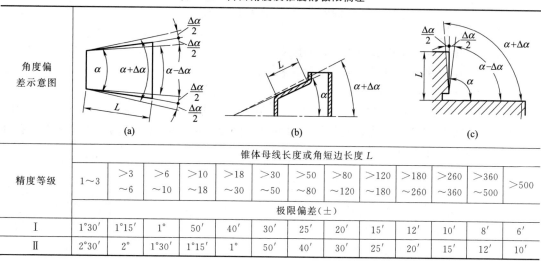

精度等级	角度偏差示意图 (a) (b) (c)												
	锥体母线长度或角短边长度 L												
	1～3	>3～6	>6～10	>10～18	>18～30	>30～50	>50～80	>80～120	>120～180	>180～260	>260～360	>360～500	>500
	极限偏差(±)												
Ⅰ	1°30′	1°15′	1°	50′	40′	30′	25′	20′	15′	12′	10′	8′	6′
Ⅱ	2°30′	2°	1°30′	1°15′	1°	50′	40′	30′	25′	20′	15′	12′	10′

1.2.3 压铸件的加工余量

压铸件推荐的加工余量见表 1-43。压铸件推荐的铰孔加工余量见表 1-44。

表 1-43 压铸件推荐的加工余量　　　　　　　　　　　　　　　　mm

基本尺寸	≤100	>100~250	>250~400	>400~630	>630~1000
每面余量	$0.5^{+0.4}_{-0.1}$	$0.75^{+0.5}_{-0.2}$	$1.0^{+0.5}_{-0.3}$	$1.5^{+0.6}_{-0.3}$	$2.0^{+1.0}_{-0.4}$

表 1-44 压铸件推荐的铰孔加工余量　　　　　　　　　　　　　　　mm

图　例	孔径 D	加工余量 δ
	≤6	0.05
	>6~10	0.1
	>10~18	0.15
	>18~30	0.2
	>30~50	0.25
	>50~80	0.3

注：待加工内表面尺寸以大端为基准，外表面尺寸以小端为基准。

1.2.4 压铸成型工艺参数

（1）压铸压力

在压铸生产过程中，主要通过液压机使金属液在高压、高速下充填压铸模型腔，并在高压下成型、结晶。压铸过程中的压力和速度的变化将直接影响金属充填形态和金属液在型腔中的流动及压铸件的质量。高压和高速的压铸特点是与其他铸造方法最根本的区别。压铸时，常用压射压力一般为 20~200MPa，最高可达 500MPa；充填速度一般为 0.5~120m/s；充填时间与铸件大小和壁厚有关，一般为 0.01~0.03s，最短只有千分之几秒。对压铸模具有着较高的尺寸精度和表面质量要求。

压铸过程中的压力用压射力和压射压力（也称比压）两种形式来表示。压铸机压射缸内的工作液作用于冲头，使其推动金属液充填模具型腔的力称为压射力。而压射压力是指压射过程中，压室内单位面积上金属液所受到的静压力。

压射力与压射压力的关系式如下：

$$压射力\quad F=pA=\pi D^2 p/4 \tag{1-1}$$

$$比压\quad p=F/A=4F/\pi D^2 \tag{1-2}$$

式中　F——压射力，N；

　　　p——压射缸内工作液的压力，MPa；

　　　A——压射冲头截面积（≈压室截面积），mm^2；

　　　D——压射缸直径，mm。

由式（1-2）可知，压射压力（比压）与压射力成正比，而与压射冲头的截面积成反比。通常压铸压力指的是压射压力，它可以通过调整压射力或更换不同直径的冲头来获得。各种合金压铸件常用压射比压见表 1-45。

型腔实际比压的估算：

$$p_1=Kp \tag{1-3}$$

式中　p_1——型腔实际比压，MPa；

　　　p——理论计算的压射比压，MPa；

　　　K——压力损失折算系数，见表 1-46。

表 1-45　各种合金压铸件常用压射比压　　　　　MPa

合金类别	铸件壁厚≤3mm		铸件壁厚>3mm	
	结构简单	结构复杂	结构简单	结构复杂
锌合金	20～30	30～40	40～50	50～60
铝合金	25～35	35～45	45～60	60～70
镁合金	30～40	40～50	50～60	60～80
铜合金	40～50	50～60	60～70	70～80

表 1-46　压力损失折算系数 K 值

项　　目	K 值		
直浇道导入口截面积 A_1 与内浇口截面积 A_2 之比（A_1/A_2）	<1	=1	>1
立式冷压室压铸机	0.66～0.70	0.72～0.74	0.76～0.78
卧式冷压室压铸机	0.88		

（2）压射速度

压射速度即为冲头速度，是指压室内的压射冲头推动金属液的移动速度。在压射过程中压射速度是变化的，它可分为低速和高速两个阶段，由压铸机的速度调节阀进行无级调速。

在压射的第一、二阶段低速压射时，为避免金属液从加料口溢出，同时使压室内的空气充分排出，并使熔液堆积在内浇口前沿。低速压射时的速度可根据金属液多少而定，可按表1-47选择。在压射第三阶段高速压射时，能使金属液通过内浇口后迅速充满型腔，并将铸件压实，以消除和减少出现缩孔和缩松。故在计算高速压射速度时，可先按表1-48确定充填时间，然后按下式计算：

$$v=4V[1+(n-1)\times 0.1]/(pd^2 t) \tag{1-4}$$

式中　v——高速压射速度，m/s；

　　　V——型腔容积，m^3；

　　　n——型腔数；

　　　d——压射冲头直径，m；

　　　t——充填时间，s。

表 1-47　低速压射速度的选择

压室充满度/%	压射速度/(cm/s)
≤30	30～40
30～60	20～30
>60	10～20

表 1-48　推荐的压铸件平均壁厚与充填时间及内浇口速度的关系

压铸件平均壁厚/mm	充填时间/ms	内浇口速度/(m/s)
1	10～14	46～55
1.5	14～20	44～53
2	18～26	42～50
2.5	22～32	40～48

（3）充填速度

充填速度是金属液在压射冲头作用下通过内浇口进入型腔时的线速度，也称为内浇口速度。它与压射冲头的移动速度不同，但它与压射比压有一定的关系。根据等流量连续性原理，当金属液以速度 v_c 通过压室截面积为 A_c 的体积，应等于以线速度 v_n 流过内浇口截面积为 A_n 的体积，其方程式为：

$$A_c v_c = A_n v_n \tag{1-5}$$

$$v_n = A_c v_c / A_n = p D^2 v_c / 4 A_n \tag{1-6}$$

由式 (1-6) 可知，金属液的充填速度 v_n 与压射速度 v_c（m/s）、压室（压射冲头）直径的平方 D^2 成正比，而与内浇口截面积 A_n（m²）成反比。选择充填速度时，若采用较高的充填速度，以较低的压射比压也可获得完整和表面较光洁的铸件。但过高的充填速度，使压室气体不易排出而形成气泡，致使金属液形成薄层夹渣附于型腔壁上，不仅影响铸件质量，而且会加速模具型腔的磨损。故选择充填速度时，对于结构复杂及表面质量要求高的薄壁铸件，必须选择较高的压射速度和充填速度。使压铸件内在质量能达到力学性能及致密性的要求，各种压铸合金的充填速度参考表 1-49。

表 1-49　各种压铸合金的充填速度　　　　　　　　　　　　　　　　　　m/s

压铸合金	铸件类型		
	简单厚壁铸件	一般壁厚铸件	薄壁复杂铸件
锌合金	10～15	15	15～20
铝合金	10～15	15～25	25～30
镁合金	20～25	25～35	35～40
铜合金	10～15	15	15～20

(4) 温度

① 浇注温度　合金的浇注温度是指金属液自压室进入型腔的平均温度，通常用炉内熔液温度表示，一般熔液从保温炉取出到浇入压室要降低 15～20℃，故金属液的熔化温度应高于浇注温度。浇注温度不宜过高，以防止金属液中的气体及金属氧化程度随温度升高而增加。但浇注温度过高时，因收缩率大，铸件易产生裂纹，内部晶粒粗大，并造成脆性；浇注温度过低时，易产生冷隔、表面流痕甚至浇不足等缺陷。因此，浇注温度应根据合金的性质、铸件壁厚及结构复杂的程度而定。各种压铸合金的浇注温度参考表 1-50。

表 1-50　各种压铸合金的浇注温度　　　　　　　　　　　　　　　　　　℃

合金种类		铸件壁厚≤3mm		铸件壁厚>3～6mm	
		结构简单	结构复杂	结构简单	结构复杂
锌合金	含铝	420～440	430～450	410～430	420～440
	含铜	520～540	530～550	510～530	520～540
铝合金	含硅	610～650	640～700	590～630	610～650
	含铜	620～650	640～720	600～640	620～650
	含镁	640～680	660～700	620～660	640～680
铜合金	普通黄铜	870～920	900～950	850～900	870～920
	硅黄铜	900～940	930～970	880～920	900～940
镁合金		640～680	660～700	620～660	640～680

② 模具温度　模具温度是指压铸时模具的工作温度，压铸模在浇注前应进行充分的预热，并将温度保持在一定的范围内。可以避免在生产中出现粘模，金属液遇冷收缩过大而引起裂纹，同时会产生局部鼓泡和疏松等缺陷。压铸模预热有利于熔液充型和改善型腔内的排气条件及延长模具寿命。

为了避免高温金属液对低温压铸模热冲击，而影响模具寿命，金属液流激冷过快也会影响铸件质量，压铸模必须在工作前预热。

在连续生产中，压铸模的温度也随着升高，当压铸高熔点合金时，模温也升高得很快，而温度的过高使金属液产生粘模，铸件冷却缓慢，使晶粒变粗大。因此压铸温度过高时还应对压铸模采取冷却措施。

在连续生产中要使压铸模的温度保持在一定范围，必须使模具通过热平衡来控制。对于中小型模具，往往吸收的热量大于传走的热量，需要热平衡而应设置冷却系统。

对于大型模具，因体积大，其热容量和表面积较大，散热也快，其压铸周期也较长，模具温升也较慢，可不设冷却系统。各种压铸合金的模具预热温度见表 1-51。

表 1-51　压铸合金模具的预热温度　　　　　　　　　　　　　　　　℃

合金种类	温　　度	铸件壁厚≤3mm		铸件壁厚>3mm	
		结构简单	结构复杂	结构简单	结构复杂
锌合金	预热温度	130～180	150～200	110～140	120～150
	工作温度	180～200	190～220	140～170	150～200
铝合金	预热温度	150～180	200～230	120～150	150～180
	工作温度	180～240	250～280	150～180	180～200
铝镁合金	预热温度	170～190	220～240	150～170	170～190
	工作温度	200～220	260～280	180～200	200～240
镁合金	预热温度	150～180	200～230	120～150	150～180
	工作温度	180～240	250～280	150～180	180～220
铜合金	预热温度	200～230	230～250	170～200	200～230
	工作温度	300～330	330～350	250～300	300～350

（5）压铸工作时间

压铸时间包括充填、持压及铸件在模具中的停留时间。压铸时金属液从进入压铸模型腔开始到充满型腔为止所需的时间称为充填时间。充填时间的长短取决于铸件体积的大小和复杂程度。对大而简单的铸件，充填时间要相对长些，对复杂和薄壁铸件时间要短些。铸件的平均壁厚与充填时间的推荐表见表 1-52。

持压时间是指从金属液充填型腔到内浇口完全凝固时，压射冲头在继续作用下的持续时间。其作用是使压射冲头有充足的时间将压力传递给未凝固的金属，保证铸件在压力下结晶、加强补缩，以获得致密的组织。持压时间的长短应取决于铸件的材质和壁厚，对熔点高、结晶温度范围大和厚壁铸件，持压时间要长些。对结晶温度范围小而壁又薄的铸件，则持压时间可短些。生产中常用的持压时间见表 1-53。

从压射终了到压铸模开启的时间称为留模时间，足够的留模时间能使铸件在模具内具有一定强度，以避免在开模和顶出时产生变形或拉裂。若留模时间过短，则强度低的合金内部气孔的膨胀还会表面产生气泡。留模时间过长，铸件温度过低，收缩大，包紧型芯力大，不利于抽芯或顶出铸件困难。生产中常用留模时间见表 1-54。

表 1-52　铸件的平均壁厚与充填时间的推荐表

铸件平均壁厚/mm	1.5	1.8	2.0	2.3	2.5	3.0	3.8	5.0	6.4
充填时间 t/s	0.01～0.03	0.02～0.04	0.02～0.06	0.03～0.07	0.04～0.09	0.05～0.10	0.05～0.12	0.06～0.20	0.08～0.30

注：1. 铸件平均壁厚按下式计算：
$$\delta = (\delta_1 A_1 + \delta_2 A_2 + \delta_3 A_3 + \cdots)/(A_1 + A_2 + A_3 + \cdots)$$
式中　δ_1，δ_2，δ_3，……——铸件某个部位的壁厚，m；
　　　A_1，A_2，A_3，……——壁厚为 b_1、b_2、b_3、…部位的面积，m^2。
2. 铝合金取较大值，锌合金取中间值，镁合金取较小值。

表 1-53　生产中常用的持压时间　　　　　　　　　　　　　　　　s

压铸合金	铸件平均壁厚<2.5mm				铸件平均壁厚 2.5～6mm			
	锌合金	铝合金	镁合金	铜合金	锌合金	铝合金	镁合金	铜合金
持压时间	1～2	1～2	1～2	2～3	3～7	3～8	3～8	5～10

表 1-54 生产中常用的留模时间   s

压铸合金	铸件平均壁厚＜3mm	铸件平均壁厚 3～6mm	铸件平均壁厚＞6mm
锌合金	5～10	7～12	20～25
铝合金	7～12	10～15	25～30
镁合金	7～12	10～15	25～30
铜合金	8～15	15～20	20～30

1.2.5 压铸用涂料

在压铸过程中，为了避免压铸件粘模，减少铸件顶出时的摩擦阻力和避免压铸模过分受热而采用涂料。

涂料的主要作用是保护压铸模型腔表面，使铸件容易脱模，减少铸件顶出时的摩擦阻力，避免模具过分受热，改善模具工作条件。因此，要求涂料在高温下保持良好的分型效果和润滑性能，并且无腐蚀作用，涂覆性能好，稀释剂挥发少。保持涂料的使用黏度，无析出有害气体。希望涂敷一次能压铸多次，一般能压铸 8～10 次，即使易粘模的铸件，也能压铸 2～3 次。常用的压铸涂料配方及适用范围见表 1-55。

表 1-55 常用压铸涂料配方和适用范围

序号	原料名称	质量百分数/%	配方方法	适用范围
1	胶体石墨（油剂）		成品	冲头、压室
2	胶体石墨（水剂）		成品	铝合金铸件
3	天然蜂蜡		块状或保持在温度不高于 85℃ 的熔融状态	锌合金铸件
4	氟化钠 水	3～5 97～95	将水加热至 70～80℃ 再加入氟化钠，搅拌均匀	铝合金铸件，对防止铝合金粘模有特效
5	石墨 机油	5～10 95～90	将石墨研磨过筛（200#），加入 40℃ 左右的机油中搅拌均匀	铝合金、铜合金铸件、压室、冲头及滑动摩擦部分
6	锭子油	30# 50#	成品	锌合金作润滑
7	聚乙烯 煤油	3～5 97～95	将聚乙烯小块泡在煤油中，加热至 80℃ 左右，熔化而成	铝合金、镁合金铸件
8	氧化锌 水玻璃 水	5 1～2 93～94	将水和水玻璃一起搅拌，然后倒入氧化锌搅匀	大中型铝合金、锌合金铸件
9	硅橡胶 汽油 铝粉	3～5 余量 1～3	硅橡胶溶于汽油中，使用时加入质量分数为 1%～3% 的铝粉	铝合金铸件、型芯
10	黄血盐		成品	铜合金的清洗剂
11	二硫化钼 机油	5 95	将二硫化钼加入机油中搅拌均匀	镁合金铸件
12	蜂蜡 二硫化钼	70 30	将蜂蜡熔化并放入二硫化钼搅拌均匀，凝成笔状	铜合金铸件
13	无水肥皂 滑石粉 水	0.65～0.70 0.18 余量	将无水肥皂溶于水，加入粒度为 1～3μm 的滑石粉，搅拌均匀	铝合金铸件

序号	原料名称	质量百分数/%	配方方法	适用范围
14	叶蜡石 二硫化钼(或石墨) 硅酸乙酯(或水玻璃) 高锰酸钾 酒精 水	10 0 5 0.1 5 余量	将叶蜡石经800℃焙烧2h后，过200#筛，用酒精稀释二硫化钼，然后将上述材料加入水中搅拌均匀	黑色金属铸件

1.2.6 压铸件结构的工艺性

（1）压铸件的壁厚

压铸件的壁厚与合金性能有关，压铸件的壁厚见表1-56。推荐压铸件表面积相应的最小壁厚见表1-57。

表 1-56　压铸件的壁厚 s

	壁厚处面积 ($a \times b$)/cm²	锌合金		铝合金		镁合金		铜合金	
		壁厚 s/mm							
		最小	正常	最小	正常	最小	正常	最小	正常
	≤25	0.5	1.5	0.8	2	0.8	2	0.8	1.5
	>25～100	1	1.8	1.2	2.5	1.2	2.5	1.5	2
	>100～500	1.5	2.2	1.8	3	1.8	3	2	2.5
	>500	2	2.5	2.5	3.5	2.5	3.5	2.5	3
	压铸件外侧边缘 s	$s \geq (1/4 \sim 1/3)h$，当 $h < 4.5$mm 时，$s \geq 1.5$mm							

表 1-57　推荐压铸件表面积相应的最小壁厚　　　mm

铸件表面积/cm²	合金种类				
	铅锡合金	锌合金	铝合金	镁合金	铜合金
≤25	0.5～0.9	0.6～1.0	0.7～1.0	0.8～1.2	1.0～1.5
>25～100	0.8～1.5	1.0～1.5	1.0～1.5	1.2～1.8	1.5～2.0
>100～250	0.8～1.5	1.0～1.5	1.5～2.0	1.8～2.3	2.0～2.5
>250～400	1.5～2.0	1.5～2.0	2.0～2.5	2.3～2.8	2.5～3.5
>400～600	2.0～2.5	2.0～2.5	2.5～3.0	2.8～3.5	3.5～4.5
>600～900	—	2.5～3.0	3.0～3.5	3.5～4.0	4.0～5.0
>900～1200	—	3.0～4.0	3.5～4.0	4.0～5.0	—
>1200～1500	—	4.0～5.0	4.0～5.0	—	—
>1500	—	>5.0	>6.0	—	—

（2）压铸件圆角和肋

压铸件中的肋和铸造圆角的作用是：提高压铸件的强度和刚度，防止或减少铸件收缩变形和裂纹，同时使金属液在压射注入充注过程中流通顺畅，合理地设计肋和铸造圆角，肋和壁厚及铸造圆角的关系见表1-58。

表 1-58 压铸件的肋和壁厚及铸造圆角的关系

分类	简 图	公 式	
肋的结构与壁厚关系	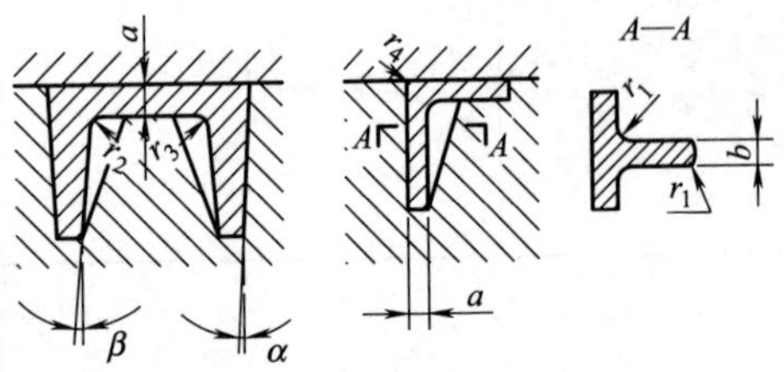	铸件壁厚 a(铸件面积不超过 $100cm^2$)/mm	$0.8\sim2.5$
		铸件壁厚 a(铸件面积超过 $100cm^2$)/mm	$2.0\sim3.5$
		肋的厚度 b/mm	$1.5\sim3.5$
		肋的圆角 r_1/mm	$\leqslant1/2b$
		圆角 r_2/mm	$0.5\sim3.0$
		圆角 r_3/mm	$0.5\sim2.0$
		在分型面上铸件圆角 r_4/mm	必要时 $0.5\sim2.0$
		外壁斜度 α	$30'\sim1°30'$
		内壁斜度 β	$30'\sim1°30'$ (不小于 $0.1\sim0.2$mm)

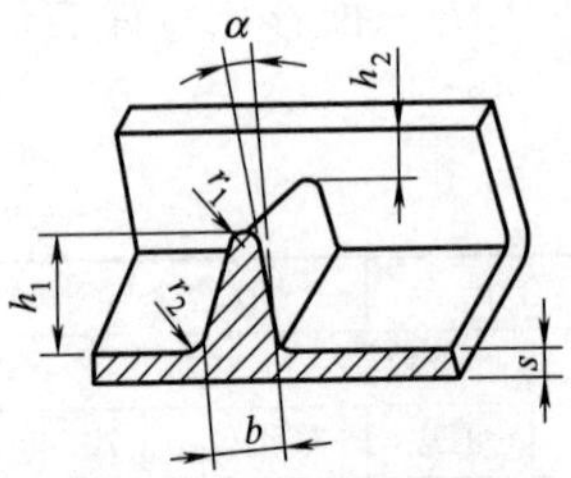

$b=(1\sim1.3)s(s\leqslant3\text{mm 时})$	$r_1=\dfrac{0.5b\cos\alpha-s\sin\alpha}{1-\sin\alpha}$
$b=(0.6\sim1)s(s>3\text{mm 时})$	$r_2=1/3(s+b)$
$h_1=5s,h_2=0.8$	

h_1/mm	α	r_1/mm
$\leqslant20$	$3°$	$\leqslant0.527b-0.055s$
$>20\sim30$	$2°30'$	$\leqslant0.522b-0.046s$
$>30\sim40$	$2°$	$\leqslant0.518b-0.036s$
$>40\sim50$	$1°30'$	$\leqslant0.513b-0.027s$

直角连接

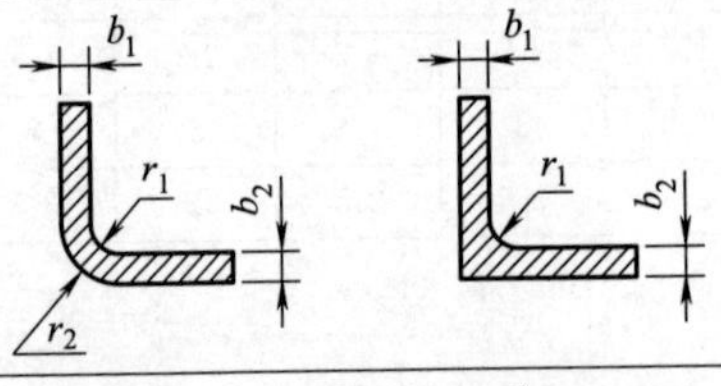

壁厚相等 $b_1=b_2$
$r_1=b_1=b_2$
$r_2\approx r_1+(b_1$ 或 $b_2)$

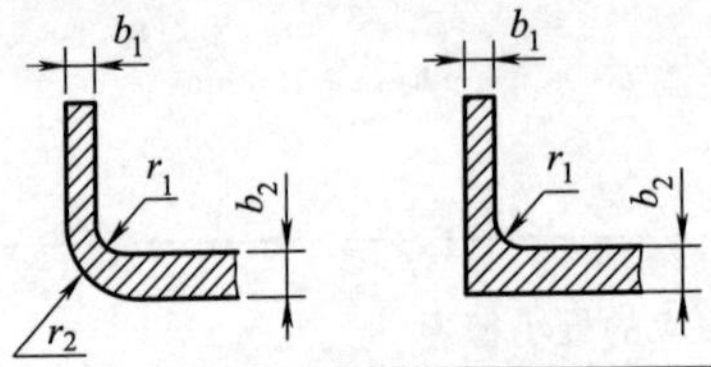

壁厚不等 $b_1<b_2$
$r_1\approx2/3(b_1+b_2)$
$r_2\approx r_1+b_2$

T 形壁连接

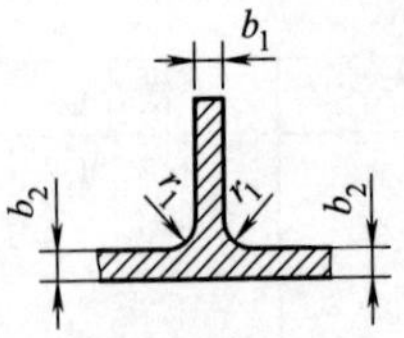

壁厚相等 $b_1=b_2$
$r_1=(1\sim1.25)b_1$

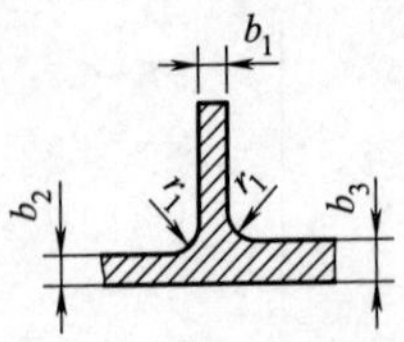

壁厚不等 $b_3>(b_1$ 或 $b_2)$
$b_1\approx b_2$
$r_1\approx(1\sim1.25)b_1$

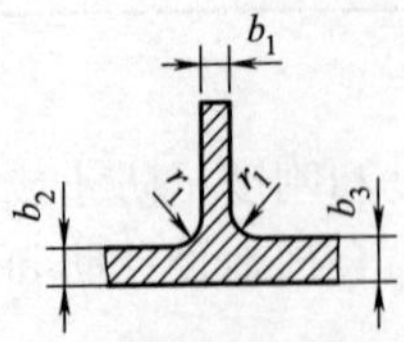

壁厚不等 $b_3>b_2>b_1$
$r_1\approx(1\sim1.25)b_1$

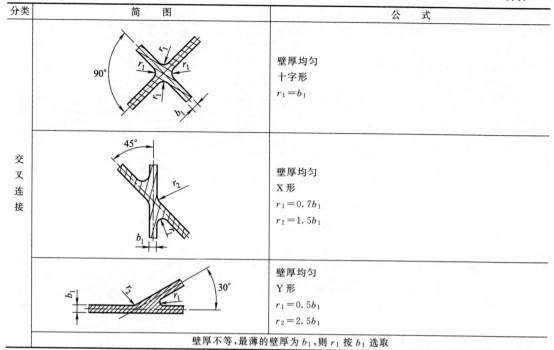

分类	简 图	公 式
交叉连接		壁厚均匀 十字形 $r_1 = b_1$
		壁厚均匀 X 形 $r_1 = 0.7b_1$ $r_2 = 1.5b_1$
		壁厚均匀 Y 形 $r_1 = 0.5b_1$ $r_2 = 2.5b_1$
	壁厚不等,最薄的壁厚为 b_1,则 r_1 按 b_1 选取	

（3）压铸件的孔和脱模斜度

由于压铸过程中是将受压合金熔液注入型腔过程的冲击作用和合金熔液凝固时的收缩，对成型孔的型芯产生冲击，并在型芯周围产生的包紧力与收缩力可能使芯产生弯曲变形或损坏，也将影响压铸件上孔径、孔中心线的直线度及孔距尺寸的精度，故对压铸件的孔径和深度及孔径与孔距之间的关系应合理确定其数值。对于孔径与孔的最大深度及其脱模斜度见表 1-59。压铸件内腔深度及其一般脱模斜度和最小脱模斜度见表 1-60。压铸件孔的直径与孔距的关系见表 1-61。

表 1-59　压铸件的孔径与最大孔深及脱模斜度

压铸件孔径/mm		～3	>3～4	>4～5	>5～6	>6～8	>8～10	>10～12	>12～16	>16～20	>20～25
锌合金	最大深度/mm	9	14	18	20	32	40	50	80	110	150
	脱模斜度	1°30′	1°20′	1°10′	1°	50′	45′	40′	30′	25′	20′
铝合金	最大深度/mm	8	13	16	18	25	38	50	80	110	150
	脱模斜度	2°30′	2°	1°45′	1°40′	1°30′	1°15′	1°10′	1°	45′	40′
铜合金	最大深度/mm	—	—	—	—	14	25	30	45	70	
	脱模斜度	—	—	—	—	2°30′	2°	1°45′	1°15′	1°	

表 1-60　压铸件内腔的一般脱模斜度和最小脱模斜度

合金类型　　内腔深度/mm	～6	>6～8	>8～10	>10～15	>15～20	>20～30	>30～60	最小脱模斜度	
								外表面	内表面
锌合金	2°30′	2°	1°45′	1°30′	1°15′	1°	45′	20′	40′
铝合金	4°	3°30′	3°	2°30′	2°	1°30′	1°15′	30′	1°
铜合金	5°	4°	3°30′	3°	2°30′	2°	1°30′	40′	1°20′

注：1. 铸件外壁的脱模斜度是内腔的 1/2。

2. 脱模斜度不计入尺寸公差。不加工表面，孔以小端为基准；轴以大端为基准。待加工表面，孔以大端为基准，轴以小端为基准。

3. 文字、符号的脱模斜度为 10°～25°。

表 1-61　压铸件孔的直径与孔距的关系　　　　　　　　　　　　　　mm

孔的直径		≤2	>2～3	>3～4	>4～5	>5～6	>6～7	>7～8	>8～9	>9～10	>10～12	>12～14
合金类别		与孔径相应的孔距的尺寸										
锌合金	通孔	≤80	80～160	160～240	240～320	320～400	400～480	480～560	560～640	640～720	720～800	>800
	不通孔	≤50	50～100	100～150	150～200	200～250	250～300	300～350	350～400	400～450	450～500	500～550
铝合金	通孔	—	≤30	30～95	95～155	155～215	215～280	280～340	340～405	405～465	465～525	525～580
	不通孔	—	≤18	18～55	55～90	90～130	130～165	165～200	200～235	235～270	270～345	345～390
镁合金	通孔		≤65	65～135	135～200	200～265	265～335	335～400	400～465	465～530	530～600	>600
	不通孔		≤40	40～80	80～120	120～160	160～200	200～240	240～280	280～300	300～400	400～440
铜合金	通孔				≤50	50～90	90～140	140～190	190～240	240～285	285～380	380～420
	不通孔				≤30	30～60	60～90	90～120	120～150	150～180	180～210	210～240

注：当孔的深度小于表 1-59 的值时，在适当条件时，表中的孔距最大尺寸适当大些。

（4）压铸件配合面与非配合面的脱模斜度

配合面与非配合面的脱模斜度见表 1-62。

表 1-62　配合面与非配合面的脱模斜度

合金类别	配合面的最小脱模斜度		非配合面的最小脱模斜度	
	外表面 α	内表面 β	外表面 α	内表面 β
锌合金	10′	15′	15′	45′
铝合金、镁合金	15′	30′	30′	1°
铜合金	30′	45′	1°	1°30′

注：1. 表中数值适用于型腔深度或型芯高度≤50mm，表面粗糙度 Ra 为 $0.1\mu m$，大端与小端尺寸单面差的最小值为 0.03mm。

2. 当型腔深度或型芯高度>50mm 或表面粗糙度 Ra 小于 $0.1\mu m$ 时，脱模斜度可适当减小。

3. 脱模斜度引起的铸件尺寸偏差，不计入尺寸公差值内，其脱模斜度的偏差值见表 1-63。

表 1-63　脱模斜度偏差值

型腔深度或型芯高度 H /mm	≤10	>10 ～18	>18～ 30	>30 ～50	>50 ～80	>80 ～120	>120 ～180	>180 ～260	>260 ～360	>360 ～500
脱模斜度偏差值+δ	13′～8′	6′	5′	4′	3′	2′30″	2′	1′50″	1′15″	1′

（5）压铸齿轮及螺纹

① 压铸齿轮

压铸齿轮最小模数、精度、斜度见表 1-64。其脱模斜度按表 1-62 中的内表面 β 值选取。要求精度高的齿轮，齿面应留有 0.2～0.3mm 的加工余量。

表 1-64　压铸齿轮的最小模数、精度和斜度

项　目	铅锡合金	锌合金	铝合金	镁合金	铜合金
模数/mm	0.3	0.3	0.5	0.5	1.5
精度	3	3	3	3	3
斜度	每面至少有 0.05～0.2mm，而铜合金应为 0.1～0.2mm				

② 螺纹

压铸螺纹是在一定工艺条件下，锌、铝及镁等合金的压铸件，可以直接压铸出螺纹。铜

合金只是在个别情况下才压铸出螺纹。压铸螺纹一般为国家标准规定的 3 级精度。螺纹分为外螺纹和内螺纹两大类。外螺纹可分为两种：一种是由可分开的两半螺纹型腔构成；而另一种则是由螺纹型环构成。内螺纹是由螺纹型芯构成，螺纹型芯的螺纹在轴向方向上要有斜度，通常为 $10'\sim15'$。压铸螺纹的牙形，应是平头或圆形。压铸平头螺纹牙形见图 1-1，压铸螺纹的极限尺寸和铸造斜度分别见表 1-65 和表 1-66。

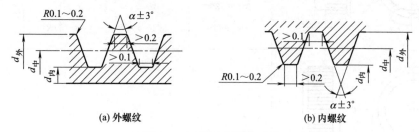

(a) 外螺纹　　　　　　　　　(b) 内螺纹

图 1-1　压铸平头螺纹牙形

表 1-65　压铸螺纹的极限尺寸　　　　　　　　　mm

合　金	最小螺距 s	最小直径 d_0（外径）		最大长度 l（s 的倍数）	
		外螺纹	内螺纹	外螺纹	内螺纹
锌合金	0.75	6	10	$8s$	$5s$
铝合金	0.75	8	14	$6s$	$4s$
镁合金	0.75	10	14	$6s$	$4s$
铜合金	1	12		$6s$	

注：1. 压铸时内螺纹的直径不宜过大。

2. 外螺纹不是由螺纹型腔压铸出时，其最大长度可以加大。

表 1-66　压铸螺纹的铸造斜度　　　　　　　　　mm

合　金	型芯表面的最小斜度（最大 100mm）					
	外侧斜度		活动型芯斜度		固定型芯斜度	
	深度/%	最小/mm	深度/%	最小/mm	深度/%	最小/mm
铅锡合金	0~0.1	—	0.1	—	0.2	—
锌合金	0~0.2	—	0.2	—	0.4	0.03
铝合金	0~0.5	—	0.5	0.05	1.0	0.10
镁合金	0~0.3	—	0.3	0.03	0.6	0.05
铜合金	1~1.5	0.05	2.0	0.10	4.0	0.20

（6）压铸件中的凸台、凸纹、文字、标志及图案

① 凸台、凸纹和直纹

压铸凸台应有足够的高度，并留有加工余量，以便加工。凸台的最小高度 $h=2\sim2.5$mm。当紧固件的直径与孔中心距之间的关系等于或小于表 1-67 中数值时，则应将相近的凸台连成一体。

凸纹和直纹可以直接压出，圆柱体纹按圆周等分，其纹路应平行于出模方向，并具有一定的斜度，其斜度值 β 可按表 1-62 选取。凸纹和直纹的各部分尺寸见表 1-68。

表 1-67　紧固件直径与孔中心距的关系　　　　　　　　　mm

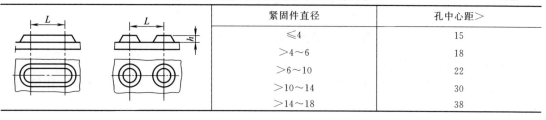

紧固件直径	孔中心距＞
≤4	15
>4~6	18
>6~10	22
>10~14	30
>14~18	38

表 1-68　凸纹与直纹的结构尺寸　　　　　　　　　　　　　mm

	压铸件直径 D	凸纹半径 R	凸纹节距 t	凸纹高度 h
	<18	0.5～1	(5～6)R	
	>18～50	0.8～4	5R	
	>50～80	1～5	5R	(0.5～0.8)R
	>80～120	2～6	(4～5)R	
	$\alpha=90°\sim100°, h=0.6\sim1.2$			

② 铆钉头

压铸件与其他零件铆接时，可在压铸件上直接铸出其铆钉头，压铸件铆钉头的尺寸见表 1-69。

表 1-69　压铸件铆钉头尺寸　　　　　　　　　　　　　mm

尺　寸	合　金	
	铝合金	锌、锡合金
最小直径 d	1.5	1.0
外圆角半径 R	0.25	0.2
外圆角半径 r	0.3	0.2
最大高度 h	6d	8d
最小脱模斜度 α	1°	15′

注：d 的尺寸精度按 IT12 级精度偏差之半选取，并加以"±"。

③ 网纹

网纹主要是用于减少或消除压铸件表面流痕或花斑等缺陷，常在铸件表面上制出网纹，网纹的形状应便于模具制造和铸件的脱模。平板状压铸件的网纹结构和尺寸见图 1-2。

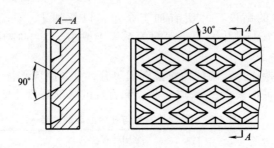

图 1-2　平板状压铸件的网纹结构和尺寸

④ 文字、标志和图案

压铸件上的文字、标志和图案一般是凸体的，不应有尖角，尽可能简单。其尺寸见表 1-70。

表 1-70　文字、标志与图案有关尺寸　　　　　　　　　　　　　　　　mm

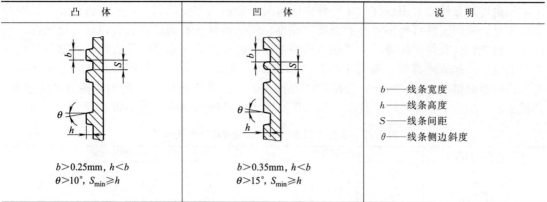

凸　体	凹　体	说　明
$b>0.25mm$, $h<b$ $\theta>10°$, $S_{min}\geq h$	$b>0.35mm$, $h<b$ $\theta>15°$, $S_{min}\geq h$	b——线条宽度 h——线条高度 S——线条间距 θ——线条侧边斜度

　　压铸件上的文字大小一般不应小于 GB/T 14691—1993 规定的 5 号字，文字凸出高度应大于 0.3mm，一般取 0.5mm，线条最小宽度一般为凸出高度的 1.5 倍，通常取 0.8mm，线条最小间距大于 0.3mm，铸造斜度为 10～15°。铸字一般分为三种形式，如图 1-3 所示。其中，图 1-3（c）使用较少。

(a)　　　　　　　　　　　(b)　　　　　　　　　　　(c)

图 1-3　铸字形式

（7）压铸件的孔和槽

压铸件的孔和槽的尺寸分别见表 1-71、表 1-72。

表 1-71　槽隙尺寸　　　　　　　　　　　　　　　　mm

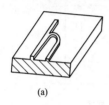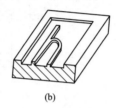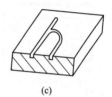

尺寸	合金类别			
	锌合金	铝合金	镁合金	铜合金
最小宽度 b	0.8	1.2	1.0	1.5
最大深度 H	12	10	12	10
厚度 h	12	10	12	8
斜度	$30'～1°$	$30'～1°$	$30'～1°$	$2°～4°$

注：当宽度 b 大于表中数值时，深度与厚度可适当增加。

表 1-72　压铸孔的最小直径、最大深度和最小斜度的关系　　　　　　　mm

合金种类	最小直径		最大深度为孔径的倍数				最小铸造斜度
	一般的	可达到的	盲孔		通孔		
			$\phi>5$	$\phi<5$	$\phi>5$	$\phi<5$	
锌合金	1.5	0.8	$6d$	$4d$	$12d$	$8d$	$0°～0°15'$
锌合金	2.5	2.0	$4d$	$3d$	$8d$	$6d$	$0°15'～0°45'$
镁合金	2.0	1.5	$5d$	$4d$	$10d$	$8d$	$0°～0°30'$
铜合金	4.0	2.5	$3d$	$2d$	$5d$	$3d$	$1°15'～2°30'$

（8）嵌件

压铸可以方便地采用嵌件，在铸件内嵌入另一金属或非金属制件以弥补铸件工艺结构的某些不足。采用嵌件可提高铸件的强度、硬度，使压铸件具有耐磨性、导电性、导磁性、绝缘性、抗蚀性以及焊接性等。为了使压铸件与嵌件的连接稳固牢靠，常在压铸件部分制出直纹或滚花、凸起或凹槽等。嵌件上凹槽、镶嵌螺纹及嵌件滚花尺寸见表1-73。螺纹部分应在压铸件外面留出1.5～2mm。为使嵌件连接牢固，嵌件周围应有一定的包住嵌件的壁厚，其最小厚度如图1-4所示和参照表1-74。压铸镶入嵌件应用图例见表1-75。

表 1-73　嵌件上凹槽、镶嵌螺纹及嵌件滚花尺寸　　　　　　　　　　mm

嵌件上的凹槽尺寸	镶嵌螺纹尺寸	嵌件滚花尺寸				
		嵌件直径	≤8	>8～16	>16～32	>32
		花纹间距 直纹	0.8	1	1.2	1.2
		花纹间距 网纹	0.8	1	1.2	1.6

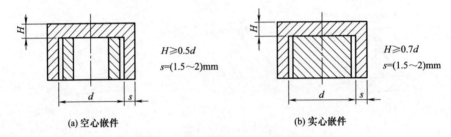

$H \geqslant 0.5d$
$s=(1.5 \sim 2)\text{mm}$

$H \geqslant 0.7d$
$s=(1.5 \sim 2)\text{mm}$

(a) 空心嵌件　　　　　　　　　　　　　(b) 实心嵌件

图 1-4　嵌件周围金属的最小厚度

表 1-74　包住嵌件的金属最小厚度　　　　　　　　　　mm

压铸件外径	2.5	3	6	9	13	16	19	22	25
嵌件最大直径	0.5	1	3	5	8	11	13	16	18
包住嵌件的金属最小厚度	1	1	1.5	2	2.5	2.5	3	3	3.5

表 1-75　压铸镶入嵌件应用图例

序号	应用图例	说明	序号	应用图例	说明
1	嵌件	嵌件为钢制品，以提高压铸件的强度和刚性	4	螺杆	铸件镶入细长螺杆
2	铜套 钢轴	嵌件采用钢轴和铜套，以提高耐磨性	5	嵌件 A	镶入嵌件为钢制品，其A面能承受频繁的敲击（或打击）
3	铁芯	镶入嵌件为铁芯，能使零件具有导磁性能			

序号	应用图例	说明	序号	应用图例	说明
6		压铸时,齿轮和轴作为镶件放入压铸模腔内,压铸出轮毂后即获得一个完整的组合件	8		电机转子,将硅钢片叠装后,进行压铸成组合铁芯
7		压铸件镶入弯管,使零件内具有液体或气体通孔	9	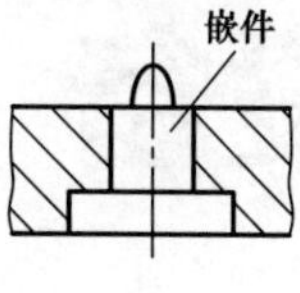	对于箱形、壳形件,当顶面无孔口、而需要开设浇口时,采用嵌件作为分流锥导流,但材料须相同,压铸后将凸起部分去平,其余嵌件留在铸件内

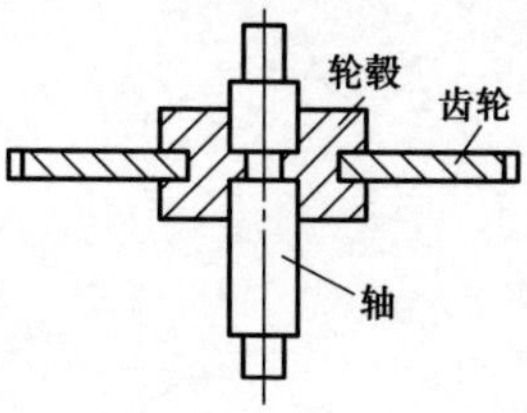

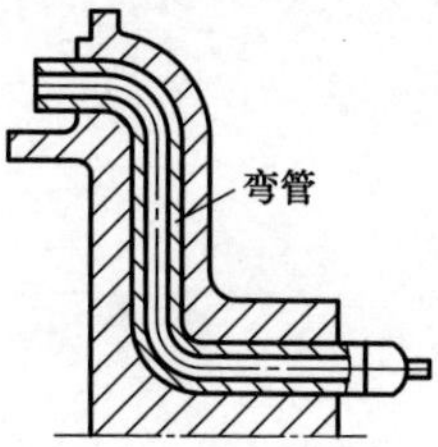

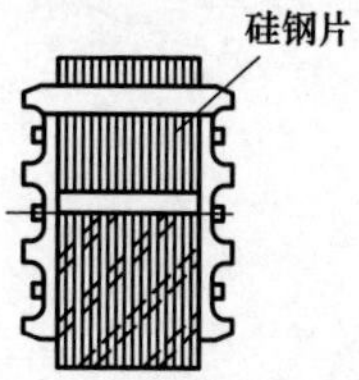

第2章
压铸机设备

压铸机是由金属压力铸造成的主要设备。在设计压铸模时应根据压铸件的结构、材质、技术要求及验收条件等制定合理的压铸工艺、设计、制造优良的压铸模并选用合适的压铸机，是生产合乎要求的优质压铸件的前提。因此，设计师必须熟悉压铸机的特性、技术规格，通过相关计算，选用合适的压铸机，以保证正常生产出优质的压铸件。

2.1 压铸机的分类

压铸机通常按压室受热条件的不同分为热压室和冷压室压铸机两大类，冷压室压铸机可分为卧式、立式和全立式三种形式。常用压铸机的分类见表2-1。

表2-1 压铸机的分类

分类特征	基本结构形式		特 点
压室温度状态	热压室压铸机		操作程序简单,不需要单独供料,易于自动化生产,效率高;金属液直接由压室进入型腔,温度波动范围小,热损失小,压铸工艺稳定;金属材料消耗少,且杂质不易带入型腔;但压射比压小,压射过程中没有增压段。压室、冲头、鹅颈管、喷嘴等热作件寿命短,且不方便更换。 通常大多用于压铸铅、锡、锌等低熔点合金铸件,也可用于镁合金的压铸
压室结构和布置方式	冷压室压铸机	卧式压铸机	金属液进入型腔时转折少,压力损失小,有利于发挥增压机构的作用;压铸机一般设有偏心和中心两个浇注位置,或在偏心和中心间可任意调节,供设计模具时选择用;操作简便,维修方便,容易实现自动化;但金属液在压室内与空气接触面积大,压射时易卷入空气及氧化物夹渣;设置中心浇道时模具结构较复杂;适用于压铸有色金属和黑色金属
		立式压铸机	金属液注入直立式压室,适用于中心浇口铸件;压射结构直立,占地面积小;但熔液进入型腔经过转折,消耗部分压射压力,热量损失也大。余料未切断前不能开模,影响生产率

分类特征	基本结构形式		特　点
压室结构和布置方式	冷压室压铸机	全立式压铸机	模具水平放置,安放嵌件方便,广泛应用于压铸电动机转子类及带硅钢片的零件;压射冲头由下向上运行,比较平稳,带入型腔的空气较少,压铸件气孔较普通压铸件少;金属液进入型腔时转折少,流程短,压力损失小;熔液的热量集中在靠近浇道的压室内,热量损失小;占地面积小,但设备高度较大,应要求与厂房高度相适应。压铸件需要手工取出,不易实现自动化生产
功率(锁模力)	小型压铸机(热室<630kN,冷室<2500kN)		
	中型压铸机(热室630~4000kN,冷室2500~6300kN)		
	大型压铸机(热室>4000kN,冷室>6300kN)		
通用程度	通用压铸机 专用压铸机		
自动化程度	半自动化压铸机 全自动化压铸机		

2.2　压铸机的选用

2.2.1　压铸机的选用原则

① 根据不同品种及批量选择。对于多品种、小批量生产,应选用液压系统较简单,适应性强,便于安装模具并能快速调节压铸机动模板位置的压铸机;对于大批量生产的,则应选择可配备各种机械化和自动化控制机构的高效率压铸机;对于单一品种大量生产的,则应选择专用压铸机。

② 根据压铸件结构及工艺要求选择。压铸件的结构、外形尺寸、质量、壁厚等参数是选择压铸机的重要依据,压铸件的质量(包括浇注系统及溢流槽)不应超过压铸机的额定容量。压铸机的最大与最小开模距离,应能适合压铸模的开启与闭合行程,以便于取出铸件。

2.2.2　压铸机锁模力的确定

锁模力是选用压铸机时首先要确定的参数。锁模力的主要作用是:为了克服压射时的反压力,以锁紧模具的分型面,防止因模具松动而引起金属液飞溅、伤人和影响压铸件的尺寸精度。因此,锁模力必须大于压铸时产生的胀形力。压铸机的锁模力可按下式计算:

$$F_锁 \geqslant K(F_主 + F_分) \tag{2-1}$$

式中　$F_锁$——压铸机的锁模力,kN;

　　K——安全系数,$K = 1.25$;

　　$F_主$——主胀形力,作用在分型面上的投影面积,包括浇注系统、溢流排气系统的面积的力,kN,按式 (2-2) 算出;

　　$F_分$——分胀形力,kN。

主胀形力计算式为:

$$F_主 = Ap/10 \text{ 或 } F_主 = p(A_件 + A_浇)/10 \tag{2-2}$$

式中　$F_主$——主胀形力，kN；

　　　p——压射比压，MPa；

　　　A——铸件在分型面上的投影面积（$A_件$），cm^2；多腔则为各腔投影面积之和，一般另加 30% 作为浇注系统与溢流排气系统的面积（$A_浇$）。

对于有抽芯机构的侧向活动型芯成型铸件时，金属液充满型腔后产生的压力 $F_反$ 作用在侧向活动型芯的成型面上使型芯后退，因此常采用楔紧块斜面来锁紧活动型芯连接的滑块，在楔紧块斜面上产生的法向分力，即为分胀形力，见图 2-1，其值为各个型芯所产生的法向分力之和（如果侧向活动型芯成型面积不大，分胀形力可忽略不计）。

① 斜销抽芯和斜滑块抽芯的分胀形力计算公式：

$$F_分 = \sum\left(\frac{pA_芯}{10} \times \tan\alpha\right) \tag{2-3}$$

式中　$F_分$——由各个法向分力引起的分胀形力之和，kN；

　　　$A_芯$——侧向活动型芯成型端面的投影面积，cm^2；

　　　p——压射比压，MPa；

　　　α——楔形块的楔紧角度。

② 液压抽芯时分胀形力的计算：

$$F_分 = \sum\left[(A_芯 p/10 \times \tan\alpha) - F_抽\right] \tag{2-4}$$

式中　$F_分$——分胀形力，kN；

　　　$A_芯$——侧向活动型芯成型端面的投影面积，cm^2；

　　　α——楔形块的楔紧角度；

　　　$F_抽$——液压抽芯器的插芯力，kN，如果液压抽芯器未注明插芯力时可按式（2-5）计算。

$$F_抽 = 0.0785 D_抽^2\, p_管 \tag{2-5}$$

式中　$F_抽$——液压抽芯器的抽芯力，kN；

　　　$D_抽$——液压抽芯器液压缸的直径，cm；

　　　$p_管$——压铸机管道压力，MPa。

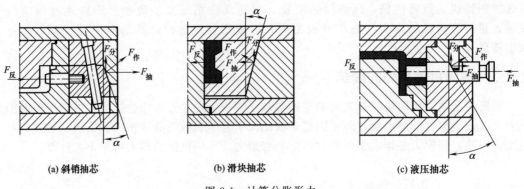

(a) 斜销抽芯　　　　　　　(b) 滑块抽芯　　　　　　　(c) 液压抽芯

图 2-1　计算分胀形力

2.2.3　确定比压

压射比压是确保压铸件致密性的重要参数之一，根据压铸件的壁厚、复杂程度来选取。常用的压铸合金所选用的压射比压推荐值见表 2-2。

表 2-2　常用的压铸合金所选用的压射比压推荐值　　　　　　　MPa

铸件 \ 合金	铝合金	锌合金	镁合金	铜合金
一般件	30～50	13～20	30～50	40～50
承载件	50～80	20～30	50～80	50～80
耐气密性件	80～100	25～40	80～100	60～100
电镀件		20～30		

2.2.4　确定压铸机锁模力的查表法

为了简化压铸机选用时的计算，在已知模具分型面上铸件总投影面积ΣA 和所选用的压射比压 p 后，可以从图 2-2 中直接查到所选用的压铸机型号和压室直径。也可根据比压和投影面积查找胀形力，见图 2-3。

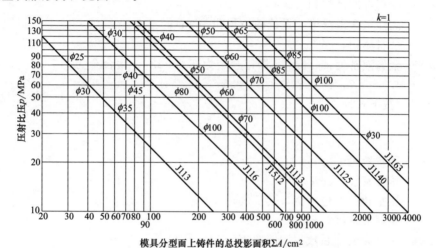

图 2-2　国产压铸机压射比压与总投影面积对照图

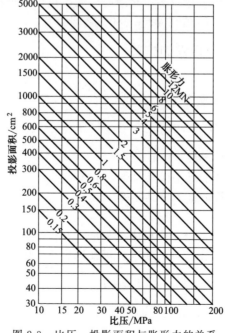

图 2-3　比压、投影面积与胀形力的关系

2.2.5　核算压室容量

压铸机初步选定后，压射比压和压室的尺寸也可相应得到确定，压室可容纳金属液的质量为定值，但压室是否能够容纳每次浇注的金属液的质量，需按下式计算：

$$G_室 > G_浇 \tag{2-6}$$

式中　$G_室$——压室容量，g；

　　　$G_浇$——每次浇注的金属液的质量，g。

设每次浇注所需要的压铸合金质量为 $G_浇$，即：

$$G_浇 = (V_件 + V_浇 + V_余)\rho \tag{2-7}$$

式中　$V_件$——压铸件的体积和，cm^3；

　　　$V_浇$——浇注（含溢流槽）系统的体积和，cm^3；

　　　$V_余$——余料体积，cm^3；

　　　ρ——金属液密度，g/cm^3；即铝合金为 2.6~2.7，镁合金为 1.7~1.8，锌合金为 6.3~6.7，铜合金为 8.3~8.5。

压室容量可按下式计算：

$$G_室 = \pi D_室^2 L \rho K / 4 \tag{2-8}$$

式中　$G_室$——压室容量，kg；

　　　$D_室$——压室直径，cm；

　　　L——压室长度（包括浇口套长度），cm；

　　　ρ——金属液密度，g/cm^3；

　　　K——压室充满度系数，一般取 $K = 60\% \sim 80\%$。

压室充满度系数 K 值，充满度越小，则压室中的空气越多，越容易被压铸合金卷入型腔，在压铸件内出现气孔的机会也越多；充满度过大，在压射过程中，压铸合金容易从浇注料口处溅出。故一般情况下，K 值在 $60\% \sim 80\%$ 之间为宜。

2.2.6　模具厚度和动模板行程的核算

（1）模具厚度的核算

压铸模设计时，模具设计厚度应按下式核算：

$$H_{min} + 10mm < H_设 < H_{max} - 10mm \tag{2-9}$$

式中　$H_设$——压铸模具设计厚度，mm；

　　　H_{min}——压铸机所允许的最小模具厚度，mm；

　　　H_{max}——压铸机所允许的最大模具厚度，mm。

（2）动模板行程的核算

在选择压铸机时，压铸机的最小合模距离与最大开模距离，应根据铸件形状、浇注系统和模具结构来核算是否满足取出铸件的要求。可根据表 2-3 和式（2-10）核算：

$$L_取 < L_行 \tag{2-10}$$

式中　$L_取$——开模后压铸件脱模或取出时所需要的最小距离，mm；

　　　$L_行$——动模板行程，mm。

表 2-3 取出压铸件时分型面间所需最小的距离

分 类	简 图	公 式
推杆推出结构	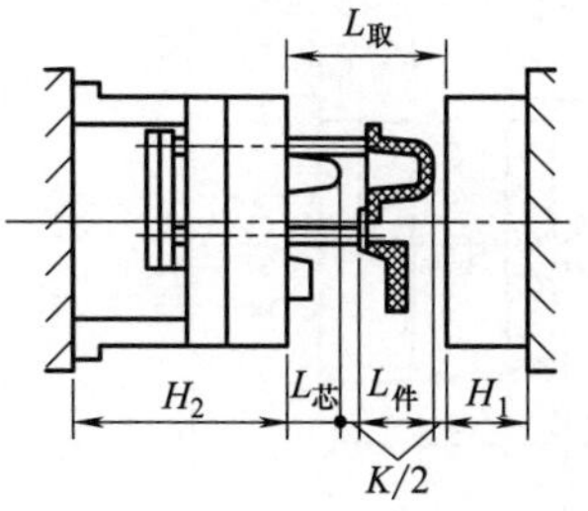	$L_{取} \geqslant L_{芯} + L_{件} + K$
	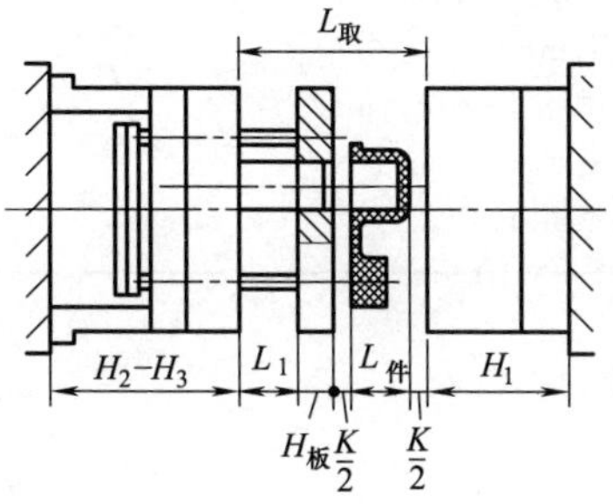	$L_{取} \geqslant L_1 + H_{板} + L_{件} + K$
曲折分型面结构	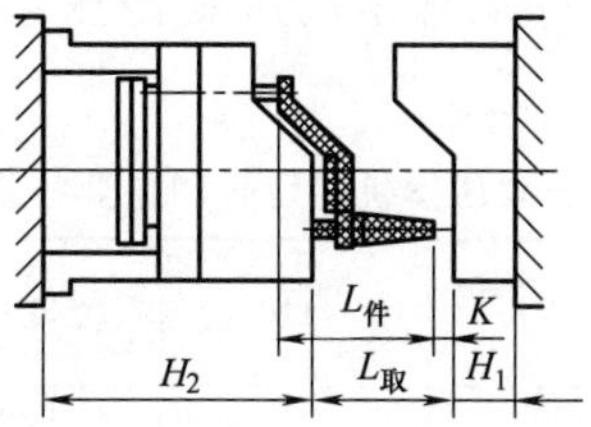	$L_{取} \geqslant L_{件} + K$
斜销抽芯结构	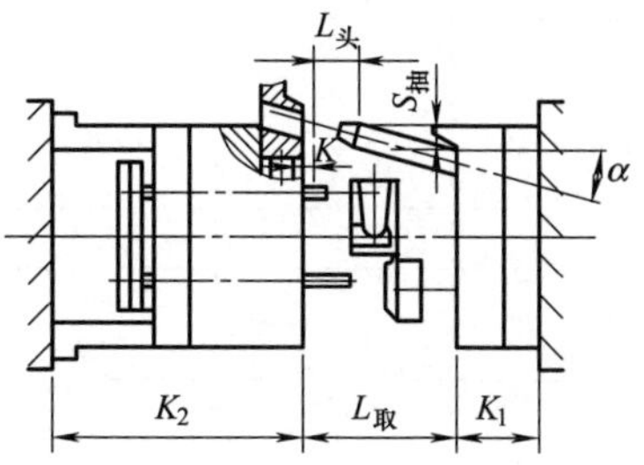	$L_{取} \geqslant \tan\alpha S_{抽} + L_{头} + K$
斜滑块立式压铸机中心浇口结构	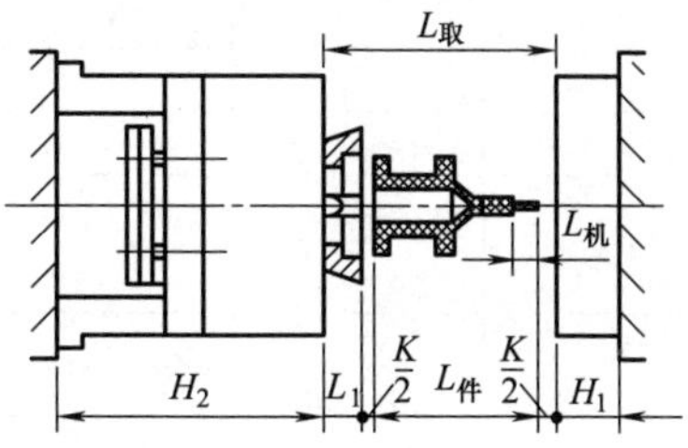	$L_{取} \geqslant L_1 + L_{件} + K$

分　类	简　图	公　式
卧式压铸机中心浇口结构	 	$L_{取} \geqslant L_{芯} + L_{件} + L_{余} + K$
备　注	$L_{取}$——取出铸件的分型面间的最小距离,mm L_1——最小推出距离,mm $L_{件}$——铸件高度(包括浇注系统),mm $L_{芯}$——型芯高出分型面尺寸,mm $L_{余}$——取下余料的距离,mm	$L_{头}$——斜销头部尺寸,mm $L_{机}$——立式压铸机喷嘴长度,mm $H_{板}$——推板厚度,mm α——斜销斜角,(°) $S_{抽}$——抽芯距离,mm K——安全值(一般取 10mm)

2.2.7　压铸机的型号和技术参数

(1) 卧式冷压室压铸机

卧式冷压室压铸机的型号和主要技术参数见表 2-4、表 2-5。卧式冷压室压铸机模板和模具安装尺寸见图 2-4～图 2-32。国家标准规定的卧式冷压室压铸机的主要技术参数见表 2-6。

表 2-4　常用卧式冷压室压铸机的型号和主要技术参数

参数＼型号	J113	J113A	J116	J116A	J116D	J116E
合模力/kN	250	250	630	630	630	630
压射力/kN	40	35	50～90	46～100	35	90
开模力/kN	30		70			
移动座板行程/mm	250	200	320		250	240
拉杆内间距(水平×垂直)/(mm×mm)		240×240		350×350	305×305	300×300
压射行程/mm	200			270		282
模具最大厚度/mm		120～320		350	150～350	150～350
模具最小厚度/mm				150		
座板最大开距/mm	450		570			
浇口偏心距离/mm	50	0,−30	60	60	0,−60	
推出力/kN		—		50		52
推出行程/mm		15～70		50		60
一次空循环时间/s		4			5	5
压室直径/mm	$\phi25,\phi30,\phi35$	$\phi25,\phi30$	$\phi30,\phi40,\phi45$	$\phi35,\phi40$	$\phi35,\phi40$	$\phi35,\phi40$
压射比压/MPa	81.5,57,41.5	48.7	56.5～127	48～104 37～80	57～94	57～94
铸件最大质量/kg	铝:0.35 锌:0.89 铜:1.07	铝:0.3	铝:0.6	铝:0.46 铝:0.6	铝:0.7	铝:0.5

型号 参数	J113	J113A	J116	J116A	J116D	J116E
铸件投影面积/cm²	26,37,51	85	95	131~60 170~78.8	67~110	67~110
压室法兰直径/mm		70			85	
压室法兰凸出高度/mm		10			10	
冲头跟踪距离/mm		60			80	
管路工作压力/MPa	6.5	7	10	12	10.5	10.5
油泵电机功率/kW		7.5			11	11
外形尺寸(长×宽×高)/ (mm×mm×mm)		3030×1060 ×1310			3970×790 ×1700	3970×1050 ×2100
生产厂		宁波东方压铸 机床有限公司			宁波东方压铸 机床有限公司	宁波东方压铸 机床有限公司

型号 参数	J1125	J1125A	J1125G	J1126	J1140	J1140C
合模力/kN	2500	2500	2500	2600	4000	4000
压射力/kN	125~250	114~250	143~280	140~280	200~400	180~400
开模力/kN		200				
移动座板行程/mm	400	500	400	400	450	450
拉杆内间距 (水平×垂直)/(mm×mm)	520×420	520×420	520×520	520×520	770×670	620×620
压射行程/mm	385	385			480	
模具最大厚度/mm	650		250~650	250~650	750	750
模具最小厚度/mm	300	400			400	300
座板最大开距/mm		900			1200	
浇口偏心距离/mm	0~150	0~150	0,-160	0,80,160	0,110,110	0,100,200
推出力/kN	120	120	130	120	180	180
推出行程/mm	120	100	100	100	120	120
一次空循环时间/s						10
压室直径/mm	φ50,φ60,φ70	φ50,φ60,φ70	φ50,φ60,φ70	φ50,φ60,φ75	φ65,φ85,φ100	φ60,φ70,φ80
压射比压/MPa	32~127	128	28~143	63.7~143 44.2~99 28.2~63.4	120;71 51 (压射力400kN)	35~142
铸件最大质量/kg	铝:2.5	铝:2.5	铝:3.2	铝:3.2		铝:4.5
铸件投影面积/cm²	380 (比压为 65MPa)	320 (比压为 66.5MPa)	175~886	175~345 240~470 370~800	280;480 670	283~1143
压室法兰直径/mm						130
压室法兰凸出高度/mm						15
冲头跟踪距离/mm						230
管路工作压力/MPa	12	12	11.7	13	12	2
液压泵流量/(L/min)				116,65		
油箱容量/L				750		
油泵电机功率/kW			15	15		22
机器质量/kg				11000		

续表

参数 \ 型号	J1125	J1125A	J1125G	J1126	J1140	J1140C
外形尺寸(长×宽×高)/(mm×mm×mm)			6450×1795×2335	5800×1850×2570		7455×1850×2400
生产厂				佛山市顺德区华大机械制造有限公司		

参数 \ 型号	J1150B	J1163	J1163E	J1165	J1170A	J1190
合模力/kN	5000	6300	6300	6500	7000	9000
压射力/kN	210~450	280~500	368~600	250~600	650	830
开模力/kN		450				
移动座板行程/mm	450	800	600	600	650	710
拉杆内间距(水平×垂直)/(mm×mm)	770×670	900×800	760×760	750×750	750×750	900×900
压射行程/mm		620		610		800
模具最大厚度/mm	750		350~850	350~850	350~850	1000~450
模具最小厚度/mm	300	600				
座板最大开距/mm		1400				
浇口偏心距离/mm	0,100,220	250	0,125,250	0,125,250	0,125,250	0,140,280
推出力/kN	220		250(液压)	250	250	400
推出行程/mm	120	100(液压)	150(液压)	150	150	190
一次空循环时间/s					<12	25
压室直径/mm	$\phi70,\phi80,\phi90$	$\phi85,\phi100,\phi130$	$\phi70,\phi85,\phi100$	$\phi70,\phi80,\phi90,\phi100$	$\phi70,\phi80,\phi90,\phi100$	90,100,110,125
压射比压/MPa	33~117	88 63.5 27	38.2~156	65~156 50~119 39~94 32~76		62~130 50~105 41~87 32~67
铸件最大质量/kg	铝:6	铝:5.37,7.36,12.4	铝:9	铝:4.58,5.98,7.57,9.34	铝:10	铝:18
铸件投影面积/cm²	427~1515	610,850,1421	403~1649	404~969 528~1265 667~1603 825~1981	—	580~1230 728~1530 870~1968 1140~2390
压室法兰直径/mm	130		165	165f7	165	210f8
压室法兰凸出高度/mm	15		15	$15_{-0.05}^{0}$	15	$20_{-0.05}^{0}$
冲头跟踪距离/mm	250		220	240	220	260
管路工作压力/MPa	12	12	12	12	—	14
油泵电机功率/kW	22		30	37	37	45
调模电机功率/kW				2.2		
液压泵流量(大/小泵)/(L/min)				200/94		200/116
蓄能器容量/L				106,56		
油箱容量/L				1600		2300
机器质量/kg				29200		48000

续表

型号 参数	J1150B	J1163	J1163E	J1165	J1170A	J1190
外形尺寸(长×宽×高)/ (mm×mm×mm)	7545×2000 ×2450		8000×2000 ×2700	8205×2080 ×3120	8770×2620 ×3150	10000×2900× 3000
生产厂	阜新压铸机厂		阜新压铸机厂	佛山市顺德区 华大机械制 造有限公司	上海压铸机厂	佛山市顺德区 华大机械制 造有限公司

型号 参数	J1113	J1113A	J1113B	J1113C	J1113G	J11125
合模力/kN	1250	1250	1250	1250	1250	12500
压射力/kN	140	70～140	85～150	70～140	85～150	450～1050
开模力/kN	125	125				
移动座板行程/mm	450	450	350	450	350	850
拉杆内间距 (水平×垂直)/(mm×mm)	650(水平)	650(水平)	420×420	650×310	420×420	1060×1060
压射行程/mm	320	320	300			
模具最大厚度/mm		350	250～500	350	200～500	530～1180
模具最小厚度/mm	350					
座板最大开距/mm	800	800				
浇口偏心距离/mm	0～125	0～125	0～100	0～125	0～100	0,160,320
推出力/kN	40		100	125	100(液压)	500(液压)
推出行程/mm			80		80	200
一次空循环时间/s				15	7	19
压室直径/mm	φ40,φ50, φ60,φ70	φ40,φ50, φ60,φ70	φ40,φ50,φ60	φ40,φ50, φ60,φ70	φ40,φ50,φ60	100～140
压射比压/MPa	111.5,71, 550,36.5	111.5,71, 550,36.5	33～115	37～110	30～120	29～134
铸件最大质量/kg	铝:2	铝:2	铝:1.5 锌:3.8	铝:2	铝:1.6	26
铸件投影面积/cm²	95,150 215,290	95,150 215,290	100～380	110～340	104～416	790～3600
压室法兰直径/mm				110	110	240
压室法兰凸出高度/mm				10	10	25
冲头跟踪距离/mm				105	100	320
管路工作压力/MPa	10	10	12	10	12	13
液压泵电机功率/kW				15	11	75
外形尺寸(长×宽×高)/ (mm×mm×mm)				4200×1850 ×1600	5030×1320 ×1740	12017×3360 ×3240
生产厂				宁波东方压铸 机床有限公司	广东顺德市 桂州华大压铸 机械制造厂	佛山市顺德区 华大机械制 造有限公司

参数 \ 型号	J11160	J1116G	参数 \ 型号	J11160	J1116G
合模力/kN	16000	1600	最大金属浇注量/kg	铝:26	铝:1.8
拉杆内间距(水平×垂直)/(mm×mm)	1250×1250	440×440	压室法兰直径/mm	260	110
			压室法兰凸出高度/mm	25	10
拉杆直径/mm	—	—	冲头跟踪距离/mm	360	120
移动座板行程/mm	950	350	液压顶出器顶出力/kN	550	100
压铸模厚度/mm	600~1320	200~550	液压顶出器顶出行程/kN	250	80
压射位置/mm	0,−175,−350	0,−70,−140	一次空循环时间/s	—	7
压射力/kN	500~1250	85~200	管路工作压力/MPa	13	12
压室直径/mm	100/130/150	40/50/60	油泵电机功率/kW	87.7	11
压射比压/MPa	28.3~131.6	—	外形尺寸(长×宽×高)/(mm×mm×mm)	12780×3530×4240	5400×1365×1910
铸件投影面积/cm²	1033~4800	—			

注：J11160 型卧式冷室压铸机由阜新压铸机厂提供资料；J1116G 型卧式冷室压铸机由广东顺德市桂州华大压铸机械制造厂提供资料。

表 2-5　卧式冷压室压铸机的型号和主要技术参数

参数 \ 型号	DCC130[2]	DCC1000[2]	DCC2000[2]	DCC3000[2]
锁模力/kN	1450	10000	20000	30000
锁模行程/mm	350	880	1400	1500
模具厚度(最小~最大)/mm	250~500	450~1150	650~1600	800~2000
模板尺寸(水平×垂直)/(mm×mm)	650×657	1620×1620	2150×2150	2620×2620
哥林柱内距/(mm×mm)	429×429	1030×1030	1350×1350	1650×1650
哥林柱直径/mm	80	200	280	340
压射力(增压)/MPa	180	865	1500	2110
射料行程/mm	320	800	960	1180
锤头直径/mm	40[1],50,60[1]	90,100,110,120	130~170	150~190
射料量(铝)/kg	0.7[1],1.15,1.6[1]	9.5,11.7,14.2,16.9	24~41	39~62
铸造压力(增压)/MPa	141[1],90,62[1]	136,110,91,76.5	113~66	119~73
铸造面积/cm²	90[1],140,205[1]	730,905,1095,1305	1769~3030	2520~4110
最大铸造面积(40MPa)/cm²	362	2500	5000	7500
压射位置/mm	0,−100	0,−300	−175,−350	−250,−450
冲头推出距离/mm	115	300	400	530
压射室法兰直径/mm	110	240	260	280
压射室法兰凸出定板高度/mm	10	20	30	30
顶出力/kN	108	500	650	900
顶出行程/mm	85	200	300	300
系统工作压力/MPa	14	16	16	16
电动机功率/kW	15	45	2×55	165

参数 \ 型号	DCC130[②]	DCC1000[②]	DCC2000[②]	DCC3000[②]
油箱容积/L	300	1500	2800	3200
机器质量/kg	6000	70000	135000	235000
机器外形尺寸（长×宽×高)/(mm×mm×mm)	5500×1250×2650	10560×3500×3800	12710×4370×4380	15750×5250×5180

① 为备选参数。

② DCC130 型、DCC1000 型、DCC2000 型、DCC3000 型均由上海一达机械有限公司提供资料。

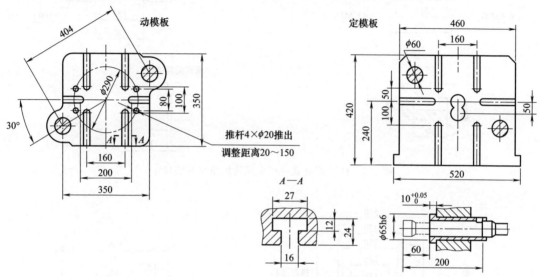

图 2-4　J113 型卧式冷压室压铸机模具安装尺寸

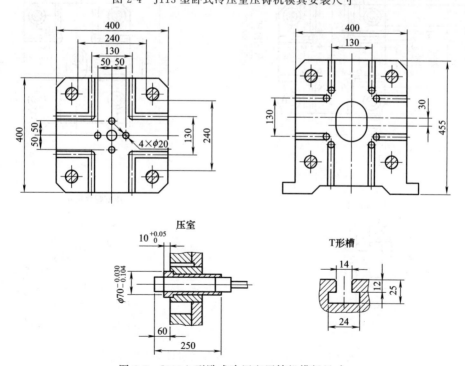

图 2-5　J113A 型卧式冷压室压铸机模板尺寸

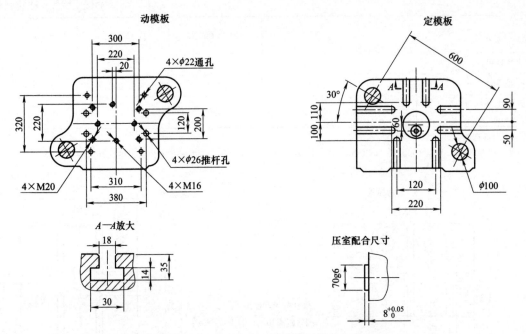

图 2-6　J116 型卧式冷压室压铸机模具安装尺寸

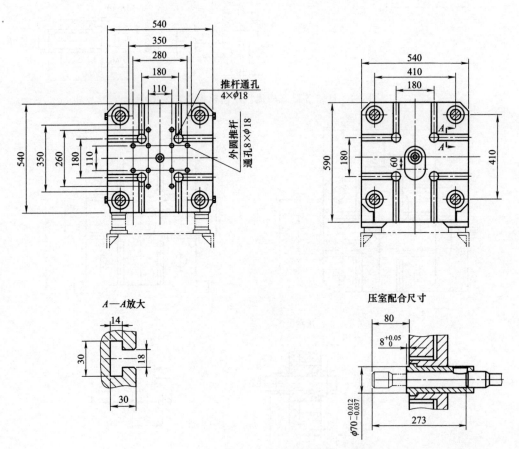

图 2-7　J116A 型卧式冷压室压铸机模具安装尺寸

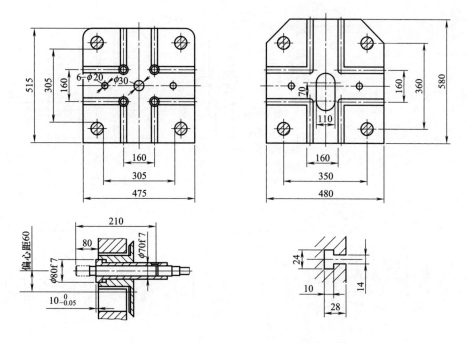

图 2-8　J116D 型卧式冷压室压铸机模具安装尺寸

定模型板

动模型板

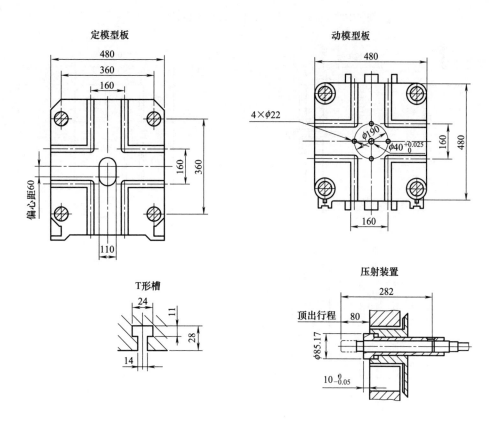

T形槽

压射装置

图 2-9　J116E 型卧式冷压室压铸机模具安装尺寸

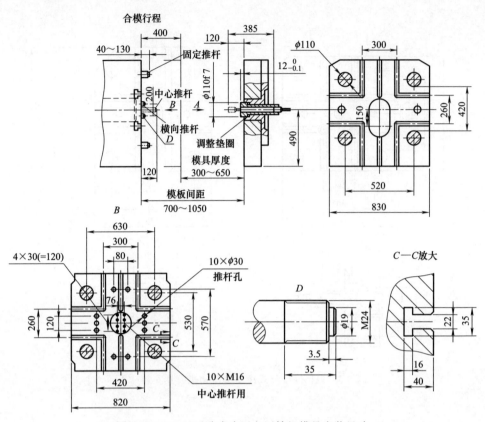

图 2-10 J1125 型卧式冷压室压铸机模具安装尺寸

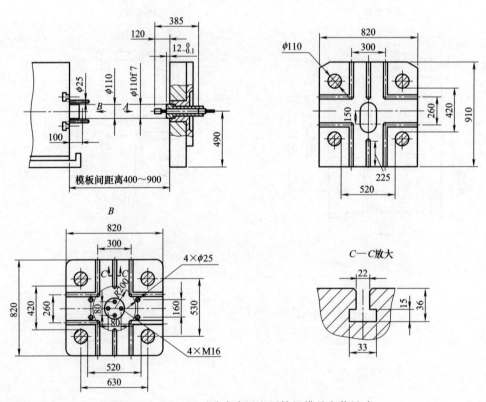

图 2-11 J1125A 型卧式冷压室压铸机模具安装尺寸

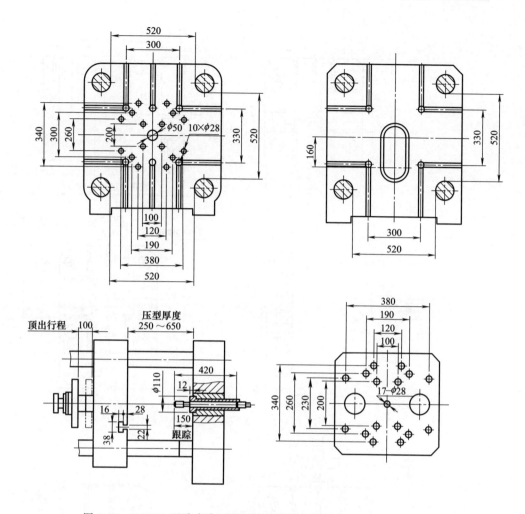

图 2-12　J1125G 型卧式冷压室压铸机模具安装尺寸

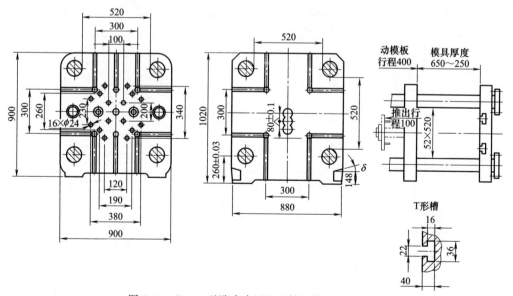

图 2-13　J1126 型卧式冷压室压铸机模具安装尺寸

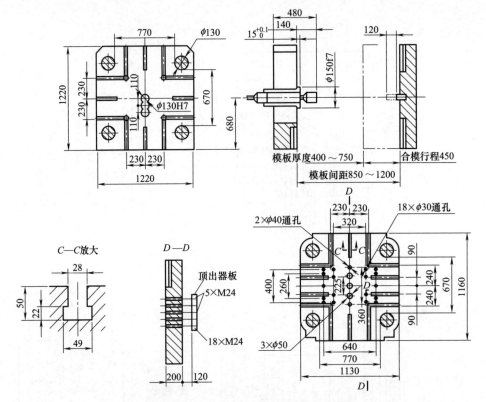

图 2-14 J1140 型卧式冷压室压铸机模具安装尺寸

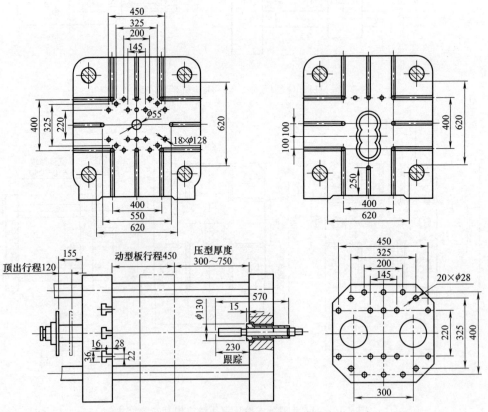

图 2-15 J1140C 型卧式冷压室压铸机模具安装尺寸

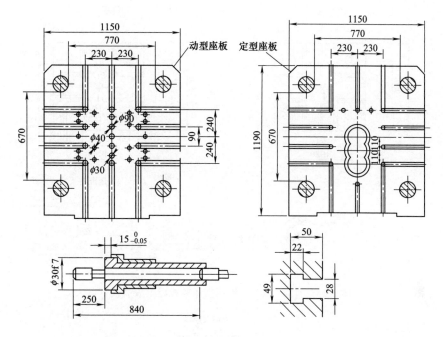

图 2-16　J1150B 型卧式冷压室压铸机模板尺寸

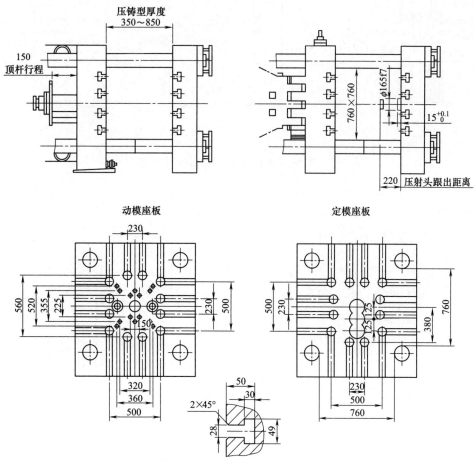

图 2-17　J1163E 型卧式冷压室压铸机模板尺寸

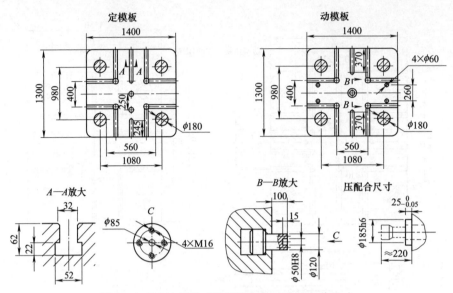

图 2-18 J1163 型卧式冷压室压铸机模具安装尺寸

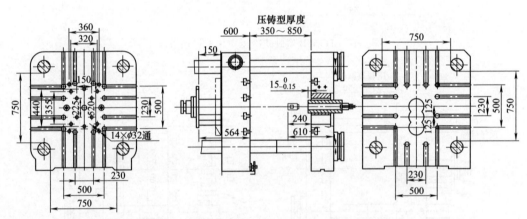

图 2-19 J1165 型卧式冷压室压铸机模具安装尺寸

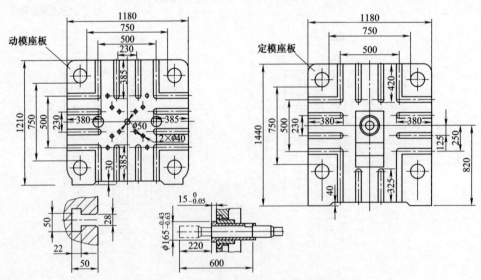

图 2-20 J1170A 型卧式冷压室压铸机模板尺寸

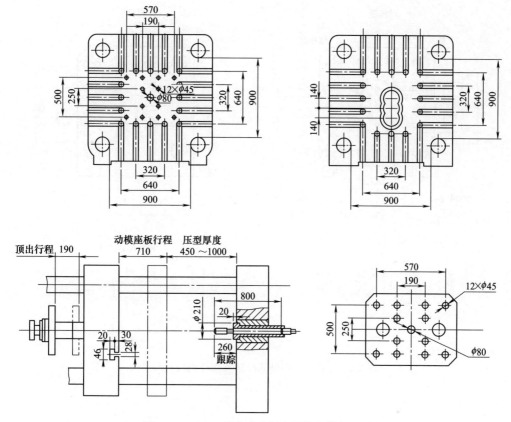

图 2-21　J1190 型卧式冷压室压铸机模板尺寸

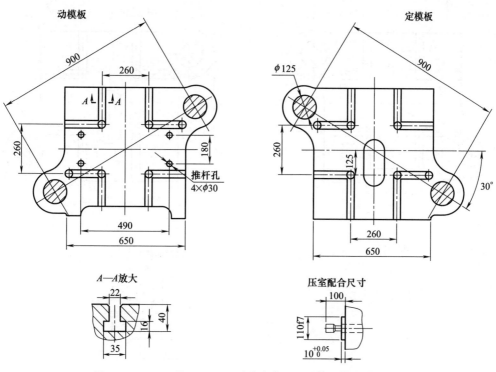

图 2-22　J1113 型、J1113A 型卧式冷压室压铸机模具安装尺寸

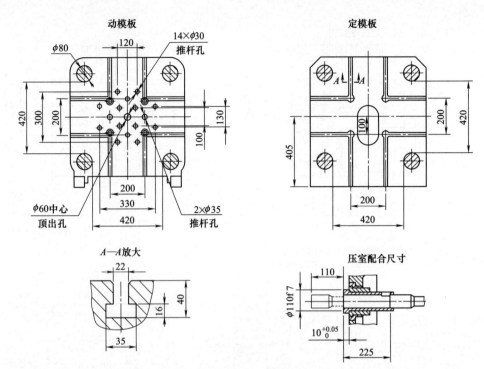

图 2-23 J1113B 型卧式冷压室压铸机模板尺寸

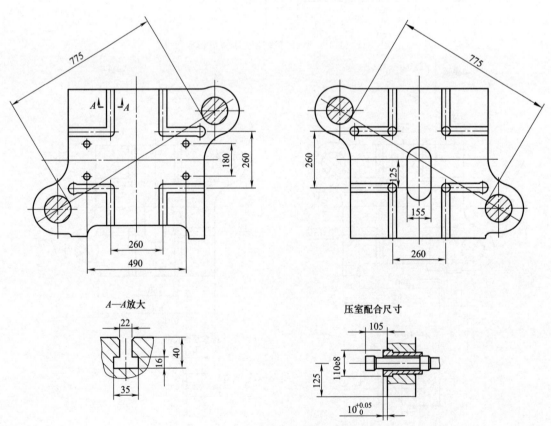

图 2-24 J1113C 型卧式冷压室压铸机模具安装尺寸

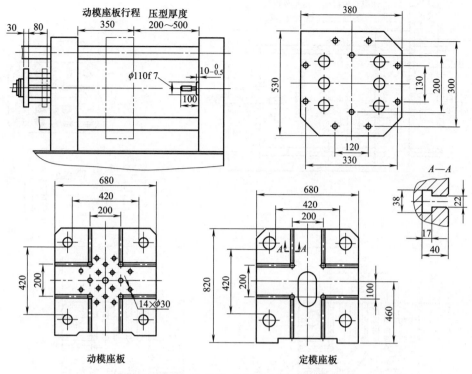

图 2-25　J1113G 型卧式冷压室压铸机模板尺寸

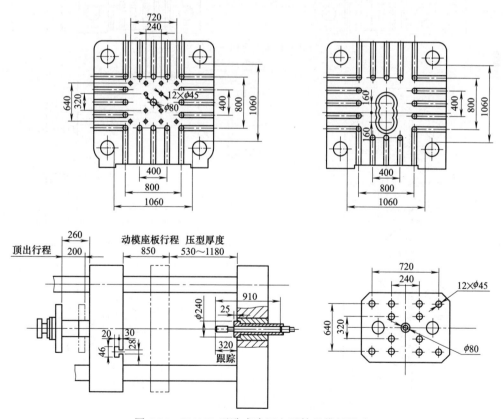

图 2-26　J11125 型卧式冷压室压铸机模板尺寸

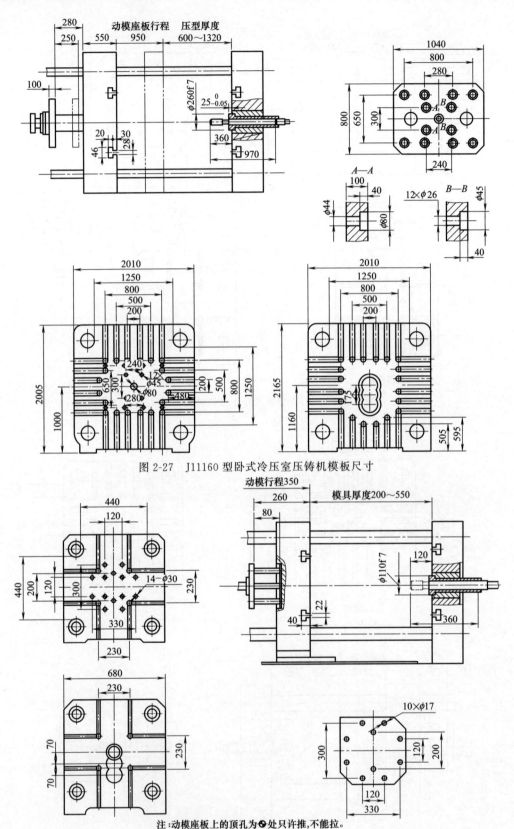

图 2-27　J11160 型卧式冷压室压铸机模板尺寸

注:动模座板上的顶孔为 ⊕ 处只许推,不能拉。

图 2-28　J1116G 型卧式冷压室压铸机模板尺寸

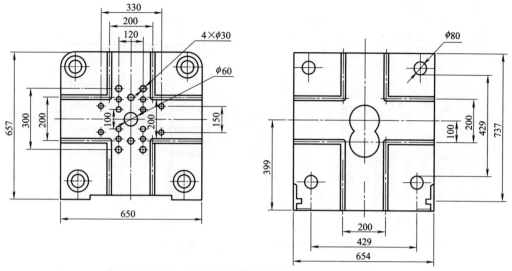

图 2-29 DCC130 型卧式冷压室压铸机模板尺寸

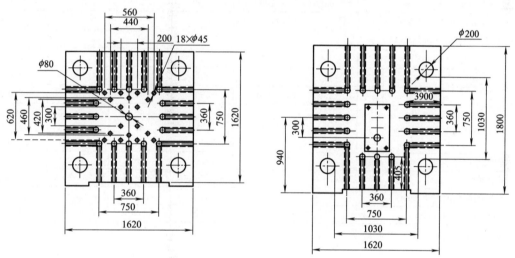

图 2-30 DCC1000 型卧式冷压室压铸机模板尺寸

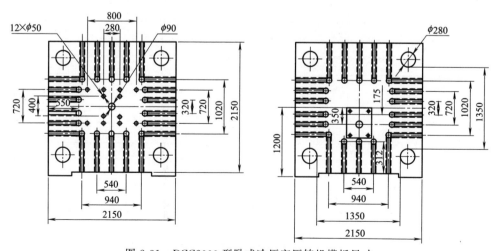

图 2-31 DCC2000 型卧式冷压室压铸机模板尺寸

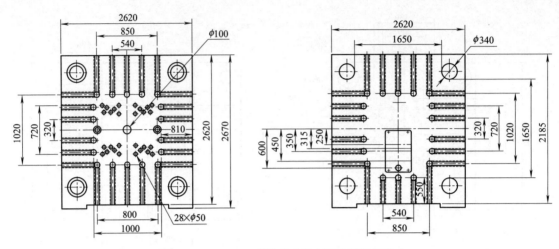

图 2-32 DCC3000 型卧式冷压室压铸机模板尺寸

表 2-6 国标规定的卧式冷压室压铸机主要技术参数

合模力/kN		630	1000	1600	2500	4000	6300
拉杆之间的内尺寸(水平×垂直)/(mm×mm)	≥	280×280	350×350	420×420	520×520	620×620	750×750
动模座板行程 L/mm	≥	250	300	350	400	450	600
压铸模厚度 H/mm	最大	150	150	200	250	300	350
	最小	350	450	550	650	750	850
压射位置(O 为中心)/mm		0	0	0	0	0	0
		60	120	70	80	100	125
		—	—	140	160	200	250
压射力/kN	≥	90	140	200	280	400	600
压射室直径/mm		30～45	40～50	40～60	50～75	60～80	70～100
最大金属浇注量(铝)/kg		0.7	1.0	1.8	3.2	4.5	9
压射室法兰直径/mm		85	90	110	120	130	165
压射室法兰凸出定型座板高度/mm		$10-^0_{0.05}$	$10-^0_{0.05}$	$10-^0_{0.05}$	$15-^0_{0.05}$	$15-^0_{0.05}$	$15-^0_{0.05}$
压射冲头推出距离/mm	≥	80	100	120	140	180	220
液压顶出器顶出力/kN		—	80	100	140	180	250
液压顶出器顶出行程 s/mm	≥	—	60	80	100	120	150
一次空循环时间/s	≤	5	6	7	8	10	12
合模力/kN		8000	10000	12500	16000	20000	25000
拉杆之间的内尺寸(水平×垂直)/(mm×mm)	≥	850×850	950×950	1060×1060	1180×1180	1320×1320	1500×1500
动模座板行程 L/mm	≥	670	750	850	950	1060	1180
压铸模厚度 H/mm	最大	420	480	530	600	670	750
	最小	950	1060	1180	1320	1500	1700
压射位置(O 为中心)/mm		0	0	0	0	0	0
		140	160	160	175	175	180
		280	320	320	350	350	360
压射力/kN	≥	750	900	1050	1250	1500	1800
压射室直径/mm		80～120	90～130	100～140	110～150	130～175	150～200
最大金属浇注量(铝)/kg		15	22	26	32	45	60

续表

合模力/kN	8000	10000	12500	16000	20000	25000
压射室法兰直径/mm	180	240	240	260	260	300
压射室法兰凸出定型座板高度/mm	$20-^{0}_{0.05}$	$20-^{0}_{0.05}$	$25-^{0}_{0.05}$	$25-^{0}_{0.05}$	$30-^{0}_{0.05}$	$30-^{0}_{0.05}$
压射冲头推出距离/mm ≥	250	280	320	360	400	450
液压顶出器顶出力/kN	360	450	500	550	630	750
液压顶出器顶出行程 s/mm ≥	180	200	200	250	250	315
一次空循环时间/s ≤	14	16	19	22	26	30

（2）立式冷压室压铸机

① 常用立式冷压室压铸机型号和主要技术参数见表 2-7。立式冷压室压铸机模具安装尺寸见图 2-33～图 2-39。

② 国家标准规定的立式冷压室压铸机主要技术参数见表 2-8。

表 2-7 常用立式冷压室压铸机型号和主要技术参数

参数 ＼ 型号	408	600	CLP85/15	900 J1512	J1513	2255	5065
合模力/kN	400	700	850	1150	1250	2200	5200
开模力/kN	20	60	80	102	—	180	270
压射力/kN	80	一级 32 二级 75 三级 160	一级 113 二级 159	一级 55 二级 140 三级 280	135～340	一级 95 二级 295 三级 550	一级 110 二级 440 三级 700
压射回程力/kN	19	一级、二级 三级 53	53	76	83	160	—
切料力/kN	30	51	60	80	135	99	99
移动座板行程/mm	250	310	310	450	350	600	1200
座板最大开距/mm	420	650	775	1000	—	1200	2200
座板最小开距/mm	170	340	—	550	—	600	1000
推出器推出力/kN	—	—	—	—	100	—	—
推出行程/mm	—	—	—	—	80	—	—
模具厚度/mm	—	—	—	—	250～500	—	—
压室直径/mm	45	60	70	80;100	65;80	120;140;160	110;170;200
压射比压/MPa	48	56.5	43.3～88.5	56	40～100; 27～68	48	
铸件最大投影面积/cm²	70(轻) 50(重)	200(轻) 120(重)	280(轻) 160(重)	400(轻) 200(重)	310～125 460～180	1000(轻) 500(重)	1500(轻) 800(重)
铸件最大质量/kg	0.2(轻) 0.35(重)	0.7(轻) 1.2(重)	0.8(轻) 1.9(重)	1.8(轻) 4(重)	1.3(铝) 2.9(锌) 4.3(铜)	8(轻) 15(重)	12(轻) 24(重)
管路工作压力/MPa	12	12	12	12	12	12	12

注：（轻）表示轻金属，如镁、铝合金；（重）表示重金属，如锌、铜合金。

表 2-8 国标规定的立式冷压室压铸机主要技术参数

合模力/kN	630	1000	1600	2500	4000	6300
拉杆之间的内尺寸（水平×垂直）/(mm×mm) ≥	280×280	350×350	420×420	520×520	620×620	750×750

动模座板行程 L/mm	≥	250	300	350	400	450	600
压铸模厚度 H/mm	最大	150	150	200	250	300	350
	最小	350	450	550	650	750	850
压射位置(W 为中心)/mm		0	0	0	0	0	0
		—	—	—	80	100	150
压射力/kN	≥	160	200	300	400	700	900
压射室直径/mm		50~60	60~70	70~90	90~110	110~130	130~150
最大金属浇注量(铝)/kg		0.6	1.0	2.0	3.6	7.5	11.5
液压顶出器顶出力/kN		—	80	100	140	180	250
液压顶出器顶出行程 s/mm	≥	—	60	80	100	120	150
一次空循环时间/s	≤	6	7.5	9	10	13	16

（3）热压室压铸机

热压室压铸机型号和主要技术参数见表 2-9～表 2-11。热压室压铸机模板尺寸见图 2-40～图 2-55。J212、J213、J218 型热压室压铸机均由佛山市顺德区华大机械厂制造有限公司提供资料。J216 型热压室压铸机由上海强晟压铸机械有限公司提供资料。J213B 型热压室压铸机由宁波东方压铸机床有限公司提供资料。

表 2-9　热压室压铸机型号和主要技术参数（1）

参数 \ 型号	J212	J213	J213B	J216	J218
合模力/kN	250	250	250	630	800
导杆直径/mm	40	45	—	60	65
动模行程/mm	125	160	200	250	218
导杆内间距（水平×垂直）/(mm×mm)	278×232	300×250	240×240	320×320	355×305
压铸模高度范围/mm	150~220	130~270	120~320	150~400	130~365
柱塞射料行程/mm	80	120			130
柱塞直径/mm	38	42	45	55	50(55)
额定工作油压/MPa	7	7;8	—	—	10.5
额定射出力/kN	19	30;35	30	70	50(60)
金属液比压/MPa	17	21;24			
铸造投影面积/cm²	88	120;100			
有效射出量/kg	0.28	0.5	0.6(Zn)	1.4(Zn)	1.0(1.3)
射出位置/mm	中心	中心	0;−40	0;−50	—
坩埚容量（锌）/kg	70	160	160	—	280
液压顶出器顶出力/kN				50	53
气动打落行程/mm	220	220	50(顶出行程)	60(顶出行程)	60(顶出行程)
液压泵流量/(L/min)	25	32	—	—	50
液压泵电动机/kW	5.5	7.5	7.5	11	11/6
蓄能器容量/L	10	10	—	—	18
油箱容量/L	200	200			220
空循环时间/s	3	4.5	3	≤4	6
燃油用量/(kg/h)	1.5	3	—	—	4
喷嘴电加热器(220V)/kW	1.5	2	—	—	—
机器质量/kg	2000	2300	—		3500
机器外形尺寸（长×宽×高）/(mm×mm×mm)	2850×980×1700	3000×1000×1800	2800×1350×1880	4800×1700×2500	3600×1480×1850

参数＼型号	J2110	J2113	J2120	J2126	J2140
合模力/kN	1100	1250	2000	2600	4000
导杆直径/mm	—	—	100	100	—
动模行程/mm	270	350	400	400	400
导杆内间距（水平×垂直）/(mm×mm)	360×360	420×420	520×520	520×520	620×620
压铸模高度范围/mm	200/450	250～500	250～600	250～600	300～750
柱塞射料行程/mm	160		200	200	230
柱塞直径/mm	60，70	80	70；80	70；80；90	80；90
额定工作油压/MPa	13.5	12	14	14	14
额定射出力/kN	83	85	120	140	180
金属液比压/MPa	—	16.5	30；23	36；28；22	35；28
铸造投影面积/cm²	340	735	600；800	640；820；1000	1000；1157
有效射出量/kg	2.5	3(Zn)	3.5；4.5	3.5；4.5；5.5	6.3
射出位置/mm	—	0；60	0，−120	0，−120	0，−125
坩埚容量(锌)/kg	260		—	700	—
液压顶出器顶出力/kN	85	100(机械)	12	140	180
气动打落行程/mm	70(顶出行程)	—	100(顶出行程)	100	120(顶出行程)
液压泵流量/(L/min)	—	—	65	65	116/65
液压泵电动机/kW	11	—	18.5/1.1(调模)	22	—
蓄能器容量/L	—	—	30	40	—
油箱容量/L	400	—	400	400	800
空循时间/s	—	—	7	9	10
燃油用量/(kg/h)	1.5～7	—	5～7	10	—
喷嘴电加热器(220V)/kW	—	—	—	10(15)	—
机器质量/kg	5500		10000	11000	18000
机器外形尺寸（长×宽×高）/(mm×mm×mm)	3940×1630×2563		5200×2200×2500	5300×2500×2600	7100×2700×2800
生产厂	宁波东方压铸机床有限公司		佛山市顺德区华大机械制造有限公司	佛山市顺德区华大机械制造有限公司	佛山市顺德区华大机械制造有限公司

表 2-10　热压室压铸机型号和主要技术参数（2）

参数＼型号	SHD-75	SHD-150	SHD-250	SHD-400	SHD-800	SHD-1500
合模力/kN	75	150	250	400	800	1500
拉杆内间距（水平×垂直）/(mm×mm)	196×175	278×232	300×250	335×285	355×305	450×420
拉杆直径/mm	30	40	45	55	65	80
动模座板行程/mm	100	125	160	195	218	350
压铸模厚度/mm	100～150	150～220	150～270	130～340	130～365	150～500
压射位置/mm	0	0	0	0，−50	0，−50	0，−80
压射力/kN	9.5	19	32	42	55	75

型号\参数	SHD-75	SHD-150	SHD-250	SHD-400	SHD-800	SHD-1500
压室直径/mm	32	38	42	45/50	50/55/60	65/70/75
液压顶出器顶出力/kN	—	—	—	25	50	80
液压顶出器顶出行程/mm	—	—	—	60	60	85
最大金属浇注量（锌）/kg	0.125	0.28	0.5	0.75/0.9	0.9/1.2/1.5	2.2/2.7/3.2
一次空循时间/s	2.5	3	3.5	2.5	6	7
坩埚有效容量（锌）/kg	70	70	160	250	280	400
管路工作油压/MPa	6	7	7	10	10	12.5
液压泵电动机/kW	4	5.5	7.5	7.5	11	15
熔炉功率/kW	9	12	18	28	35	45
液压泵流量/(L/min)	—	—	—	—	—	—
燃油用量/(L/h)	1.3	1.5	2	3.5	4	5
喷嘴加热功率/kW	1	1.5	2	4	4.5	5
鹅颈加热功率/kW	1	1.5	2	4	4.5	5
机器外形尺寸（长×宽×高）/(mm×mm×mm)	1600×700×1500	2650×980×1700	3000×1000×1800	3200×1200×1700	3600×1400×1850	5000×1700×2200

注：表中热室压铸机各型号均由广东顺德市桂州华大压铸机械制造厂提供资料。

表 2-11　热压室压铸机型号和主要技术参数（3）

型号\参数	DC30	DC100	DC200	DC400
锁模力/kN	300	1000	2000	4000
锁模行程/mm	180	300	400	550
顶出力/kN	30	70	108	180
顶出行程/mm	50	70	100	120
模具厚度（最小～最大）/mm	100～310	150～450	250～550	300～750
模板尺寸（水平×垂直）/(mm×mm)	407×393	610×635	740×740	960×960
哥林柱内径/(mm×mm)	271×271	409×409	510×510	620×620
哥林柱直径/mm	45	70	90	130
压射位置/mm	0,—40	0,—80	0;—100	0,—125
射料力/kN	40	89	130	182
射料行程/mm	110	150	175	230
离嘴行程/mm	150	200	200	340
锤头直径/mm	36、40、45	55、60	60、65、70	70、80、90
射料量(Zn)/kg	0.55、0.68、0.87	1.76、2.1	2.5、2.9、3.3	4.4、5.7、7.2
坩埚容料量（锌）/(dm³/kg)	40(260)	50(330)	110(720)	200(1350)
电动机功率/kW	7.5	11	15	22
系统工作压力/MPa	10.5	14	14	14
液压油箱容量/L	200	300	400	800
喷嘴加热功率/kW	1.5	2.5	4	5
机器质量/kg	2600	5500	7800	17500
机器外形尺寸（长×宽×高）/(mm×mm×mm)	3550×1430×1830	4590×1630×2190	5280×1580×2450	6730×1960×2800

注：表中热室压铸机各型号均由上海一达机械有限公司提供资料。

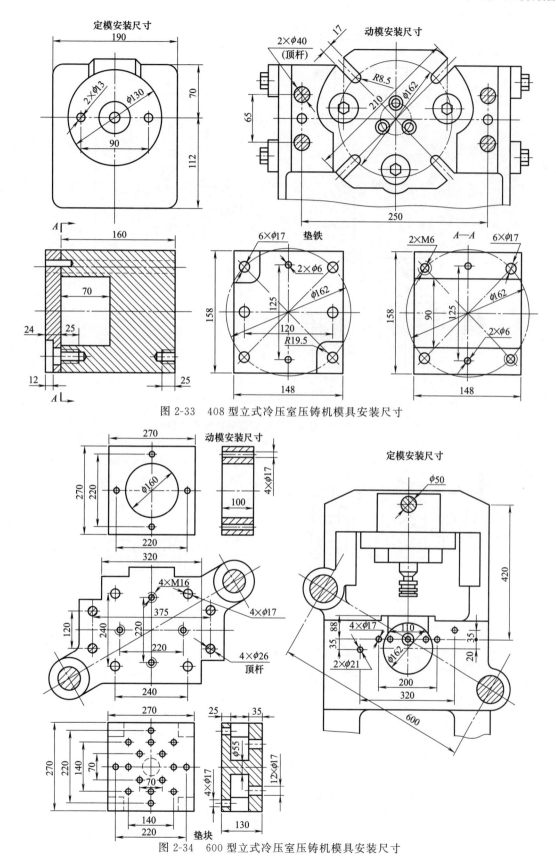

图 2-33 408 型立式冷压室压铸机模具安装尺寸

图 2-34 600 型立式冷压室压铸机模具安装尺寸

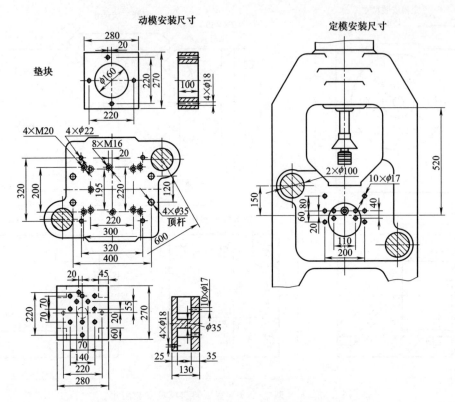

图 2-35 CLP85/15 型立式冷压室压铸机模具安装尺寸

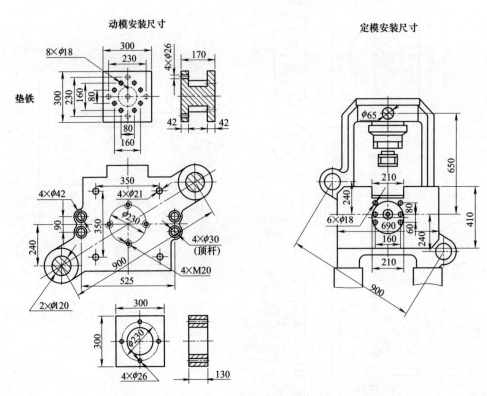

图 2-36 900、J1512 型立式冷压室压铸机模具安装尺寸

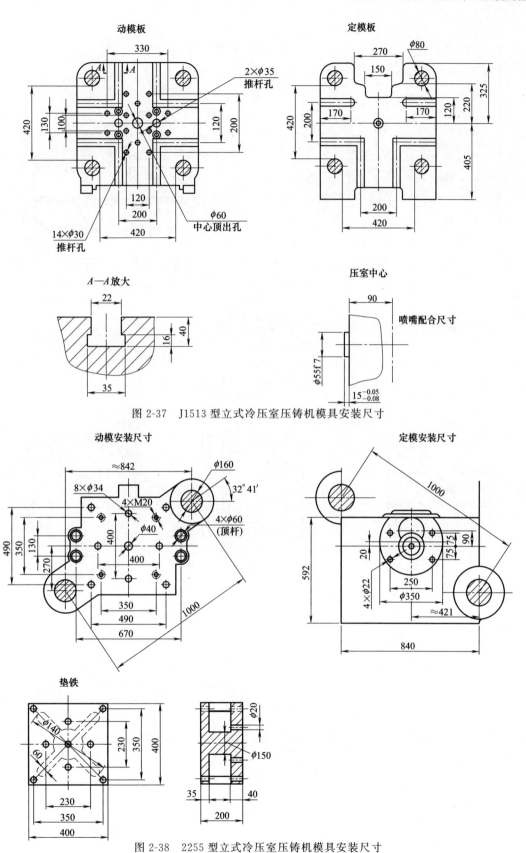

图 2-37　J1513 型立式冷压室压铸机模具安装尺寸

图 2-38　2255 型立式冷压室压铸机模具安装尺寸

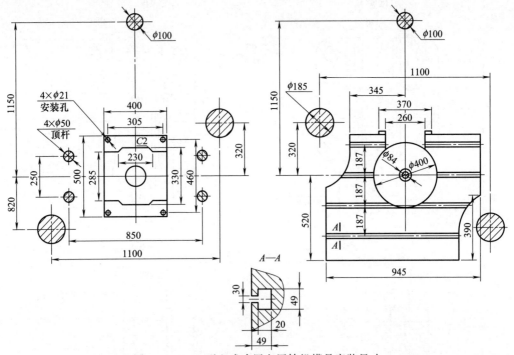

图 2-39 5065 型立式冷压室压铸机模具安装尺寸

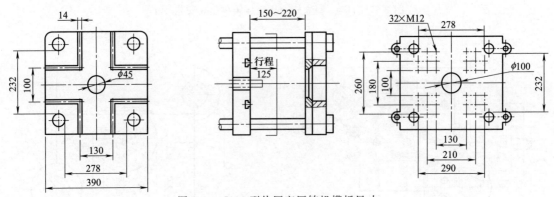

图 2-40 J212 型热压室压铸机模板尺寸

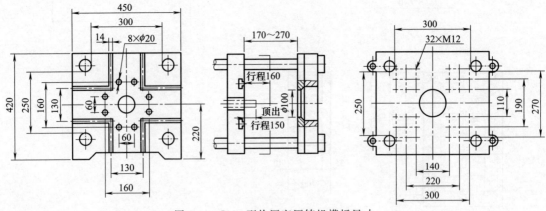

图 2-41 J213 型热压室压铸机模板尺寸

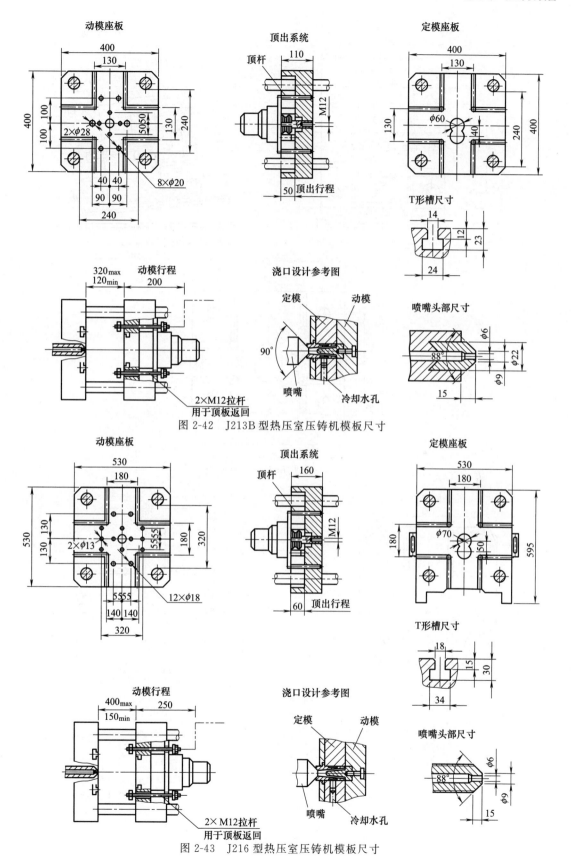

图 2-42　J213B 型热压室压铸机模板尺寸

图 2-43　J216 型热压室压铸机模板尺寸

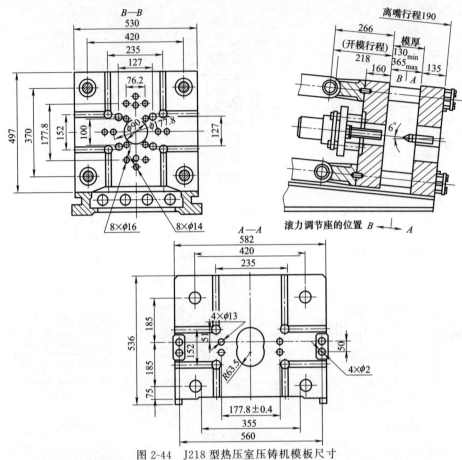

图 2-44 J218 型热压室压铸机模板尺寸

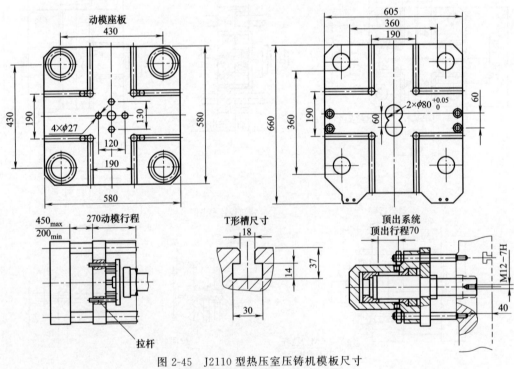

图 2-45 J2110 型热压室压铸机模板尺寸

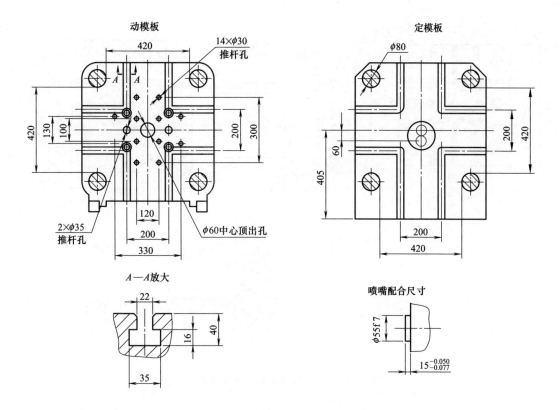

图 2-46　J2113 型热压室压铸机模板尺寸

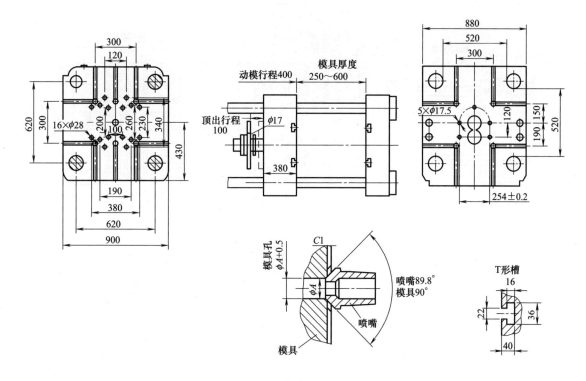

图 2-47　J2120 型热压室压铸机模板尺寸

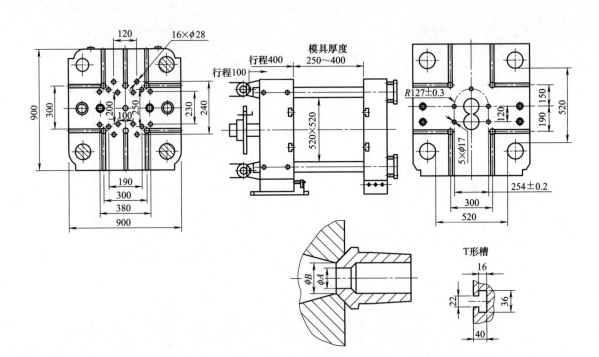

图 2-48　J2126 型热压室压铸机模板尺寸

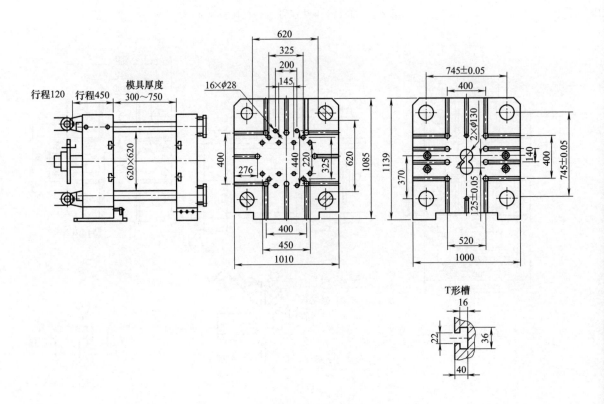

图 2-49　J2140 型热压室压铸机模板尺寸

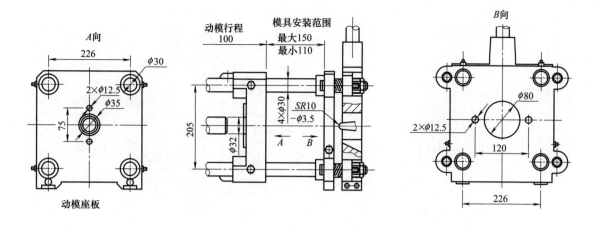

图 2-50　SHD-75 型热压室压铸机模板尺寸

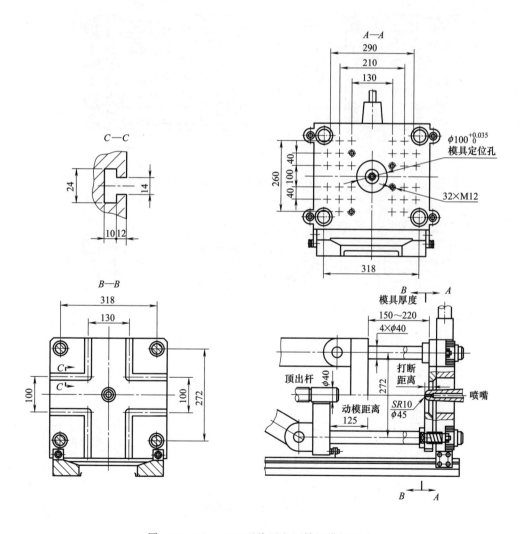

图 2-51　SHD-150 型热压室压铸机模板尺寸

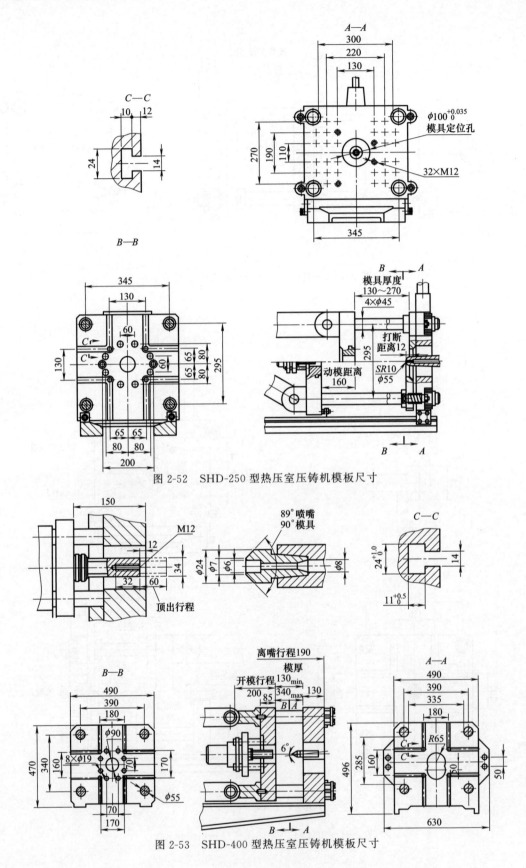

图 2-52 SHD-250 型热压室压铸机模板尺寸

图 2-53 SHD-400 型热压室压铸机模板尺寸

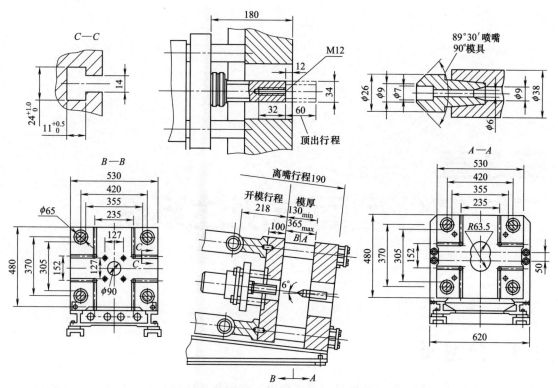

图 2-54 SHD-800 型热压室压铸机模板尺寸

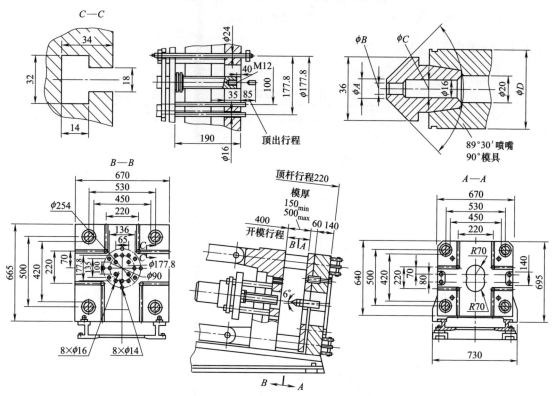

图 2-55 SHD-1500 型热压室压铸机模板尺寸

第3章
压铸模分型面与浇注系统

3.1 分型面

压铸成型的零件要从闭合的模具型腔内取出，必须将压铸件合理地分布在模具的两个部分，即动模和定模部分。动模和定模相结合的表面称为分型面。通常只采用一个分型面，但由于铸件结构特殊，则需要设计一个或两个辅助分型面。

3.1.1 分型面的类型

分型面的类型见表3-1。

表 3-1 分型面类型

类型		简 图	说 明
单分型面	直线分型面	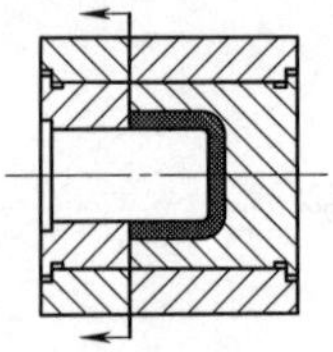	分型面平行于压铸机动、定模固定板平面
	倾斜分型面	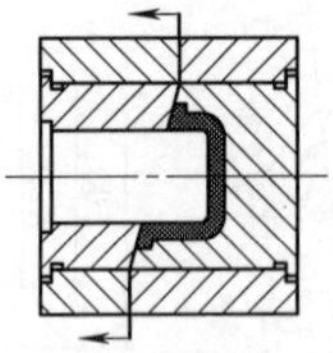	分型面与压铸机动、定模固定板成一角度
	折线分型面	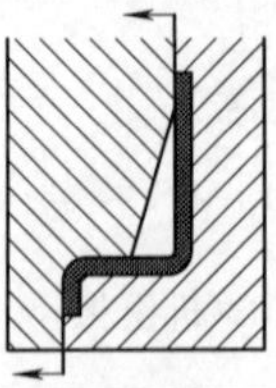	分型面不在同一平面上，由几个阶梯平面组成分型面

类型		简　图	说　明
单分型面	曲线分型面	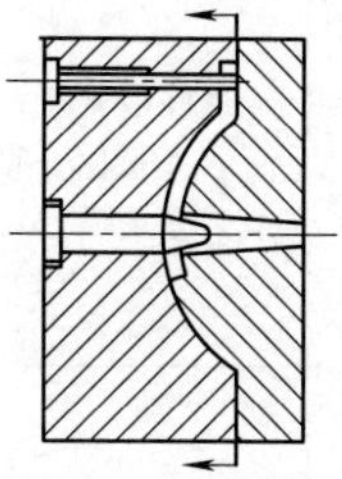	分型面按铸件结构特点形成曲面
多分型面	双分型面	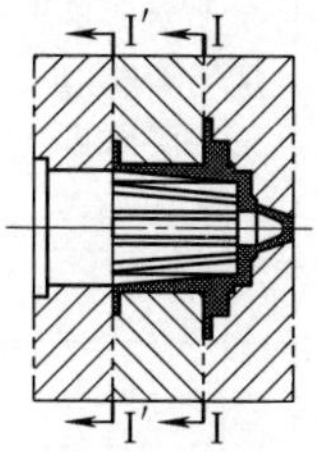	分型面由一个主分型面Ⅰ—Ⅰ和一个辅助分型面Ⅰ′—Ⅰ′构成
	组合分型面	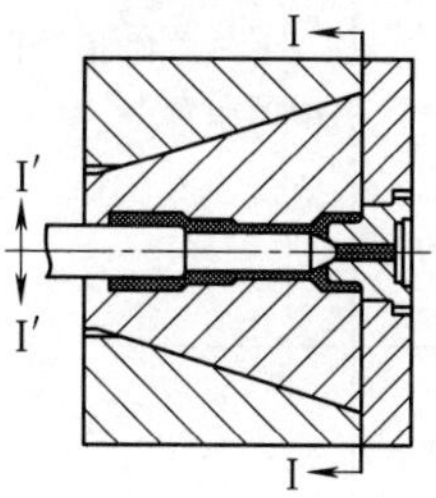	分型面由一个主分型面Ⅰ—Ⅰ和一个或数个辅助分型面Ⅰ′—Ⅰ′等构成，或由上述几种类型分型面中的两种类型所构成
	双分型面带有侧抽芯	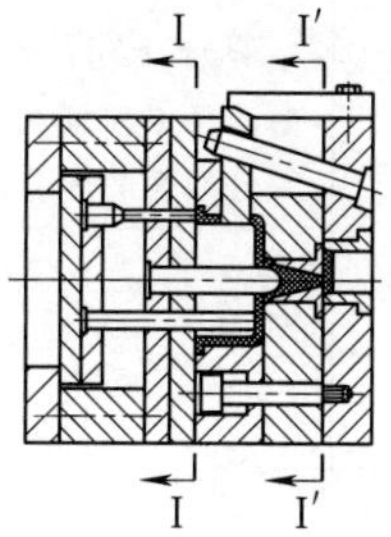	分型面由一个主分型面Ⅰ—Ⅰ和一个辅助分型面Ⅰ′—Ⅰ′及侧向抽芯构成

3.1.2　分型面选择原则

分型面的选择原则见表3-2。

表3-2　分型面的选择原则

选择原则	图　例	说　明
开模时保持铸件留在动模上	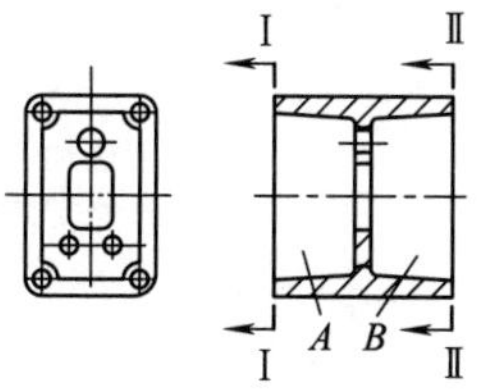	利用铸件型芯A的包紧力略大于对型芯B的包紧力，中间型芯及四角小型芯和型芯A设在一起，有Ⅰ—Ⅰ和Ⅱ—Ⅱ两个分型面可供选择，考虑到设备和生产操作等因素有可能增加定模脱模阻力，采用Ⅱ—Ⅱ分型面较能保持铸件随模具开启而脱离定模

选择原则	图 例	说 明
有利于浇注系统的布置		铸件适合于设置环形或半环形浇注系统,分型面Ⅰ—Ⅰ比分型面Ⅱ—Ⅱ更能满足铸件的铸造工艺要求
分型面应使模具型腔具有良好的溢流排气条件		Ⅰ—Ⅰ和Ⅱ—Ⅱ分型面都具有良好的溢流和排气条件,Ⅱ—Ⅱ分型面模具结构较简单,可避免定模抽芯
分型面设置在金属液最后充型的部位		Ⅰ—Ⅰ比Ⅱ—Ⅱ分型面有利于溢流槽和排气槽的布置
避免分型面影响铸件的尺寸精度	$20_{-0.05}^{0}$	例如,尺寸$20_{-0.05}^{0}$精度要求高,选用Ⅰ—Ⅰ分型面易于保证尺寸精度,如选用分型面Ⅱ—Ⅱ,受分型面的影响,难以达到要求
分型面应避免与铸件机加工基准面重合		分型面的毛刺会影响铸件的尺寸精度,A为铸件机加工基准面,应选用Ⅰ—Ⅰ作为分型面
尽量选择铸件的机加工面作为分型面		选用机加工面Ⅰ—Ⅰ作为分型面,容易控制尺寸精度和去除毛刺

选择原则	图　例	说　明
简化模具结构，尽量减少抽芯机构和活动部分	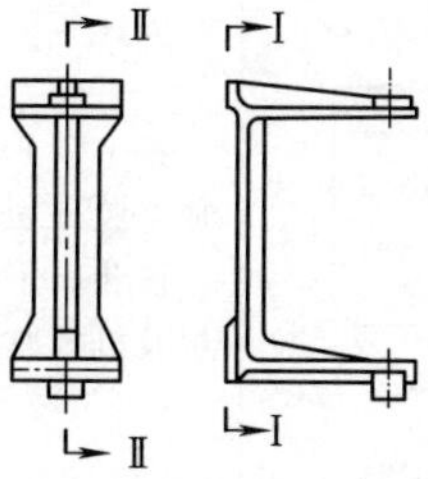	Ⅰ—Ⅰ分型面，需要两个侧向抽芯机构，Ⅱ—Ⅱ分型面，不必设置侧向抽芯机构，模具结构简单
有利于成型零件机械加工工艺性	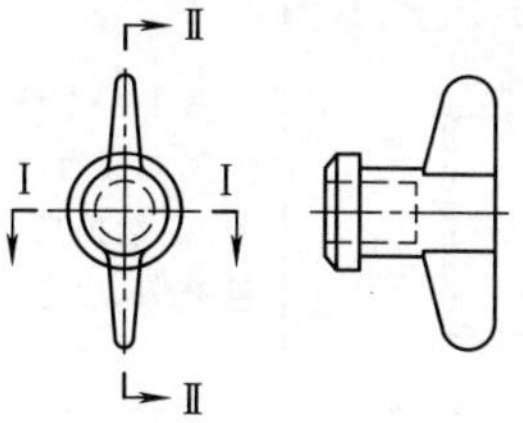	Ⅰ—Ⅰ分型面，用普通机械加工方法较为复杂。Ⅱ—Ⅱ分型面的型腔，采用一般的机械加工方法可完成
考虑铸件合金的性能	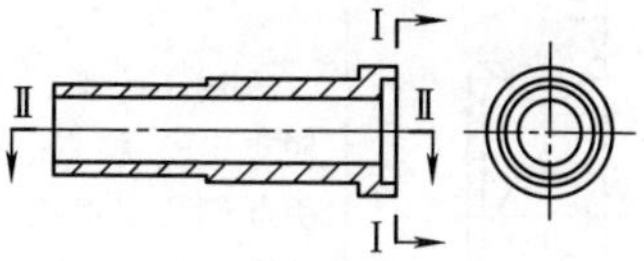	压铸合金的性能影响压铸工艺性，同一几何尺寸的铸件，因材料不同，分型面的位置也相应变化。图示细长管零件，Ⅰ—Ⅰ分型面适用于锌合金；对于铜或铝合金，可采用Ⅱ—Ⅱ分型面

3.1.3　典型零件分型面选择的特征分析

典型零件分型面选择的特征分析见表 3-3。

表 3-3　典型零件分型面选择的特征分析

铸件特征	图　例	特征分析
带法兰盘、具有外螺纹的圆筒形铸件	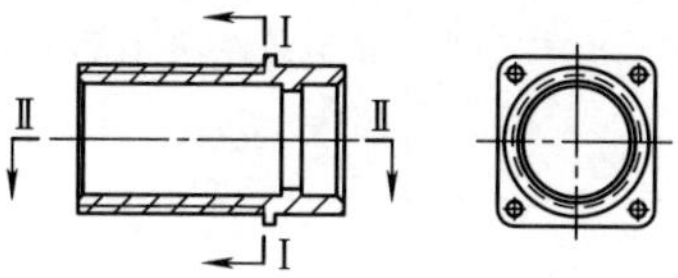	选用Ⅰ—Ⅰ分型面，铸件两端排气条件较差，不容易确保螺纹质量。 采用Ⅱ—Ⅱ分型面可在一端开设环形或半环形浇口，另一端开设溢流槽，也可在法兰盘侧面部位开浇口，两端排气、溢流
带凸缘的筒形铸件	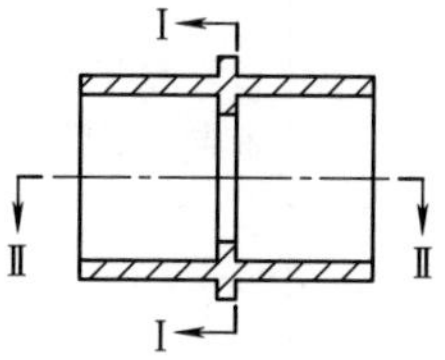	对于较大的铸件，其两端型芯包紧力很接近，可选择Ⅰ—Ⅰ分型面，但应考虑到铸件留在动模时，须设置推件机构。 对于小型铸件，选用Ⅱ—Ⅱ分型面较为合适，其成型条件较有利，但需要抽芯
单面侧孔的方形铸件	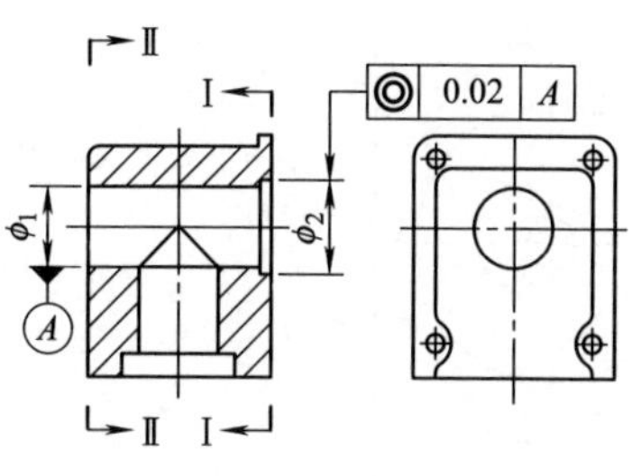	采用Ⅱ—Ⅱ分型较Ⅰ—Ⅰ分型容易保证 ϕ_1 和 ϕ_2 之间的同轴度。如按Ⅰ—Ⅰ分型，为防止铸件变形，ϕ_1 和 ϕ_2 势必分别设在动、定模成型，而影响其同轴度。按Ⅱ—Ⅱ分型，能使 ϕ_1 和 ϕ_2 由同一型芯成型

铸件特征	图　例	特征分析
曲折外形铸件		按Ⅰ—Ⅰ分型较平整,有利于机械加工,但造成型腔A处出现尖角,影响模具寿命。 按Ⅱ—Ⅱ分型可避免出现尖角A,其铸造工艺性及机械加工都较好
带爪形的铸件		按Ⅰ—Ⅰ分型使爪端处于分型面上,有较多的空间开设溢流槽和排气道,以满足溢流和排气需要,还能提高爪端部位的模具温度,以利于金属液充填,比Ⅱ—Ⅱ分型更能保证铸件爪端的质量
三面有侧孔的薄壁圆形铸件		采用Ⅰ—Ⅰ分型面利于侧抽芯机构强制铸件脱离定模,模具结构较简单,但铸件壁较薄,容易引起侧孔变形或开裂,按Ⅱ—Ⅱ分型,侧抽芯虽然在定模上,活动型芯受到的胀形力较小,需采用分型前预抽芯机构
带喇叭口长管形零件		按Ⅰ—Ⅰ分型,模具结构简单,由于铸件较长,小端成型条件较差。选择Ⅱ—Ⅱ分型,铸件两端均可开设溢流槽,并有较好的充填条件、排气和溢流条件,更有利于保证铸件质量
法兰盘类铸件		一般常选用Ⅰ—Ⅰ分型面,当铸件的d_1和d_2有同轴度要求时,应选用Ⅱ—Ⅱ分型面
圆柱形散热片零件		Ⅰ—Ⅰ分型面适用于卧式压铸机,采用侧面环形浇口 Ⅱ—Ⅱ分型面适用于立式压铸机,采用中心浇口

铸件特征	图　例	特征分析
带散热片气缸盖铸件	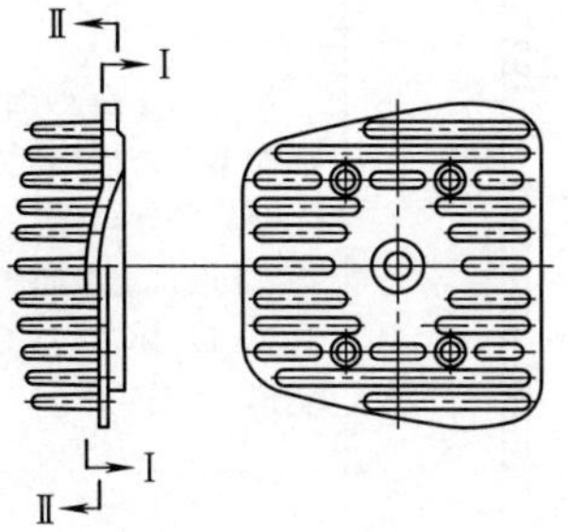	由于散热片数较多,虽然脱模斜度较大,铸件收缩产生的包紧力还相当大。 按Ⅰ—Ⅰ分型面,铸件对动模上的球面型芯所产生的包紧力较小,开模时铸件将留在定模上,而无法脱模。 按Ⅱ—Ⅱ分型面,有利于铸件留在动模,便于脱模
	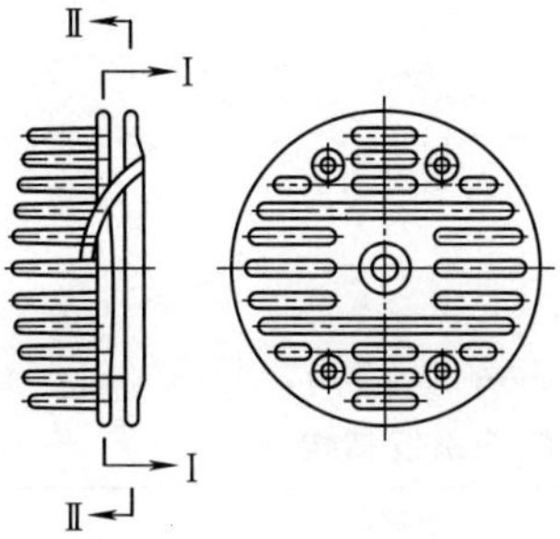	按Ⅰ—Ⅰ分型比Ⅱ—Ⅱ分型更有利于铸件成型,可以利用侧抽芯机构迫使铸件留在动模上,然后由推出机构推出铸件
带嵌件的支架铸件	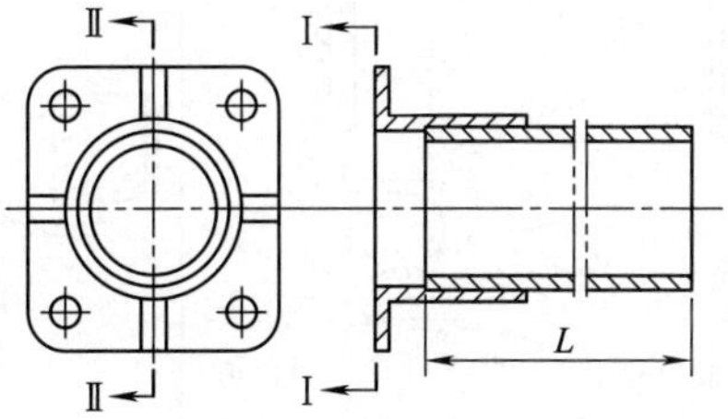	铸件带有嵌件长度为 L 值,当 L 值较小时,按Ⅰ—Ⅰ分型最为合适;当 L 值较大时,需增加模具厚度,使模具较笨重,也影响到工艺参数的控制。当嵌件长度 L 值过大时,使铸件不能从模具中取出,则应按Ⅱ—Ⅱ作为分型面
带嵌件轴的环架铸件	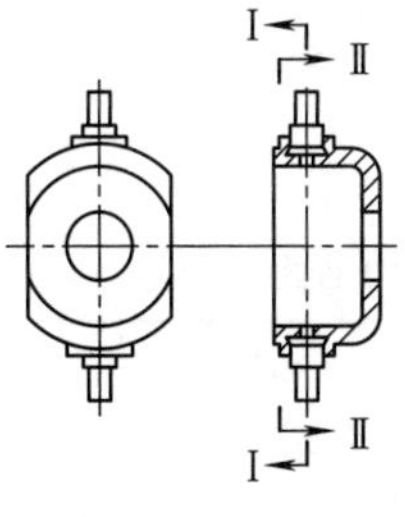	为了便于放置嵌件,按Ⅰ—Ⅰ分型,嵌件放置于侧抽芯机构的滑块上,较为可靠;不能选择Ⅱ—Ⅱ分型面,由于用滑块强制铸件脱离定模,将会使嵌件松动或使铸件变形、开裂等
带孔零件	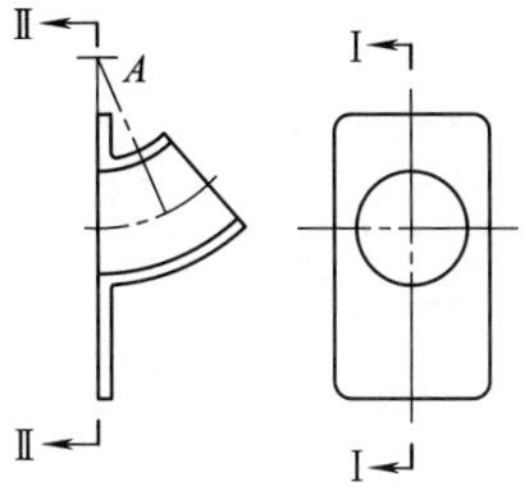	按Ⅰ—Ⅰ分型面,便于设置弯孔抽芯机构。对于弯孔不长、弧度适当的零件可选取Ⅱ—Ⅱ分型面,采用以 A 点为中心的旋转推板推出机构,可简化模具结构

铸件特征	图 例	特征分析
单侧深孔的支架零件	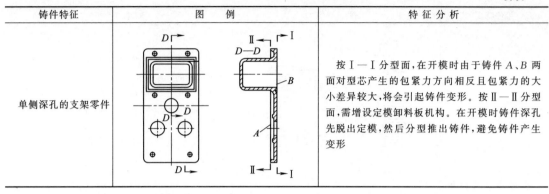	按Ⅰ—Ⅰ分型面，在开模时由于铸件A、B两面对型芯产生的包紧力方向相反且包紧力的大小差异较大，将会引起铸件变形。按Ⅱ—Ⅱ分型面，需增设定模卸料板机构。在开模时铸件深孔先脱出定模，然后分型推出铸件，避免铸件产生变形

3.2 浇注系统

3.2.1 浇注系统的结构

根据不同类型的压铸机，采用不同的浇注系统结构，见表3-4。

表3-4 浇注系统结构

压铸机类型	立式压铸机	卧式压铸机	热压室压铸机	全立式压铸机
结构简图	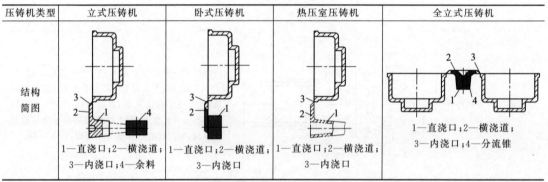			
	1—直浇口；2—横浇道；3—内浇口；4—余料	1—直浇口；2—横浇道；3—内浇口	1—直浇口；2—横浇道；3—内浇口	1—直浇口；2—横浇道；3—内浇口；4—分流锥

3.2.2 直浇道的结构

直浇道的结构形式及尺寸见表3-5。

表3-5 直浇道结构形式和尺寸

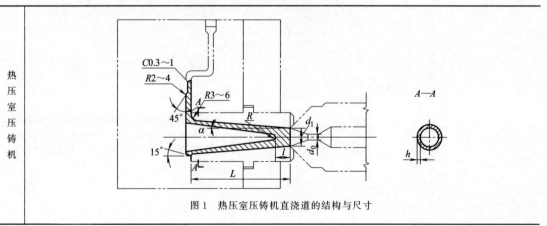

图1 热压室压铸机直浇道的结构与尺寸

符号意义	尺寸/mm								
直浇道长度 L	40	45	50	55	60	65	70	75	80
直浇道小端直径 d_1	≤12				≤14				
喷嘴孔直径 d_0	8				10				
脱模斜度 α	6°				4°				
环形通道壁厚 h	2.5~3				3.0~3.5				
直浇道端面至分流锥顶端的距离 l	10				12	17	22	27	32
分流锥端部圆角半径 R	5				10				

（左侧标注：热压室压铸机）

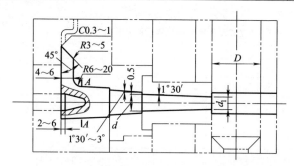

环形通道截面

图 2　立式冷压室压铸机直浇道的结构与尺寸

（左侧标注：立式冷压室压铸机）

余料直径 D/mm	压室直径
根据内浇口截面积,确定喷嘴导入口直径 d_1,喷嘴导入口小端直径一般为内浇口面积 1.2~1.4 倍,可按右式计算 d_1	$d_1=2\sqrt{\dfrac{(1.2\sim1.4)A_\mathrm{n}}{\pi}}$ 式中　d_1——喷嘴导入口小端直径,mm 　　　A_n——内浇口截面积,mm²
分流锥部位的环形通道的截面积一般为喷嘴入口处截面积的 1.2 倍。 图 2 中 A—A 剖面处分流锥的直径 d_3 按右式计算	$d_3=\sqrt{d_2^2-(1.1\sim1.3)d_1^2}$ 式中　d_3——直浇道底部环形截面处的外径,mm 　　　d_1——直浇道小端(喷嘴导入处)直径,mm
环形通道壁厚 h	$\dfrac{d_2-d_3}{2}\geqslant3$
浇口套小端直径应比喷嘴出口处直径大 1~2mm,喷嘴部分斜度取 1°30′,浇口套斜度取 1°30′~3°	
镶块段的小端直径应大于浇口套大端直径 1~2mm	
直浇道与横浇道转接处要求圆滑过渡,其圆角半径一般取 R6~20	

喷嘴导入口直径 d_1/mm	铸件质量/g(不包括余料和溢流合金)		
	锌合金	铝合金	铜合金
7~8	<100	<50	<100
9~10	100~250	50~120	100~250
11~12	200~350	100~200	200~350
13~16	350~700	180~350	300~350
17~19	700~1200	320~700	650~1000
21~22	1000~2000	600~1000	800~1500
23~25		800~1500	
27~28		1200~1600	
29~30		1600~2000	
31~32		2000~2500	

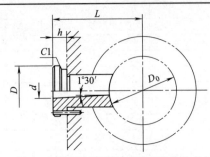

图 3　立式冷压室压铸机喷嘴的有关尺寸

mm

机器型号	D		h		L	D_0	d
	公称尺寸	偏　　差	公称尺寸	偏　　差			
408	45	−0.05	10	−0.035	58	40 45 50	11 7、11、13 11
600	45	−0.05	10	−0.035	90	50 55 60 70	11、13、15 11、13、15 11、13、15、17 11、13、15
CLP85/15	45	−0.05	10	−0.035	80	40 50 60 70	11、13、15 11、13、15 11、13、15、17 11、13、15、20
J1512 (900)	55	−0.06	15	−0.035	105	80 100 120	14、17、20 15、18、25 15、18、25
J1513	55	−0.06	15	−0.035	105	65 80	14、17、20
2255	84	−0.07	20	−0.045	195	110 120 170	28 23、25、28 37
5065	84	−0.07	20	−0.045	205	110 170 200	28 38 38

立式冷压室压铸机喷嘴的有关尺寸

卧式冷压室压铸机

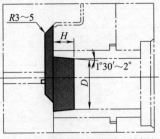

图 4　卧式冷压室压铸机直浇道的结构与尺寸

直浇道直径就是压铸机压室的直径 D	按压铸件所需比压选定
直浇道料饼的厚度 H	一般取其直径 D 的 1/3～1/2

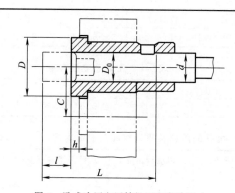

图 5　卧式冷压室压铸机压室有关尺寸

mm

<table>
<tr><td rowspan="2">卧式冷压室压铸机压室有关尺寸</td><td rowspan="2">机器型号</td><td colspan="2">D</td><td rowspan="2">D_0(H7)</td><td colspan="2">h</td><td rowspan="2">l</td><td rowspan="2">L</td><td rowspan="2">C</td></tr>
<tr><td>公称尺寸</td><td>偏　差</td><td>公称尺寸</td><td>偏　差</td></tr>
<tr><td>J113</td><td>65</td><td>−0.030
−0.060</td><td>25、30、35</td><td>10</td><td>+0.05</td><td>60</td><td>200</td><td>0～50</td></tr>
<tr><td>J116</td><td>70</td><td>−0.030
−0.060</td><td>30、40、45</td><td>8</td><td>+0.05</td><td></td><td></td><td>60</td></tr>
<tr><td>J116A</td><td>70</td><td>−0.030
−0.060</td><td>35、40</td><td>8</td><td>+0.05</td><td>80</td><td>273</td><td>60</td></tr>
<tr><td>J1113
J1113A</td><td>110</td><td>−0.040
−0.075</td><td>40、50、60、70</td><td>10</td><td>+0.05</td><td>100</td><td>330</td><td>0～125</td></tr>
<tr><td>J113B</td><td>110</td><td>−0.040
−0.075</td><td>40、50、60</td><td>10</td><td>+0.05</td><td>100</td><td>330</td><td>0～100</td></tr>
<tr><td>J1125
J1125A</td><td>110</td><td>−0.040
−0.075</td><td>50、60、70</td><td>12</td><td>+0.05</td><td>120</td><td>385</td><td>0～150</td></tr>
<tr><td>J1140</td><td>150</td><td>−0.050
−0.090</td><td>65、85、100</td><td>15</td><td>+0.05</td><td>140</td><td>480</td><td>110、220</td></tr>
<tr><td>J1163</td><td>185</td><td>−0.060
−0.105</td><td>86、100、130</td><td>25</td><td>+0.05</td><td>200</td><td>620</td><td>250</td></tr>
</table>

3.2.3　内浇口的设计

（1）内浇口截面积的确定

1）采用流量计算法，先从表 3-8 选定充填时间，再由表 3-7 选定充填速度，然后由下式计算出所需的内浇口截面积：

$$A_n = \frac{G}{\rho v_n t} = \frac{V}{v_n t} \tag{3-1}$$

式中　A_n——内浇口截面积，mm^2；

　　G——通过内浇口的金属液质量，g；

　　ρ——液态金属的密度，g/cm^3，见表 3-6；

　　V——压件的体积，cm^3；

　　v_n——充填速度（内浇口速度），m/s，见表 3-7；

　　t——型腔的充填时间，s，见表 3-8。

表 3-6　液态金属的密度

合金种类	铅合金	锡合金	锌合金	铝合金	镁合金	铜合金
$\rho/(\text{g/cm}^3)$	8~10	6.6~7.3	6.4	2.4	1.65	7.5

表 3-7　充填速度推荐值

合金种类	铝合金	锌合金	镁合金	铜合金
充填速度/(m/s)	20~60	30~50	40~90	20~50

表 3-8　推荐的压铸件平均壁厚与充填时间、内浇口速度的关系

压铸件平均壁厚 b/mm	型腔充填时间 t/s	内浇口速度 $v_n/(\text{m/s})$	压铸件平均壁厚 b/mm	型腔充填时间 t/s	内浇口速度 $v_n/(\text{m/s})$
1	0.01~0.014	46~55	5	0.048~0.072	32~40
1.5	0.014~0.02	44~53	6	0.056~0.084	30~37
2	0.018~0.026	42~50	7	0.066~0.1	28~34
2.5	0.022~0.032	40~48	8	0.076~0.116	26~32
3	0.028~0.04	38~46	9	0.88~0.138	24~29
3.5	0.034~0.05	36~44	10	0.1~0.16	22~27
4	0.04~0.06	34~42			

充填时间 t 和内浇口速度 v_n 的选用：

① 对于组织致密，特别是壁厚较厚的压铸件有特殊要求时，尽量选用较长的充填时间，并选用平均的 v_n 值。

② 对于薄壁铸件，应选用较高的 v_n 值和较短的 t 值。

③ 对于厚壁铸件，可选用平均的 v_n 值和 t 值。

④ 若对压铸件的表面质量有特殊要求时，薄壁铸件可选用较短的 t 值，厚壁铸件宜选用中等的 t 值。

⑤ 对具有较好致密性和表面质量较好的压铸件，选用平均速度时，应先取较低的 v_n 值，如果从表中选取中等充填时间时，则应先取较长的 t 值，以便供试模留有较大的修正余量。

⑥ 对于长而薄的、浇道有弯曲和冲击充填的压铸件，则应选用较高的内浇口速度。

若浇注温度高，则充填时间可选长些；模温高时充填时间也可选长些；熔化潜热低的合金（如锌合金），充填时间应选短些。壁厚相同的压铸件，形状复杂的，内浇口速度应选高些；热传导性好的合金应选高的速度；模具材料导热性好的也应选高的速度。

a. 压铸件的平均壁厚可按下式计算：

$$b=\frac{b_1 S_1 + b_2 S_2 + b_3 S_3 + \cdots}{S_1 + S_2 + S_3 + \cdots} \tag{3-2}$$

式中　b_1，b_2，b_3，……——压铸件某个部位的壁厚，mm；

S_1，S_2，S_3，……——壁厚为 b_1，b_2，b_3，……部位的面积，mm^2。

b. 充填时间可按下式计算：

$$t=0.034\frac{T_n - T_y + 64}{T_n - T_m}b \tag{3-3}$$

式中　t——充填时间，s；

T_n——内浇口处金属液的温度，℃；

T_y——合金的液相线温度，℃；

T_m——模具温度，℃；

　　b——压铸件的平均壁厚，mm。

当压铸件平均壁厚为 1.5～6.4mm 时，充填时间 t 可按下式估算：

$$t = 0.0125b \tag{3-4}$$

式中　b——压铸件的平均壁厚，mm。

　　c. 关于内浇口速度与金属液的流程长度的关系参考图 3-1。

　　2）内浇口截面积计算的经验公式

　　① 适用于壁厚为 2.4～3.2mm 的铝合金压铸件：

$$A_n = 0.485V \tag{3-5}$$

式中　A_n——内浇口截面积，mm^2；

　　V——压铸件体积，cm^3。

　　② 适用于壁厚为 3～5mm 的铝合金压铸件：

$$A_n = 5000 \frac{V}{V+10000} \tag{3-6}$$

式中　A_n——内浇口截面积，mm^2；

　　V——压铸件体积，cm^3。

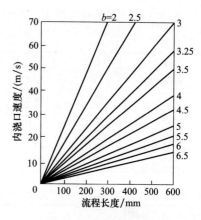

图 3-1　内浇口速度与
流程长度的关系

　　③ W·Davok 公式：

$$A_n = 0.18G \tag{3-7}$$

式中　A_n——内浇口截面积，mm^2；

　　G——压铸件质量，g。

　　式（3-7）适用于质量不大于 150g 的锌合金和具有 2.4～3mm 中等壁厚的铝合金压铸件。

　　④ 西方压铸公司公式：

$$W = \frac{0.0268V^{0.745}}{T} \tag{3-8}$$

式中　W——内浇口宽度，cm；

　　T——内浇口厚度，cm；

　　V——铸件和溢流槽体积，cm^3。

　　式（3-8）适用于所有压铸合金。

　　（2）内浇口尺寸计算和确定

　　1）内浇口厚度的估算公式：

铝合金：　　　　　　　　　$h_{Al} = 3.7M + 0.5$

锌合金：　　　　　　　　　$h_{Zn} = 3.3M + 0.4$　　　　　　　　（3-9）

镁合金：　　　　　　　　　$h_{Mg} = 2.3M + 0.4$

式中　M——凝固模数，可取压铸件平均壁厚的 1/2，cm。

　　在卧式压铸机上生产，采用外侧面的侧浇口，有下列情况时，上述公式计算值应增加 25%。

　　① 壁厚变化大于最小壁厚两倍。

　　② 大平面压铸件在分型面上的投影面积大于 $2500cm^2$。

　　③ 长度超过 1000mm 的压铸件。

　　2）凝固模数 M 也可用下式计算：

$$M=V/A \tag{3-10}$$

式中　M——凝固模数；

　　　V——压铸件体积，cm^3；

　　　A——压铸件表面积，cm^2。

3）内浇口厚度的经验数据可查表 3-9 选取。

4）内浇口宽度和长度的经验数据可查表 3-10。

表 3-9　内浇口厚度的经验数据

铸件种类	压铸件厚度/mm						
	0.6～1.5		>1.5～3		>3～6		>6
	复杂件	简单件	复杂件	简单件	复杂件	简单件	为铸件壁厚/%
铅、锡合金	0.4～0.8	0.4～1.0	0.6～1.2	0.8～1.5	1.0～2.0	1.5～2.0	20～40
锌合金	0.4～0.8	0.4～1.0	0.6～1.2	0.8～1.5	1.0～2.0	1.5～2.0	20～40
铝、镁合金	0.6～1.0	0.6～1.2	0.8～1.5	1.0～1.8	1.5～2.5	1.8～3.0	40～60
铜合金	—	0.8～1.2	1.0～1.8	1.0～2.0	1.8～3.0	2.0～4.0	40～60

表 3-10　内浇口宽度和长度的经验数据　　　　　　　　mm

内浇口进口部位 压铸件形状	内浇口宽度	内浇口长度	说　明
矩形板件	压铸件边长的 0.6～0.8	2～3	指从压铸件中轴线处侧向注入，离轴线一侧的端浇口或点浇口则不受此限
圆形板件	压铸件外径的 0.4～0.6		内浇口以切割线注入
圆环件、圆筒件	压铸件内径和外径平均值的 0.25～0.3		内浇口以切线注入
方框件	压铸件边长的 0.6～0.8		内浇口从侧壁注入

（3）点浇口尺寸的确定

点浇口适用于结构基本对称、壁厚均匀的罩壳类压铸件。其结构形式和尺寸的选定分别见图 3-2 和表 3-11、表 3-12。

表 3-11　点浇口直径尺寸

压铸件投影面积/cm²		≤80	>80～150	>150～300	>300～500	>500～750	>750～1000
点浇口直径 d /mm	简单铸件	2.8	3.0	3.2	3.5	4.0	5.0
	中等复杂铸件	3.0	3.2	3.5	4.0	5.0	6.5
	复杂铸件	3.2	3.5	4.0	5.0	6.0	7.5

注：表中数值适用于壁厚 2.0～3.5mm 的铸件。

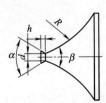

图 3-2　点浇口的结构形式

d—点浇口直径；*h*—点浇口厚度；

R—圆弧半径；*α*—出口角度；*β*—进口角度

表 3-12　点浇口的其他部分尺寸选择

点浇口 直径 d	点浇口 厚度 h	出口角度 α	进口角度 β	圆弧半径 R
<4	3			
<6	4	60°～90°	45°～60°	30
<8	5			

（4）常用内浇口的形式

常用内浇口的形式见表 3-13。

表 3-13　常用内浇口的形式

形式	图　例	说　明
侧浇口	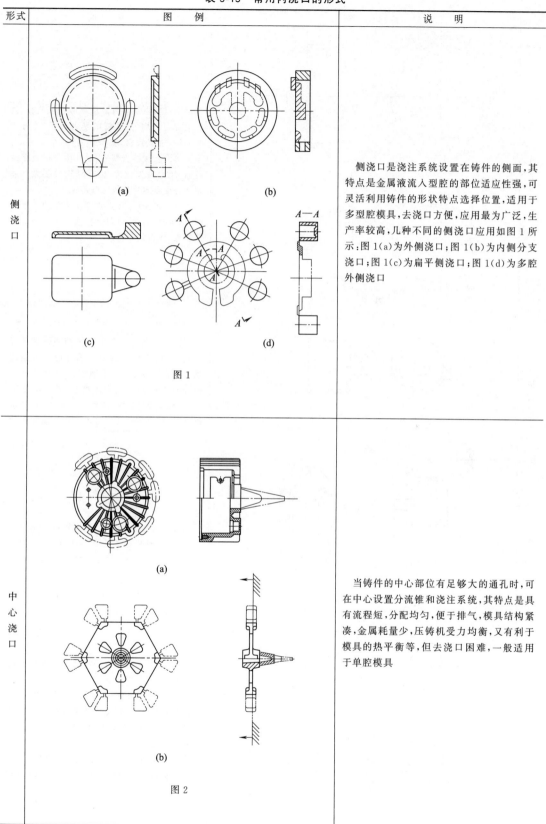 (a)　(b) (c)　(d) 图 1	侧浇口是浇注系统设置在铸件的侧面,其特点是金属液流入型腔的部位适应性强,可灵活利用铸件的形状特点选择位置,适用于多型腔模具,去浇口方便,应用最为广泛,生产率较高,几种不同的侧浇口应用如图 1 所示:图 1(a)为外侧浇口;图 1(b)为内侧分支浇口;图 1(c)为扁平侧浇口;图 1(d)为多腔外侧浇口
中心浇口	(a) (b) 图 2	当铸件的中心部位有足够大的通孔时,可在中心设置分流锥和浇注系统,其特点是具有流程短,分配均匀,便于排气,模具结构紧凑,金属耗量少,压铸机受力均衡,又有利于模具的热平衡等,但去浇口困难,一般适用于单腔模具

形式	图 例	说 明
点浇口	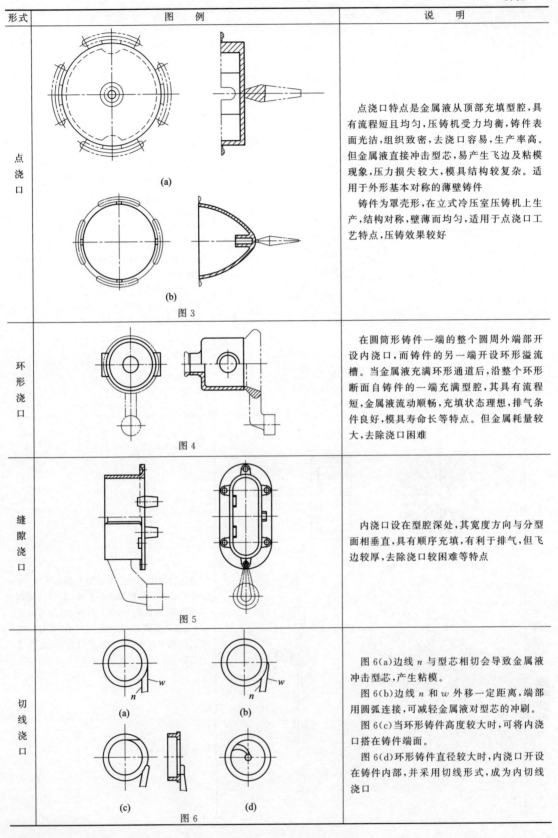 (a) (b) 图 3	点浇口特点是金属液从顶部充填型腔,具有流程短且均匀,压铸机受力均衡,铸件表面光洁,组织致密,去浇口容易,生产率高。但金属液直接冲击型芯,易产生飞边及粘模现象,压力损失较大,模具结构较复杂。适用于外形基本对称的薄壁铸件 铸件为罩壳形,在立式冷压室压铸机上生产,结构对称,壁薄而均匀,适用于点浇口工艺特点,压铸效果较好
环形浇口	图 4	在圆筒形铸件一端的整个圆周外端部开设内浇口,而铸件的另一端开设环形溢流槽。当金属液充满环形通道后,沿整个环形断面自铸件的一端充满型腔,其具有流程短,金属液流动顺畅,充填状态理想,排气条件良好,模具寿命长等特点。但金属耗量较大,去除浇口困难
缝隙浇口	图 5	内浇口设在型腔深处,其宽度方向与分型面相垂直,具有顺序充填,有利于排气,但飞边较厚,去除浇口较困难等特点
切线浇口	(a) (b) (c) (d) 图 6	图 6(a)边线 n 与型芯相切会导致金属液冲击型芯,产生粘模。 图 6(b)边线 n 和 w 外移一定距离,端部用圆弧连接,可减轻金属液对型芯的冲刷。 图 6(c)当环形铸件高度较大时,可将内浇口搭在铸件端面。 图 6(d)环形铸件直径较大时,内浇口开设在铸件内部,并采用切线形式,成为内切线浇口

形式	图　例	说　明
圆弧形浇口	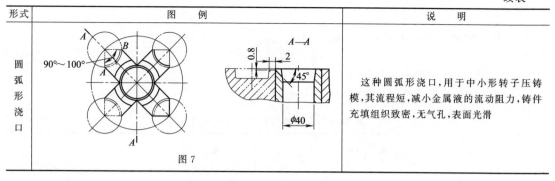图 7	这种圆弧形浇口,用于中小形转子压铸模,其流程短,减小金属液的流动阻力,铸件充填组织致密,无气孔,表面光滑

（5）内浇口拉断力计算

在卧式压铸机上应用中心浇口压制铸件,模具设计中采用一、二次分型面来处理拉断浇口的问题。启模时,利用限位钉的限位作用,于第一次分型面开模之力将余料柄浇口颈部拉断。此时,铸件的包紧力 p 必须大于浇口料柄颈部的拉断力 p_L（见图 3-3）。否则,铸件留在模具型腔内或内浇口处,使取出铸件和清除浇口余料困难。

为此,应必须满足 $p_b > p_n > p_L$ 的条件,而需要进行必要的有关计算:

① 型芯包紧力 p_b 按下式计算:

$$p_b = A_b p (K\cos\alpha - \sin\alpha) \qquad (3-11)$$

图 3-3　带分流锥的中心浇口
1—内浇口;2—直浇口;3—料柄

式中　A_b——被包紧型芯的表面积,m^2;

p——单位面积压铸件对型芯的挤压应力（正包紧力）,一般铝合金取 $p = 10 \sim 12MPa$,锌合金取 $p = 6 \sim 8MPa$,铜合金取 $p = 12 \sim 16MPa$;

K——压铸件对成型表面的摩擦系数,一般取 $K = 0.2 \sim 0.25$。

α——型芯成型部位的脱模脱斜度,（°）。

② 环形内浇口的传递力 p_{nq} 按下式计算（图 3-3）:

$$p_{nq} = A_n R_m \qquad (3-12)$$

式中　A_n——环形内浇口截面积,cm^2;

R_m——抗拉强度,MPa。

③ 浇口余料颈部拉断力 p_L 按下式计算:

$$p_L = A_L R_m \qquad (3-13)$$

压铸件在脱模过程中,其浇口余料颈部拉断的条件不仅要满足 $p_b > p_n > p_L$ 的条件,还须满足 $A_n > A_L$,一般可取 $A_L \leqslant A_n / 1.5 \sim 2$。

④ 浇口余料颈部直径 d_1 按下式计算:

$$d_1 = 2\sqrt{\frac{A_L/(1.5 \sim 2)}{\pi}} \qquad (3-14)$$

式中　A_L——浇口余料颈部的截面积。

⑤ 浇口余料柄锥度斜角 α 的计算式为:

$$\alpha = \arctan\frac{d_2 - d_1}{2h} \qquad (3-15)$$

式中　d_2——环形浇口外环直径;

d_1——浇口余料柄颈部直径；

h——浇口板厚度。

⑥ 环形内浇口实际传递力 p_n 为：

$$p_n = p_{nq} / \cos\alpha \tag{3-16}$$

（6）常用浇口套的形式及尺寸

常用浇口套的形式及尺寸见表 3-14～表 3-17。

表 3-14 Ⅰ型浇口套的形式及尺寸   mm

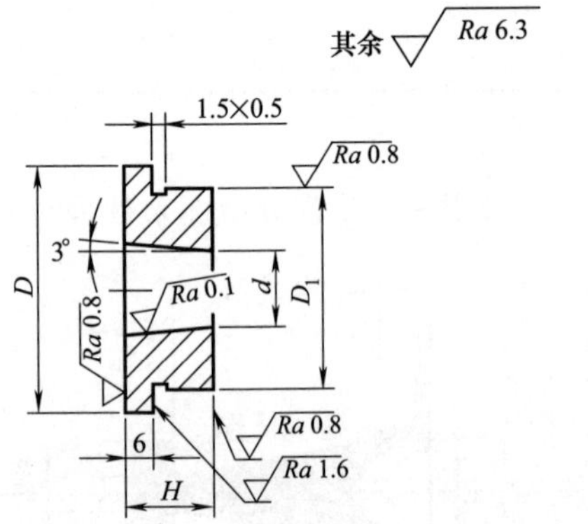

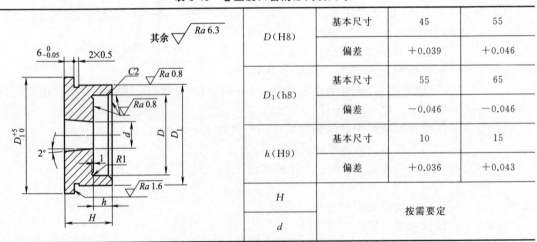

D	D_1(h8)		d	H
	基本尺寸	公 差		
52	45	−0.039		
62	55	−0.046		按需要确定
92	84	−0.054		

表 3-15 Ⅱ型浇口套的形式及尺寸   mm

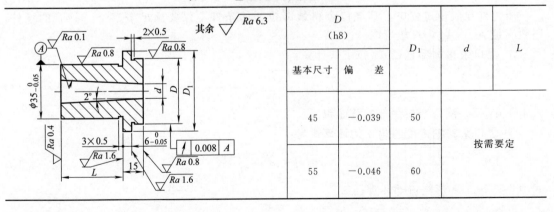

D(H8)	基本尺寸	45	55
	偏差	+0.039	+0.046
D_1(h8)	基本尺寸	55	65
	偏差	−0.046	−0.046
h(H9)	基本尺寸	10	15
	偏差	+0.036	+0.043
H		按需要定	
d			

表 3-16 Ⅲ型浇口套的形式及尺寸   mm

D (h8)		D_1	d	L
基本尺寸	偏 差			
45	−0.039	50		按需要定
55	−0.046	60		

表 3-17　Ⅳ型浇口套的形式及尺寸

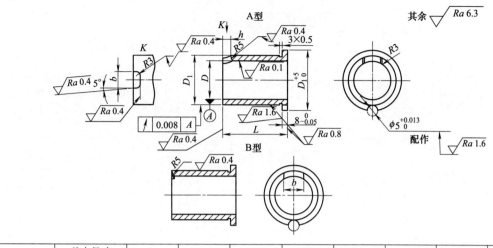

D (F8)	基本尺寸	25	30	35	40	45	50	60	70
	偏差	+0.053 +0.020		+0.064 +0.025			+0.076 +0.030		
D_1 (h8)	基本尺寸	35	40	45	50	60	65	75	85
	偏差	−0.039				−0.046		−0.054	
b		10	16	10	16	16	20	16	20	16	24	16	24	20	30	20	30
h		6		8		8		10		10		12		12	
L		按需要定								

（7）浇口套和分流锥的结构形式

① 浇口套的结构形式见表 3-18。

表 3-18　浇口套的结构形式

结构简图	说　明	结构简图	说　明
适用于立式冷压室压铸机			
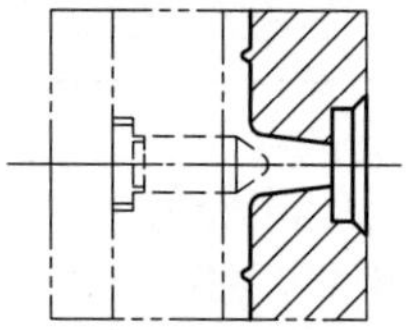	在定模镶块上直接加工出直浇道部分，适用于小批量生产的简易模具，但浇道损坏后修理较困难	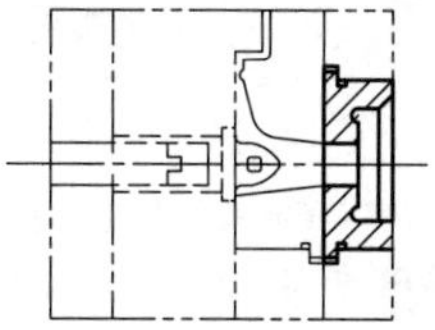	直浇道部分分别由浇口套和定模镶块构成，固定牢固，但浇口套与喷嘴的同心度误差较大
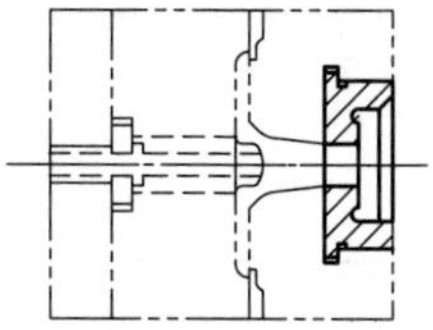	直浇道部分分别由浇口套和定模镶块构成，固定牢固，由于增加了接合面，而易产生横向飞边，影响直浇道顺利脱模	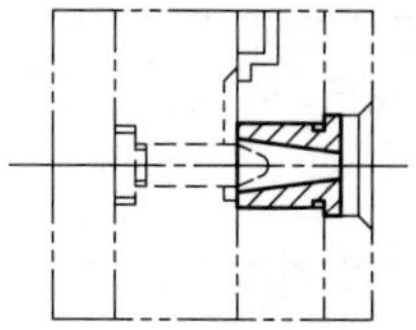	与直浇道为一体构成，有利于金属液流动顺畅，装拆方便
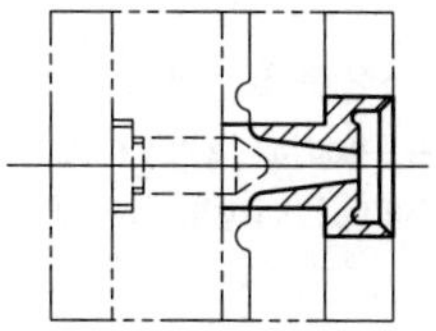	带有直浇道与横浇道的结构，有利于金属液流动和脱模，为防止浇口套转动而导致横浇道错位，需用销钉固定浇口套	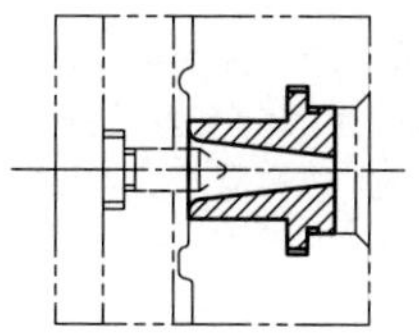	直浇道部分由浇口套一体构成，有利于金属液流动顺畅，并固定较牢固，但装拆不便

结构简图	说　明	结构简图	说　明
适用于卧式冷压室压铸机			
	为贯通式,金属液流动顺畅,拆卸方便,但压室与浇口套同轴度较差		采用中心浇口的浇口套,适用于卧式冷室压铸机
	其结构接合面少,金属液流动顺畅,但装拆不便		采用点浇口时的浇口套
	整体式结构,耐用,压室与浇口套同轴度较好,但浇口套需防止转动		浇口套与压室制成一整体,用螺纹连接,调节方便,通用性较好
适用于热压室压铸机			
	采用整体式浇口套,金属液流动顺畅,模板压紧,稳定可靠		浇口套采用两体结构,省料,更换方便,但要防止产生横向飞边而影响脱模
	具有同上特点,用小压板压紧,拆装方便		采用套环式冷却结构,冷却效果好,但结构较复杂
	浇口套靠喷嘴压紧,结构简单,但易松动		采用两体结构,用小压板压紧,便于调换

② 分流锥的结构形式见表 3-19。

表 3-19　分流锥的结构形式

结构简图	说　明	结构简图	说　明
	适用于中心浇口,用于一模一腔或一模多腔的中心位置,结构简单,应用较为广泛		分流锥中心设置推杆,有利于推出直浇道,其推杆与孔形成的间隙有利于排气

续表

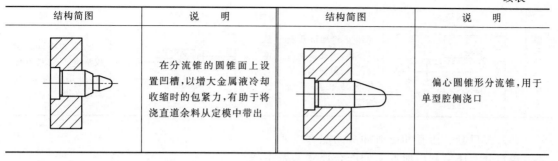

结构简图	说　明	结构简图	说　明
	在分流锥的圆锥面上设置凹槽,以增大金属液冷却收缩时的包紧力,有助于将浇直道余料从定模中带出		偏心圆锥形分流锥,用于单型腔侧浇口

③ 分流锥常用尺寸见表 3-20、表 3-21。

表 3-20　Ⅰ型分流锥常用尺寸　　　　　　　　　mm

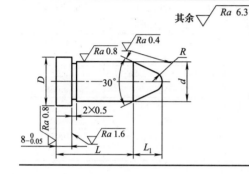

d(h8) 基本尺寸	偏　差	D	L_1	R	L
10	−0.022	14	11	3	
12	−0.027	16	13	3	
14	−0.027	18	16	3.5	
16	−0.027	20	19	4	按需要定
20	−0.033	24	23	5	
25	−0.033	30	28	6	
32	−0.039	37	34	8	

表 3-21　Ⅱ型分流锥常用尺寸　　　　　　　　　mm

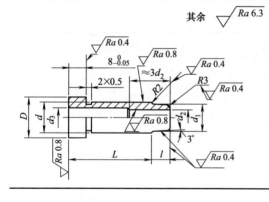

d(h8)	基本尺寸	16	20	25	32
	偏差	−0.027	−0.033		−0.039
d_1		13	15	20	26
d_2(H8)	基本尺寸	6	8	10	12
	偏差	−0.018	0.022		−0.027
d_3		10.5	13		15
D		20	25	30	38
l		10	10	15	15
L		按需要定			

（8）压室和浇口套的连接形式

压室和浇口套的连接形式见表 3-22。

表 3-22　压室和浇口套的连接形式

类型	结构简图	说　明	类型	结构简图	说　明
连接式压室	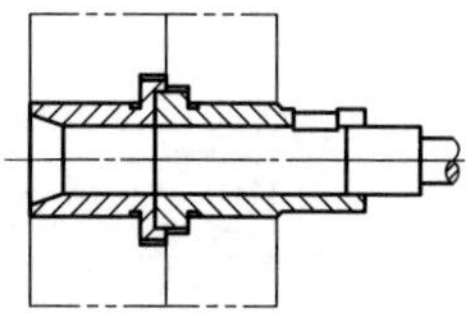	压室和浇口套分别制造,为防止加工误差影响同轴度,导致冲头不能正常运行,可适当放大浇口套孔径	连接式压室	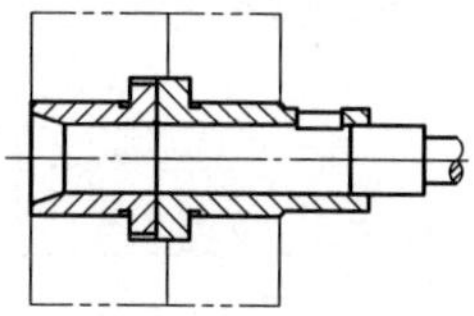	压室和浇口套分别制造,为防止加工误差影响同轴度,导致冲头不能正常运行,可适当放大浇口套孔径

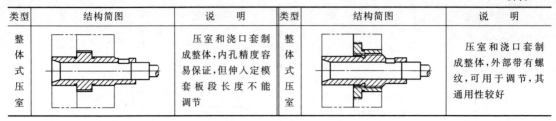

类型	结构简图	说　明	类型	结构简图	说　明
整体式压室		压室和浇口套制成整体，内孔精度容易保证，但伸入定模套板段长度不能调节	整体式压室		压室和浇口套制成整体，外部带有螺纹，可用于调节，其通用性较好

（9）浇口套、压室和压射冲头的配合尺寸

浇口套、压室和压射冲头的配合尺寸见表 3-23。

表 3-23　浇口套、压室和压射冲头的配合尺寸

配合简图	压室基本尺寸 D_0	尺寸偏差		
		浇口套 D（F8）	压室 D_0（H7）	压射头 d（e8）
	>18~30	+0.053 +0.020	+0.021 0	−0.040 −0.073
	>30~50	+0.064 +0.025	+0.025 0	−0.050 −0.089
	>50~80	+0.076 +0.030	+0.030 0	−0.060 −0.106
	>80~120	+0.090 +0.036	+0.035 0	−0.072 −0.126

（10）分流器常用尺寸

分流器常用尺寸见表 3-24。

表 3-24　分流器常用尺寸

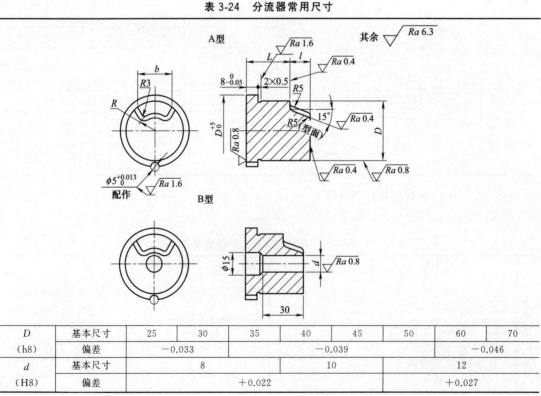

D	基本尺寸	25	30	35	40	45	50	60	70
（h8）	偏差	−0.033		−0.039				−0.046	
d	基本尺寸	8			10			12	
（H8）	偏差	+0.022					+0.027		

l	10				15						20		25			
b	10	16	10	16	16	20	16	20	16	24	16	24	20	30	20	30
R	10		11		12		13		14		15		20			
L	按需要定															

3.2.4　横浇道设计

（1）横浇道的基本形式

横浇道的基本形式见表 3-25。

表 3-25　横浇道的基本形式

类型	图　例	说　明
扇形横浇道	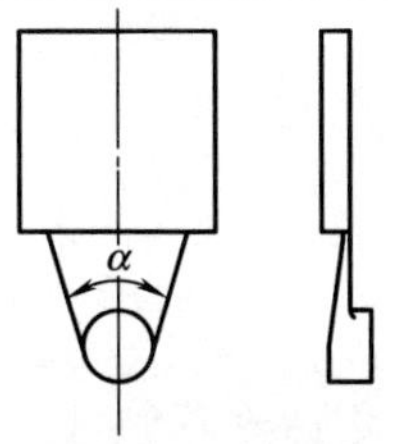	扇形横浇道是一种常用浇道,浇口中心部位流量较大,浇道截面积保持不变或收敛式变化,以保持金属液在浇道内流速不变或均匀地加速。 扇形横浇道入口处的截面积为内浇口截面积的 1.5～3 倍,开口角 $\alpha \leqslant 90°$
等宽横浇道	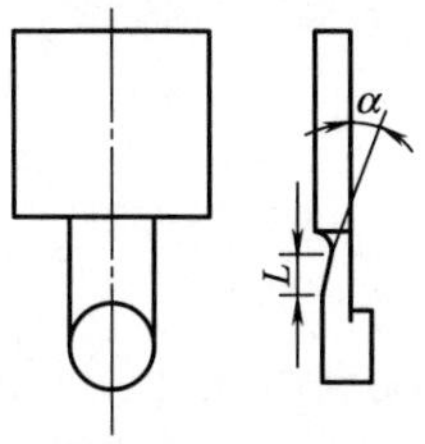	等宽横浇道是一种特殊形式,是最简单的横浇道,浇道截面积保持不变
T形横浇道	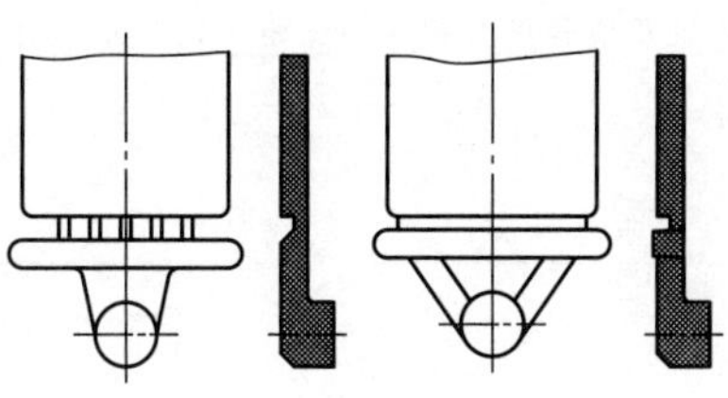 （a）　　　　（b）	金属液在浇道内流动稳定,均衡充填型腔,常用于梳状内浇口的场合。图(a)内浇口对着主横浇道,金属液流量较大,充填状态良好;图(b)金属液流成两股流入过渡横浇道,其充填状态更加良好
锥形切向横浇道	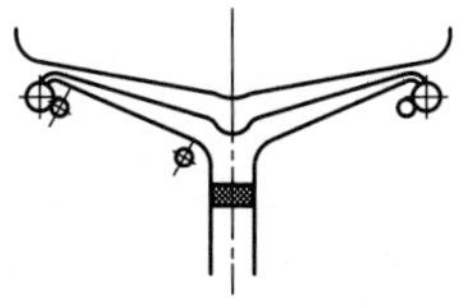	过渡横浇道截面积沿金属流方向逐渐减小,金属液的流态可控,由于最大限度地缩短了金属液的流程,有利于薄壁压铸件的生产
环形横浇道	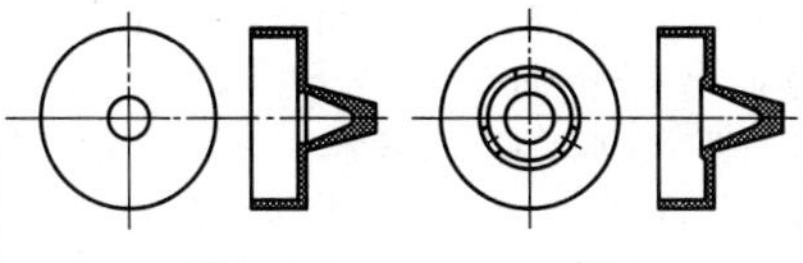 （a）　　　　（b）	底面有通孔的压铸件,采用中心浇口时,过渡浇道为圆环形,从中心向周围内浇口采用过渡收敛形式。 当通孔较小时,采用图(a)的结构形式,直浇口的出口部位设置分流锥。 当通孔较大并有足够的空间时,采用图(b)的结构形式,在型芯的对应位置开设环形浇道,并设置分流锥

（2）多腔横浇道的布局

多腔横浇道的布局形式见表 3-26。

表 3-26　多腔横浇道的布局形式

类型	图　例	说　明
直线排列	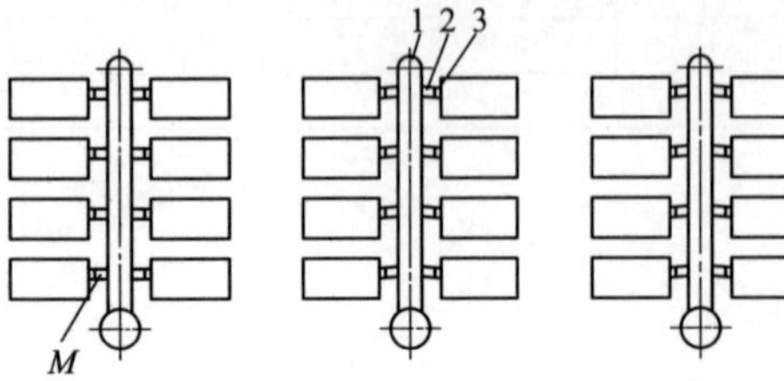 图 1 1—主浇道;2—过渡横浇道;3—内浇口	直线排列式横浇道,图 1(a)一般适应于小型压铸件,这种形式,当金属液压入主横浇道的瞬间。熔液在 M 处开始分流,有少量金属液依次进入就近的每个型腔,而开始温度下降甚至接近冷却状态,由于充填的时间差,致使离直浇道近的铸件容易产生缺陷。 　　采用图 1(b)、(c)的直线排列式,可以改善上述出现的问题,图 1(b)中过渡横浇道采用了反向倾斜进料方式,减少了预先充填的情况。图 1(c)中采用了不同的反向倾斜的进料方式,即由远而近,反向倾斜角依次递增,而显著提高了压铸充填效果,压铸缺陷也明显降低
双直线排列	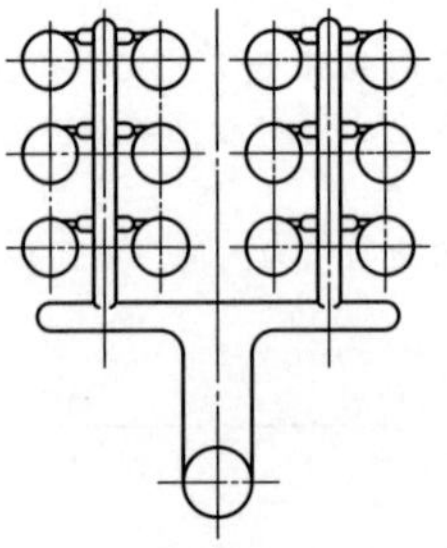 图 2	图 2 是双直线排列形式,横浇道由于大多采用反向进料的结构形式,会不同程度地增大涡流现象的产生,故应设置有效的溢流槽和排气道,但是,对致密性要求较高的铸件,不宜采用反方向设置横浇道的方式
对称排列	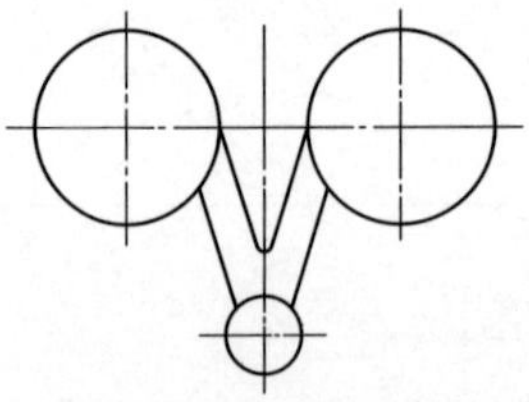 图 3	图 3 是对称排列,适用于较大型的压铸件的对称横浇道排列。金属液从直浇道压入,经过均匀分叉的横浇道进入型腔,以保证双模腔具有相同的压铸工艺条件,模体受力也较平衡
梳状排列	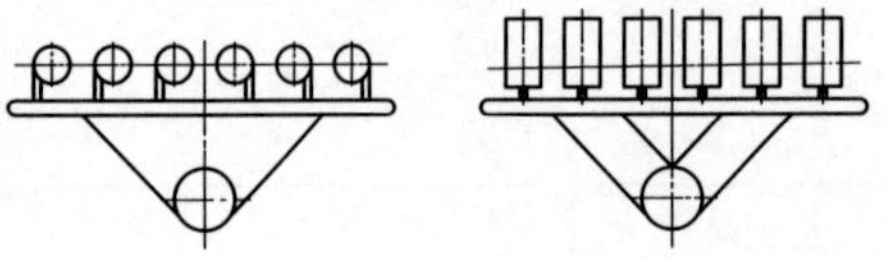 图 4	图 4 是梳状排列横向浇道,它具有梳状内浇口和 T 形横浇道的特点
环形排列	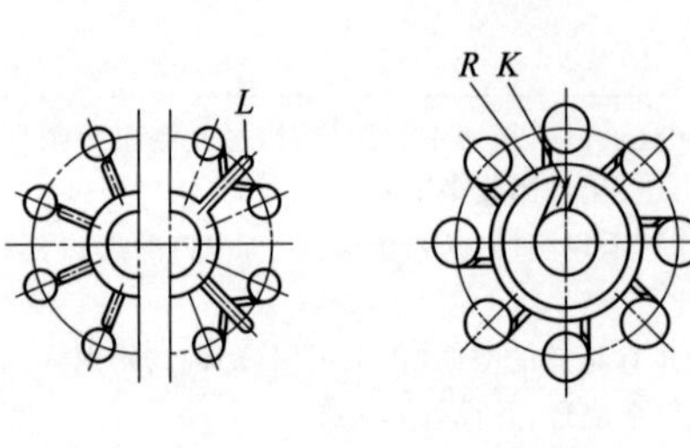 图 5	图 5 是环形排列的横浇道。金属液在基本相同的压铸条件下,分别流入各个型腔,并满足同时填满、同时冷却的原则。图 5(a)是立式压铸机上采用的形式,直浇道环浇圆周均匀排布,各个型腔可单独设置横向浇道[图 5(a)左半部分],也可两个型腔共设一个横浇道[图 5(a)右半部分]。后者比前者压铸条件优越,其共用横浇道的延长段 L 部分起溢流槽作用。图 5(b)是卧式冷压室压铸机采用的形式,压铸时,金属液从直浇道经主横浇道 K 压入环形横浇道 R,金属液在压射力作用下产生离心作用,将通过环形横浇道 R 的外壁,依次流入各个型腔,直至完全充满

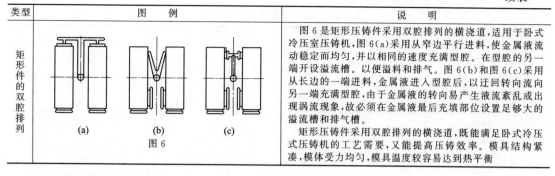

类型	图 例	说 明
矩形件的双腔排列	(a) (b) (c) 图 6	图 6 是矩形压铸件采用双腔排列的横浇道,适用于卧式冷压室压铸机,图 6(a)采用从窄边平行进料,使金属液流动稳定而均匀,并以相同的速度充满型腔。在型腔的另一端开设溢流槽。以便溢料和排气。图 6(b)和图 6(c)采用从长边的一端进料,金属液进入型腔后,以迂回转向流向另一端充满型腔,由于金属液的转向易产生液流紊乱或出现涡流现象,故必须在金属液最后充填部位设置足够大的溢流槽和排气槽。 矩形压铸件采用双腔排列的横浇道,既能满足卧式冷压式压铸机的工艺需要,又能提高压铸效率。模具结构紧凑,模体受力均匀,模具温度较容易达到热平衡

（3）横浇道的截面形状

横浇道的截面形状见表 3-27。

表 3-27　横浇道的截面形状

类型	截面形状	说 明	类型	截面形状	说 明
扇梯形	5°～10° b R2～4	金属液热量损失小,加工方便,应用广泛	圆形	d	热量损失小,加工不方便
长梯形	5°～15° b R2～4	适用于浇道部位狭窄,铸件流程长,以及多腔模的分支浇道	窄梯形	3°～5°	适用于浇口或浇道部位特别狭窄处
双扁梯形	b R2～4 5°～10°	金属液热量损失小,适用于流程特别长的浇道	环形	10°～15° 30°～45°	适用于环形浇道连接内浇口的部位

（4）横浇道的尺寸选择

横浇道尺寸的选择见表 3-28。

表 3-28　横浇道尺寸的选择

截面形状	计算公式	说 明
α W h r	方法(1): $$W=\frac{3F_n}{h}（一般）$$ $$W=\frac{(1.25～1.6)F_n}{h}（最小）$$ $h\geq 1.5～2H_平$ $\alpha=15°$ $r=2～3$ 方法(2): $$D=C_1\sqrt{F_h}$$ $$W=C_2\sqrt{F_h}$$ $F_h=(3～4)F_n（冷室压铸机）$ $F_h=(2～3)F_n（热室压铸机）$ $h=(5～8)t（卧式冷室压铸机）$ $h=(8～10)t（立式冷室压铸机）$ $h=(8～10)t（热室压铸机）$ $\alpha=10°～15°$ $$W=\frac{F_h}{D}+D\tan\alpha$$ $r=2～3$	式中　$D(h)$——横浇道深度,mm 　　　W——横浇道宽度,mm 　　　F_n——内浇口截面积,mm^2 　　　F_h——横浇道截面积,mm^2 　　　C_1,C_2——系数,见表 3-29 　　　$H_平$——铸件平均厚度,mm 　　　α——出模斜度,(°) 　　　r——圆角半径,mm 　　　t——内浇口厚度,mm

计算横浇道尺寸的系数见表 3-29。

表 3-29　计算横浇道尺寸的系数

横浇道截面简图	C_1	C_2	横浇道截面简图	C_1	C_2
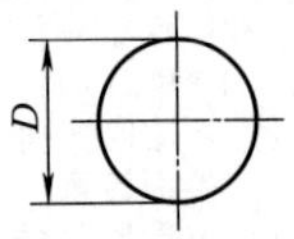	1.128	—	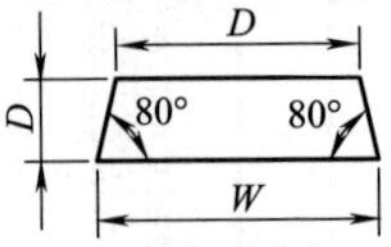	0.561	1.881
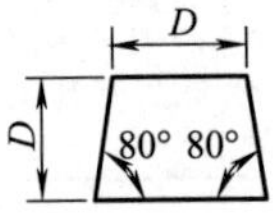	0.922	1.247	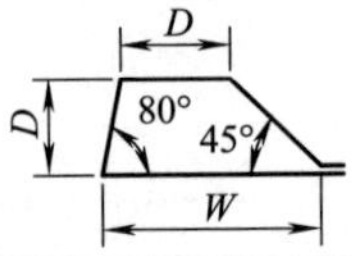	0.794	1.727
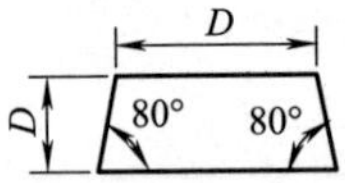	0.678	1.595	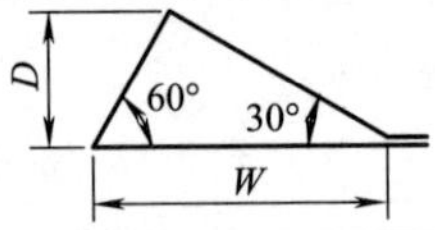	0.931	2.149

（5）横浇道与内浇口和铸件之间的连接方式

横浇道与内浇口和铸件之间的连接方式见表 3-30。

表 3-30　横浇道与内浇口和铸件之间的连接方式

截面形状	说　明	截面形状	说　明
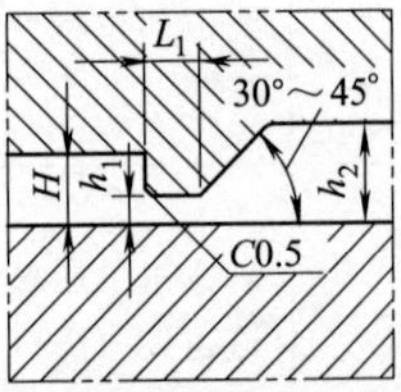	压铸件、横浇道和内浇口均设置在同一模面上,金属液从侧面进入型腔,适用于平板状压铸件	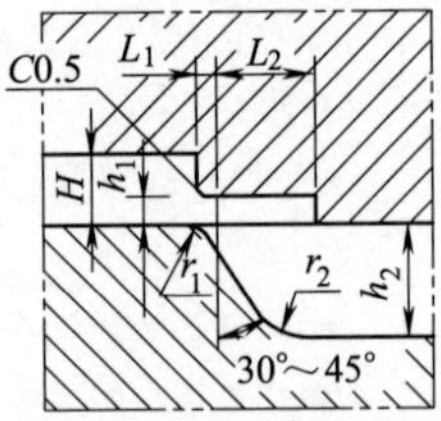	压铸件、横浇道和内浇口分别设置在定模和动模上,金属液从侧面进入型腔,适用于平板状压铸件
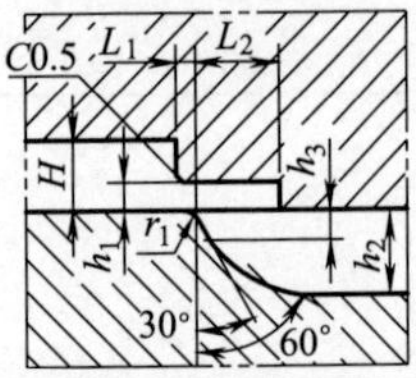	压铸件、横浇道和内浇口分别设在定模和动模上,金属液从侧面进入型腔,适用于薄壁压铸件	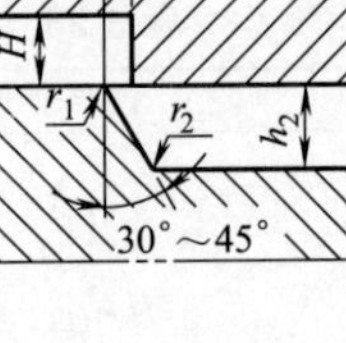	压铸件和横浇道设置在动模和定模两个面上,横浇道的出口处与铸件的搭边形成进料的内浇口
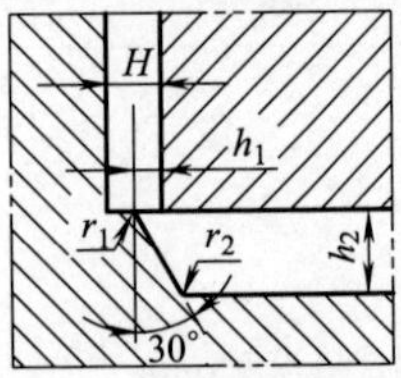	金属液从铸件底部端面导入,适用于深腔铸件		
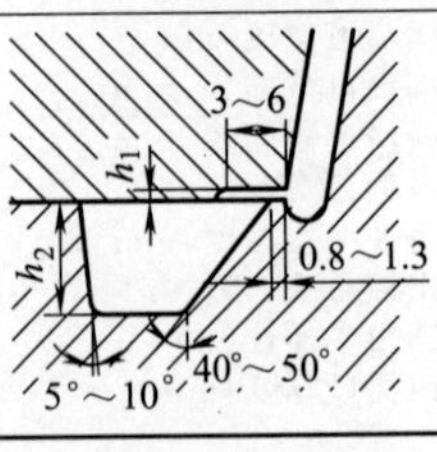	沿金属液流动方向将内浇口开设在横浇道的侧面,适用于锥形切向浇道系统	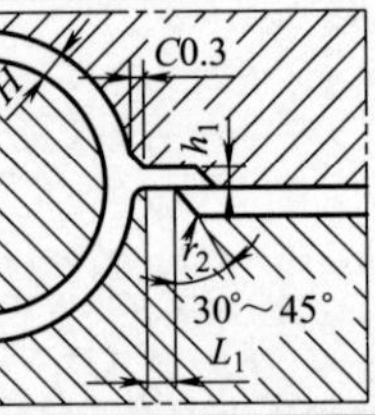	横浇道与内浇口将金属液从切线方向导入型腔,适用于管状铸件

注：1. 表内图中符号：L_1——内浇口长度，mm；L_2——内浇口延伸段长度，mm；h_1——内浇口厚度，mm；h_2——横浇道厚度，mm；h_3——横浇道过渡段厚度，mm；r_1——横浇道倾斜段圆角半径，mm；r_2——横浇道出口段与内浇口连接处的圆角半径，mm；H——铸件壁厚，mm。

2. 各数据之间的相互关系式为：$L_2 = 3L_1$，$h_2 > 2h_1$，$r_1 = h_1$，$r_2 = h_2/2$，$L_1 + L_2 = 8 \sim 10$（L_1 一般取 2～3mm）。

3.3　溢流槽和排气槽的设计

　　溢流槽、排气槽和浇注系统，在型腔充填过程中是一个不可分割的整体。为了防止在压铸过程中产生某些缺陷，设置溢流槽和排气槽在模具设计中也不可忽视。其主要作用如下。

　　① 用于储蓄最先进入型腔的冷金属液和混入其中的气体和残渣。为排除型腔中的气体，清除铸件的冷隔、残渣，以提高铸件质量。

　　② 控制金属液充填流态，避免局部产生涡流。

　　③ 可调节模具各部分的温度，改善模具的热平衡状态，减少或消除铸件流痕、冷隔和浇注不足的现象。

　　④ 可作为铸件脱模设置推杆的位置，防止推出时铸件产生变形或铸件表面上留有推杆痕迹。

　　⑤ 对分别处于动、定模型腔内的铸件，为增加阻力防止铸件留在定模，而在动模上设置溢流槽，以增大对型芯的包紧力，使铸件在开模时随动模脱出。

　　⑥ 可作为真空压铸和定向抽气压铸引出气体的导入点，还可作为铸件加工时装夹或定位的附加部分。

3.3.1　溢流槽设计

（1）溢流槽的形式

溢流槽的形式见表 3-31。溢流槽的容积和尺寸见表 3-32、表 3-33。

表 3-31　溢流槽的形式

形式		简　图	说　明
设置在分型面上的溢流槽		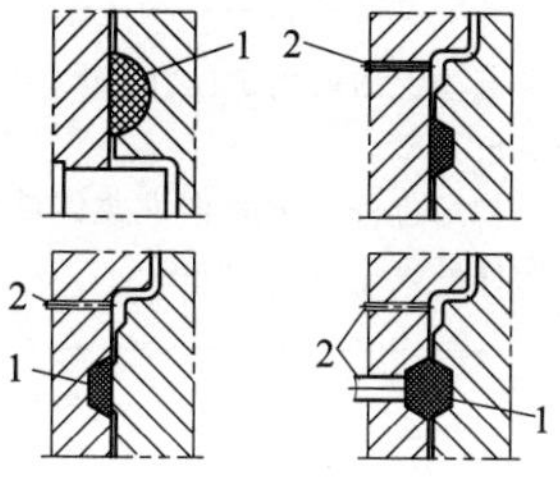 　1—溢流槽；2—推杆	①溢流槽截面形状一般为半圆形或梯形。 ②半圆形溢流槽底部通常不设置推杆。 ③梯形溢流槽底部通常设置推杆。 ④要求容量较大时，可采用定、动模两个型腔组成的溢流槽，并设置推杆
设置在型腔内部的溢流槽	杆形溢流槽	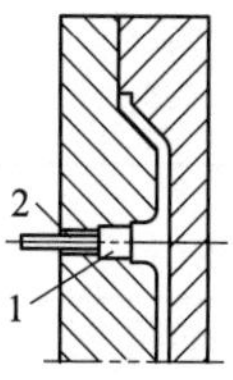 　1—溢流槽；2—推杆	设在推杆部位的杆形溢流槽，为消除局部平面上的涡流、花纹，其深度一般为 15～30mm

形 式		简 图	说 明
设置在型腔内部的溢流槽	管形溢流槽	1—溢流槽；2—型芯	设在平面小孔处的管形溢流槽，铸件平面有较小的通孔时，可将型芯伸入相对位置的镶块孔内，并利用型芯与镶块的配合间隙排气，但增加去除溢流槽的工作量
	环形溢流槽	1—溢流槽；2—型芯	设置在型腔深处的环形溢流槽，容量大，即使在孔径不大的情况下，也可在铸件顶部布置较大容量的溢流槽
	柱形溢流槽	1—溢流槽；2—推杆	①设在型芯端部的柱形溢流槽，排除型腔深处的气体和冷污金属，其溢流口可为整个环形，也可局部引入。②柱形溢流槽底部设置推杆，既有助于推出铸件，又可改善排气条件
双级溢流槽		1—溢流槽；2—铸件；3—冷却块	为防止金属液倒流入型腔，采用双级溢流槽，按需要在溢流槽尾部设置冷却块和推杆
带定位杆和支承柱组合的溢流槽		1—定位杆；2—支承杆；3—溢流槽	在溢流槽上压铸出定位杆，作为去除浇口、冲孔和加工螺纹的定位基础。铸出的定位杆又可兼作堆放铸件的支承杆，总长度 L 取决于铸件的大小，$L_1 < 6mm$
设有凸台的溢流槽		1—溢流口；2—溢流槽；3—排气槽；4—推杆	为了使溢流槽顺利脱模，一般在上面设置一个或数个圆柱形或锥形凸台，利用压铸合金收缩时对模具的包紧力，开模时随动模脱出，并在底部设置推杆，使铸件和溢流槽同时从动模推出

表 3-32　溢流槽的容积

使用条件	用于消除铸件局部热节处缩孔的溢流槽	溢流槽总体积
溢流槽容积范围	为热节的 3～4 倍或为缺陷部位体积的 2～2.5 倍	不少于铸件体积的 20%
说　明	如果作为平衡模具温度的热源或用于改善金属液充填流态，则应再加大容量	小型铸件比值更大

表 3-33　单个溢流槽的尺寸　　　　　　　　　　　　　　　　　　　　　mm

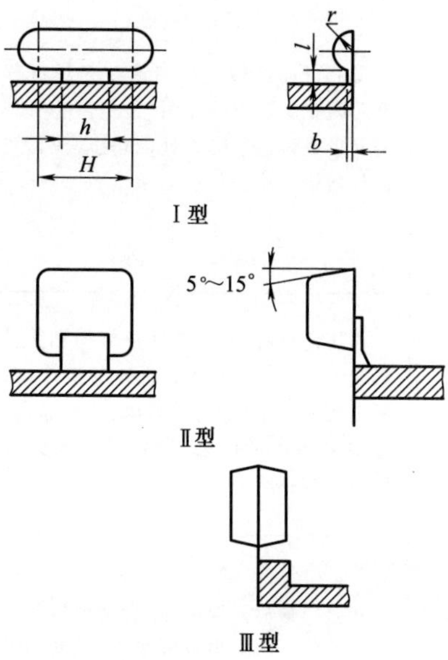

尺寸参数	铅合金 锡合金 锌合金	铝合金 镁合金	铜合金 黑色金属
溢流口宽度 h	6～12	8～12	8～12
溢流槽半径 r	4～6	5～10	6～12
溢流口长度 l	2～3	2～3	2～3
溢流口厚度 b	0.4～0.5	0.5～0.8	0.6～1.2
溢流槽长度 中心距 H	＞$(1.5～2)h$	＞$(1.5～2)h$	＞$(1.5～2)h$

Ⅰ型

5°～15°

Ⅱ型

Ⅲ型

注：溢流口截面积一般为内浇口截面积的 50％～70％，为排气槽截面积的 50％。

（2）溢流槽位置

溢流槽位置一般选择在以下几处。

① 金属液在横浇道内或进入型腔后最先冲击的部位。

② 受金属液冲击的型芯背面。

③ 两股或多股金属液相汇合，容易产生涡流或氧化夹杂的部位。

④ 金属液最后充填的部位。

⑤ 铸件壁厚较薄难以充填的部位。

⑥ 内浇口两侧或金属液不能直接充填的死角。

⑦ 大平面上容易产生缺陷集中的部位。

⑧ 型腔温度较低和排气条件不良的部位。

溢流槽的布置示例见表 3-34。

（3）溢流槽的尺寸

推荐的溢流槽的尺寸见表 3-35、表 3-36。

表 3-34　溢流槽布置示例

溢流槽布置位置	简　图	说　明
金属液最先冲击部位和内浇口两侧	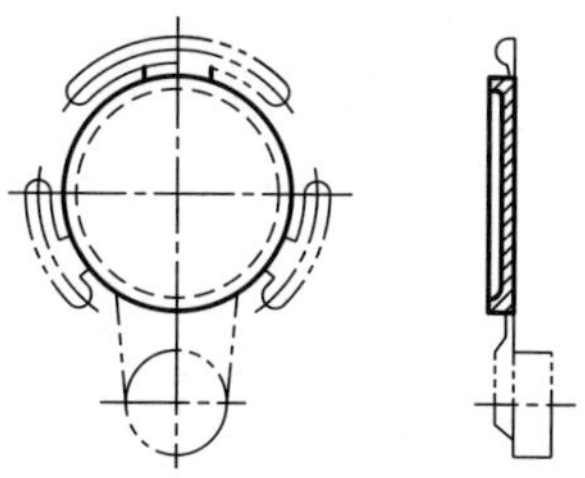	在金属液最先冲击部位和内浇口两侧设置溢流槽，以排除金属液流动前部的气体、冷污金属，稳定流态，减少涡流，并将折回浇口两侧的气体、夹杂排除

溢流槽布置位置	简 图	说 明
型芯背面金属液汇合处		型芯背面区域是金属液在充填过程中被型芯阻止所形成的死角,也是由于气体和夹渣易形成铸造缺陷之处,布置溢流槽可改善铸件质量
型腔内金属液汇合处		在压铸过程中,由于铸件结构和工艺条件限制,金属液不能完全达到理想流态,在几股金属液的汇合处,是气体、冷污金属、涂料残渣最集中的区域,设置溢流槽以改善充填、排气条件
金属液最后充填的部位		在金属最后充填部位,合金温度和模具温度都较低,气体、夹渣较集中,设置溢流槽可改善模具热平衡状态,改善充填、排气条件
铸件局部厚壁处	溢流槽 嵌件	铸件厚壁处最容易产生气孔、缩松等缺陷,采用大容量的溢流槽和较厚的溢流口,可以充分排除气体和夹渣,转移缩松部位,改善内在质量
主横浇道的端部	分支横浇道 主横浇道 溢流槽 推杆	使冷污金属、涂料残渣、气体积聚在主横浇道端部的大容量溢流槽内,以稳定金属液流态,改善铸件质量

表 3-35 推荐的弓形溢流槽尺寸

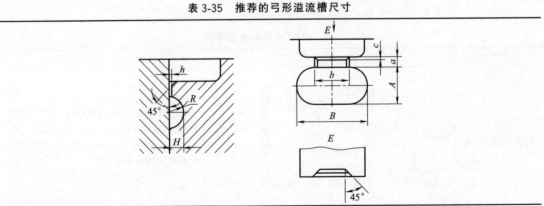

续表

R/mm	H/mm	a/mm	c/mm	h/mm 锌合金	h/mm 铝合金 镁合金	h/mm 铜合金	A/mm	b/mm	B/mm	F_y/cm²	V_y/cm³
3	2.5	2	0.3	0.3	0.4	0.5	5.92	5	5.92	0.28	0.043
								5	12	0.74	0.11
								5	13	0.80	0.13
								6	14	0.88	0.14
								6	15	0.94	0.15
4	3	3	0.4	0.4	0.5	0.6	7.7	6	7.75	0.47	0.085
								6	16	1.29	0.24
								6	17	1.37	0.25
								8	18	1.50	0.27
								8	20	1.66	0.31
5	4	4	0.5	0.5	0.6	0.7	9.80	8	9.8	0.75	0.18
								8	20	1.99	0.50
								8	22	2.19	0.56
								10	23	2.44	0.59
								10	25	2.64	0.65
6	5	4.5	0.6	0.6	0.7	0.9	11.84	10	11.84	1.10	0.34
								10	24	2.99	0.91
								10	26	3.22	1.00
								12	28	3.55	1.10
								12	30	3.79	1.19
8	6.5	5	0.8	0.7	0.8	1.0	15.72	12	15.72	1.94	0.77
								12	32	5.10	2.07
								12	35	5.57	2.30
								15	37	6.04	2.46
								15	40	6.51	2.69
10	8	6	1.0	0.8	1.0	1.2	19.6	15	19.60	3.02	1.48
								15	40	7.92	3.92
								15	44	8.7	5.05
								18	47	9.47	5.25
								18	50	10.00	5.63
12	10	7	1.0	1.0	1.2	1.4	23.67	18	23.67	4.40	2.73
								18	45	10.71	6.70
								18	50	11.86	7.60
								22	55	13.36	8.53
								22	60	14.54	9.06
15	13	8	1.0	1.1	1.3	1.5	29.72	22	29.72	9.94	5.68
								22	55	16.21	13.30
								22	60	17.51	14.76
								30	65	19.82	16.26
								30	70	21.31	17.76

注：F_y——溢流槽在分型面上的投影面积。

V_y——溢流槽的容积。

表 3-36 推荐的梯形溢流槽尺寸

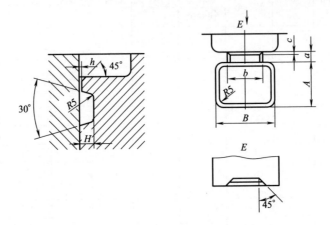

A/mm	a/mm	H/mm	h/mm			c/mm	b/mm	B/mm	F_y/cm²	V_y/cm²
			锌合金	铝合金镁合金	铜合金					
12	5	6	0.6	0.7	0.9	0.6	8	12	1.58	0.89
							10	16	2.17	1.23
							12	20	2.74	1.55
16	6	7	0.7	0.8	1.1	0.8	10	16	2.89	1.91
							12	20	3.64	2.64
							14	25	4.56	3.00
20	7	8	0.8	1.0	1.3	1.0	12	20	4.54	3.44
							15	25	5.74	4.30
							18	30	6.92	5.21
25	8	10	1.0	1.2	1.5	1.0	15	25	7.10	6.71
							18	30	8.59	8.08
							22	35	10.16	9.48
30	9	12	1.1	1.3	1.6	1.0	18	30	10.24	11.60
							22	35	12.08	13.62
							26	45	15.44	17.40
35	10	14	1.3	1.5	1.8	1.0	20	35	14.06	18.49
							25	40	16.49	21.11
							30	50	20.05	26.34
40	10	16	1.5	1.8	2.2	1.0	25	40	17.99	27.32
							30	50	20.49	34.09
							35	60	26.99	40.88

3.3.2 排气槽设计

① 排气槽的位置与结构形式见表 3-37。

② 排气槽的截面积计算与尺寸见表 3-38。

表 3-37　排气槽的位置与结构形式

排气方式		结构简图	说　明
布置在分型面上		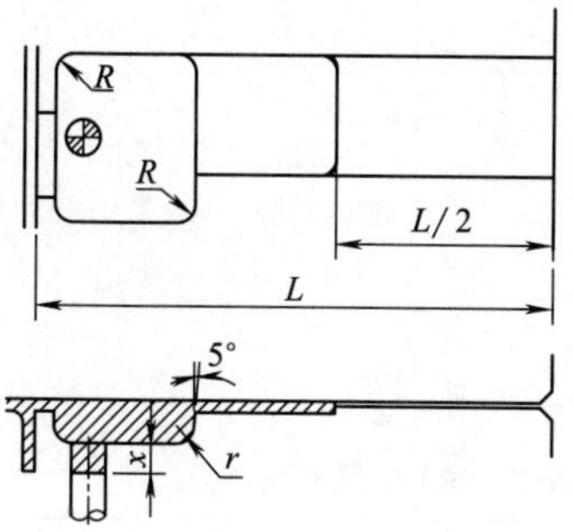	在溢流槽后端布置排气槽,排气槽与溢流口错开布置,防止金属液过早堵塞排气槽。 　靠近溢流槽部位的排气槽深度较大,有利于排气及溢流槽的充填
		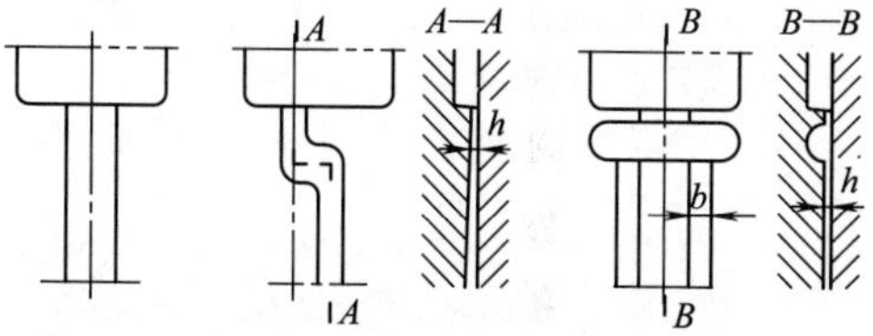 (a)　　　　(b)　　　　(c)	图(a)为由分型面上直接从型腔中引出的排气槽。 　图(b)排气槽呈曲折形状,有利于防止金属液从排气槽中喷射出来。 　图(c)排气槽开设在溢流槽的外侧起既可溢流,又可将气体排出的作用
利用型芯和推杆的间隙排气	型芯镶固部分间隙排气	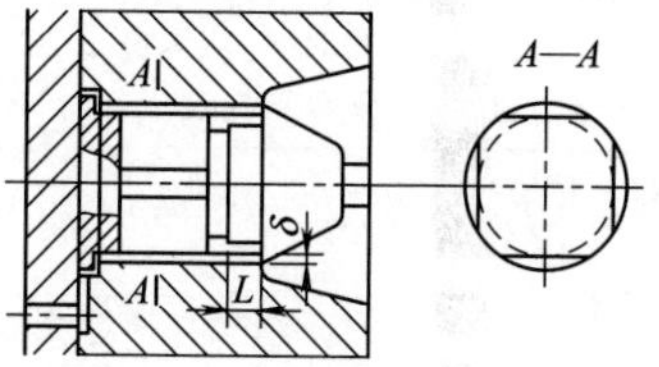	在型芯镶固部分的端部形成间隙δ,型腔内的气体通过间隙进入型芯设置的环形槽,并由横向开设的排气道迅速排出,但其间隙易被涂料及金属液堵塞。δ 取 0.04~0.06mm;L 取 6~10mm
		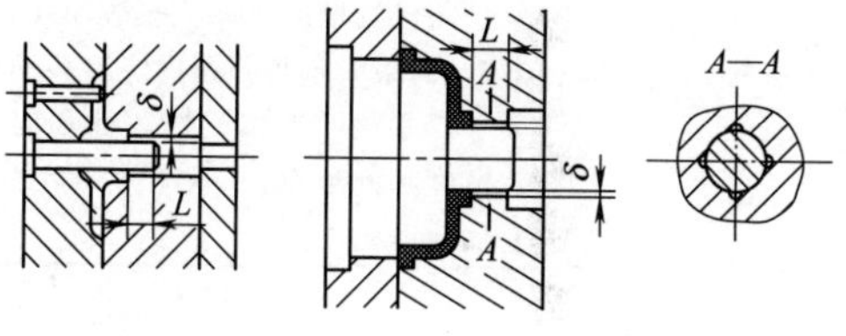 (a)　　　　(b)	型芯伸入对面的镶块,利用其配合间隙进排气,排气间隙δ一般约为 0.05mm,配合长度 L 一般取 10~15mm,这种结构对长型芯有加固作用,但排气效果较差
	型芯端部间隙排气	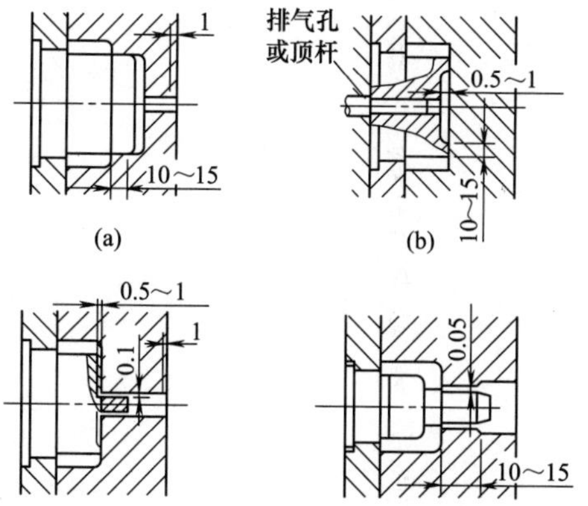	对于较大通孔的型芯,可利用型芯端面与对面镶块之间的间隙排气,一般用于小型模具较有效

续表

排气方式		结构简图	说　明
利用型芯和推杆的间隙排气	推杆间隙排气	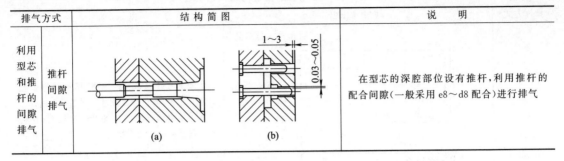 (a)　　　　　(b)	在型芯的深腔部位设有推杆,利用推杆的配合间隙(一般采用 e8～d8 配合)进行排气

表 3-38　排气槽的截面积计算与尺寸

	计算公式	说　明
排气槽的面积估算	$F_v = 0.00224 \dfrac{V}{tK}$	式中　F_v——排气槽总截面积,mm²(一般为内浇口截面积的 20%～50%) V——型腔和溢流槽的容积,cm³ t——气体的排出时间,s,可近似按充填时间选取 K——充型过程中排气槽的开放系数,可按下述情况选取:铸件顶部先充填,排气槽位于最后充填部位,且内浇口速度较低时,K 值取 0.7～0.9;对于较复杂型腔,且有足够的内浇口速度,金属液流经转折后再到排气槽部位时,K 值取 0.5～0.7;对于型腔很复杂,分型面阶梯多,金属液流动速度较高,并在一些部位发生喷射,此时 K 值取 0.3～0.5;当金属液充填时先接近分型面,排气槽容易先被堵塞时,K 值取 0.1～0.3

	合金种类	从型腔直接排气时排气槽深度 h	从溢流槽排气时排气槽深度 h_1	排气槽宽度 b	说　明
排气槽尺寸	铝合金	0.10～0.15	<0.15	8～25	①排气槽在离开型腔 20～30mm 后,深度可增大至 0.3～0.4mm,以提高排气效果。 ②排气槽的总面积一般小于内浇口截面积的 50%,最大不得超过内浇口截面积。 ③必须增大排气槽截面积时,以增大排气槽宽度和槽数为宜,不宜过分增加其厚度,以防金属液溅出
	锌合金	0.05～0.12	<0.10		
	镁合金	0.10～0.15	<0.15		
	铜合金	0.15～0.20	<0.20		
	铅合金	0.05～0.10	<0.10		
	黑色金属	0.20～0.30			

第 4 章
压铸模结构设计

4.1 压铸模主体结构设计

压铸模的主体结构，一般指组成压铸模型腔的各种主要零件以及将这些零件组合与连接起来的基本零件的组合体。它主要包括动、定模镶块和型芯，动、定模套板，定模座板，支承板，以及对模具导向作用的导柱和导套等零件。组成模体结构的基本形式可分为整体式和镶拼式结构。

4.1.1 压铸模的主体结构形式

压铸模的主体结构形式见表 4-1。

4.1.2 镶拼式结构设计要点

① 便于机械加工，应保证成型尺寸精度及组装配合精度，其结构形式见表 4-2。
② 应确保镶块和型芯的强度及其相对位置的稳定性，其结构形式见表 4-3。
③ 应尽可能避免产生锐角、薄壁和影响合模的情况，其结构形式见表 4-4。
④ 应尽可能避免拼缝与出模方向不一致的镶拼结构形式，其结构形式见表 4-5。

表 4-1 压铸模的主体结构形式

类型	图　　例	特点与应用
整体式主体结构	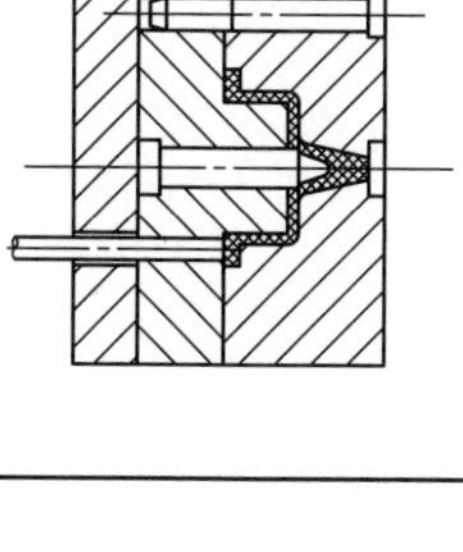	具有强度高,刚性好。它与镶拼式结构相比,由于拼缝极少,所以表面光滑平整无接缝痕。模具外形尺寸比镶拼式结构要小,使模具加工和装配工作量减少。整体式模具结构有利于开设冷却水道,其使用寿命比镶拼式结构有所提高。 适用于形状不太复杂的小型模具。对于一模多腔时,仅适用于形状较简单的,加工容易的小型铸件的小型模具。常应用于形状简单、精度不高、批量小、不需要进行淬火的低熔点合金铸件的模具。可采用通用模架,只需制造型芯和型腔与模架配套使用的模具

类型	图 例	特点与应用
镶拼式主体结构	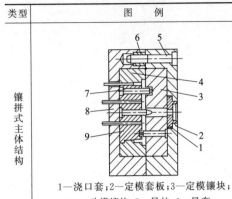 1—浇口套；2—定模套板；3—定模镶块； 4—动模镶块；5—导柱；6—导套； 7,9—型芯；8—动模套板	对形状复杂的成型部位，采用镶拼方式有利于机械加工，也容易达到精度要求，提高模具制造质量；拼合面加工成适当的间隙，有利于型腔排气；对于模具易损件便于修理和更换，或对模具某些部位结构的变更与改进也较方便，不至于整副模具报废；镶块的坯料也较容易锻造及保证锻造质量，可以合理地选择耐热合金钢材，可降低成本；合理采用镶块可减小热处理变形，也便于热处理后的修整。 　　镶拼式结构一般多用于深而复杂型腔及多型腔的大型模具。为了确保铸件质量，在满足加工条件时，镶块不宜过多，应尽可能地减少镶块数量，以提高模具质量。 　　但是，过多的镶拼会增加制造和装配难度，不利于模具散热，也由于不良的缝隙而容易产生飞边，不仅影响模具寿命，也增加压铸件去毛刺工作量

表 4-2　便于机械加工的镶拼结构形式

镶块类型	不合理结构	推荐结构	说　明
有环形斜面台阶的圆形型芯		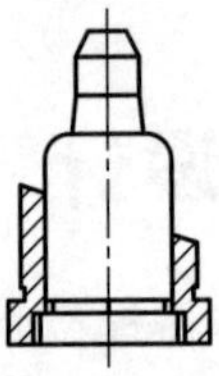	左图环形斜面台阶加工困难 右图采用镶拼结构机械加工容易，并且可在热处理后进行磨削，容易保证尺寸精度
外环有凹槽的圆柱型芯	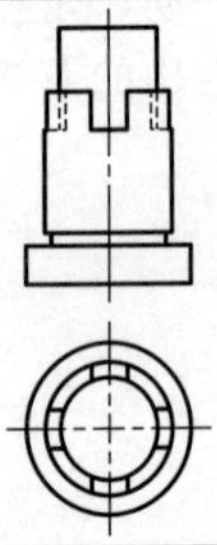	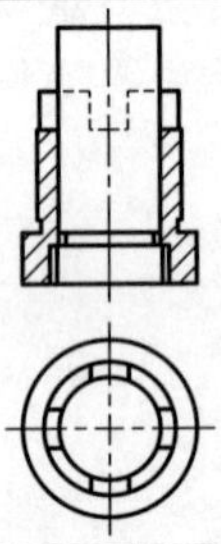	左图四个凹槽处加工困难 右图采用镶套结构，机械加工容易，并在热处理后进行磨削，容易保证尺寸精度
直角较深的型腔	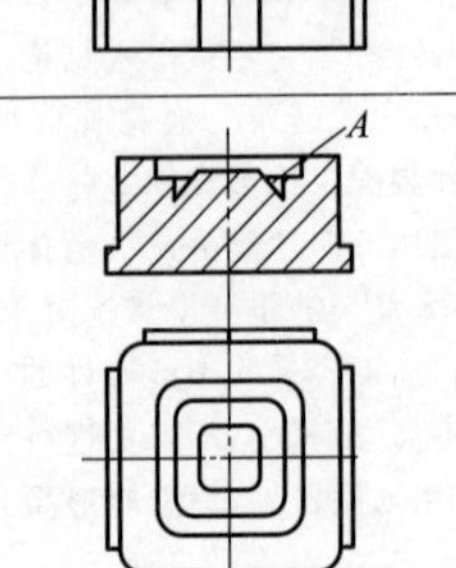 B—B	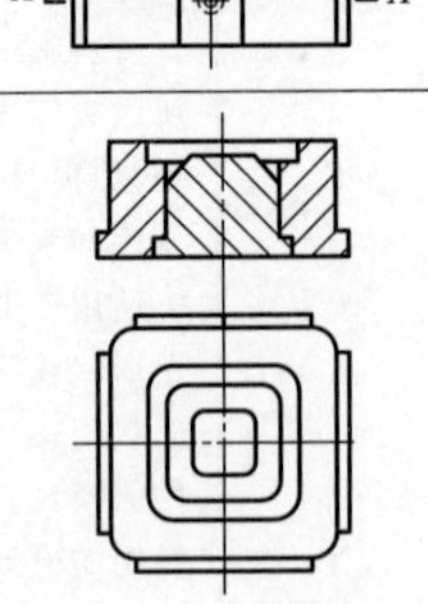 A—A	左图两处 A 面构成的直角深腔不易机械加工 右图采用镶拼式容易加工
异形圆弧槽型腔			左图 A 环形槽型腔加工困难 右图容易机械加工，易保证质量要求

镶块类型	不合理结构	推荐结构	说　　明
环形型芯内的球体镶块	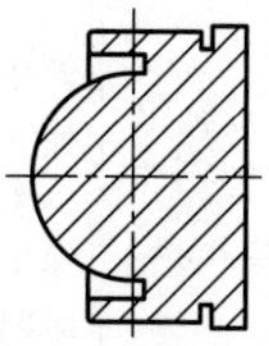	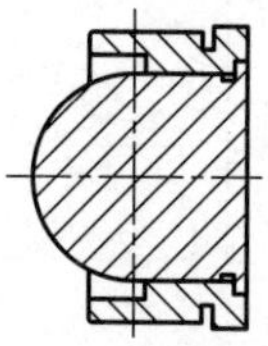	左图凸出球面不容易机械加工 右图采用镶入型芯,较容易加工
C形深腔局部镶块	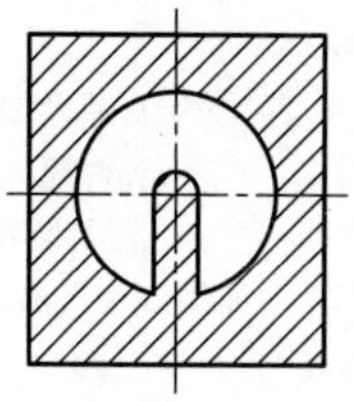	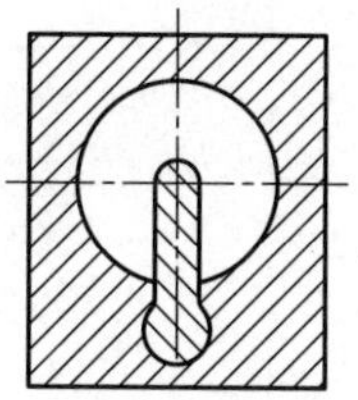	左图采用一般机械加工时,C形深腔难以加工 　右图采用局部镶入式,使加工方便
两个不同节径的内齿轮型腔镶块	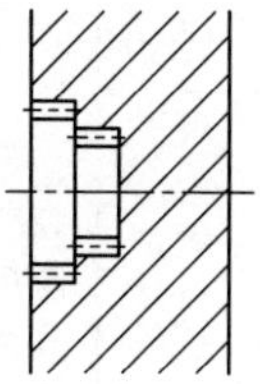	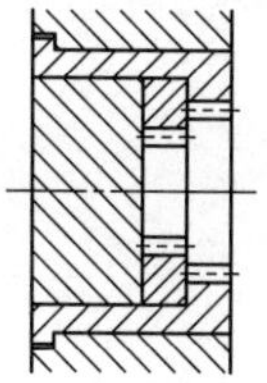	左图采用一般机械加工方法难以制成。 　右图采用由三块镶拼式结构,既方便机械加工,又有利于压铸时型腔内排气
细长型芯底部有圆弧形台阶的镶件	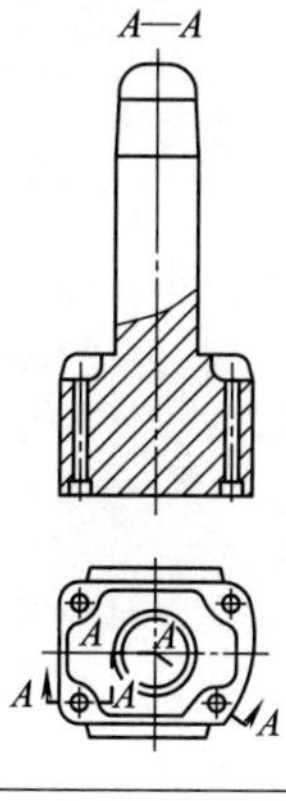	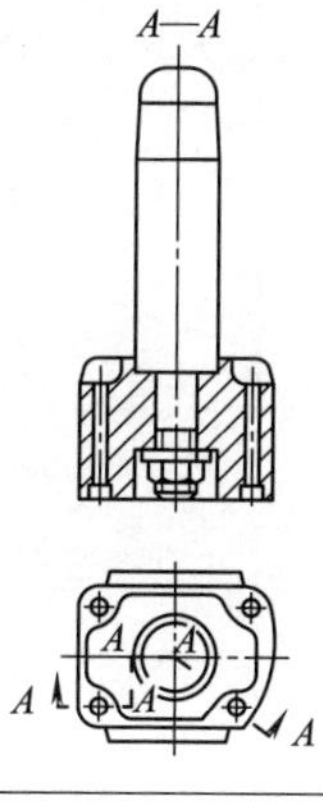	左图细长型芯根部加工困难。 　右图细长型芯以镶入形式,使根部加工容易
底部有圆角的窄而深的型腔	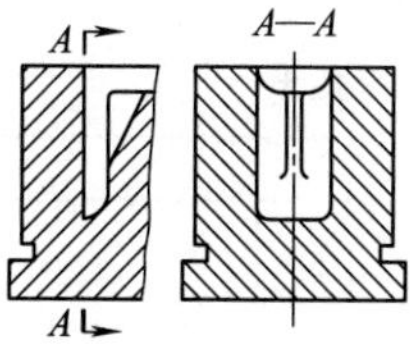	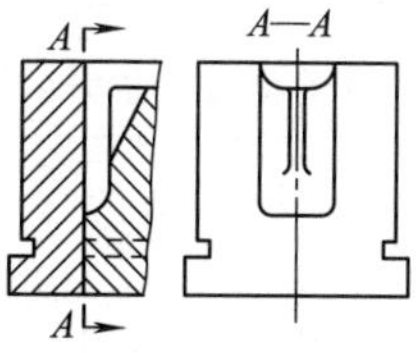	左图深而窄的槽无法机械加工。 　右图采镶拼结构,容易加工,也容易保证形状和尺寸
嵌件的正确定位	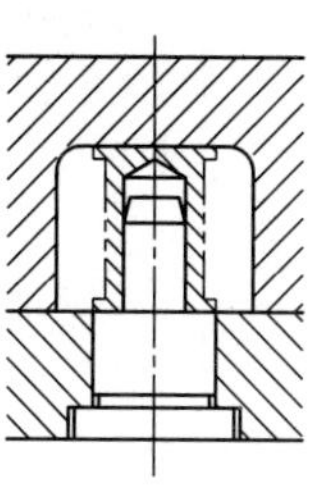	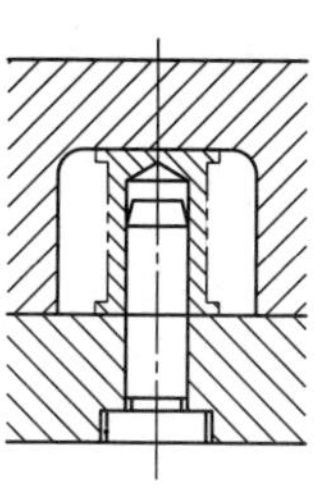	左图的嵌件型芯不容易保证台阶面与模板齐平。 　右图避免上述问题,不至于影响嵌件轴向位置,且型芯加工简单

表 4-3 提高强度和相对位置稳定性的镶拼结构形式

镶块类型	不合理结构	推荐结构	说　明
半圆形有台阶的镶块	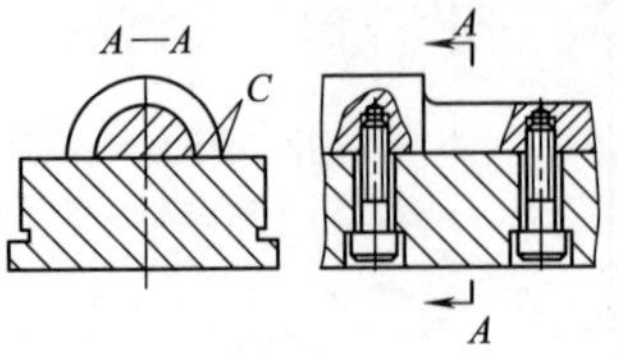	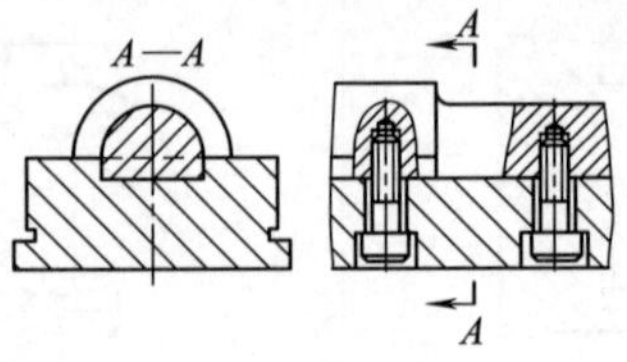	左图 C 处容易挤入金属液产生横向飞边,且仅用螺钉固定,易发生偏移。 右图半圆形嵌件沉入槽中,紧固可靠,嵌件容易加工,也容易保证尺寸精度
长型芯	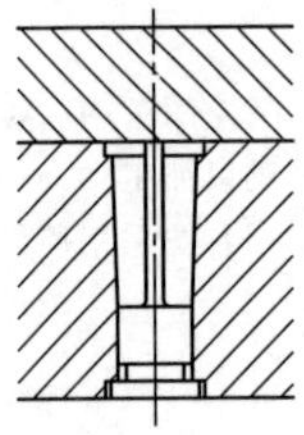	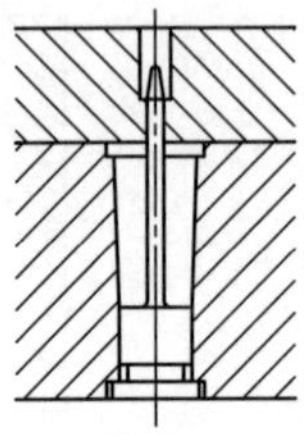	左图长细型芯刚度差,容易弯曲或折断。 右图另一端插入另一半模内,增加了型芯的刚度,也有利于型腔内排气
不同直径的细长圆锥型芯	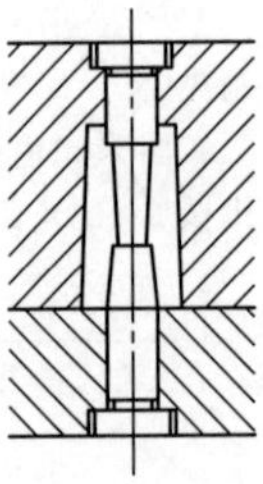	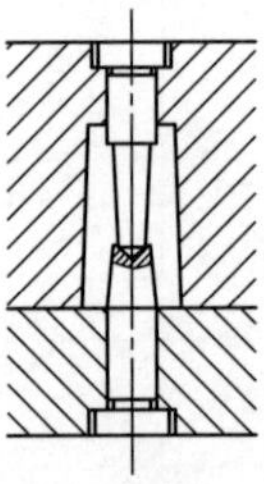	左图两型芯的小端面贴合,容易在充填时弯曲变形,影响两孔同轴度。 右图将小型芯端头插入大型芯锥坑内,增加型芯强度,容易保证两孔同轴度
侧面承受较大力的型芯镶块	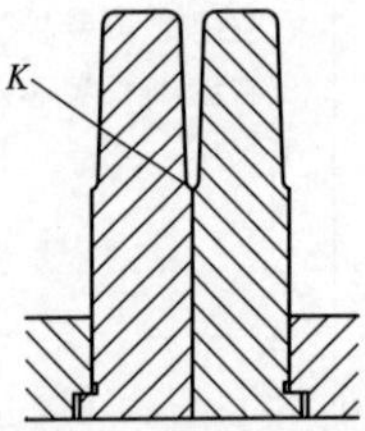	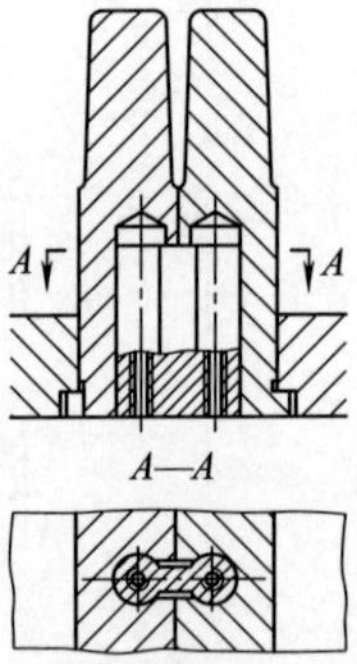	左图两块型芯仅下端固定,其稳定性差,压铸时 K 处容易涨开。 右图采用锁紧销将两块型芯连接在一起,稳固可靠

表 4-4 避免锐角、薄壁的镶拼结构形式

镶块类型	不合理结构	推荐结构	说　明
两个距离较近、直径不同的型芯	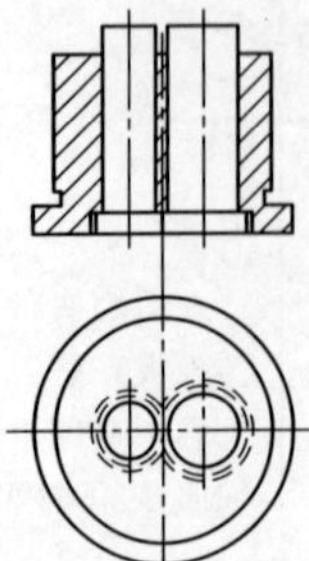	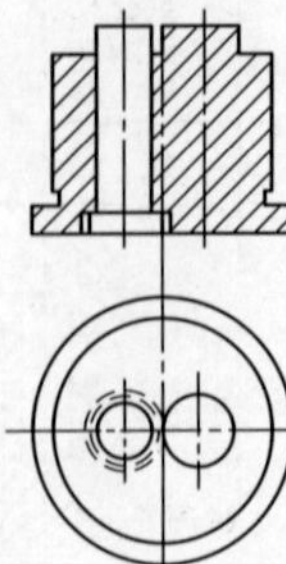	左图两型芯之间镶块的壁厚太薄,强度差,热处理后,易产生变形和裂纹。 右图结构避免了上述问题,强度好,使寿命延长

镶块类型	不合理结构	推荐结构	说　明
两个距离较近、直径相同的型芯	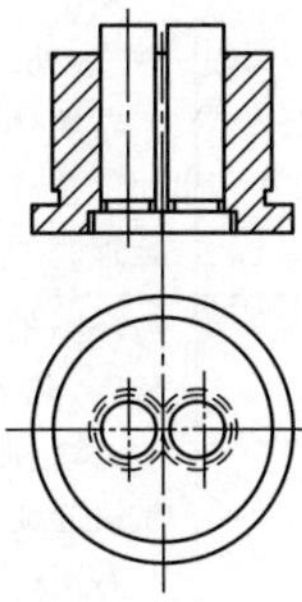	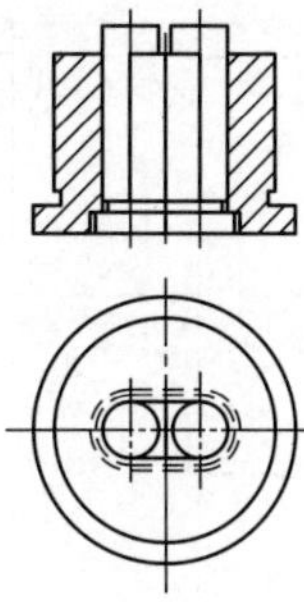	左图两型芯之间镶块的壁厚太薄,强度差,热处理后,易产生变形和裂纹。右图由两件型芯组合,但加工较复杂,消除了壁薄,强度好
圆形局部有平面的型腔	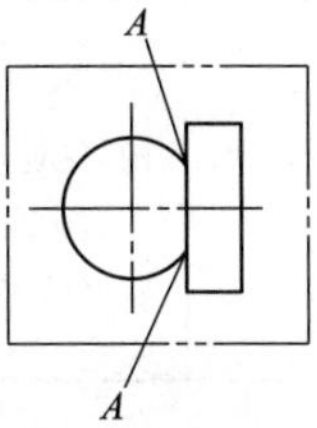	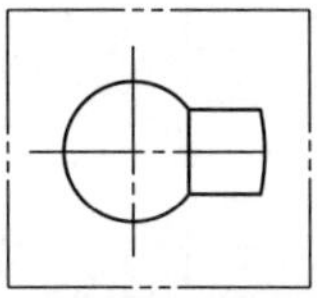	左图 A 处为锐角,容易损坏。右图结构避免了锐角,不容易损坏
高出分型面的镶块			左图插入型腔的镶块为直壁尖角,会使合模时容易切坏镶块与型腔。右图的结构有 5°斜度,避免合模时切坏现象

表 4-5　有利于铸件脱模的镶拼结构形式

镶块类型	不合理结构	推荐结构	说　明
深型腔底部有窄槽	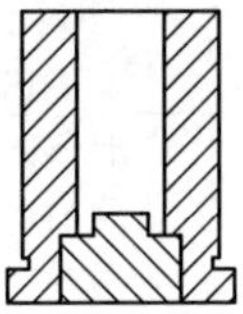	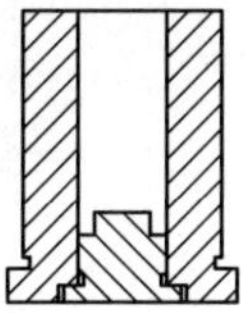	左图的镶拼结构容易产生横向飞边,影响铸件脱模。右图镶拼的间隙方向与铸件脱模方向一致,便于铸件脱模,且尺寸容易保证
较狭窄的平底面深型腔	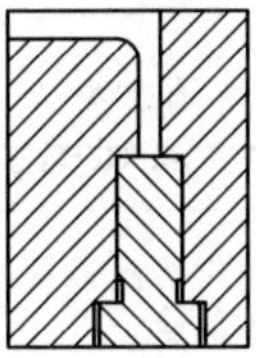	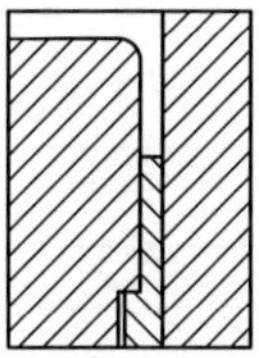	左图的镶拼结构容易产生横向飞边,影响铸件脱模。右图镶拼的间隙方向与铸件脱模方向一致,便于铸件脱模,且尺寸容易保证

　　⑤ 要有利于热处理,应尽量避免镶拼件的截面相差悬殊,以防止热处理变形,其结构形式见表 4-6。

　　⑥ 对于模具易损零件,应便于维修和更换,其结构形式见表 4-7。

　　⑦ 对有外观和装配要求的铸件,就尽量减少镶拼痕迹,应便于清除飞边和修整,其结构形式见表 4-8。

表 4-6　防止热处理变形和开裂的镶拼结构形式

镶块类型	不合理结构	推荐结构	说　明
截面相差悬殊的型腔	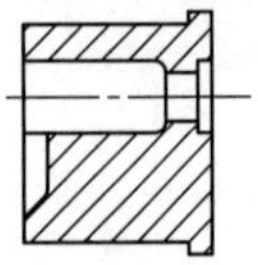	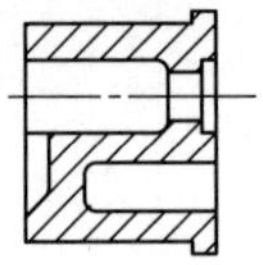	左图的镶块截面的厚薄相差悬殊,热处理时容易引起变形。 右图镶块背面厚壁部位适当增加工艺孔,使截面均匀,以减少热处理时的变形
间距较小的深槽型腔	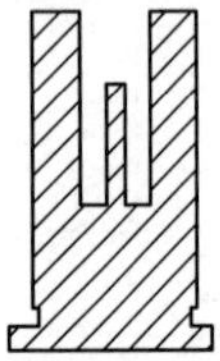	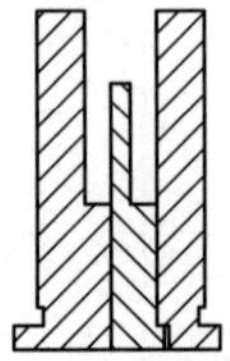	左图的镶块截面上下壁厚相差悬殊,热处理时由于冷却速度不一,其过渡部位容易产生应力集中易引起变形和开裂。 右图镶块改为三块拼合而成,避免了前述问题,也便于加工
大中型矩形通孔型腔			左图为整体式大中型的型腔结构,热处理后变形难以修整。 右图采用四块镶拼而成,热处理后可磨削加工

表 4-7　便于维修和更换的镶拼结构形式

镶块类型	不合理结构	推荐结构	说　明
局部受冲击力较大且易损坏的型芯	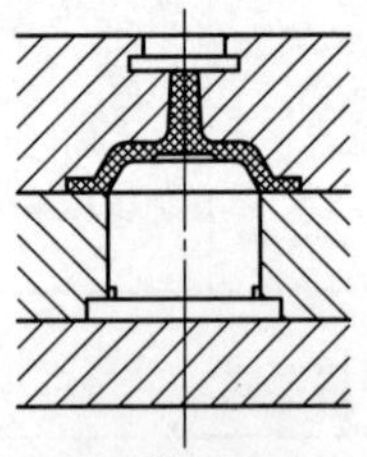		左图结构受金属液长期冲击,型芯易损坏,需更换整个型芯,浪费较大。 右图改为局部镶块,便于制造和更换
深腔多件组合的型芯	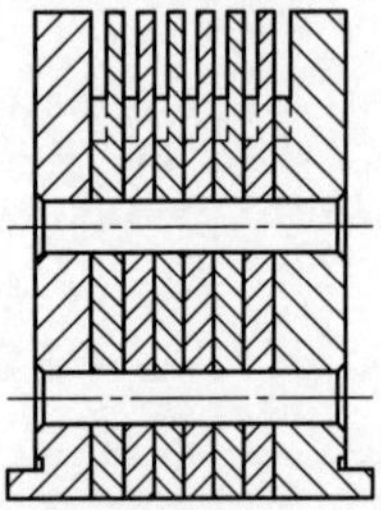	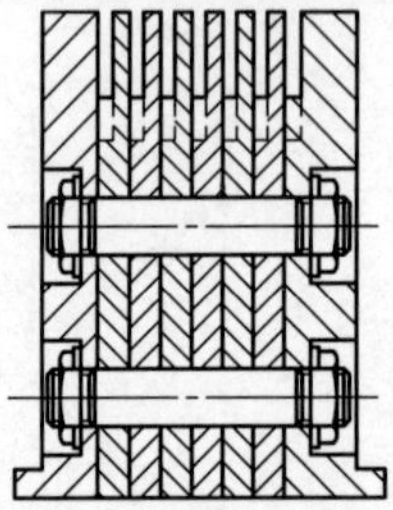	左图用铆钉连接的组合型芯,维修不方便。 右图采用圆柱面定位的带双头螺栓的连接,维修方便

表 4-8　保持铸件外观、便于清除飞边的结构形式

不合理结构	推荐结构	说　明
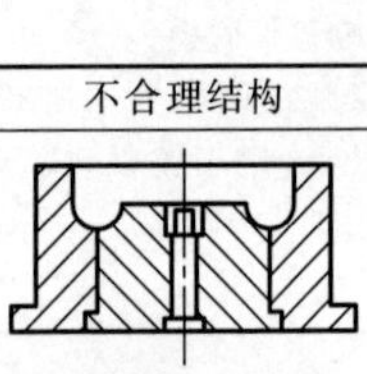	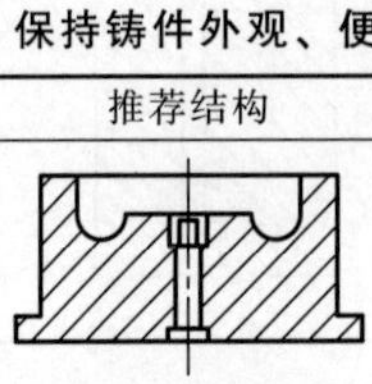	左图铸件的圆弧面不允许有痕迹,其结构不能达到铸件的要求。 右件结构能满足铸件的要求
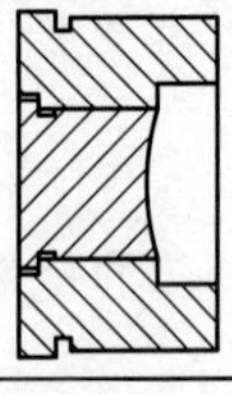	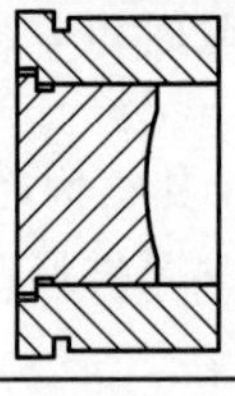	左图结构飞边在转角处,不容易清理。 右图结构便于清理铸件飞边

4.1.3　镶块的固定形式

镶块常用的固定形式见表 4-9。

表 4-9　镶块常用的固定形式

结构简图	说　明	结构简图	说　明
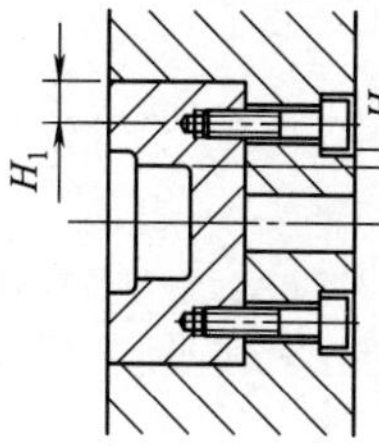	用螺钉直接紧固镶块,适用于较浅型腔,其强度较高,H_1 应不小于螺钉直径,$H_2 >$ 5mm	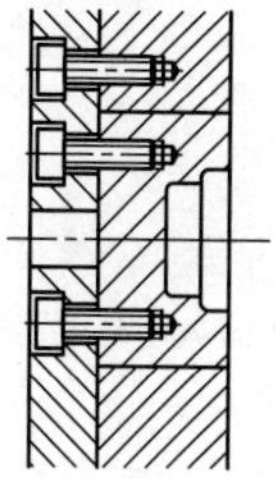	镶块无台肩,直接用螺钉固定在支承板或模座上,加工简便,镶块厚度容易调整
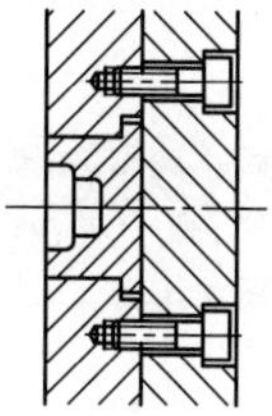	常用螺钉将套板与支承板或定模座板紧固,加工较方便,适用于单腔或多腔模具	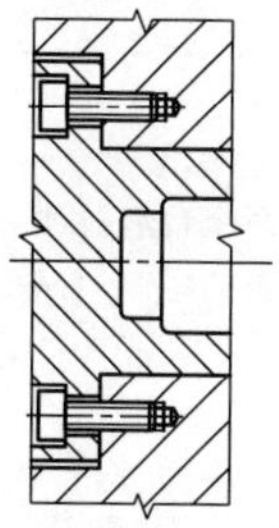	用螺钉固定镶块台肩处,适用于反压力不大的定模镶块,可省去定模座板,也适用于动模推件板
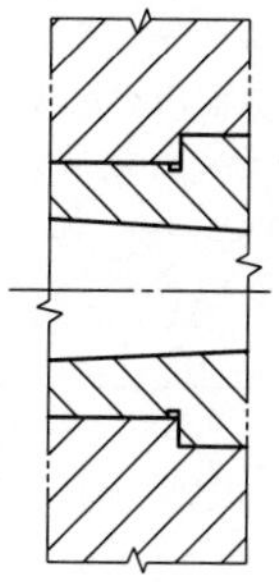	不用压板镶块直接嵌入,用台肩面在正面限位。仅适用于镶块内无型腔的推件板	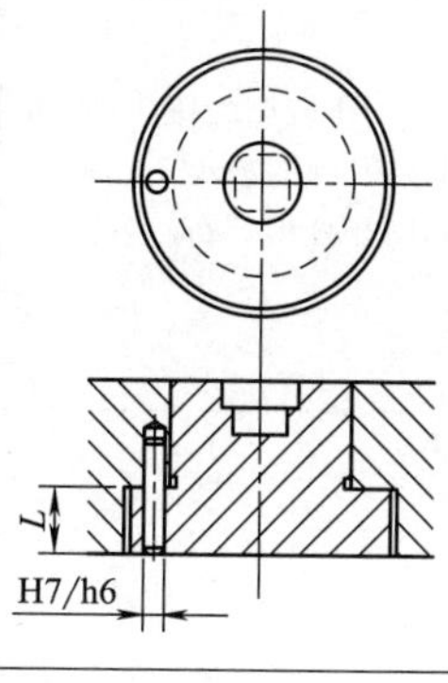	圆形镶块装入套板后,为防止转动应采用圆柱销止转
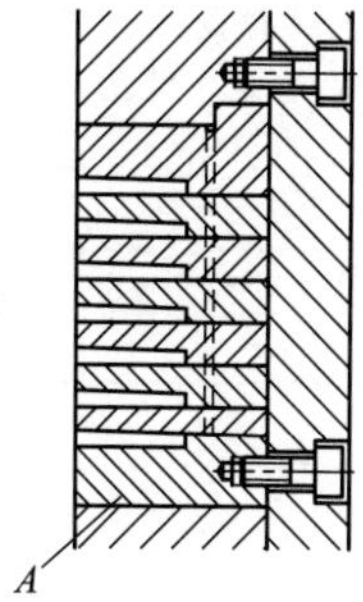	多件镶块组合体,采用其中一件为斜楔的侧面 A,用螺钉紧固楔紧,防止产生飞边	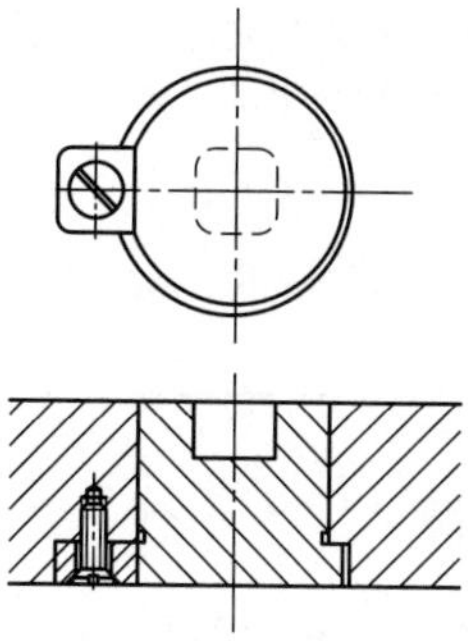	采用定位块防止圆形镶块转动

4.1.4　型芯的固定形式

型芯的固定形式见表 4-10。

表 4-10 型芯常用固定形式

结构简图	说　明	结构简图	说　明
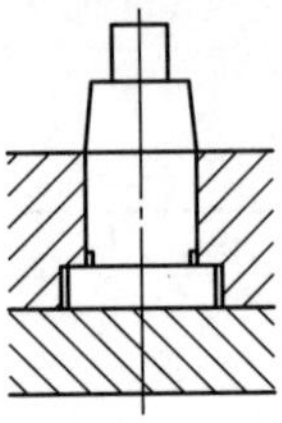	型芯靠台肩支撑固定,座板压紧。其装配简便,应用较广泛	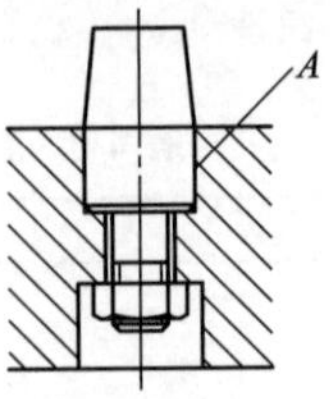	型芯 A 圆柱段以配入镶块内,尾部采用螺母拉紧。常用于较厚的固定板且无底座板压紧的场合
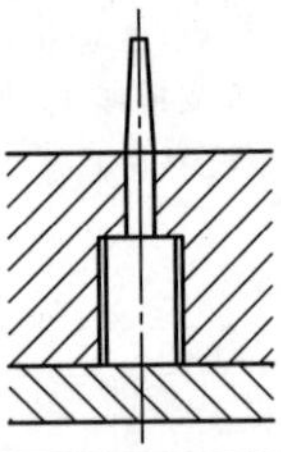	用于直径小于 6mm 的型芯,为增加强度将非成型部分的直径加大,且台肩部位加长	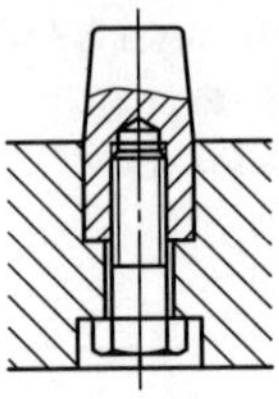	采用沉孔式,型芯的背面用螺钉拧紧,适用于固定板较厚和较大的型芯
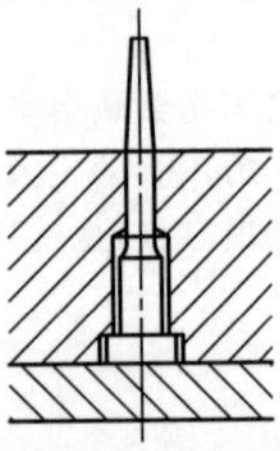	采用两级台肩过渡,适用于较细长的型芯,且较厚的镶块	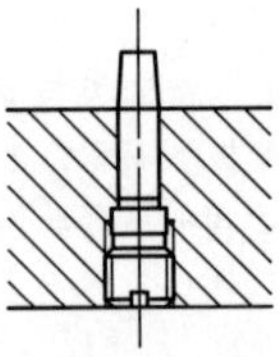	对于较小的型芯,背面用螺钉顶紧,便于更换,用于无支承板或无座板的场合
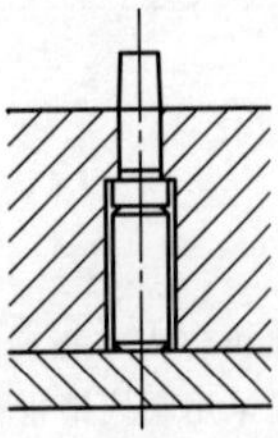	适用于较厚的镶块,采用圆柱销支撑,减小型芯的长度,防止变形,节省钢材	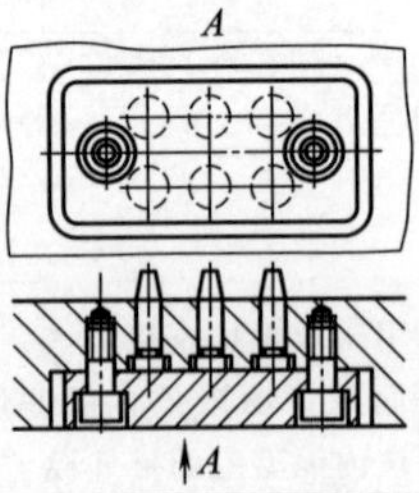	多个型芯分布较集中,在型芯的背面用小压板压紧,适用于无座板或支承板的场合
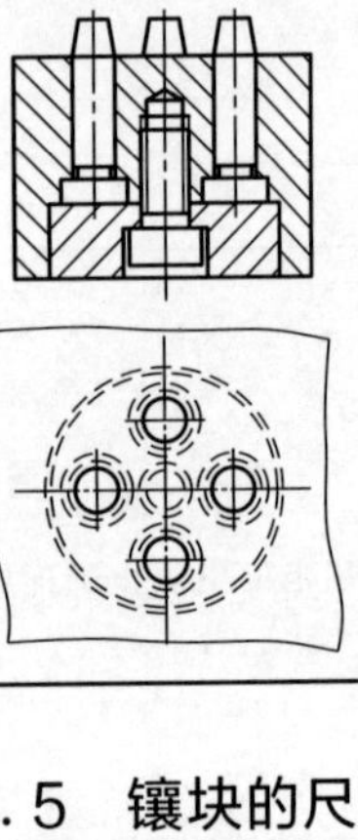	小型芯按径向分布较集中时,型芯固定板较厚,可采用圆形小压板压紧	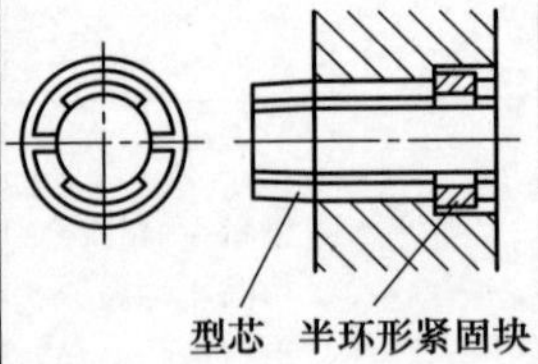	型芯外形便于磨削,固定部位的凹槽配入一对半环形紧固块,定位可靠

型芯　半环形紧固块

4.1.5　镶块的尺寸推荐

① 组合镶块固定部分长度推荐值见表 4-11。

② 镶块壁厚推荐值见表 4-12。

③ 推荐的镶块台肩尺寸见表 4-13。

④ 圆型芯与嵌件的尺寸见表 4-14。

⑤ 圆型芯成型部分长度、固定部分长度和螺孔直径推荐值见表 4-15。

表 4-11 组合镶块固定部分长度推荐值 mm

简 图	l	B	L
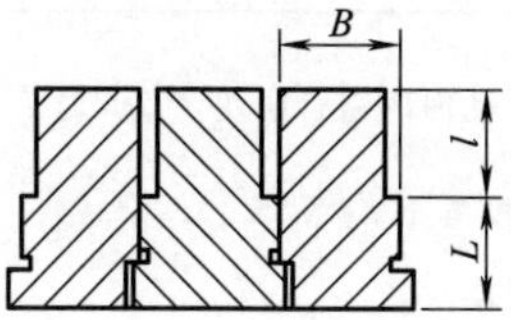 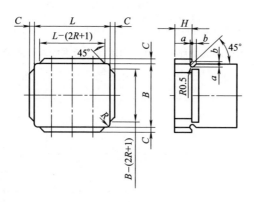	≤20	≤20	>20
		>20	>20
	>20~30	≤20	>35
		>20~40	>30
		>40	>25
	>30~50	≤20	>40
		>20~40	>35
		>40	>30
	>50~80	≤20	>50
		>20~40	>45
		>40	>40
	>80	≤20	>60
		>20~50	>55
		>50	>50

表 4-12 镶块壁厚推荐值 mm

型腔短边尺寸$\frac{1}{3}L$	型腔深度 H_1	镶块壁厚 h	镶块底厚 H
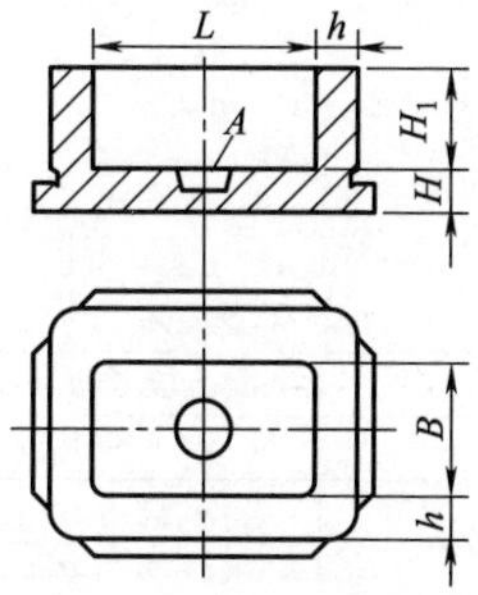 ≤80	5~50	15~30	≥15
>80~120	10~60	20~35	≥20
>120~160	15~80	25~40	≥25
>160~220	20~100	30~45	≥30
>220~300	30~120	35~50	≥35
>300~400	40~140	40~60	≥40
>400~500	50~160	45~80	≥45

注：1. 型腔边长 L 及深度 H_1 系指整个型腔侧面的大部分面积，对局部较小的凹坑 A，表中值不计算在型腔尺寸范围内。

2. 型腔深度及侧面积大，几何形状复杂时，h 应取较大值。

3. 型腔底部投影面积和深度 H_1 较大时，H 应取较大值，型腔短边尺寸 B 小于 $L/3$ 时，可适当减小 H 值。

表 4-13 推荐的镶块台肩尺寸 mm

公称尺寸 L	厚度 H	宽度 C	沉割槽深度	沉割槽宽度	圆满角半径 R
≤60	8~10	3.5	0.5	1	8
>60~150					10
>150~250	12~15	4.5	1		12
>250~360				1.5	15
>360~500	18~20	6			20
>500~630	20~25	8	1.5	2	25

注：1. 根据受力情况，台阶可设在四侧或长边的两侧。

2. 组合镶块台阶 H 和 C，根据需要可选取表内尺寸系列，如在同一套板安装孔内的组合镶块，其尺寸 L 为组合镶块组装后的总外形尺寸。

3. 对薄片状的组合镶块，为提高强度，可取 H≥15mm，但不应大于套板高度的 1/3。

表 4-14　圆型芯与嵌件的尺寸及其推荐值 mm

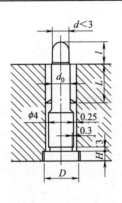 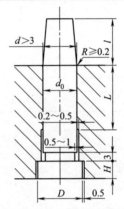

成型段直径 d	配合段直径 d_0	台阶厚度 H	台阶直径 D	配合段长度 L≥
≤3	4	5	8	6~10
>3~10	$d+(0.4~1)$	8	d_0+4	10~20
>10~18				15~25
>18~30		10	d_0+5	20~30
>30~50				25~40
>50~80		12	d_0+6	30~50
>80~120				40~60
>120~180		15	d_0+8	50~80
>180~260				70~100
>260~360		20	d_0+10	90~120

注：1. 为了便于应用标准工具加工孔径 d_0，公称尺寸应取整数或取标准铰刀的尺寸规格。

2. 为了防止卸料板机构中的型芯表面与相应配合件的孔之间的擦伤，d_0 部位应大于 d。

3. d_0 和 d 两段不同直径的交界处采用圆角或 45°倒角过渡。

4. 配合长度 L 的具体数值，可按成型部分长度 l 选定，如 l 段较长（l≥2~3d）的型芯，L 值应取较大值。

表 4-15　圆型芯成型部分长度、固定部分长度和螺孔直径推荐值 mm

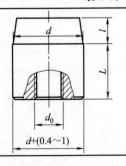

成型段直径 d	成型部分长度 l	固定部分长度 L≥	螺孔数量和直径 d_0
10~20	~15	15	M8
>20~25	~10	20	M8
	>10~20	25	M10
>25~30	~10	20	M10
	>10~20	25	M12
>30~40	~10	25	M12 或 3×M6
	>10~20	30	M12 或 3×M6

续表

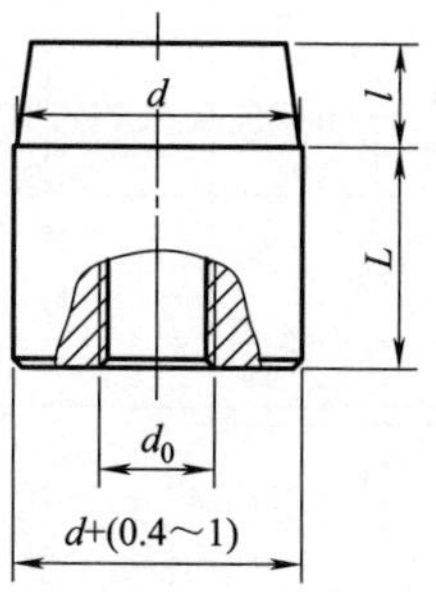

	成型段直径 d	成型部分长度 l	固定部分长度 $L \geqslant$	螺孔数量和直径 d_0
	>40~55	~10	25	M16 或 3×M8
		>10~15	30	M16 或 3×M8
		>15~20	35	M16 或 3×M8
	>55~70	~15	30	M16 或 3×M10
		>15~20	35	M16 或 3×M10
		>20~25	40	M16 或 3×M10
	>70~90	~15	40	M20 或 3×M12
		>15~20	45	M20 或 3×M12
		>20~30	50	M24 或 3×M16

4.2 成型零件尺寸计算

4.2.1 压铸件的收缩率

（1）计算收缩率

计算收缩率是指设计模具时，计算成型零件所采用的收缩率 φ，它包括压铸件收缩值和成型零件从室温到工作温度时的膨胀值，收缩率的计算式为：

$$\varphi = \frac{A_1 - A}{A} \times 100\% \tag{4-1}$$

式中 A_1——通过计算的模具成型零件尺寸，mm；

　　A——压铸件的公称尺寸，mm。

（2）实际收缩率

实际收缩率是指压铸件的实际收缩率 $\varphi_{实}$，即室温时模具的成型尺寸减去压铸件的实际尺寸之差与模具成型尺寸之比，其计算式为：

$$\varphi_{实} = \frac{A_{型} - A_{实}}{A_{型}} \times 100\% \tag{4-2}$$

式中 $A_{型}$——室温下模具的成型尺寸，mm；

　　$A_{实}$——室温下压铸件的实际尺寸，mm。

常用合金压铸件计算收缩率推荐值见表 4-16。

表 4-16 常用合金压铸件计算收缩率推荐值　　　　　　　　　　　　　　　%

简　图	收缩条件	合金种类							
		铅锡合金	锌合金	铝硅合金	铝硅铜合金	铝镁合金	镁合金	黄铜	铝青铜
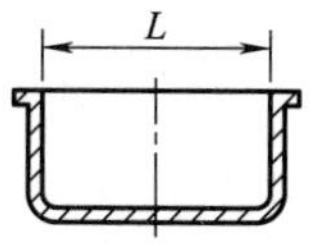	阻碍收缩	0.2~0.3	0.3~0.4	0.3~0.5	0.4~0.6			0.5~0.7	0.6~0.8
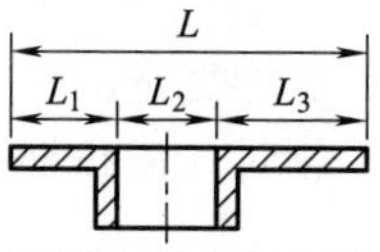	混合收缩	0.3~0.4	0.4~0.6	0.5~0.7	0.6~0.8			0.7~0.9	0.8~1.0

简　　图	收缩条件	合金种类							
		铅锡合金	锌合金	铝硅合金	铝硅铜合金	铝镁合金	镁合金	黄铜	铝青铜
L 图示	自由收缩	0.4～0.5	0.6～0.8	0.7～0.9	0.8～1.0			0.9～1.1	1.0～1.2

注：1. L_1，L_3——自由收缩；L_2——阻碍收缩。

2. 表中数据系指模具温度、浇注温度等工艺参数为正常时的收缩率。

3. 在收缩条件特殊的情况下，可按表中推荐值酌情增减。

（3）收缩率的确定

压铸件的收缩率应根据压铸件的形状结构、压铸件壁厚、收缩受阻条件、合金成分及有关工艺等因素，尽量使计算收缩率与实际收缩率间的偏差较小。因此，应考虑下列因素。

① 铸件结构复杂、型芯多、收缩受阻大时，其收缩率较小；反之收缩率较大。

② 薄壁压铸件收缩率小，厚壁压铸件收缩率大。

③ 浇注温度高时，收缩率大；反之收缩率小。

④ 在模具中停留时间越短，脱模温度越高，铸件收缩率越大；反之收缩率小。

⑤ 铸件包住型芯的径向尺寸收缩受阻，收缩率较小，其轴向收缩自由，收缩率较大。

⑥ 有嵌件的铸件因受到嵌件的阻碍，收缩率较小。

4.2.2　成型尺寸的计算

（1）成型尺寸的分类

各部成型尺寸的分类如图 4-1 所示。型腔内腔尺寸 D（$D_1 \sim D_{10}$）及其深度尺寸 H（H_1、H_2）趋于损耗变大，是趋于增大的尺寸；型芯外廓 d（$d_1 \sim d_9$）及其高度 h（h_1、h_2）的尺寸趋于损耗变小，是趋于变小的尺寸；中心距及位置尺寸 c（$c_1 \sim c_6$）不会因损耗而变化，称为稳定尺寸。因此，确定各部位尺寸及其公差的取向时，对趋于增大的尺寸，应选取接近最小的极限尺寸；趋于变小的尺寸，应选取接近最大的极限尺寸；尺寸变化趋于稳定的尺寸，应保持成型尺寸接近于最大和最小两个极限尺寸的平均值。

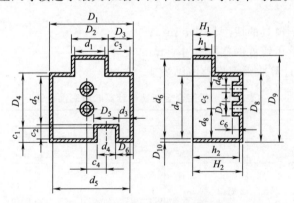

图 4-1　零件各部成型尺寸的分类

（2）脱模斜度尺寸取向的影响

为便于脱模，应设置脱模斜度（表 4-17）。由此引起压铸件各部尺寸的变化，一般应使成型零件与图样所标注的大小端尺寸部位一致。当未明确标注大小端部位时，应按照铸件是否留加工余量进行分类，如图 4-2 所示。

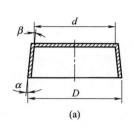 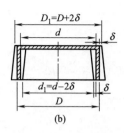 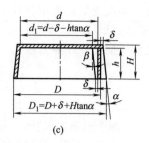

图 4-2 脱模斜度的尺寸取向

D_1—型腔尺寸；d_1—型芯尺寸；D—铸件外形尺寸；d—铸件内形尺寸；
α—型腔脱模斜度；β—型芯脱模斜度；δ—待加工余量

表 4-17 有脱模斜度的成型零件成型尺寸的规定

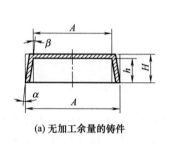 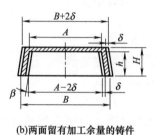 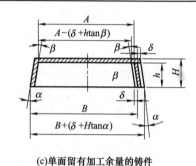

| (a) 无加工余量的铸件 | (b)两面留有加工余量的铸件 | (c)单面留有加工余量的铸件 |

有脱模斜度的各类成型尺寸检验时的测量点位置

A—铸件孔尺寸；B—铸件轴的尺寸；h—铸件内孔深度；H—铸件外形高度；
α—外表面脱模斜度；β—内表面脱模斜度；δ—机械加工余量

	无加工余量的铸件［图（a）］	两面留有加工余量的铸件［图（b）］	单面留有加工余量的铸件［图（c）］
成型件尺寸规定	①型腔尺寸以大端为基准，另一端按脱模斜度相应减小。 ②型芯尺寸以小端为基准，另一端按脱模斜度相应增大。 ③螺纹型环，螺纹型芯尺寸，成型部分的螺纹外径、中径及内径各尺寸均以大端为基准	①型腔尺寸以小端为基准。 ②型芯尺寸以大端为基准。 ③螺纹型环尺寸，按铸件的结构需采用两半分型的螺纹型环的结构时，为了消除螺纹的接缝、椭圆度、轴向错位（两半型的牙型不重合）及径向偏移等缺陷，可将铸件的螺纹中径尺寸增加 0.2～0.3mm 的加工余量，以便采用板牙套丝	①型腔尺寸以非加工面的大端为基准，加上斜度值及加工余量，另一端按脱模斜度值相应减小。 ②型芯尺寸以非加工面的小端为基准，减去斜度值及加工余量，另一端按脱模斜度值相应放大

图 4-2（a）为不留加工余量的铸件，为保证压铸件装配时不受影响，型腔以大端 D 为基准，另一端按脱模斜度相应减小；型芯尺寸以小端 d 为基准，另一端按脱模斜度相应增大。

图 4-2（b）为两面留加工余量的铸件，为保证有足够的加工余量，型腔尺寸以小端 D 为基准，加上加工余量，即 $D_1 = D + 2\delta$，另一端按脱模斜度相应增大；型芯尺寸以大端 d 为基准，减去加工余量，即 $d_1 = d - 2\delta$，另一端按脱斜度相应减小。

图 4-2（c）为单面留加工余量的铸件，型腔尺寸以非加工面的大端 D 为基准，加上斜度尺寸差 $H\tan\alpha$ 及加工余量 δ，即 $D_1 = D + \delta + H\tan\alpha$，另一端按脱模斜度相应减小。型芯尺寸以非加工面小端 d 为基准，减去斜度尺寸差 $h\tan\alpha$ 及加工余量 δ，即 $d_1 = d - \delta -$

$h \tan\alpha$，另一端按脱模斜度相应放大。

（3）模具成型尺寸的基本计算公式

1）模具成型尺寸计算公式

$$A'^{+\Delta'}_{\ 0} = (A + A\varphi + n\Delta - \Delta')^{+\Delta'}_{\ 0} \tag{4-3}$$

式中　A'——计算后的成型尺寸，mm；

　　　A——铸件的基本尺寸，mm；

　　　φ——压铸件的计算收缩率，%；

　　　n——补偿和磨损系数，当铸件为 GB/T 1800—1979 中 IT11～IT13 级精度，压铸工艺不易稳定控制或其他因素难以估计时，取 $n=0.5$；当铸件精度为 IT14～IT16 时，取 $n=0.45$；

　　　Δ——铸件偏差，mm；

　　　Δ'——模具成型部分的制造偏差，mm。

型腔和型芯尺寸的制造偏差 Δ' 按下列规定选取：

当铸件精度为 IT11～IT13 时，Δ' 取 $1/5\Delta$；

当铸件精度为 IT14～IT16 时，Δ' 取 $1/4\Delta$。

中心距、位置尺寸的制造偏差 Δ' 按下列规定选取：

当铸件精度为 IT11～IT14 时，Δ' 取 $1/5\Delta$；

当铸件精度为 IT15～IT16 时，Δ' 取 $1/4\Delta$。

压铸件的尺寸偏差 Δ 和模型成型部分尺寸的制造偏差 Δ' 的正负符号，应按压铸件和模具在加工和使用过程中的尺寸变化趋势而定。当零件在机械加工过程中按设计图样基准顺序变化时，尺寸趋向于增大的，偏差符号为"＋"；尺寸趋向于减小的，偏差符号为"－"；尺寸变化趋向稳定的（如中心距），位置尺寸的偏差符号为"±"。

应用式（4-3）时，应注意 Δ 和 Δ' 的"＋"或"－"偏差符号，必须随同偏差值一起代入公式。

2）成型尺寸的分类及注意事项

成型尺寸主要可分为：型腔尺寸（包括型腔深度尺寸）、型芯尺寸（包括型芯高度尺寸）、成型部分的中心距离和位置尺寸、螺纹型环尺寸及螺纹型芯尺寸等五类。

计算各类成型尺寸时，应注意如下事项。

① 型腔磨损后，尺寸增大，因此，计算型腔尺寸时，应保持铸件外形尺寸接近于最小极限尺寸。

② 型芯磨损后，尺寸减小，故计算型芯尺寸时，应保持铸件内形尺寸接近于最大极限尺寸。

③ 两个型芯或型腔之间的中心距离和位置尺寸，与磨损量无关，应保持铸件尺寸接近于最大和最小两个极限尺寸的平均值。

④ 受模具的分型面和滑动部分（如抽芯机构等）影响的尺寸应另行修正，见表 4-18。

⑤ 螺纹型环和螺纹型芯尺寸的计算，应按照 GB/T 192—2003 中的规定。为保证铸件外螺纹内径在旋合后与螺纹最小内径有间隙，故计算螺纹型环的螺纹内径时，应考虑最小配合间隙 x 最小，一般 x 最小值为 $0.02～0.04$mm 螺距。为便于在普通机床上加工型环和型芯的螺纹，一般不考虑螺距的收缩值，而采取增大螺纹型芯的螺纹中径尺寸和减小螺纹型环的螺纹中径尺寸的办法，以弥补因螺距收缩而引起螺纹旋合误差。成型部分的螺距制造偏差可取 ±0.02mm。螺纹型芯和型环必须有适当的出模斜度，一般取 $30'$。

表 4-18　受分型面和滑动部分影响的尺寸修正量

尺寸部位	结构简图	计算注意事项	说　明
受分型面影响的尺寸		A、B、C 尺寸按表 4-19 中的公式[D(d)、H(h)]计算数值一般应再减小 0.05～0.2mm(按设备条件,铸件结构和模具结构等情况确定)	A、B 标在深度位置,C 是厚度
受滑动部分影响的尺寸		d 尺寸按表 4-19 中公式[D(d)、H(h)]计算数值,一般不应再减小 0.05～0.2mm;H 尺寸按表 4-20 中公式计算数值,一般应再增加 0.05～0.2mm(按滑动型芯端面的投影面积大小和模具结构而定)	因操作中清理工作不当而影响铸件尺寸,不计算在内

⑥ 凡有出模斜度的各类成型尺寸,首先应保证与铸件图上所规定尺寸的大小端部位一致,一般铸件图上未明确规定尺寸大小端部位时,需要按照铸件的尺寸是否留有加工余量。对无加工余量的铸件尺寸,应保证铸件在装配时不受阻碍为原则,对留有加工余量的铸件尺寸(铸件单面的加工余量一般在 0.3～0.8mm 范围内选取,如有特殊原因可适当增加,但不能超过 1.2mm)应保证切削加工时有足够的余量为原则,故按表 4-17 的规定。

⑦ 一般铸件的尺寸应不包括脱模斜度而造成的尺寸误差,凡是在铸件图上特别注明要求脱模斜度在公差范围内的尺寸,则应先按下式进行验证:

$$\Delta_1 \geqslant 2.7H\tan\alpha \tag{4-4}$$

式中　Δ_1——铸件公差,mm;

　　　H——脱模斜度处的深度或高度,mm;

　　　α——压铸工艺所允许的最小脱模斜度,(°)。

当验证结果不能满足时,则应留有加工余量,待压铸后再进行机械加工来保证。

(4) 各类成型尺寸的计算

① 型腔尺寸(包括深度尺寸)的计算见表 4-19。

② 型芯尺寸(包括高度尺寸)的计算见表 4-20。

③ 中心距离、位置尺寸的计算见表 4-21。

④ 螺纹型环尺寸的计算见表 4-22。

⑤ 螺纹型芯尺寸的计算见表 4-23。

⑥ 出模斜度在铸件公差范围内型腔、型芯尺寸的计算见表 4-24。

表 4-19　型腔尺寸的计算

简　　图	铸件尺寸标注形式($D_{-\Delta}^{\ 0}$ 或 $H_{-\Delta}^{\ 0}$)	计算公式
	为了简化型腔尺寸的计算公式,铸件的偏差规定为下偏差。当偏差不符合规定时,应在不改变铸件尺寸极限值的条件下,变换公称尺寸及偏差值,以适应计算公式 变换公称尺寸及偏差举例: $\phi 60_{\ 0}^{+0.40}$ 变换为 $\phi 60.4_{-0.40}^{\ 0}$ $\phi 60_{+0.10}^{+0.50}$ 变换为 $\phi 60.5_{-0.40}^{\ 0}$ $\phi 60 \pm 0.20$ 变换为 $\phi 60.2_{-0.40}^{\ 0}$ $\phi 60_{-0.60}^{-0.20}$ 变换为 $\phi 59.8_{-0.40}^{\ 0}$	$D'^{+\Delta'}_{\ 0} = (D + D\varphi - 0.7\Delta)^{+\Delta'}_{\ 0}$ $H'^{+\Delta'}_{\ 0} = (H + H\varphi - 0.7\Delta)^{+\Delta'}_{\ 0}$ 式中　D'、H'——型腔尺寸或型腔深度尺寸,mm 　　　D、H——铸件外形(如轴径、长度、宽度或高度)的最大极限尺寸,mm 　　　φ——铸件计算收缩率,% 　　　Δ——铸件公称尺寸的偏差,mm 　　　Δ'——成型部分公称尺寸的制造偏差,mm(按模具成型尺寸基本计算公式选取)

表 4-20　型芯尺寸的计算

简　图	铸件尺寸标注形式（$d^{+\Delta}_0$ 或 $h^{+\Delta}_0$）	计算公式
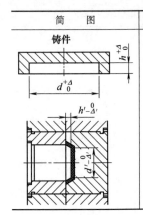	为了简化型芯尺寸的计算公式，铸件的偏差规定为上偏差。当偏差不符合规定时，应在不改变铸件尺寸极限值的条件下，变换公称尺寸及偏差值，以适应计算公式 变换公称尺寸及偏差举例： $\phi60^{-0.20}_{-0.60}$ 变换为 $\phi59.4^{+0.40}_0$ $\phi60^{0}_{-0.40}$ 变换为 $\phi59.6^{+0.40}_0$ $\phi60\pm0.20$ 变换为 $\phi59.8^{+0.40}_0$ $\phi60^{+0.50}_{+0.10}$ 变换为 $\phi60.1^{+0.40}_0$	$$d'^{0}_{-\Delta'}=(d+d\varphi+0.7\Delta)^{0}_{-\Delta'}$$ $$h'^{0}_{-\Delta'}=(h+h\varphi+0.7\Delta)^{0}_{-\Delta'}$$ 式中　d'，h'——型芯尺寸或型芯高度尺寸，mm 　　　d，h——铸件内形（如孔径、槽、沉孔等的大小和深度）的最小极限尺寸，mm 　　　φ——铸件计算收缩率，% 　　　Δ——铸件公称尺寸的偏差，mm 　　　Δ'——成型部分公称尺寸的制造偏差，mm（按模具成型尺寸基本计算公式选取）

表 4-21　中心距离、位置尺寸的计算

简　图	铸件尺寸标注形式（$L\pm\Delta$）	计算公式
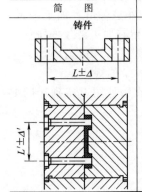	为了简化中心距离位置尺寸的计算公式，铸件中心距离位置尺寸的偏差规定为双向等值。当偏差不符合规定时，应在不改变铸件尺寸极限值的条件下，变换公称尺寸及偏差值，以适应计算公式 变换公称尺寸及偏差举例： $\phi60^{-0.20}_{-0.60}$ 变换为 $\phi59.6\pm0.20$ $\phi60^{0}_{-0.40}$ 变换为 $\phi59.8\pm0.20$ $\phi60^{+0.30}_{-0.10}$ 变换为 $\phi60.1\pm0.20$ $\phi60^{+0.50}_{+0.10}$ 变换为 $\phi60.3\pm0.20$	$$L'\pm\Delta'=(L+L\varphi)\pm\Delta$$ 式中　L'——成型部分的中心距离位置的平均尺寸，mm 　　　L——铸件中心距离、位置的平均尺寸，mm 　　　φ——铸件综合收缩率，% 　　　Δ——铸件中心距离、位置尺寸的偏差，mm 　　　Δ'——成型部分中心距离、位置尺寸的偏差，mm（按模具成型尺寸基本计算公式选取）

表 4-22　螺纹型环尺寸的计算

简　图	计算公式	说　明
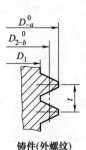 铸件（外螺纹） 模具（内螺纹）	为了简化螺纹型环尺寸计算公式，外螺纹的偏差规定为下偏差，当偏差不符合规定时，应在不改变铸件尺寸极限值的条件下，变换公称尺寸及偏差值，以适应计算公式： $$D'^{+a'}_0=(D+D\varphi-0.75a)+\left(\frac{1}{4}a\right)$$ $$D_2'^{+b'}_0=(D_2+D_2\varphi-0.75b)+\left(\frac{1}{4}b\right)$$ $$=[(D-0.6495t)(1+\varphi)-0.75b]+\left(\frac{1}{4}b\right)$$ $$D_1'^{+b'}_0=[(D_1-X_{最小})\times(1+\varphi)-0.75b]+\left(\frac{1}{4}b\right)$$ $$=[(D-1.0825t-X_{最小})\times(1+\varphi)-0.75b]+\left(\frac{1}{4}b\right)$$	式中　φ——压铸件计算收缩率，% 　　　a'——螺纹型环的螺纹外径制造偏差，mm 　　　D——铸件的外螺纹外径尺寸，mm 　　　a——铸件的外螺纹外径偏差，mm 　　　D'——螺纹型环的螺纹外径尺寸，mm 　　　D_2'——螺纹型环的螺纹中径尺寸，mm 　　　b'——螺纹型环的螺纹中径和内径制造偏差，mm 　　　D_2——铸件的外螺纹中径尺寸，mm 　　　b——铸件的外螺纹中径偏差，mm 　　　D_1'——螺纹型环的螺纹内径尺寸，mm 　　　D_1——铸件的外螺纹内径尺寸，mm 　　　$X_{最小}$——铸件内螺纹的最小配合间隙，可取（0.02～0.04）t，mm 　　　t——螺距尺寸，mm 螺纹型环和螺纹型芯的螺距 t 不加收缩量，其制造偏差取 ±0.02mm。 普通螺纹的基本尺寸及偏差见国标 GB/T 197—2003 及 GB/T 13576.4—2008。 铸件尺寸标注形式 $D\times t$

简图中标注：
铸件（外螺纹）：D^0_{-a}，D_{2-b}^{0}，D_1，t
模具（内螺纹）：$D'^{+a'}_0$，$D_2'^{+b'}_0$，$D_1'^{+b'}_0$，t

表 4-23 螺纹型芯尺寸的计算

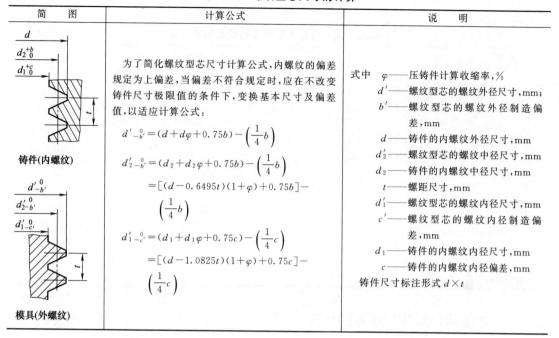

简　图	计算公式	说　明
铸件(内螺纹) 模具(外螺纹)	为了简化螺纹型芯尺寸计算公式,内螺纹的偏差规定为上偏差,当偏差不符合规定时,应在不改变铸件尺寸极限值的条件下,变换基本尺寸及偏差值,以适应计算公式: $d'^{\ 0}_{-b'}=(d+d\varphi+0.75b)-\left(\dfrac{1}{4}b\right)$ $d'^{\ 0}_{2-b'}=(d_2+d_2\varphi+0.75b)-\left(\dfrac{1}{4}b\right)$ $=[(d-0.6495t)(1+\varphi)+0.75b]-$ $\left(\dfrac{1}{4}b\right)$ $d'^{\ 0}_{1-c'}=(d_1+d_1\varphi+0.75c)-\left(\dfrac{1}{4}c\right)$ $=[(d-1.0825t)(1+\varphi)+0.75c]-$ $\left(\dfrac{1}{4}c\right)$	式中　φ——压铸件计算收缩率,%； 　d'——螺纹型芯的螺纹外径尺寸,mm； 　b'——螺纹型芯的螺纹外径制造偏差,mm 　d——铸件的内螺纹外径尺寸,mm； 　d'_2——螺纹型芯的螺纹中径尺寸,mm 　d_2——铸件的内螺纹中径尺寸,mm 　t——螺距尺寸,mm 　d'_1——螺纹型芯的螺纹内径尺寸,mm 　c'——螺纹型芯的螺纹内径制造偏差,mm 　d_1——铸件的内螺纹内径尺寸,mm 　c——铸件的内螺纹内径偏差,mm 铸件尺寸标注形式 $d\times t$

表 4-24 出模斜度在铸件公差范围内型腔、型芯尺寸的计算

尺寸类型	结构简图	计算公式	说　明
型腔尺寸	铸件	$D'^{+\Delta'}_{大\ \ 0}=(D+D\varphi-\Delta')^{+\Delta'}_{\ \ 0}$ $D'^{+\Delta'}_{小\ \ 0}=(D+D\varphi-\Delta)^{+\Delta'}_{\ \ 0}$ 式中　$D'_大$——型腔大端尺寸,mm 　D——铸件外形最大极限尺寸,mm 　$D'_小$——型腔小端尺寸,mm 　φ——压铸件计算收缩率,% 　Δ——铸件外形尺寸偏差,mm 　Δ'——成型部分公称尺寸制造偏差,取 　　　Δ'为 IT7～IT8 级精度,mm	
型芯尺寸	铸件	$d'^{\ \ 0}_{大-\Delta'}=(d+d\varphi+\Delta)^{\ \ 0}_{-\Delta'}$ $d'^{\ \ 0}_{小-\Delta'}=(d+d\varphi+\Delta')^{\ \ 0}_{-\Delta'}$ 式中　$d'_大$——型芯大端尺寸,mm 　d——铸件内形最小极限尺寸,mm 　$d'_小$——型芯小端尺寸,mm 　φ——压铸件计算收缩率,% 　Δ——铸件外形尺寸偏差,mm 　Δ'——成型部分公称尺寸制造偏差,取 　　　Δ'为 IT7～IT8 级精度,mm	$d^{+\Delta}_{\ \ 0}$ 出模斜度在铸件公差范围内

注:凡是留有机械加工余量的铸件尺寸,为了保证尽可能接近公称尺寸,型腔或型芯的成型尺寸,一律推荐以计算中心距离、位置尺寸的公式代替。

4.2.3 模具制造公差

模具成型部分在进行机械加工过程中允许的误差为模具制造公差,用 Δ' 表示,在通常情况下,Δ' 值取压铸件公差 Δ 值的 $1/5\sim1/4$,一般不高于 GB/T 1800 中 IT9 级精度,个别尺寸必要时，Δ'值取 IT8 级或 IT7 级。按铸件公差所推荐的模具制造公差可参照表4-25。

表 4-25　按铸件公差所推荐的模具制造公差　　　　　　mm

基本尺寸	Δ IT11	$\Delta'=1/5\Delta$ $\approx$IT8	Δ IT12	$\Delta'=1/5\Delta$ $\approx$IT8	Δ IT14	$\Delta'=1/4\Delta$ $\approx$IT11
0～3	0.060	0.012	0.100	0.020	0.250	0.063
>3～6	0.075	0.015	0.120	0.024	0.300	0.075
>6～10	0.090	0.018	0.150	0.030	0.360	0.090
>10～18	0.110	0.022	0.180	0.036	0.430	0.108
>18～30	0.130	0.026	0.210	0.042	0.520	0.130
>30～50	0.160	0.032	0.250	0.050	0.620	0.155
>50～80	0.190	0.038	0.300	0.060	0.740	0.185
>80～120	0.220	0.044	0.350	0.070	0.870	0.218
>120～180	—	—	0.400	0.080	1.000	0.250
>180～250	—	—	0.460	0.092	1.150	0.288
>250～315	—	—	—	—	1.300	0.325
>315～400	—	—	—	—	1.400	0.350

4.2.4　成型部分尺寸和偏差的标注

（1）成型部分尺寸和偏差标注的基本要求

① 成型部分的尺寸标注基准应与铸件图上所标注的一致，见图4-3。此种标注方法较为简单方便，容易满足铸件精度要求，适用于形状较简单，尺寸数量不多的铸件。

② 铸件由镶块组合尺寸的标注，见图4-4。为了保证铸件精度，应先将铸件图上标注的尺寸按表 4-19 中的公式计算，按所得的成型尺寸和制造偏差值，分配在各组合零件的相对应部位上，但绝不可以将铸件的公称尺寸分段后，单独进行计算。

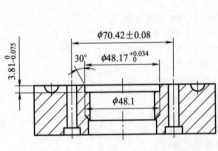

图 4-3　成型部分的尺寸标注

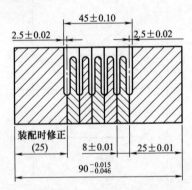

图 4-4　组合零件尺寸和偏差的标注示例

如果铸件尺寸精度较高，按上述方法标注有可能会使各组合零件的制造偏差很小，带来加工困难，可采取在装配中修正的方法，即注上组合零件组合后的尺寸，按其对称性的要求程度，对其中一组或两个组合零件在装配时加以修正，最后达到组合后的尺寸要求。如图4-4 所示，装配时修正 25mm 尺寸，以便达到组合后的尺寸 $90^{-0.015}_{-0.046}$ mm 的精度要求。

③ 在满足铸件设计要求的前提下，尽可能满足模具制造工艺上的要求。例如圆形镶块由于采用镶拼结构，使原来的尺寸基准转到相邻的镶块上，或为了便于加工和测量，需要变更标注的尺寸基准时，要特别注意的是以计算后所得到的成型尺寸和制造偏差为标准，再进行换算，以保证累计误差与制造公差的原值相等，标注举例如图 4-5 所示。

在实际生产中，若按尺寸链换算比较烦琐，一般可将铸件精度较低的成型尺寸标注在安装基准面上，即首先标注出与铸件尺寸基准的部位相对应的成型部位上，并在加工条件允许下，适当提高制造公差精度，如图 4-5 中的尺寸 $68.4_{-0.03}^{0}$ mm。其余的成型尺寸则以此为基准，标注在与其相对应的成型部位上，以减少和避免在换算过程中的差错而造成零件报废。

④ 当成型尺寸为模具的配合尺寸时，一般情况下模具配合精度高于成型尺寸的制造精度。在这种情况下，成型尺寸的制造公差应服从于配合公差。标注示例见图 4-6。

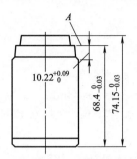

图 4-5 圆形镶块变更标注尺寸基准

图 4-6 成型尺寸为模具的配合尺寸标注

⑤ 当铸件图上尺寸标注从外壁到孔的中心位置尺寸时（图 4-7），如果成型部分的型芯固定在滑块上，则滑块的配合尺寸和成型铸件外壁的型腔尺寸相同，滑块的上、下偏差全是负数。对于这类有配合间隙的滑块，凡是以滑块的配合面为基准所标注的成型尺寸，要考虑到由于配合间隙的影响，必须按表 4-19～表 4-23 中的计算公式所求得的成型尺寸和制造偏差为标准进行换算。

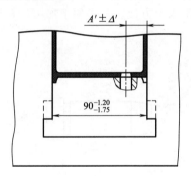

(a) 组成铸件 $A'\pm\Delta'$ 成型尺寸的基准位置
$[A'\pm\Delta'=(16.08\pm0.088)\text{mm}]$

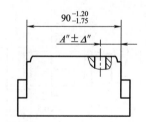

(b) 斜滑块中 $A''\pm\Delta''$ 成型尺寸的
基准位置 $[A''\pm\Delta''=(16\pm0.043)\text{mm}]$

图 4-7 从外壁到孔的中心位置尺寸换算标注示例

对于有配合间隙的滑块，当变更所标注的尺寸基准时，其换算尺寸 A''，可按下式进行换算：

$$A''=A'-\frac{K_s-(Z_s+Z)}{2}\times\frac{1}{2}=A'-\frac{K_s-(Z_s+Z_x)}{2} \tag{4-5}$$

式中 A''——换算后的成型尺寸，mm；

A'——按成型尺寸计算公式求得的成型尺寸，mm；

K_s——孔尺寸的上偏差，mm；

Z_s——轴尺寸的上偏差，mm；

Z_x——轴尺寸的下偏差，mm。

应用式（4-5）时注意，其中 K_s、Z_s、Z_x 的 "+" 或 "-" 偏差符号必须随同偏差值一起代入公式。

换算后的制造偏差，其值用式（4-6）进行计算：

$$\Delta'' = \Delta' - \frac{Z+K}{2} \qquad\qquad (4-6)$$

式中　Δ''——换算后的制造偏差，mm；

$\quad\quad\;\;\Delta'$——模具制造偏差，mm；

$\quad\quad\;\;Z$——配合轴的公差，mm；

$\quad\quad\;\;K$——配合孔的公差，mm。

[例]　如图 4-7 所示，设铝合金压铸件的边缘到孔的中心的距离为 16 ± 0.035mm，铸件的成型尺寸、制造偏差和模具结构以及配合要求，分别为 $A'=16.08$mm，$\Delta'=0.088$mm，$K_s=+0.035$mm，$K=0.035$，$Z_s=-0.12$mm，$Z_x=-0.175$mm，$Z=0.175-0.12=0.055$mm。求换算后成型尺寸 A'' 及换算后的制造偏差 Δ''。

$$A''=A'-\frac{K_s-(Z_s+Z_x)}{2}\times\frac{1}{2}=16.08-\frac{0.035-(-0.12-0.175)}{4}=16(\text{mm})$$

$$\Delta''=\Delta'-\frac{Z+K}{2}=0.088-\frac{0.035+0.055}{2}=0.043(\text{mm})$$

（2）型芯、型腔镶块的尺寸和偏差的标注

① 型芯尺寸和偏差的标注。铸件图上未注明大、小端尺寸的铸件孔按铸件的装配要求考虑。铸件孔应保证小端尺寸要求，模具中与铸件孔相对应的型芯应保证大端尺寸的要求。此种尺寸标注法保证了铸件的精度，但给模具制造带来不方便。为了便于加工，在标注型芯尺寸时可参照图 4-8。

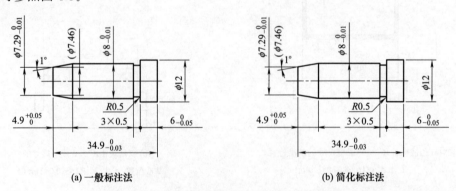

(a) 一般标注法　　　　　　　　　　　　(b) 简化标注法

图 4-8　型芯的成型部位保证小端尺寸的标注

将成型铸件孔的型芯小端尺寸注以制造偏差，同时也应注明型芯高度尺寸和偏差，以及脱模斜度。而大端注以括号内表示参考尺寸，而不注公差，也不作检验，仅供加工使用。

当铸件的孔径尺寸要求大，小端尺寸在规定的公差范围内时，其型芯尺寸的标注见图 4-9。

在标注型芯尺寸时，应分别标出大、小端尺寸，并注以制造偏差，同时也应注明型芯高度尺寸和制造偏差，而对脱模斜度注以括号内表示参考尺寸，仅供加工时使用。

② 成型镶块中型腔尺寸和偏差的标注。为了保证铸件的装配要求，对于未注明大、小端尺寸的轴径，应该保证大端尺寸的要求，其标注方法见图 4-10。

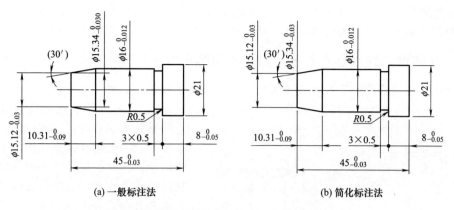

(a) 一般标注法　　　　　　　　　(b) 简化标注法

图 4-9　型芯的成型部位保证大、小端尺寸的标注

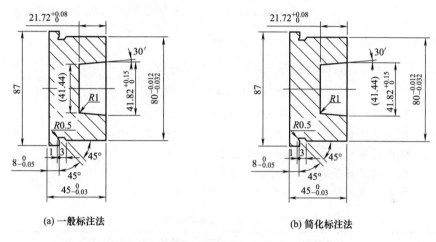

(a) 一般标注法　　　　　　　　　(b) 简化标注法

图 4-10　型腔的成型部位保证大端尺寸标注

将成型轴尺寸所对应的型腔的大端尺寸注以制造偏差，同时也应该注明型腔的深度尺寸和制造偏差，以及脱模斜度，而在另一端的小端尺寸注以括号内表示的参考尺寸，不注公差，也不作检验，仅供加工使用。

当铸件的轴径尺寸要求大、小端尺寸都在给定的公差范围内时，其型腔尺寸的标注见图 4-11。

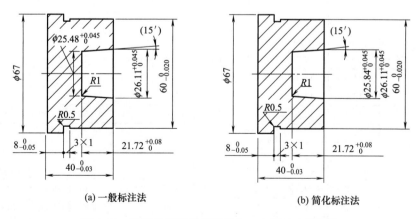

(a) 一般标注法　　　　　　　　　(b) 简化标注法

图 4-11　型腔的成型部位保证大、小端尺寸的标注

在标注型腔尺寸时，应分别标注大、小端尺寸，并注以制造偏差，同时也应注明型腔深度尺寸和制造偏差，而对脱模斜度注以括号内表示参考尺寸，仅供加工使用。

4.2.5 压铸件的螺纹底孔直径、深度和型芯尺寸的确定

压铸件在攻螺纹前的底孔可直接铸出，也可先铸出圆锥坑，然后钻孔。

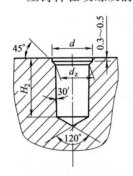 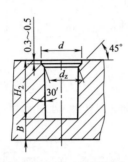

(a)普通常用的锥底螺纹底孔　(b)尺寸B较小时采用的平底螺纹底孔

图 4-12　螺纹底孔结构

① 攻螺纹前的底孔直径以及所对应的型芯大端直径尺寸的计算，在正常条件下，一般铸孔的直径接近于最大极限尺寸，为了保证牙型高度，对有出模斜度的底孔直径，应保证大端尺寸，孔口倒角处的直径 d 等于螺孔公称尺寸，两段不同直径的孔由45°斜角过渡，出模斜度一般可取 $30'$。螺纹底孔结构如图 4-12 所示。

底孔直径对应的型芯大端直径的计算：

$$d_z' = (d_z + d_z\varphi + 0.7\Delta)_{-\Delta'}^{0} \tag{4-7}$$

式中　d_z'——底孔直径所对应的型芯大端直径尺寸，mm；

　　d_z——螺纹底孔直径公称尺寸，mm（粗牙普通螺纹见表 4-26）；

　　φ——铸件计算收缩率（按表 4-16 选取），%；

　　Δ——底孔的计算公差，一般按 IT11 级精度，mm；

　　Δ'——型芯大端直径尺寸的制造偏差，mm，取 $\Delta' = 1/5\Delta$。

表 4-26　粗牙普通螺纹参数　　　　　　　　　　　　mm

公称直径 d	螺距 t	底孔直径 d_z	内螺纹内径最大尺寸 d_{1max}	底孔直径所对应的型芯大端直径 d_z'							型芯制造偏差 Δ'
				压铸件计算收缩率/%							
				0.2	0.3	0.4	0.5	0.6	0.7	0.8	
2	0.4	1.6	1.68	1.65	1.65	1.65	1.65	1.65	1.65	1.66	−0.012
3	0.5	2.5	2.6	2.55	2.55	2.55	2.56	2.56	2.56	2.56	
4	0.7	3.3	3.42	3.36	3.37	3.37	3.37	3.38	3.38	3.38	−0.016
5	0.8	4.2	4.33	4.26	4.27	4.27	4.28	4.28	4.29	4.29	
6	1	5	5.12	5.07	5.07	5.08	5.08	5.09	5.09	5.10	
8	1.25	6.7	6.87	6.78	6.79	6.80	6.80	6.81	6.82	6.82	−0.020
10	1.5	8.5	8.63	8.59	8.60	8.60	8.61	8.62	8.63	8.64	
12	1.75	10.2	10.39	10.30	10.32	10.33	10.34	10.35	10.36	10.37	
14	2	11.9	12.14	12.01	12.02	12.03	12.04	12.06	12.07	12.08	
16		13.9	14.14	14.01	14.03	14.04	14.05	14.07	14.08	14.10	−0.024
18		15.4	15.63	15.52	15.53	15.55	15.56	15.58	15.59	15.61	
20	2.5	17.4	17.63	17.52	17.54	17.55	17.57	17.59	17.61	17.62	
22		19.4	19.63	19.54	19.56	19.58	19.60	19.61	19.63	19.65	
24	3	20.9	21.13	21.04	21.06	21.08	21.10	21.12	21.14	21.17	
27		23.9	24.13	24.05	24.07	24.09	24.12	24.14	24.17	24.19	−0.028
30	3.5	26.3	26.03	26.45	26.48	26.50	26.53	26.56	26.58	26.61	
33		29.3	29.63	29.46	29.49	29.52	29.55	29.57	29.60	29.63	

续表

公称直径 d	螺距 t	底孔直径 d_z	内螺纹内径最大尺寸 d_{1max}	底孔直径所对应的型芯大端直径 d'_z 压铸件计算收缩率/%							型芯制造偏差 Δ'
				0.2	0.3	0.4	0.5	0.6	0.7	0.8	
36	4	31.8	32.15	31.98	32.01	32.05	32.08	32.11	32.14	32.17	−0.034
39		34.8	35.15	34.99	35.02	35.06	35.09	35.13	35.16	35.20	
42	4.5	37.3	37.68	37.49	37.53	37.57	37.61	37.64	37.68	37.72	
45		40.3	40.68	40.50	40.54	40.58	40.62	40.66	40.70	40.74	
48	5	42.7	43.19	42.90	42.95	42.99	43.03	43.08	43.12	43.16	
52		46.7	47.19	46.91	46.96	47.01	47.05	47.10	47.15	47.19	

注：1. 近似计算公式：$t \leqslant 1$ 时，$d_z = d - t$；$t > 1$ 时，$d_z = d - (1.04 \sim 1.06)t$。

2. 铸出的底孔大端直径 d_z 不得超过内螺纹内径最大尺寸。

为便于设计，将常用的有色金属压铸件在攻螺纹前螺纹底孔直径 d_z、对应的型芯大端直径 d'_z 和压铸件内螺纹内径最大尺寸 d_{1max} 按前述公式计算后列于表 4-26 和表 4-27，粗牙普通螺纹查表 4-26，细牙普通螺纹查表 4-27。

表 4-27　细牙普通螺纹参数　　　　　　　　　　　　mm

公称直径 d	螺距 t	底孔直径 d_z	内螺纹内径最大尺寸 d_{1max}	底孔直径所对应的型芯大端直径 d'_z 压铸件计算收缩率/%							型芯制造偏差 Δ'
				0.2	0.3	0.4	0.5	0.6	0.7	0.8	
8	0.75	7.2	7.38	7.28	7.29	7.30	7.31	7.31	7.32	7.33	−0.020
	1	7	1.12	7.08	7.09	7.10	7.11	7.11	7.12	7.13	
10	0.75	9.2	9.38	9.29	9.30	9.31	9.32	9.33	9.33	9.34	
	1	9	9.12	9.09	9.10	9.11	9.12	9.12	9.13	9.14	
12	1	11	11.12	11.11	11.12	11.13	11.14	11.15	11.16	11.17	−0.024
	1.25	10.7	10.87	10.81	10.82	10.83	10.84	10.85	10.86	10.87	
14	1	13	13.12	13.11	13.12	13.14	13.15	13.16	13.18	13.19	
	1.5	12.5	12.63	12.61	12.62	12.63	12.65	12.66	12.67	12.68	
16	1	15	15.12	15.11	15.13	15.14	15.16	15.17	15.19	15.20	
	1.5	14.5	14.63	14.61	14.63	14.64	14.66	14.67	14.69	14.70	
18	1	17	17.12	17.12	17.14	17.15	17.17	17.19	17.20	17.22	
	1.5	16.5	16.63	16.62	16.63	16.65	16.67	16.68	16.70	16.72	
20	1	19	19.12	19.14	19.16	19.17	19.19	19.21	19.23	19.25	−0.028
	1.5	18.5	18.63	18.64	18.65	18.67	18.69	18.71	18.73	18.75	
22	1	21	21.12	21.14	21.16	21.18	21.20	21.22	21.25	21.27	
	1.5	20.5	20.63	20.64	20.66	20.68	20.70	20.72	20.74	20.76	
24	1	23	23.12	23.14	23.17	23.19	23.21	23.24	23.26	23.28	
	1.5	22.5	22.63	22.64	22.67	22.69	22.71	22.73	22.76	22.78	
	2	21.9	22.14	22.04	22.06	22.09	22.11	22.13	22.15	22.17	
27	1	26	26.12	26.15	26.18	26.20	26.23	26.25	26.28	26.31	
	1.5	25.5	25.63	25.65	25.67	25.70	25.73	25.75	25.78	25.80	
	2	24.9	25.14	25.05	25.07	25.10	25.12	25.15	25.17	25.20	
30	1	29	29.12	29.16	29.19	29.21	29.24	29.27	29.30	29.33	
	1.5	28.5	28.63	28.66	28.68	28.71	28.74	28.77	28.80	28.83	
	2	27.9	28.14	28.05	28.08	28.11	28.14	28.17	28.19	28.22	
33	1.5	31.5	31.63	31.68	31.71	31.75	31.78	31.81	31.84	31.87	−0.034
	2	30.9	31.14	31.08	31.11	31.14	31.17	31.20	31.24	31.27	
36	1.5	34.5	34.63	34.69	34.72	34.76	34.79	34.83	34.86	34.90	
	2	33.9	34.14	34.09	34.12	34.15	34.19	34.22	34.26	34.29	
	3	32.9	33.13	33.08	33.12	33.15	33.18	33.22	33.25	33.28	

续表

公称直径 d	螺距 t	底孔直径 d_z	内螺纹内径最大尺寸 d_{1max}	底孔直径所对应的型芯大端直径 d'_z							型芯制造偏差 Δ'
				压铸件计算收缩率/%							
				0.2	0.3	0.4	0.5	0.6	0.7	0.8	
39	1.5	37.5	37.63	37.69	37.73	37.77	37.81	37.84	37.88	37.92	−0.034
	2	36.9	37.14	37.09	37.13	37.17	37.20	37.24	37.28	37.31	
	3	35.9	36.13	36.09	36.13	36.16	36.20	36.23	36.27	36.31	
42	1.5	40.5	40.63	40.70	40.74	40.78	40.82	40.86	40.90	40.94	
	2	39.9	40.14	40.10	40.14	40.18	40.22	40.26	40.30	40.34	
	3	38.9	39.13	39.10	39.14	39.17	39.21	39.25	39.29	39.33	
45	1.5	43.5	43.63	43.71	43.75	43.79	43.84	43.88	43.92	43.97	
	2	42.9	43.14	43.10	43.15	43.19	43.23	43.28	43.32	43.36	
	3	41.9	42.13	42.10	42.14	42.19	42.23	42.27	42.31	42.35	
48	1.5	46.5	46.63	46.71	46.76	46.81	46.85	46.90	46.94	46.99	
	2	45.9	46.14	46.11	46.16	46.20	46.25	46.29	46.34	46.39	
	3	44.9	45.13	45.11	45.15	45.20	45.24	45.29	45.33	45.38	
52	1.5	50.5	50.63	50.72	50.77	50.82	50.87	50.92	50.97	51.02	
	2	49.9	50.14	50.12	50.17	50.22	50.27	50.32	50.37	50.42	
	3	48.9	49.13	49.12	49.17	49.21	49.26	49.31	49.36	49.41	

注：1. 近似计算公式：$t \leqslant 1$ 时，$d_z = d - t$；$t > 1$ 时，$d_z = d - (1.04 \sim 1.06)t$。

2. 铸出的底孔大端直径 d_z 不得超过内螺纹内径最大尺寸。

② 攻螺纹前的底孔深度，不通的螺纹孔见图 4-13。一般在工作图上所标注的螺纹深度尺寸 H，系指包括螺纹尾在内的螺纹长度。铰制不通的螺纹孔时，由于丝锥的起削刃作用不能铰削完整的螺纹（一般标准丝锥三攻的起削刃作用部分长度为 1.5～2 个螺距），故螺孔的深度 H_1 为：

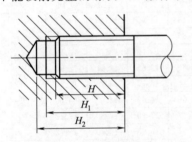

$$H_1 \geqslant H + 2t \qquad (4\text{-}8)$$

式中　H_1——螺纹深度尺寸，mm；

　　　H——螺纹连接部分长度，mm；

　　　t——螺距，mm。

在攻螺纹前为了操作安全，必须避免丝锥顶端与底孔末端接触，以防丝锥扭断，故底孔深度 H_2 为：

$$H_2 \geqslant H + 2t \qquad (4\text{-}9)$$

图 4-13　不通的螺纹孔

③ 底孔的圆锥坑直径和锥角。圆锥坑的结构见图 4-14。

根据钻头的刃磨角及引钻，圆锥坑的锥角为 $100° \sim 110°$，锥坑的直径 D 等于螺纹的公称尺寸。

如果圆锥坑的位置处在铸件待加工表面上，而这些孔按工艺规定只在该表面加工后再钻孔时，则圆锥坑的起点应从加工后的表面开始，再另加一段圆柱孔的深度，其值相当于加工余量，如图 4-15 所示。

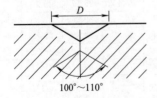

图 4-14　圆锥坑结构

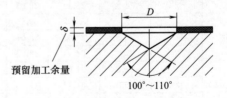

图 4-15　圆锥坑设在待加工表面上的结构

4.2.6 成型尺寸计算实例

压铸件如图 4-16 所示，查表 4-16，材料为 ZL102，计算收缩率为 0.6%，试确定各类尺寸及其公差的标注。

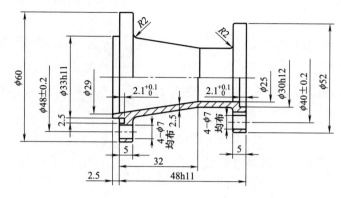

技术要求

1.未注公差为 IT14。

2.未注铸造圆角为 R1.5。

3.压铸材料为 LZ-102。

图 4-16 压铸件成型尺寸计算实例

根据压铸件的结构特点，应设置对合的型腔侧分型机构。

（1）将各主要成型尺寸分类

① 型腔径向尺寸是：$\phi60$、$\phi33h11$、$\phi52$。

② 型腔深度尺寸是：48h11、2.5、5。

③ 型芯径向尺寸是：$\phi29$、$\phi25$、$\phi30h12$、$\phi7$。

④ 型芯高度尺寸是：32、2.1。

⑤ 中心距尺寸是：$\phi48$、$\phi40$。

⑥ 受相对移动影响趋于增大的尺寸是：$\phi60$、$\phi52$、48h11、2.5、5。

（2）型腔径向尺寸计算（按表 4-19 公式计算）

① $\phi60h14$（$^{\ 0}_{-0.74}$）

$$D'^{+\Delta'}_{\ \ 0}=(D+D\varphi-0.7\Delta)^{+\Delta'}_{\ \ 0}=(60+60\times0.6\%-0.7\times0.74)^{+\left(\frac{1}{4}\times0.74\right)}=59.84^{+0.185}_{\ \ \ 0}\,(\text{mm})$$

因受对合型腔侧分型的移动影响，尺寸趋于增大，故将计算出的基本尺寸再减去误差补偿值 0.05，即取 $59.84^{+0.185}_{\ \ \ 0}-0.05=59.79^{+0.185}_{\ \ \ 0}$（mm）。

② $\phi33h11$（$^{\ 0}_{-0.16}$）

$$D'^{+\Delta'}_{\ \ 0}=(D+D\varphi-0.7\Delta)^{+\Delta'}_{\ \ 0}=(33+33\times0.6\%-0.7\times0.16)^{+\left(\frac{1}{5}\times0.16\right)}=33.09^{+0.032}_{\ \ \ 0}\,(\text{mm})$$

③ $\phi52h14$（$^{\ 0}_{-0.74}$）

$$D'^{+\Delta'}_{\ \ 0}=(D+D\varphi-0.7\Delta)^{+\Delta'}_{\ \ 0}=(52+52\times0.6\%-0.7\times0.74)^{+\left(\frac{1}{5}\times0.74\right)}=51.79^{+0.148}_{\ \ \ 0}\,(\text{mm})$$

同理，因受对合型腔侧分型的移动影响，尺寸趋于增大，应减去 0.05mm，故取 $51.79^{+0.148}_{\ \ \ 0}-0.05=51.74^{+0.148}_{\ \ \ 0}$mm。

（3）型腔深度尺寸计算（按表 4-19 公式计算）

① 48h11（$^{\ 0}_{-0.16}$）

$$H'^{+\Delta'}_{\ \ 0}=(H+H\varphi-0.7\Delta)^{+\Delta'}_{\ \ 0}=(48+48\times0.6\%-0.7\times0.16)^{+\left(\frac{1}{5}\times0.16\right)}=48.18^{+0.032}_{\ \ \ 0}\,(\text{mm})$$

因受分型面合模的影响，尺寸趋于增大，故应将计算数据应减去一个补偿值 0.05mm，即 $48.18^{+0.032}_{\ \ \ 0}-0.05=48.13^{+0.032}_{\ \ \ 0}$（mm）。

② 5h14（$^{\ 0}_{-0.3}$）

$$H'^{+\Delta'}_{\ \ 0}=(H+H\varphi-0.7\Delta)^{+\Delta'}_{\ \ 0}=(5+5\times0.6\%-0.7\times0.3)^{+\left(\frac{1}{4}\times0.3\right)}=4.82^{+0.075}_{\ \ \ 0}\,(\text{mm})$$

同理，减去一个补偿值 0.05mm，即 $4.82^{+0.075}_{0}-0.05=4.77^{+0.075}_{0}$（mm）。

（4）型芯径向尺寸计算（按表 4-20 公式计算）

① $\phi 29H14$（$^{+0.52}_{0}$）

$$d'^{0}_{-\Delta'}=(d+d\varphi+0.7\Delta)^{0}_{-\Delta'}=(29+29\times0.6\%+0.7\times0.52)^{0}_{-(\frac{1}{4}\times0.52)}=29.54^{0}_{-0.13}(\text{mm})$$

② $\phi 25H14$（$^{+0.52}_{0}$）

$$d'^{0}_{-\Delta'}=(d+d\varphi+0.7\Delta)^{0}_{-\Delta'}=(25+25\times0.6\%+0.7\times0.52)^{0}_{-(\frac{1}{4}\times0.52)}=25.51^{0}_{-0.13}(\text{mm})$$

③ $\phi 30h12$（$^{+0.21}_{0}$）

$$d'^{0}_{-\Delta'}=(d+d\varphi+0.7\Delta)^{0}_{-\Delta'}=(30+30\times0.6\%+0.7\times0.21)^{0}_{-(\frac{1}{4}\times0.21)}=30.33^{0}_{-0.053}(\text{mm})$$

④ $\phi 7H14$（$^{+0.36}_{0}$）

$$d'^{0}_{-\Delta'}=(d+d\varphi+0.7\Delta)^{0}_{-\Delta'}=(7+7\times0.6\%+0.7\times0.36)^{0}_{-(\frac{1}{4}\times0.36)}=7.29^{0}_{-0.09}(\text{mm})$$

（5）型芯高度尺寸计算（按表 4-20 公式计算）

① $32H14$（$^{+0.62}_{0}$）

$$h'^{0}_{-\Delta'}=(h+h\varphi+0.7\Delta)^{0}_{-\Delta'}=(32+32\times0.6\%+0.7\times0.62)^{0}_{-(\frac{1}{4}\times0.62)}=32.63^{0}_{-0.16}(\text{mm})$$

② 2.1（$^{+0.1}_{0}$）

$$h'^{0}_{-\Delta'}=(h+h\varphi+0.7\Delta)^{0}_{-\Delta'}=(2.1+2.1\times0.6\%+0.7\times0.1)^{0}_{-(\frac{1}{4}\times0.1)}=2.18^{0}_{-0.025}(\text{mm})$$

（6）中心距离尺寸计算（按表 4-21 公式计算）

① $\phi 48\pm0.2$

$$L'\pm\Delta'=(L+L\varphi\pm\Delta)=(48+48\times0.6\%)\pm\left(\frac{1}{5}\times0.2\right)=48.29\pm0.04(\text{mm})$$

② $\phi 40\pm0.2$

$$L'\pm\Delta'=(L+L\varphi\pm\Delta)=(40+40\times0.6\%)\pm\left(\frac{1}{5}\times0.2\right)=40.24\pm0.04(\text{mm})$$

4.3　压铸模模体受力零件尺寸的计算

压铸模模体受力零件尺寸的计算见表 4-28。

表 4-28　压铸模模体受力零件尺寸的计算

类型		结构简图	计算公式	说　明
定、动模套板的尺寸计算	圆形套板侧壁厚度计算		①型腔为不通孔时： $t\geqslant\dfrac{DpH_1}{2[\sigma]H}$ ②受力时内半径变形量计算式： $\dfrac{\varepsilon}{2}=\dfrac{D^2p}{4tE}$ ③型腔为通孔时： $t\geqslant\dfrac{Dp}{2[\sigma]}$ ④受力时内半径变形量校核时： $\varepsilon=\dfrac{\tau p}{E}\left(\dfrac{R^2+r^2}{R^2-r^2}+\mu\right)$	式中　t——套板侧壁厚度，m D——型腔内径，m p——压射比压，MPa H——套板厚度，m H_1——型腔深度，m $[\sigma]$——材料许用抗拉应力，MPa $[\sigma]=82\sim100\text{MPa}$ ε——弹性变形量，m，受力时允许的变形量应不大于 $0.05\sim0.15\text{mm}$ E——弹性模量，取 $E=2.1\times10^5\text{MPa}$ r——型腔半径，m，$r=D/2$ R——套板计算外半径，m，$R=\dfrac{D+2t}{2}$ μ——泊松比，碳钢取 0.25

类型	结构简图	计算公式	说　明
定、动模套板的尺寸计算 — 矩形套板侧壁厚度计算	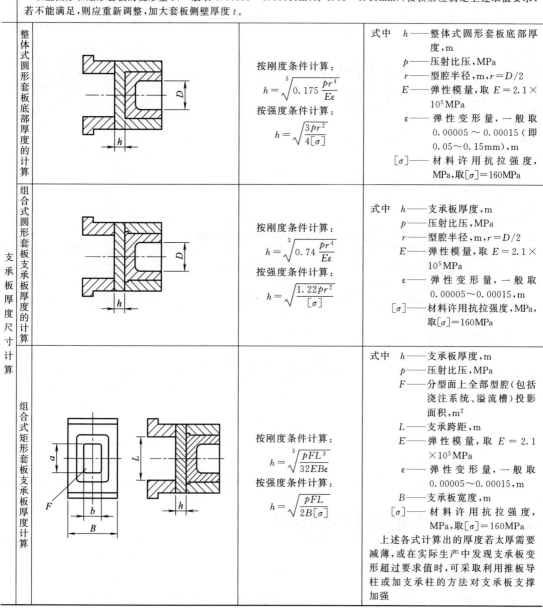	$$t=\frac{pL_2H_1+\sqrt{(pL_1H_1)^2}}{4H[\sigma]}+\frac{8H[\sigma]pL_1^2H_1}{4H[\sigma]}$$ 侧壁变量校核公式： $$\varepsilon=\frac{pH_1L_1^4}{32EHt^3}$$	式中 t——套板侧壁厚度，m p——压射比压，MPa L_1——型腔长边尺寸，m L_2——型腔短边尺寸，m H_1——型腔深度，m H——套板厚度，m $[\sigma]$——材料许用抗拉强度，MPa，45钢调质后取$[\sigma]=200\sim250$MPa ε——弹性变形量，m E——弹性模量，取$E=2.1\times10^5$MPa

以上圆形和矩形套板的变形量 ε，一般取 $0.00005\sim0.00015$m（即 $0.05\sim0.15$mm），校核后应满足上述取值要求，若不能满足，则应重新调整，加大套板侧壁厚度 t。

类型	结构简图	计算公式	说　明
支承板厚度尺寸计算 — 整体式圆形套板底部厚度的计算		按刚度条件计算： $$h=\sqrt[3]{0.175\frac{pr^4}{E\varepsilon}}$$ 按强度条件计算： $$h=\sqrt{\frac{3pr^2}{4[\sigma]}}$$	式中 h——整体式圆形套板底部厚度，m p——压射比压，MPa r——型腔半径，m，$r=D/2$ E——弹性模量，取$E=2.1\times10^5$MPa ε——弹性变形量，一般取$0.00005\sim0.00015$（即$0.05\sim0.15$mm），m $[\sigma]$——材料许用抗拉强度，MPa，取$[\sigma]=160$MPa
支承板厚度尺寸计算 — 组合式圆形套板支承板厚度的计算		按刚度条件计算： $$h=\sqrt[3]{0.74\frac{pr^4}{E\varepsilon}}$$ 按强度条件计算： $$h=\sqrt{\frac{1.22pr^2}{[\sigma]}}$$	式中 h——支承板厚度，m p——压射比压，MPa r——型腔半径，m，$r=D/2$ E——弹性模量，取$E=2.1\times10^5$MPa ε——弹性变形量，一般取$0.00005\sim0.00015$，m $[\sigma]$——材料许用抗拉强度，MPa，取$[\sigma]=160$MPa
支承板厚度尺寸计算 — 组合式矩形套板支承板厚度计算		按刚度条件计算： $$h=\sqrt[3]{\frac{pFL^3}{32EB\varepsilon}}$$ 按强度条件计算： $$h=\sqrt{\frac{pFL}{2B[\sigma]}}$$	式中 h——支承板厚度，m p——压射比压，MPa F——分型面上全部型腔（包括浇注系统、溢流槽）投影面积，m² L——支承跨距，m E——弹性模量，取$E=2.1\times10^5$MPa ε——弹性变形量，一般取$0.00005\sim0.00015$，m B——支承板宽度，m $[\sigma]$——材料许用抗拉强度，MPa，取$[\sigma]=160$MPa 上述各式计算出的厚度若太厚需要减薄，或在实际生产中发现支承板变形超过要求值时，可采取利用推板导柱或加支承柱的方法对支承板支撑加强

类型	结构简图	计算公式	说　明
支承表面压力校核	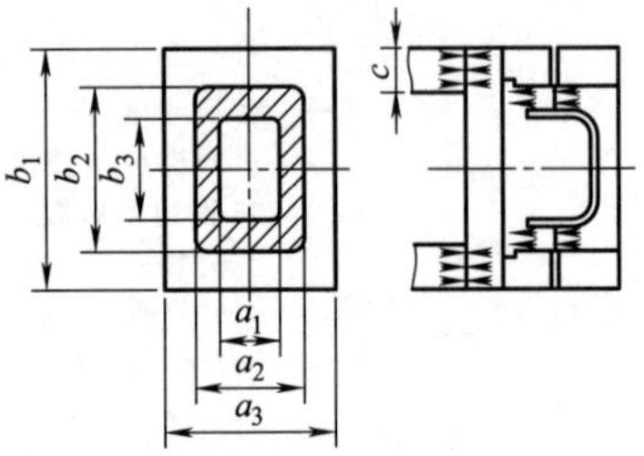	支承面上的表面比压为： $$p_b = \frac{P_s}{1000F}$$ 对分型面而言： $$F = a_2 b_2 - a_3 b_3$$ 对垫块而言： $$F = 2a_1 c$$	式中　p_b——支承面上的比压力，MPa 　　　P_s——压铸机的锁模力，kN 　　　F——支承面的有效面积，m^2 　　表面比压力如果过小，对分型面则易产生溢料或喷溅，过大时，对分型面或是垫块都有可能造成压塌变形。因此，为防止溢料，对于分型面而言，图示中的(a_2-a_3)或(b_2-b_3)尺寸宽度，小型模具应不小于20mm，较大型模具不应小于40mm，p_b值应控制在10～100MPa，精度高的模具取大值，反之取小值。对垫块而言，贴合面为钢与钢时，p_b值应控制在80～120MPa；钢与铸铁贴合时可适当降低
推板与推杆固定板厚度计算	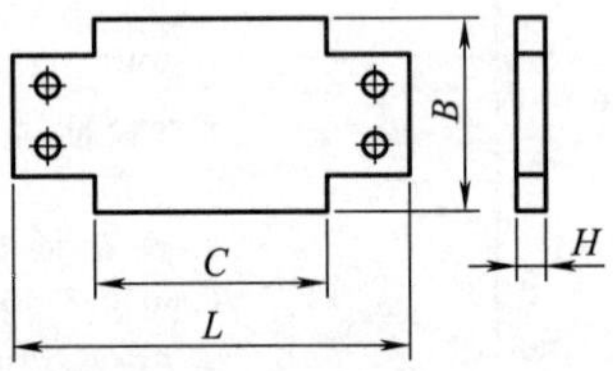	$$H \geqslant \sqrt[3]{\frac{PCk}{12.24B} \times 10^6}$$	式中　H——推板厚度，m 　　　P——推板所受压力，N 　　　B——推板宽度，m 　　　C——推杆孔在推板上分布的最大跨距，m 　　　k——系数，$k = L^3 - \frac{1}{2}CL + \frac{1}{8}C^3$
紧定螺钉的选定	对某些受力大的场合，应当对紧定螺钉能承受的负荷进行校核，以免超负荷而出现事故。紧定螺钉容许负荷推荐值见表4-29		

表 4-29　紧定螺钉容许负荷推荐值

螺钉直径/mm	M6	M8	M10	M12	M16	M20	M24	M30	M36
容许负荷/N	3100	5800	9200	13200	25000	40000	58000	92000	135000
两个螺钉之间的最小距离/mm	16	20	24	27	32	41	52	65	78

注：表内数值指材料为35钢正火。对于Q235和45钢，应将表中容许负荷数值分别乘以修正系数0.75及1.11。

推板与推杆固定板厚度推荐尺寸见表4-30。

表 4-30　推板与推杆固定板厚度推荐尺寸

推板的平面面积/(mm×mm)	推板的厚度/mm	推杆固定板的厚度/mm
≤200×200	16～20	12～16
＞(200×200)～(250×630)	25～32	12～16
＞(250×630)～(630×900)	32～40	16～20
＞(630×900)～(900×1600)	40～50	16～20
＞900×1600	50～63	25～32

4.4　压铸模抽芯机构设计

4.4.1　抽芯机构分类

压铸模具抽芯机构主要分为机械抽芯、液压抽芯和其他抽芯三大类，见表4-31。

表 4-31　抽芯机构

分类		结构简图	特点说明
机械抽芯机构	斜销抽芯机构	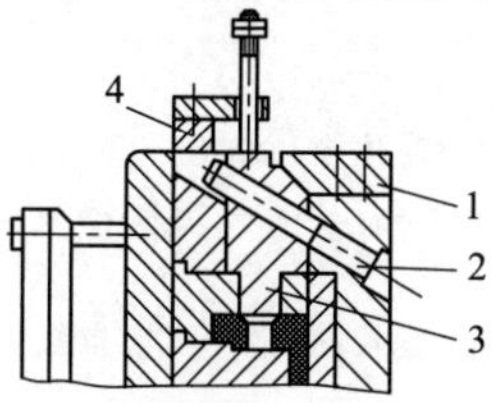 1—楔紧块；2—斜销；3—型芯；4—限位块	①以压力机的开模力作为抽芯力。 ②结构简单，对于中、小型芯的抽芯使用较为普遍。 ③用于抽出接近分型面抽芯力不太大的型芯。 ④抽芯距离等于抽芯行程乘以 $\tan\alpha$，抽芯所需开模距离较大。 ⑤抽芯方向一般要求与分型面平行。 ⑥延时抽芯距离较短
	弯销抽芯机构	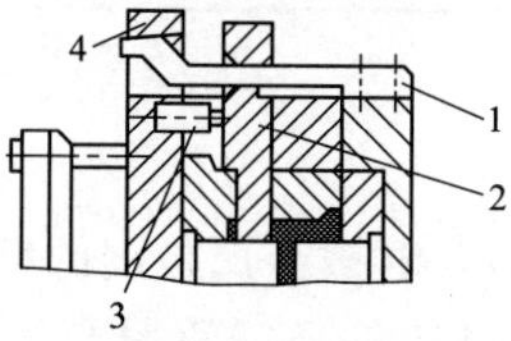 1—弯销；2—型芯滑块；3—限位钉；4—楔紧块	①用于抽出离分型面垂直距离较远的型芯。 ②与斜销相比较，相同截面的弯销所能承受的抽芯力较大。 ③延时抽芯距离长。 ④弯销可设在模具外侧，结构紧凑
	齿轮齿条抽芯机构	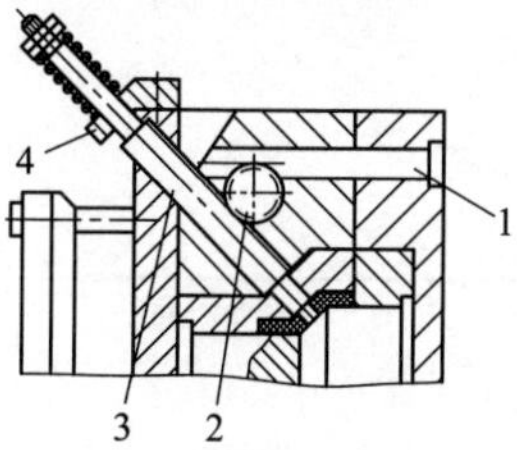 1—齿条；2—齿轴；3—型芯齿条；4—限位块	①抽出与分型面成任何角度，抽芯力不大的型芯。 ②抽芯行程等于抽芯距离，能抽出较长的型芯。 ③可实现长距离延时抽芯。 ④模具结构较复杂
	滑块抽芯机构	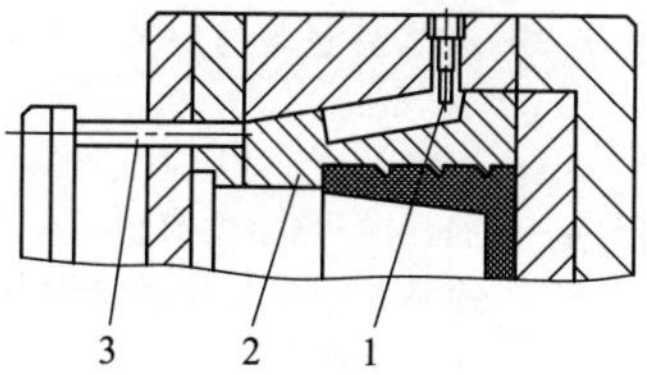 1—限位钉；2—斜滑块；3—推杆	①适应抽出侧面成型深度较浅、面积较大的凹凸表面。 ②抽芯与推出的动作同时完成。 ③斜滑块分型处有利于改善溢流、排气条件。 ④斜滑块通过模套锁紧，锁紧力与锁模力有关
液压抽芯机构		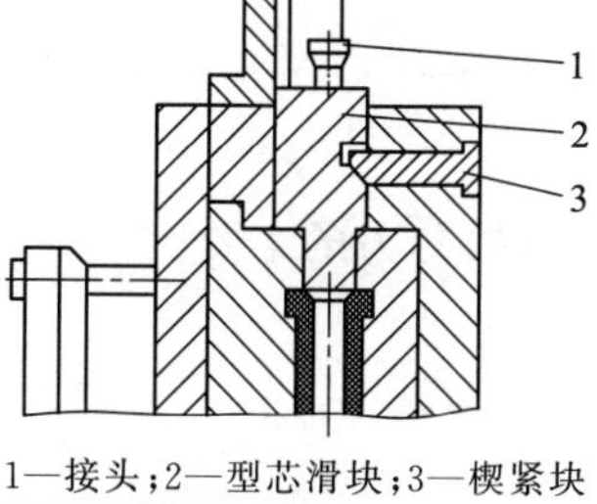 1—接头；2—型芯滑块；3—楔紧块	①可抽出与分型面成任何角度的型芯。 ②抽芯力及抽芯距离较大，普遍用于大、中型模具。 ③液压抽芯器是通用件，简化模具设计。 ④抽芯动作平稳，对压铸反力较小的活动型芯，可直接用抽芯力楔紧
其他抽芯机构	手动抽芯机构	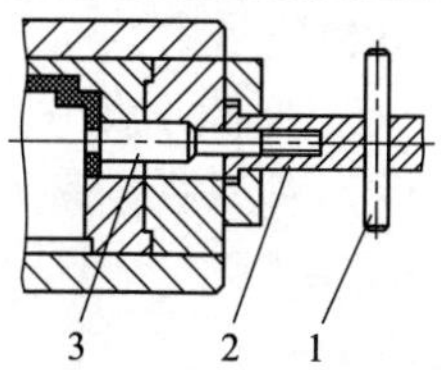 1—手柄；2—转动螺母；3—型芯	①模具结构较简单。 ②用于抽出处于定模或离分型面垂直距离较远的小型芯。 ③操作时劳动强度较高，生产率低，用于小批量生产

分类		结构简图	特点说明
其他抽芯机构	活动镶块抽芯机构	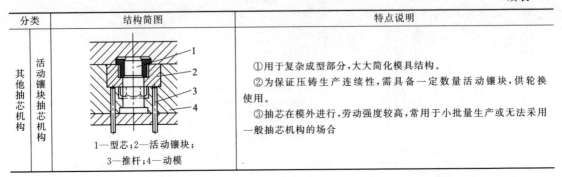 1—型芯；2—活动镶块； 3—推杆；4—动模	①用于复杂成型部分，大大简化模具结构。 ②为保证压铸生产连续性，需具备一定数量活动镶块，供轮换使用。 ③抽芯在模外进行，劳动强度较高，常用于小批量生产或无法采用一般抽芯机构的场合

4.4.2　抽芯力和抽芯距离的计算

压铸件在压铸成型过程中，金属液充满型腔冷凝收缩后，对被金属包围的型芯产生包紧力，铸件脱模时，必须克服包紧力所产生的脱模阻力。同时铸件还需克服与型芯间的黏附力、表面粗糙不平所产生的摩擦阻力，这些合力称为脱模力，脱模机构在开始瞬间推出动作的推动力，作用于抽芯时称为抽芯力。

1）抽芯力计算见表 4-32 中的公式。

2）抽芯力查用图见图 4-17。

表 4-32　抽芯力的计算

简　图	计算公式	说　明
$P_{包}$ $P_{抽}$ $P_{阻}$ α l	$\begin{aligned}P_{抽}&=P_{阻}\cos\alpha-P_{包}\sin\alpha\\&=Alp(K\cos\alpha-\sin\alpha)\end{aligned}$	式中　$P_{抽}$——抽芯力，N 　　　$P_{阻}$——抽芯阻力，N 　　　$P_{包}$——铸件冷凝收缩后对型芯产生的包紧力，N 　　　A——被铸件包紧的型芯成型部分断面周长，mm 　　　l——被铸件包紧的型芯成型部分长度，mm 　　　p——挤压应力（单位面积的包紧力），锌合金取 6～8MPa，铝合金取 10～12MPa，铜合金取 12～16MPa 　　　α——型芯成型部分的脱模斜度，(°) 　　　K——压铸合金与型芯的摩擦系数，一般取 0.2～0.25

3）影响抽芯力的因素。

压铸件包紧型芯的表面积、正包紧力和脱模斜度是影响抽芯力的主要因素，但也有压铸工艺及其他因素，对抽芯力的影响有如下因素。

① 压铸合金的化学成分不同，线收缩率也不同，线收缩率越大，包紧力越大。

② 成型部分的几何形状复杂，铸件对型芯的包紧力也大。

③ 铸件成型部分壁较厚，金属液凝固收缩率大，包紧力也相应增大。

④ 型芯成型表面粗糙度值小，加工纹路与抽拔方向一致，其抽芯力减小。

⑤ 压铸后，铸件在模具中停留的时间长，则脱模温度越低，对型芯包紧力也越大。

⑥ 压铸时，模温高，铸件收缩率小，包紧力也小。

⑦ 压铸过程中，压射比压越高，则铸件对型芯的包紧力越大。

⑧ 压铸过程中，持压时间长，增加铸件的致密性，也增大铸件的线收缩率，也增大抽

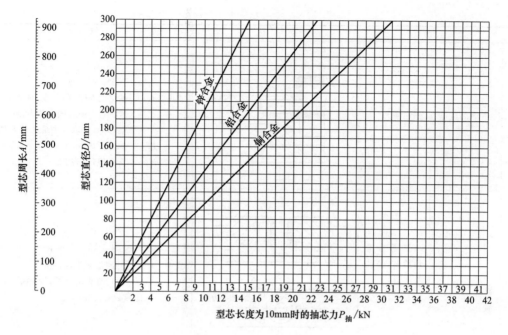

图 4-17　抽芯力查用图

芯力。

⑨ 压铸铝合金中，如果含铁量过低，铝合金会增大对型芯的化学黏附力，而增大抽芯力。

⑩ 在模具中喷刷涂料，可减少相互间的黏附力，减小抽芯力。因涂料不同，对型芯降温也不同，油质涂料降温较慢，水质涂料降温较快，前者收缩率铸件对型芯的包紧力影响较小，而后者影响较大。

⑪ 铸件收缩时，受阻碍的部位越多，受阻处之间的距离越大，包紧力也越大。

⑫ 抽芯机构运动部分的配合间隙，对抽芯力的影响较大，间隙小，则增大抽芯力，间隙太大，易挤入金属液，致使抽芯力增大。

4）抽芯距离的计算。

侧型芯从成型位置抽至压铸件的投影区以外，而不妨碍压铸件推出的位置时，侧型芯所移动的行程为抽芯距离。抽芯距离的计算见表 4-33。

表 4-33　抽芯距离的计算

常用计算式	$S_c = S_y + K$	式中　S_c——抽芯距离，mm 　　　S_y——抽芯机构的滑动元件脱出成型处的移动距离，mm，同一抽芯机构有多处抽芯时，应按移动距离最长处取值 　　　K——安全值，见表 1

表 1　常用抽芯距离的安全值 K

$S_y(h)$	抽芯形式			
	斜销、弯销、手动	斜滑块	齿轮、齿条	液压
<10	3~5	2~3	5~10（取整齿）	—
>10~30		3~5		
>30~80	5~8	—		8~10
>80~180				10~15
>180~360	8~12			>15

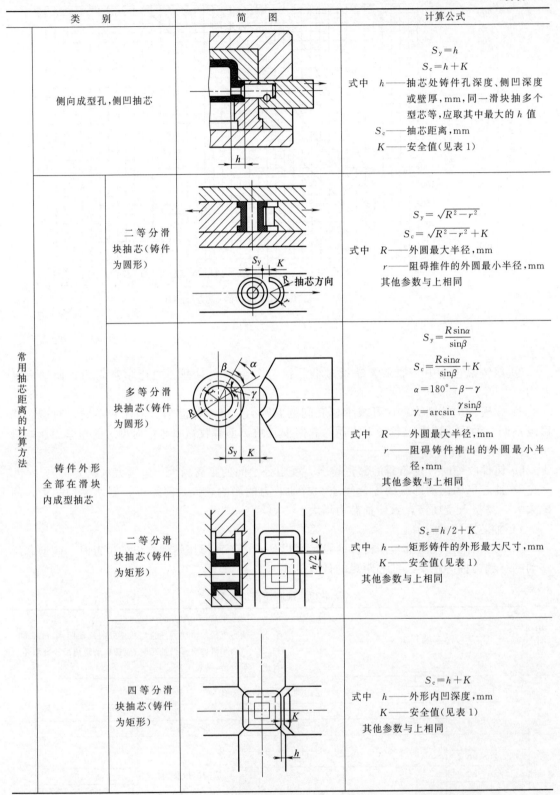

类　别		简　图	计算公式
常用抽芯距离的计算方法	侧向成型孔,侧凹抽芯		$S_y = h$ $S_c = h + K$ 式中　h——抽芯处铸件孔深度、侧凹深度或壁厚,mm,同一滑块抽多个型芯等,应取其中最大的 h 值 S_c——抽芯距离,mm K——安全值(见表1)
	铸件外形全部在滑块内成型抽芯	二等分滑块抽芯(铸件为圆形)	$S_y = \sqrt{R^2 - r^2}$ $S_c = \sqrt{R^2 - r^2} + K$ 式中　R——外圆最大半径,mm r——阻碍推件的外圆最小半径,mm 其他参数与上相同
		多等分滑块抽芯(铸件为圆形)	$S_y = \dfrac{R\sin\alpha}{\sin\beta}$ $S_c = \dfrac{R\sin\alpha}{\sin\beta} + K$ $\alpha = 180° - \beta - \gamma$ $\gamma = \arcsin\dfrac{\gamma\sin\beta}{R}$ 式中　R——外圆最大半径,mm r——阻碍铸件推出的外圆最小半径,mm 其他参数与上相同
		二等分滑块抽芯(铸件为矩形)	$S_c = h/2 + K$ 式中　h——矩形铸件的外形最大尺寸,mm K——安全值(表1) 其他参数与上相同
		四等分滑块抽芯(铸件为矩形)	$S_c = h + K$ 式中　h——外形内凹深度,mm K——安全值(见表1) 其他参数与上相同

注:β 值的选择:三等分滑块抽芯时,$\beta = 120°$;四等分滑块抽芯时,$\beta = 135°$;五等分滑块抽芯时,$\beta = 144°$;六等分滑块抽芯时,$\beta = 150°$。

4.4.3　斜销抽芯机构

（1）斜销抽芯机构设计

斜销抽芯机构设计见表 4-34。

表 4-34　斜销抽芯机构设计

结构类型	简　图	说　明
斜销抽芯机构的组合形式	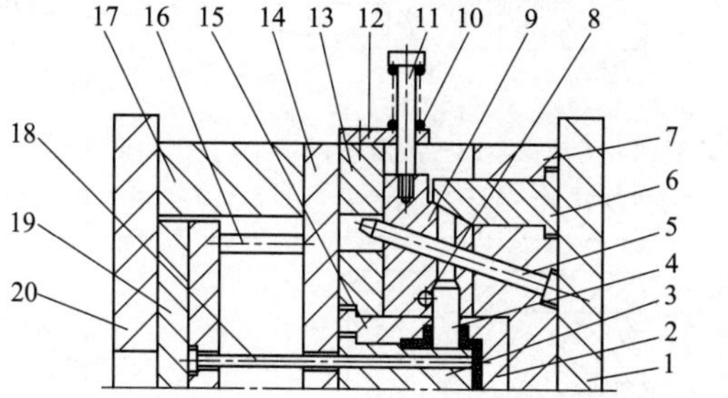 1—定模座板；2—定模镶块；3—主型芯；4—侧型芯；5—斜销； 6—楔紧块；7—定模板；8—固定销；9—侧滑块；10—弹簧； 11—限位杆；12—限位板；13—动模板；14—支承板； 15—动模镶块；16—复位杆；17—垫块；18—推杆； 19—推板；20—动模座板	
斜销抽芯动作过程	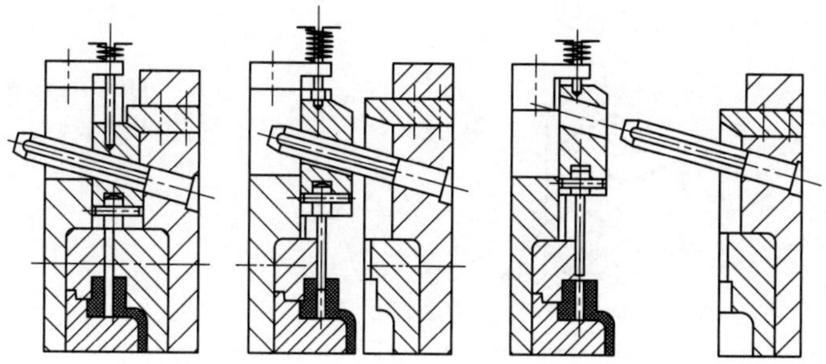 （a）　　　　　　（b）　　　　　　（c）	图（a）为合模状态，斜销与分型面成一倾斜角，固定在定模套板内，穿过设在动模导滑槽中的滑块孔内，滑块由楔紧块锁紧；图（b）开模后，动模与定模分开，滑块随定模运动，由于滑块以间隙配合的形式安装在动模的导滑槽内，故斜销驱动滑块向外移动而抽出型芯；图（c）抽芯结束，当开模至一定距离后，斜销与滑块孔脱离，抽芯停止运动，滑块由限位块限位，再次合模时以便斜销准确插入滑块孔内，迫使滑块复位
斜销抽芯机构的结构形式　T 形滑块	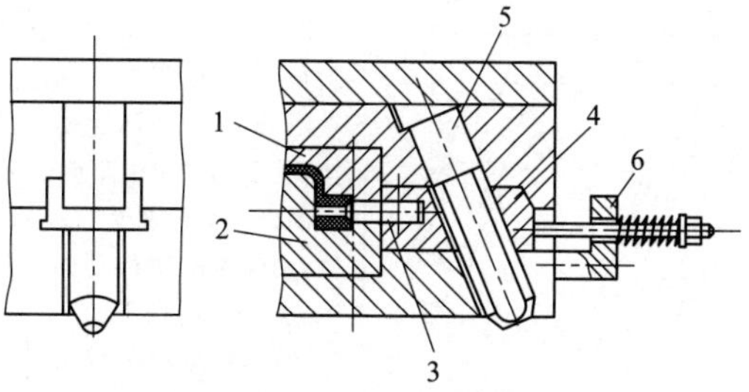 1—定模；2—动模；3—活动型芯； 4—T 形滑块；5—斜销；6—限位块	结构稳定可靠，最常用的形式

结构类型	简　图	说　明
斜销抽芯机构的结构形式 — 方导套圆滑块	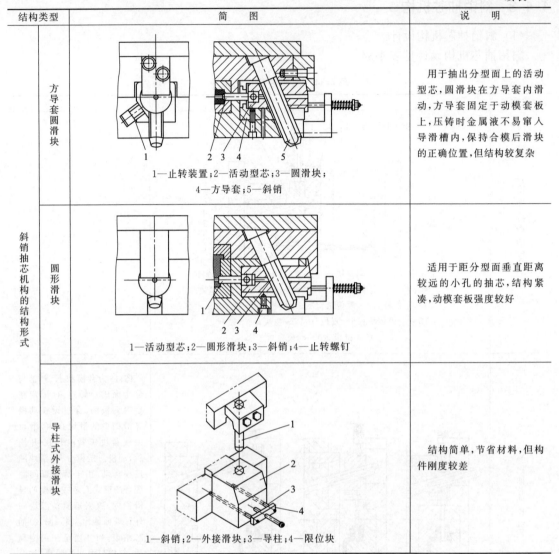 1—止转装置；2—活动型芯；3—圆滑块； 4—方导套；5—斜销	用于抽出分型面上的活动型芯，圆滑块在方导套内滑动，方导套固定于动模套板上，压铸时金属液不易窜入导滑槽内，保持合模后滑块的正确位置，但结构较复杂
斜销抽芯机构的结构形式 — 圆形滑块	1—活动型芯；2—圆形滑块；3—斜销；4—止转螺钉	适用于距分型面垂直距离较远的小孔的抽芯，结构紧凑，动模套板强度较好
斜销抽芯机构的结构形式 — 导柱式外接滑块	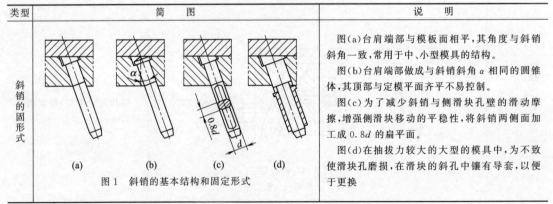 1—斜销；2—外接滑块；3—导柱；4—限位块	结构简单，节省材料，但构件刚度较差

（2）斜销的设计

斜销的设计见表 4-35。

表 4-35　斜销的设计

类型	简　图	说　明
斜销的固定形式	(a)　(b)　(c)　(d) 图 1　斜销的基本结构和固定形式	图（a）台肩端部与模板面相平，其角度与斜销斜角一致，常用于中、小型模具的结构。 图（b）台肩端部做成与斜销斜角 α 相同的圆锥体，其顶部与定模平面齐平不易控制。 图（c）为了减少斜销与侧滑块孔壁的滑动摩擦，增强侧滑块移动的平稳性，将斜销两侧面加工成 $0.8d$ 的扁平面。 图（d）在抽拔力较大的大型的模具中，为不致使滑块孔磨损，在滑块的斜孔中镶有导套，以便于更换

类型	简 图	说 明
斜销斜角的选择	图 2 斜销斜角与其他参数关系 斜销斜角 α 一般取 10°、15°、18°、20°、25°等	斜销斜角与其他参数的关系： $$F_w = F/\cos\alpha$$ $$L = S/\sin\alpha$$ $$H = S/\tan\alpha$$ 式中　α——斜销斜角,(°) 　　　F_w——斜销在侧抽芯时所承受的弯曲力,N 　　　F——抽芯力,N,按表 4-32 中公式,应满足 $F \geqslant 1.2F_z$,其中 $F = F_K\sin\alpha\cos\alpha$,或 $F = F_K(\sin2\alpha/2)$ 　　　F_K——压铸机开模力,N 　　　F_z——侧抽芯部位的阻力,N 　　　L——斜销的工作长度,cm 　　　S——抽芯距离,cm 　　　H——斜销完成侧抽芯的有效开模行程,cm
斜销工作直径的公式计算法	图 3 斜销受力分析图	$$d \geqslant \sqrt[3]{\frac{10F_wH}{[\sigma]_w\cos\alpha}}$$ 或 $$d \geqslant \sqrt[3]{\frac{10FH}{[\sigma]_w\cos^2\alpha}}$$ 式中　d——斜销工作直径,cm 　　　F——抽芯力,N,按表 4-32 中公式计算： 　　　H——作用点 O 与 A 点的垂直距离,cm 　　　$[\sigma]_w$——抗弯强度,MPa,一般取 $[\sigma]_w = 300$MPa 　　　α——斜销斜角,(°)

斜销工作直径的查表法

查表法：

①按表 4-32 中公式求出抽芯力,选定斜销斜角后查表 4-36,得到斜销所有受最大弯曲力。

②按所查得的斜销最大弯曲力和选定的斜销斜角与斜销受力点垂直距离,查表 4-37 得到斜销直径。

③查表时,在已知值两档数字之间,为安全计算一般可取较大一档数字。

查表法举例：已知 $F = 13000$N,$\alpha = 18°$,$H = 38$mm,取 $[\sigma]_w = 300$MPa,查斜销直径。

查表 4-36 得 $F_w = 14000$N。查表 4-37 得斜销直径 $d = 28$mm。

用公式计算：

则：$d = \sqrt[3]{\frac{10FH}{[\sigma]_w\cos^2\alpha}} = \sqrt[3]{\frac{10\times13000\times0.038}{300\times\cos^218°}} = 2.63(\text{cm}) \approx 27(\text{mm})$

用作图法确定斜销有效工作长度

斜销长度的确定

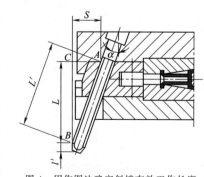

图 4 用作图法确定斜销有效工作长度

作图法

①取滑块端面斜孔与斜销外侧斜面接触处为 A 点。

②自 A 点作与分型面相平行的直线 AC,使 $AC = S$(抽芯距离)。

③自 C 点作垂直于 AC 线的 BC 线,交斜销处侧斜面于 B 点。

④AB 线段的长度上 L',为斜销有效工作长度 $L' = \dfrac{S}{\sin\alpha}$。

⑤BC 线段长度加上斜销引导段头部高度 l',为斜销抽芯结束时所需的最小开模距离 $L = \dfrac{S}{\tan\alpha} + l'$

类型	简　图	说　明
用计算法确定斜销有效工作长度	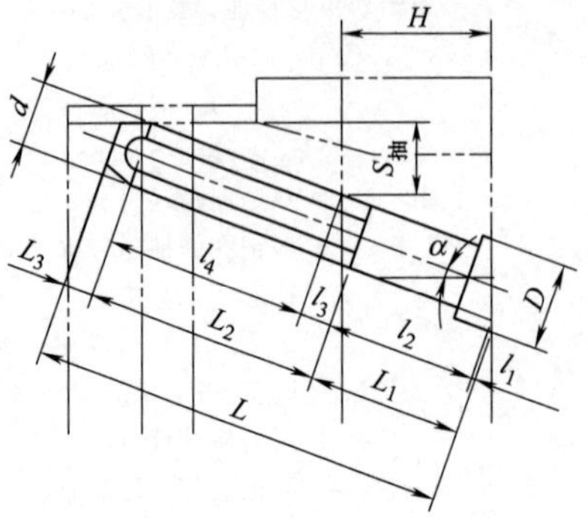 图5　斜销的尺寸计算	斜销总长 L 的计算公式： $$L=L_1+L_2+L_3=\frac{D-d}{2}\tan\alpha+\frac{H}{\cos\alpha}+$$ $$d\tan S_{抽}+\frac{S_{抽}}{\sin\alpha}+(5\sim10)$$ 式中　L_1——斜销固定端尺寸，mm 　　　L_2——斜销工作段尺寸，mm 　　　L_3——斜销工作引导段尺寸（一般取 $5\sim10$mm），mm 　　　$S_{抽}$——抽芯距离，mm 　　　H——斜销固定段套板的厚度，mm 　　　α——斜销斜角，(°) 　　　d——斜销工作段直径，mm 　　　D——斜销固定段台阶直径，mm

斜销长度的确定

用查表法确定斜销有效工作长度

查表法：

为简化计算，将常用范围内的数值列于表 4-38，按选定的 S、$\dfrac{D-d}{2}$、H、D、α 查出相应 l_1、l_2、l_3、l_4（见图5）相加即可确定斜销长度。

查表说明：

①查用值可由已知设计参数查取，例如 l_1、l_2、l_3、l_4，可分别从 $\dfrac{D-d}{2}$、H、D、S 查取；

②在设计参数栏内，如无直接数值可查时，可按下列两种方法查取。

a. 从两个或两个以上已知设计参数中，分别查出后再相加所得，例如：$\alpha=20°$，$S=76$mm，查出 l_4 值。取 $S=70+6$ 得出 $l_4=204.68+17.54=222.22$mm。

b. 直接查取任意一栏数值，然后相乘而得。例如：$\alpha=18°$，$S=94$mm，查 l_4 值得出 $l_4=3.236\times94=304.2$mm。

查用举例：

已知：$\alpha=15°$；$d=15$mm；$D=24$mm；$H=30$mm；$S=32$mm，取 $L_3=8$mm，查取斜销各工作段和总长尺寸。

由表中查出：

$l_1=0.8$mm；$l_2=31.06$mm；$l_3=2.68+2.14=4.82$mm；$l_4=115.92+7.73=123.65$mm。

得出斜销固定段长度：$L_1=l_1+l_2=0.8+31.06=31.86$mm

斜销工作段长度：$L_2=l_3+l_4=4.82+123.65=128.47$mm

斜销总长度：$L=L_1+L_2+L_3=31.86+128.47+8=168.33$mm

表 4-36　斜销斜角与抽芯力查出对应的最大弯曲力

最大弯曲力 F_W/N	斜销斜角 α/(°)					
	10	15	18	20	22	25
	抽芯力 F/N					
1000	980	960	950	940	930	910
2000	1970	1930	1900	1880	1850	1810
3000	2950	2890	2850	2820	2780	2720
4000	3940	3860	3800	3760	3700	3630
5000	4920	4820	4750	4700	4630	4530
6000	5910	5790	5700	5640	5560	5440
7000	6890	6750	6650	6580	6500	6340
8000	7880	7720	7600	7520	7410	7250
9000	8860	8680	8550	8460	8340	8160
10000	9850	9650	9500	9400	9270	9060
11000	10830	10610	10450	10340	10190	9970
12000	11820	11580	11400	11280	11120	10880
13000	12800	12540	12350	12220	12050	11780

续表

最大弯曲力 F_W/N	斜销斜角 $\alpha/(°)$					
	10	15	18	20	22	25
	抽芯力 F/N					
14000	13790	13510	13300	13160	12970	12680
15000	14770	14470	14250	14100	13900	13590
16000	15760	15440	15200	15040	14830	14500
17000	16740	16400	16150	15980	15770	15410
18000	17730	17370	17100	16920	16640	16310
19000	18710	18330	18050	17860	17610	17220
20000	19700	19300	19000	18800	18540	18130
21000	20680	20260	19950	19740	19470	19030
22000	21670	21230	20900	20680	20400	19940
23000	22650	22190	21850	21620	21330	20840
24000	23640	23160	22800	22560	22250	21750
25000	24620	24120	23750	23500	23180	22660
26000	25610	25090	24700	24440	24110	23560
27000	26590	26050	25650	25380	25030	24700
28000	27580	27020	26600	26320	25960	25380
29000	28560	27980	27550	27260	26890	26280
30000	29550	28950	28500	28200	27820	27190
31000	30530	29910	29450	29140	28740	28100
32000	31520	30880	30400	30080	29670	29000
33000	32500	31840	31350	31020	30600	29910
34000	33490	32810	32300	31960	31520	30810
35000	34470	33710	33250	32900	32420	31720
36000	35460	34740	34200	33840	33380	32630
37000	36440	35700	35150	34780	34310	33530
38000	37430	36670	36100	35720	35230	34440
39000	38410	37630	37050	36660	36160	35350
40000	39400	38600	38000	37600	37090	36250

表 4-37　最大弯曲力和受力点垂直距离查出斜销直径

α	H/mm	最大弯曲力 F_W/kN																													
		1	2	3	4	5	6	7	8	9	10	11	12	13	14	15	16	17	18	19	20	21	22	23	24	25	26	27	28	29	30
		斜销直径 d/mm																													
10°~15°	20	10	12	14	14	16	16	18	18	20	20	20	22	22	22	22	24	24	24	24	24	24	26	26	26	26	28	28	28	28	28
	30	12	14	14	16	18	20	20	22	22	22	24	24	24	24	26	26	26	28	28	28	28	30	30	30	30	30	32	32	32	32
	40	12	14	16	18	20	22	22	24	24	24	26	26	28	28	28	30	30	30	30	32	32	32	32	34	34	34	34	34	36	36
18°~20°	20	10	12	14	16	16	18	18	20	20	20	20	22	22	22	22	24	24	24	24	26	26	26	26	28	28	28	28	28	28	28
	30	12	14	16	18	18	20	20	22	22	22	24	24	24	24	26	28	28	28	28	30	30	30	30	30	32	32	32	32	32	32
	40	12	16	18	18	20	22	22	24	24	24	26	26	28	28	28	30	30	30	32	32	32	34	34	34	34	34	36	36	36	36
22°~25°	20	10	12	14	16	16	18	18	20	20	20	22	22	22	22	22	24	24	24	26	26	26	28	28	28	28	28	28	28	28	30
	30	12	14	16	18	18	20	22	22	22	24	24	24	24	26	26	28	28	28	28	30	30	30	30	30	32	32	34	32	34	34
	40	14	16	18	18	20	22	24	24	24	26	26	28	28	28	30	30	30	30	32	32	32	34	34	34	34	34	34	36	36	36

表 4-38　斜销分段长度查用表

斜销倾角	10°			15°			18°		
设计参数 $(D-d)/2$、H、D、S	l_1、l_3	l_2	l_4	l_1、l_3	l_2	l_4	l_1、l_3	l_2	l_4
1	0.18	1.02	5.76	0.27	1.04	3.86	0.33	1.05	3.24
2	0.35	2.03	11.52	0.54	2.07	7.73	0.65	2.10	6.47

斜销倾角	10°			15°			18°		
设计参数 $(D-d)/2$、H、D、S	l_1,l_3	l_2	l_4	l_1,l_3	l_2	l_4	l_1,l_3	l_2	l_4
3	0.53	3.05	17.28	0.80	3.11	11.59	0.98	3.15	9.71
4	0.70	4.06	23.04	1.07	4.14	15.46	1.30	4.21	12.95
5	0.88	5.08	28.80	1.34	5.18	19.32	1.63	5.26	16.18
6	1.06	6.09	34.56	1.61	6.22	23.18	1.95	6.31	19.42
7	1.23	7.11	40.32	1.88	7.25	27.05	2.27	7.36	22.65
8	1.41	8.12	46.08	2.14	8.28	30.91	2.60	8.41	25.90
9	1.59	9.14	51.84	2.41	9.32	34.78	2.92	9.46	29.13
10	1.76	10.15	57.60	2.68	10.35	38.64	3.25	10.51	32.36
20	1.53	20.31	115.21	5.36	20.70	77.28	6.50	21.03	64.72
30	—	30.46	172.81	—	30.06	115.92	9.75	31.54	97.09
40	—	40.52	230.41	—	41.41	154.56	—	42.06	129.45
50	—	50.77	288.02	—	51.77	193.20	—	52.57	161.81
60	—	60.92	—	—	62.19	—	—	63.08	194.17
70	—	71.08	—	—	72.47	—	—	73.60	—
80	—	81.23	—	—	82.82	—	—	84.11	—
90	—	91.39	—	—	93.18	—	—	94.63	—
任意值	$l_1=0.176\dfrac{D-d}{2}$ $l_3=0.176d$	$1.015H$	$5.76S$	$l_1=0.268\dfrac{D-d}{2}$ $l_3=0.268d$	$1.035H$	$3.864S$	$l_1=0.325\dfrac{D-d}{2}$ $l_3=0.325d$	$1.051H$	$3.236S$

斜销倾角	20°			22°			25°		
设计参数 $(D-d)/2$、H、D、S	l_1,l_3	l_2	l_4	l_1,l_3	l_2	l_4	l_1,l_3	l_2	l_4
1	0.36	1.06	2.92	0.40	1.08	2.67	0.47	1.10	2.37
2	0.73	2.13	5.85	0.81	2.16	5.34	0.93	2.21	4.73
3	1.09	3.19	8.77	1.21	3.24	8.01	1.40	3.31	7.10
4	1.46	4.26	11.70	1.62	4.31	10.69	1.87	4.41	9.47
5	1.82	5.32	14.62	2.02	5.39	13.35	2.33	5.52	11.83
6	2.18	6.39	17.54	2.42	6.47	16.02	2.80	6.62	14.20
7	2.55	7.45	20.47	2.83	7.55	18.69	3.26	7.72	16.56
8	2.91	8.51	23.39	3.23	8.63	21.36	3.73	8.83	18.93
9	3.28	9.58	26.32	3.64	9.71	24.03	4.20	9.93	21.30
10	3.64	10.64	29.24	4.04	10.79	26.70	4.66	11.03	23.66
20	7.28	21.28	58.48	8.08	21.57	53.39	9.32	22.07	47.33
30	10.92	31.93	87.72	12.12	32.36	80.09	13.99	33.10	70.99
40	—	42.57	116.96	16.16	43.14	106.78	18.65	44.14	94.65
50	—	53.21	146.20	—	53.93	133.48	—	55.17	118.32
60	—	63.85	175.44	—	64.71	160.17	—	66.20	141.98
70	—	74.49	204.68	—	75.50	186.87	—	77.24	165.64
80	—	85.14	—	—	86.28	213.56	—	88.27	189.30
90	—	95.78	—	—	97.07	—	—	99.30	212.97
任意值	$l_1=0.364\dfrac{D-d}{2}$ $l_3=0.364d$	$1.064H$	$2.924S$	$l_1=0.404\dfrac{D-d}{2}$ $l_3=0.404d$	$1.079H$	$2.670S$	$l_1=0.466\dfrac{D-d}{2}$ $l_3=0.466d$	$1.103H$	$2.366S$

（3）斜销的延时抽芯

1）延时抽芯的过程

斜销的延时抽芯是依靠滑块斜孔在抽出方向上设置一个后空当量 δ 来实现。其延时抽芯的动作过程见图 4-18。

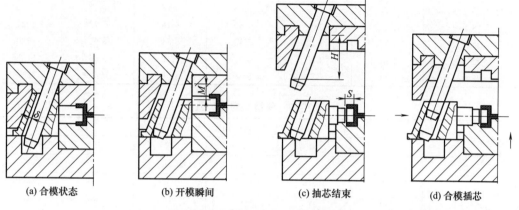

| (a) 合模状态 | (b) 开模瞬间 | (c) 抽芯结束 | (d) 合模插芯 |

图 4-18　斜销延时抽芯的动作过程

图 4-18（a）为合模状态，在斜销与滑块斜孔的驱动面上设置后空当量 δ。

图 4-18（b）为开模过程，在开模的瞬间，分型面相对移动一小段行程 M 前，只消除了后空当量的间隙 δ，还未开始抽芯。当继续开模时，才开始进行抽芯动作。

图 4-18（c）为抽芯结束，斜销脱离滑块孔，并同时推出铸件。

图 4-18（d）为合模状态，合模时斜销插入滑块斜孔。但由于斜孔有延时抽芯的后空当量 δ，在合模至一定距离后，斜销才能带动滑块复位。

2）设置延时抽芯的作用

① 防止在开模瞬间楔紧块对侧型芯的移动产生阻碍干涉现象。

② 当压铸件对定模的包紧力大于或等于动模时，可借助型芯的阻力作用，使压铸件首先从定模成型零件中脱出，并留在动模一侧。

③ 在多方位侧抽芯时，在各个侧型芯设置不同的后空当量，使按序分时抽芯，以分散抽芯力。

3）延时抽芯有关参数的计算

延时抽芯有关参数的计算参考图 4-19。

① 延时抽芯形成 M，按设计需要确定。

② 延时抽芯斜销直径按表 4-35 中"斜销工作直径的公式计算法"的公式计算。

③ 滑块斜孔的后空当量 δ 按下式计算：

$$\delta = M\sin\alpha \qquad (4\text{-}10)$$

式中　δ——滑块斜孔的后空当量，mm；

　　　M——延时抽芯的开模行程，mm；

　　　α——斜销斜角，（°）。

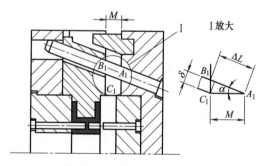

图 4-19　延时抽芯有关参数

常用滑块斜孔后空当量见表 4-39。

④ 延时抽芯时斜销总长度 L 按表 4-35 中"斜销工作直径的公式计算法"的公式计算。

延时抽芯时斜销的增长量见表 4-40。

表 4-39　滑块斜孔后空当量　　　　　　　　　　　　mm

斜销斜角	延时抽芯开模行程 M					
$\alpha/(°)$	5	10	15	20	25	30
	滑块斜孔后空当量 δ					
10	0.87	1.74	2.61	3.46	4.33	5.21
15	1.29	2.59	3.88	5.18	6.47	7.76
18	1.54	3.09	4.63	6.18	7.72	9.27
20	1.71	3.42	5.13	6.84	8.55	10.26
22	1.87	3.75	5.62	7.49	9.36	11.24
25	2.11	4.23	6.34	8.45	10.56	12.68

表 4-40　斜销长度增长量　　　　　　　　　　　　mm

斜销斜角	延时抽芯开模行程 M					
$\alpha/(°)$	5	10	15	20	25	30
	斜销长度增长量 ΔL					
10	5.08	10.15	15.23	20.31	25.39	30.46
15	5.18	10.35	15.53	20.70	25.88	31.05
18	5.27	10.52	15.78	21.10	26.30	31.60
20	5.32	10.64	15.97	21.28	26.60	31.92
22	5.39	10.78	16.17	21.56	26.95	32.24
25	5.52	11.03	16.65	22.07	27.59	33.10

（4）与主分型面不垂直的抽芯

当侧型芯方向与主分型面成某一角度时，其有关参数也随之变化，如图 4-20 所示。图中 β_0 为侧抽芯方向与主分型面的夹角，即 $\beta_0 \neq 90°$，α 为斜销轴线与主分型面垂直的角度，α_1 为实际影响侧抽芯效果的抽芯角。

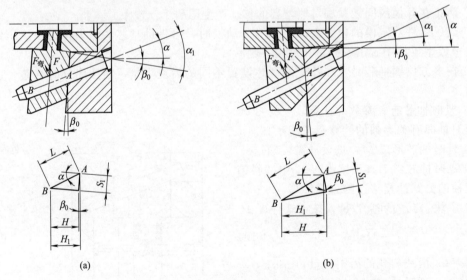

图 4-20　与主分型面不垂直的抽芯

① 抽芯向动模方向倾斜

图 4-20（a）为抽芯向动模方向倾斜 β_0 角，实际影响抽芯效果的抽芯角为：

$$\alpha_1 = \alpha + \beta_0 \leqslant 25° \qquad (4\text{-}11)$$

那么

$$F_弯 = \frac{F}{\cos(\alpha + \beta_0)} \tag{4-12}$$

$$S_1 = \frac{H_1 \tan\alpha}{\cos\alpha} \tag{4-13}$$

$$H = H_1 - S_1 \sin\beta_0 \tag{4-14}$$

式中　α_1——实际影响抽芯效果的抽芯角，(°)；

α——斜销轴线与主分型面垂直的角度，(°)；

β_0——抽芯方向与主分型面的交角，(°)；

$F_弯$——斜销受到的弯曲力，N；

F——抽芯力，N；

S_1——斜向抽芯距离，mm；

H_1——斜销工作段在开模方向上的垂直距离，mm；

H——完成抽芯距离 S_1 时的开模行程，mm。

② 抽芯向定模方向倾斜

图 4-20（b）为抽芯向定模方向倾斜 β_0 角，实际影响抽芯效果的抽芯角为：

$$\alpha_1 = \alpha - \beta_0 \leqslant 25° \tag{4-15}$$

那么

$$F_弯 = \frac{F}{\cos(\alpha - \beta_0)} \tag{4-16}$$

$$S_1 = \frac{H_1 \tan\alpha}{\cos\alpha} \tag{4-17}$$

$$H = H_1 + S_1 \sin\beta_0 \tag{4-18}$$

式中，参数含义与上式相同。

（5）斜销抽芯机构设计要点

① 滑块在导滑槽内应运动自如，有适宜的配合精度，并且在压铸生产温度状态下，仍保持灵活状态，不出现卡滞现象。

② 为了使滑块在回复动作时运动平稳，在完成抽芯动作后，它留在导滑槽内的长度不能小于侧滑块长度的 2/3。当模板不能满足这个长度要求时，可采用另加导滑槽的方法，以延长导滑槽的长度。

③ 为简化模具结构，应尽量将滑块设计在动模一侧，如必须设计在定模一侧时，在主分型面分型前必须先抽出侧型芯，这时应采用顺序分型机构，以保证主分型面分型时，压铸件能可靠地留在动模型芯上。

④ 干涉现象。为防止推出机构在复位前与侧抽芯发生干扰现象，应尽可能地不使推杆和活动的侧型芯的水平投影相重合，或使推杆的推出行程小于侧型芯抽出部分的最低面，否则应增设推出系统的预复位机构。

⑤ 一般情况下，一个侧滑块座只设一个斜销，并设在抽拔力的压力中心处。如果必须设两个或两个以上斜销时，应在斜销和滑块斜孔的配合精度上，保证各斜销动作的协调一致，避免产生相互干扰和牵制而引起整劲和歪扭的现象。

⑥ 当侧滑块较高时，斜销受力点的上移引起侧滑块在移动时发生歪扭、翘曲或卡滞现象而运动不畅，如图 4-21（a）所示，可采用降低斜销伸入滑块斜孔的高度 H，可做成台阶式，并适当加长滑块的长度 L，如图 4-21（b）所示。

⑦ 斜销安装孔和滑块的斜孔必须保证与导滑面垂直，以保证斜销驱动滑块的移动轨迹与导滑槽的导向方向一致，以免产生整劲等干涉现象，如图 4-22 所示。

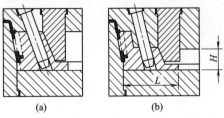

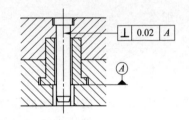

图 4-21　侧滑块过高时的改进措施　　　　图 4-22　斜销的垂直精度

（6）侧滑块的技术要求及相关尺寸数值

侧滑块的技术要求及相关尺寸数值见表 4-41。

表 4-41　侧滑块的技术要求及相关尺寸数值

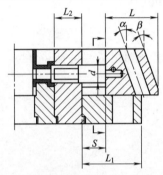
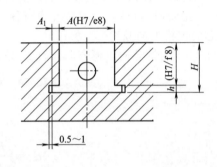

代号	尺寸类别	相关尺寸	配合精度		
A	侧滑块宽度	成型区域周边加 $10\sim30$	H7/e8		
L	侧滑块长度	$L>0.8A$			
H	侧滑块高度	$h<L$			
h	导滑台肩厚度	$h=8\sim25$	H7/f8		
A_1	导滑台肩宽度	$A_1=6\sim10$			
L_1	导滑槽长度	$L_1=\dfrac{2}{3}L+S$	S——抽芯距离		
α	斜销斜角	$\alpha=10°\sim25°$			
β	楔紧角	$\beta=\alpha+(3°\sim5°)$			
L_2	封闭段长度	$L_2=10\sim25$			
d	封闭段精度		铝	锌	铜
			H7/e8	H7/f7	H7/f7

（7）侧型芯在滑块上的固定形式

侧型芯在滑块上的固定形式见表 4-42。

（8）滑块的导滑形式

滑块的导滑形式见表 4-43。

表 4-42　侧型芯在滑块上的固定形式

固定形式	说　明	固定形式	说　明
	采用一个销钉固定，其应用较广泛，适用于小的型芯		采用两个销钉侧面插入固定，适用于小的型芯

续表

固定形式	说　明	固定形式	说　明
	两个销钉正面插入固定,适用于较小的型芯		薄片侧型芯后端为钩形,用压板压紧,销钉定位,适用于薄片型芯
	长方形侧型芯,型芯插入直槽,用两个销钉固定		侧型芯后端为钩形,用螺钉紧固,销钉定位,适用较厚的侧型芯
	侧型芯台肩定位,销钉固定,适用于较大的型芯,应用较广泛		侧型芯的后端用螺钉压紧,适用于多个小型侧型芯,但应避开斜孔为宜
	侧型芯插入 T 形槽,销钉固定,制造加工复杂		多个侧型芯装于固定板后,用螺钉紧固于滑块,并用销钉定位

表 4-43　滑块的导滑形式

导滑形式	说　明	导滑形式	说　明
	适用于厚度不大的中、小型滑块,应用较广泛		适用于套板上不便设置导滑槽的情况,制造方便
	适用于厚度较厚的滑块,滑块稳定性较好		适用于大型滑块,滑块摩擦阻力减小
	采用圆杆导向,制造方便,适用于厚度较厚的滑块		镶块组成导滑槽,滑块底面用平板连接,热处理方便,适用于大型模具
圆形滑块 导滑块 导套	整套结构可单独制成,适用于标准化,多用于小型滑块		长距离抽芯时,套板导滑长度不足,需加长用的导滑槽

（9）常用楔块结构和固定形式

常用楔块结构和固定形式见表 4-44。

（10）滑块的定位形式

滑块的定位形式见表 4-45。

表 4-44 常用楔块结构和固定形式

序号	固定形式	说　明	序号	固定形式	说　明
1	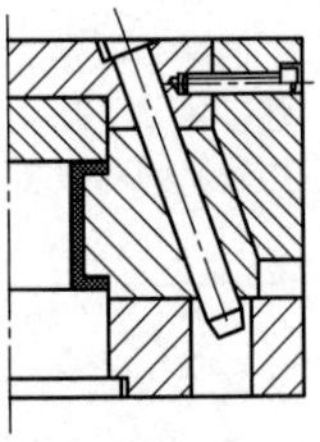	外装结构形式，在研合后，用螺钉和圆柱销将楔紧块固定在模板的侧端，其结构简单，容易加工和研合，调整也较方便，但楔紧块较小，强度和刚性较差。一般适用于侧型芯受力较小的小型模具	6		当模板较厚和侧向胀形力较大时，在楔紧块外侧台肩加宽，并用螺钉紧固
2	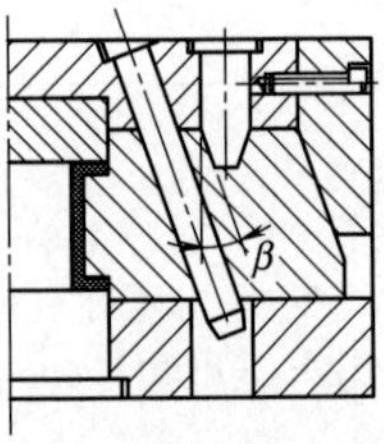	在前图结构的基础上增加了一个辅助楔紧销或楔块，以提高楔紧能力，而楔紧销的圆锥体应取与楔紧块一致的斜度	7		将侧滑块尾部制成凸起一个斜面起楔紧作用的整体式结构，在模板上相应加工出斜面坑，相互研合后，将侧滑座楔紧
3	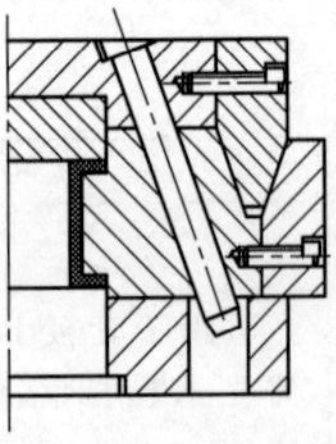	在侧滑座的尾部设置辅助楔块，起加固楔紧块，增大楔紧力的作用。也可以将辅助楔块设置在动模板上，但应注意不能妨碍侧滑座的有效抽芯行程	8		滑块为整体结构形式，其特点是楔紧力大，弹性变形量小，安装可靠，但加工与研合较困难，特别是磨损后不易修复，多用于胀形力较大的大型模具 为减小研合的工作量，可将侧滑座斜面的中心部位开设深度为 1～2mm 的空当槽 A
4	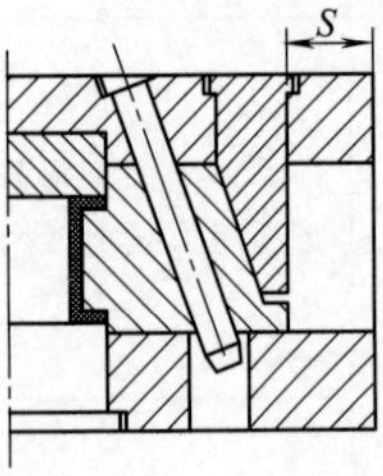	采用嵌入式结构形式，将楔紧块嵌入模板的通孔中。其楔紧的强度较好，制造及装配较简单，研合也方便，但注意在研合前，楔紧块的长度方向上应留出研合余量，研合后顶面与模板应磨成齐平			
5		将楔紧块嵌入模板的盲孔中，并用螺栓紧固。在楔紧块受力较大的外侧增加了一个支承面，以加强楔紧块的楔紧作用	9		为了便于研合和提高使用寿命，以及便于维修和更换，可在整体式结构的基础上设置经淬火处理的镶块，使加工便利，也便于修复

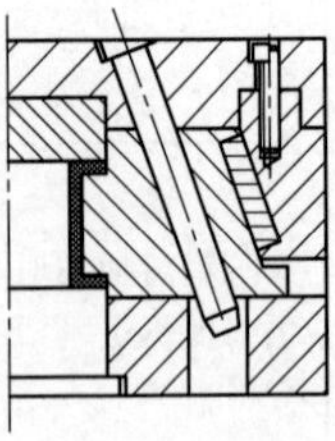

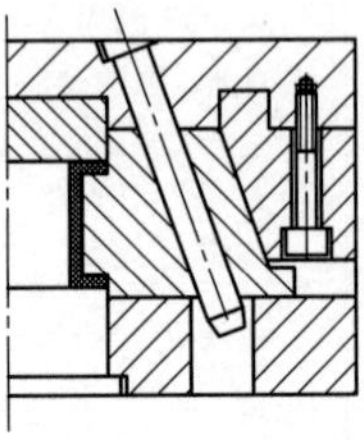

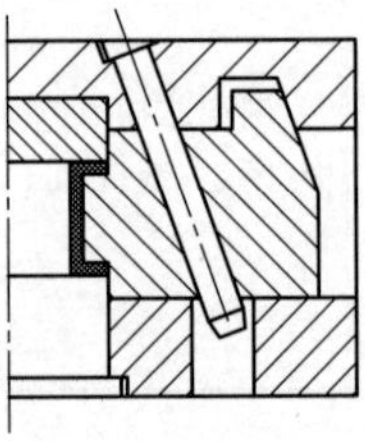

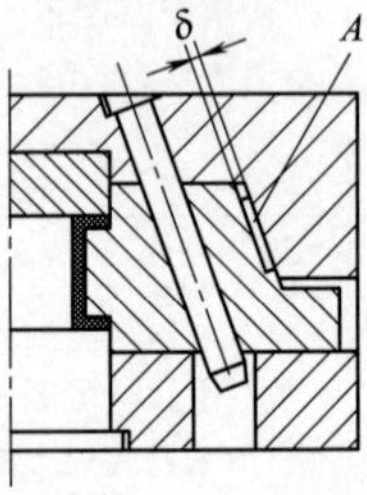

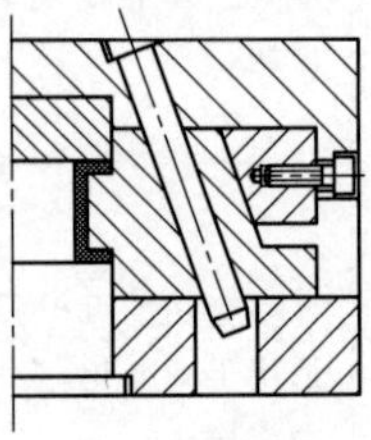

表 4-45　滑块的定位形式

定位形式	说　　明	定位形式	说　　明
1—拉杆；2—弹簧；3—限位件；4—侧滑块	利用弹簧 2 的弹力，借助拉杆 1 使侧滑块 4 定位在限位件 3 的端面。拉杆可做成对头螺纹形式，以便随时调节弹簧的压缩长度和弹力，其结构简单，制作方便，定位可靠		侧抽芯方向向下的定位装置，侧抽芯方向与重力方向一致，只需设置限位挡销或挡块即可
1—限位件；2—侧滑块；3—弹簧；4—顶销	弹簧 3 和顶销 4 安装在侧滑块 2 上，侧滑块最终停留于限位件 1，顶销 4 在弹簧 3 作用下使滑块紧靠限位件 1 定位。其结构紧凑，定位较可靠，多用于侧滑块较轻的场合		
	为弹簧顶销式定位装置，在侧滑块的底面或侧面，设置由弹簧推动的顶销，在滑块的底面设置距离为 S 的两个定位锥坑，当抽芯动作完成后，在弹簧作用下，顶销对准于最终位置锥坑		当底板较厚时，将弹簧和顶销装入模板的盲孔中，用螺塞固定
	这种结构用于底板较薄时，采用加设套筒的形式，以满足弹簧的安装和伸缩空间，常用于小型模具中		

4.4.4　弯销侧抽芯机构

（1）弯销侧抽芯机构的组成

弯销侧抽芯机构的组成见图 4-23。

（2）弯销的设计

① 弯销的结构和固定形式。弯销的结构和固定形式见表 4-46 和表 4-47。

② 侧滑块的楔紧形式。侧滑块的楔紧形式见表 4-48。

③ 弯销抽芯的相关尺寸。弯销抽芯的相关尺寸见表 4-49。

（3）弯销延时抽芯和变角弯销的抽芯

① 弯销的延时抽芯

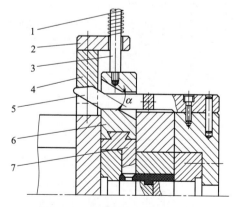

图 4-23　弯销侧抽芯机构的组成

1—弹簧；2—限位板；3—螺钉；4—楔紧块；
5—弯销；6—滑块；7—侧型芯

表 4-46　常用弯销的结构

简　图	说　明	简　图	说　明
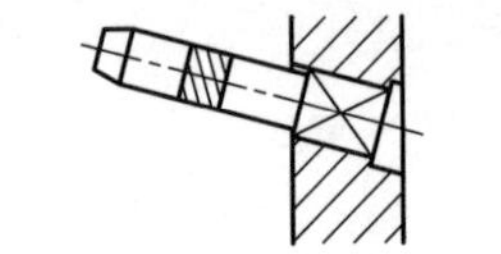	刚性和受力情况比斜销好,但制造费用较大	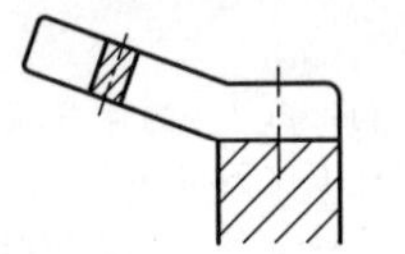	无延时抽芯要求,抽拔离分型面垂直距离较近的型芯。弯销头部倒角便于合模时导入滑块孔内
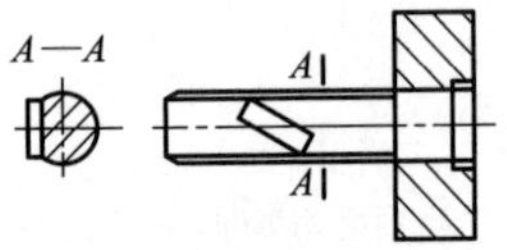	用于抽芯距离较小的场合,同时起导柱作用,模具结构紧凑	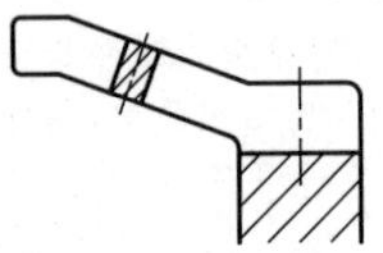	用于抽拔离分型面垂直距离较远和有延时抽芯要求的型芯

表 4-47　常用弯销的固定形式

简　图	说　明	简　图	说　明
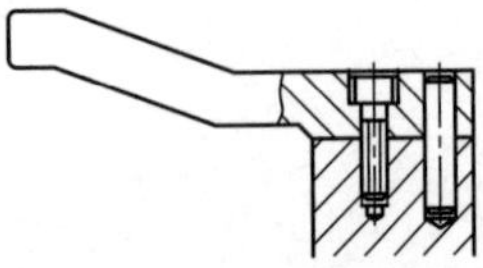	用于抽芯距离较小的场合,装配方便,但螺钉易松动	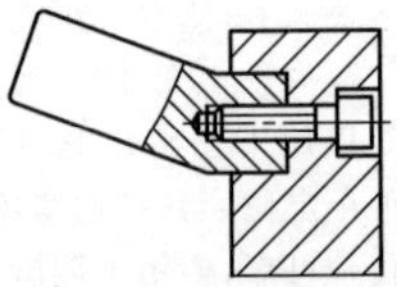	插入模板后用螺钉紧固,受力大时稳定性较差,适用于受力不大的场合
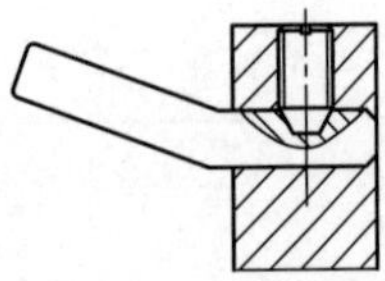	用螺钉顶紧,较简单方便	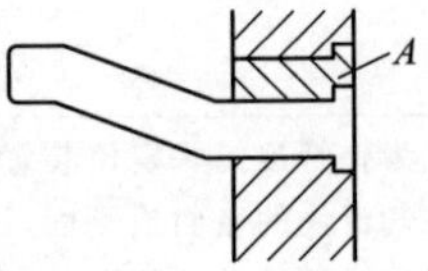	弯销与镶块 A 同时压入模板,可承受较大的抽芯力,稳定性较好,常装入模板内部位置使用
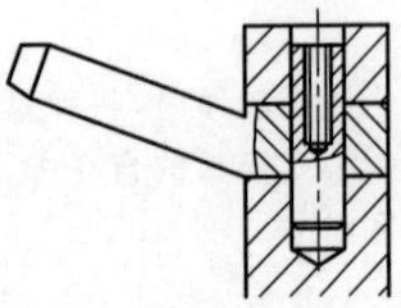	弯销插入模板后,用销钉封锁,能承受较大的抽芯力,稳定性较好,适用于受力较大的场合	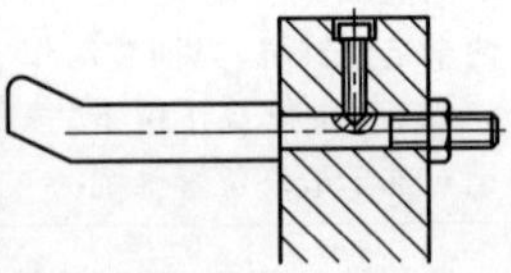	用于抽芯距离较短,抽芯力不大的场合,其刚性较差,仅适用于二次分型的装于浮动模板

表 4-48　侧滑块的楔紧形式

简　图	说　明	简　图	说　明
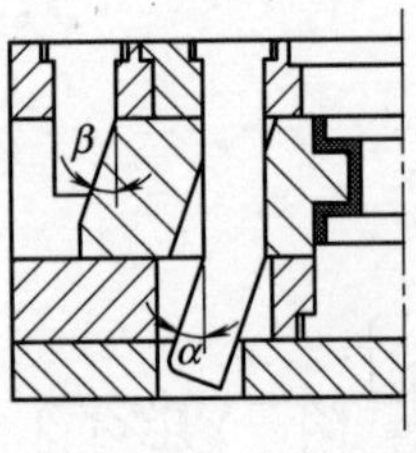	在一般场合,均可采用斜销抽芯时侧滑块的楔紧方式,将楔紧块设置在侧滑块的尾部	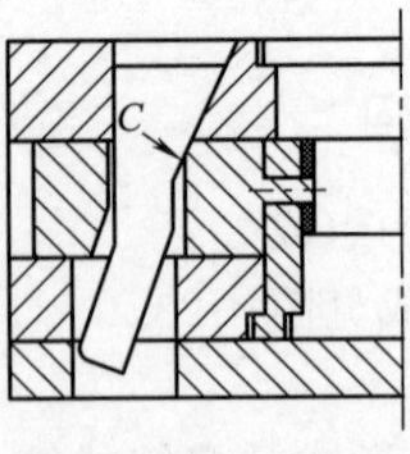	矩形截面比圆形斜销能承受较大的弯矩。当侧滑块的反压力不大时,可将弯销制成直接楔紧侧滑块的形式
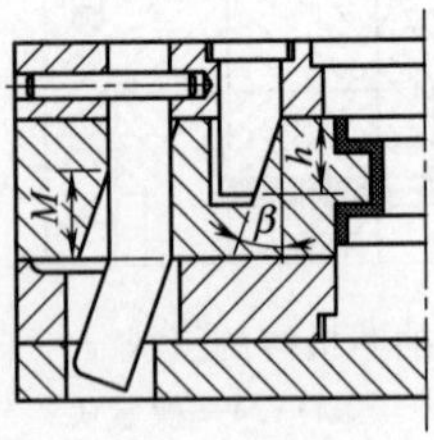	如图所示,根据弯销安装的位置情况,楔紧块设置在弯销的右方位置上	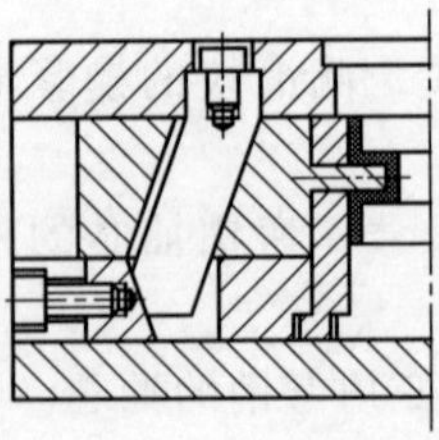	当侧滑块的反压力较大时,采用左图所示结构,在弯销的末端加装支承撑块的方法,以增强弯销的抗弯能力

表 4-49　弯销抽芯的相关尺寸

弯销与滑块配合示图	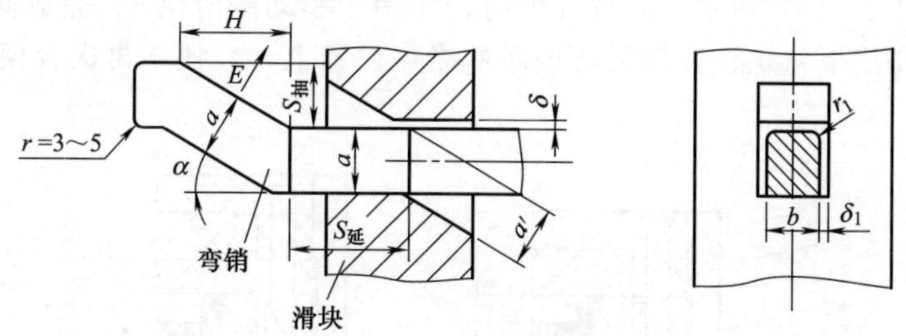
弯销斜角 α	$10°、15°、18°、20°、22°、25°、30°$

弯销宽度 b	计算公式：$$b=\frac{2}{3}a$$	式中　b——弯销宽度，mm 　　　a——弯销厚度，mm 　　　H——作用点与斜孔入口处的垂直距离，m 　　　F——抽芯力，N 　　　$[\sigma]_w$——抗弯强度，MPa，取 $[\sigma]_w=300MPa$ 　　　α——弯销斜角，(°) 弯销的厚度值也可查表 4-50 确定
弯销厚度 a	计算公式：$$a=\sqrt{\frac{9FH}{[\sigma]_w\cos^2\alpha}}$$	
弯销与滑块配合间隙	如图所示状况，滑块斜孔在斜向上的配合尺寸为：$$a'=a+1mm$$ 在垂直方向的配合尺寸为：$\delta_1=0.5\sim1mm$	

表 4-50　弯销厚度 a

抽芯角 $\alpha/(°)$	受力距离 S_1/mm	抽芯力 F/kN									
		5	10	15	20	25	30	35	40	45	50
		弯销厚度 a/mm									
10	20	16	20	23	25	27	29	30	31	32	33
	40	20	24	28	31	33	35	37	39	40	41
	60	23	28	32	35	38	40	42	44	46	47
	80	25	31	36	40	43	45	47	49	51	52
	100	27	33	38	42	45	48	50	52	54	56
20	20	17	21	24	26	28	30	31	32	33	34
	40	21	25	29	32	34	36	38	40	41	42
	60	24	29	33	36	39	41	43	45	47	48
	80	26	32	37	41	44	46	48	50	52	53
	100	28	34	39	43	46	49	51	53	55	57
30	20	18	22	25	27	29	31	32	33	34	35
	40	22	26	30	33	35	37	39	41	42	43
	60	25	30	34	37	40	42	44	46	48	49
	80	27	33	38	42	45	47	49	51	53	54
	100	29	35	40	44	47	50	52	54	56	58

　　当压铸件在定模一侧的成型零件较大时，模具可采用弯销延时抽芯。在开模时，借助型芯的阻力以消除压铸件对定模型芯的包紧力，使压铸件留在动模一侧，然后再开始抽芯的结构形式。

　　弯销延时抽芯的动作过程如图 4-24 所示。图 4-24（a）为合模状态，侧滑块 5 安装在动模板 7 上，弯销 4 固定在定模板 2 上，并插入侧滑块 5 的斜孔中。安装在定模板 2 上的楔紧块 3 将型芯锁定在成型位置上。

　　图 4-24（b）为刚开始开模的状态，动模板 7 后移一段距离时，压铸件脱离定模型芯 1，

楔紧块 3 也脱离侧滑块 5。此过程中弯销还未开始抽芯动作。

图 4-24（c）所示，继续开模时，弯销 4 驱动侧滑块 5，完成侧抽芯动作，并在定位销 6 的弹力作用下，定位在侧滑块抽芯的终点位置上，以便于再次合模。

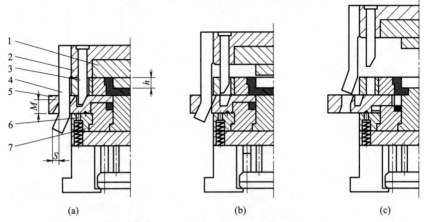

图 4-24　弯销延时抽芯的动作过程

1—定模型芯；2—定模板；3—楔紧块；4—弯销；5—侧滑块；6—定位销；7—动模板

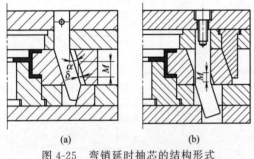

图 4-25　弯销延时抽芯的结构形式

图 4-24 中，S 为抽芯距离，而延时抽芯行程 M 为：

$$M \geqslant \frac{1}{2}h \tag{4-19}$$

式中　M——延时抽芯行程，mm；
　　　h——定模型芯的成型高度，mm。

弯销延时抽芯的结构形式如图 4-25 所示。图 4-25（a）是与斜销延时抽芯相同的形式，即在斜孔设置后空当量 δ，延时抽芯行程为 $M=\delta/\sin\alpha$。图 4-25（b）是结合弯销的特点，在弯销伸出的根部设置一段平直面，并与斜孔的工作段行程距离为 M 的空当。开模时，平直平面的移动不能带动侧滑块抽芯，只有当开模距离为 M 时，弯销的工作段触及斜孔的斜面后，才开始驱动侧滑块作抽芯动作。

② 变角弯销抽芯

图 4-26 所示为变角弯销抽芯结构形式，用于抽拔较长且抽芯力较大的型芯。

起始抽芯时，采用较小的弯销斜角 α_1（一般取 $\alpha_1=15°$），弯销可承受较大的弯曲力。这时初始行程为 H_1，侧滑块 2 的抽芯距离为 S_1，即 $S_1=H_1\tan\alpha_1$，当弯销抽出一定距离后，弯销 5 改变成较大的弯销斜角 α_2（$\alpha_2=30°$），由弯销带动侧滑块 2 完成抽芯动作，并依靠定位装置 8，使抽芯停在最终位置。其较长的抽芯距离为 S，斜角变化后弯销的行程为 H_2，而侧滑块 2 移动的距离为 S_2，即 $S_2=H_2\tan\alpha_2$。

变角弯销解决了弯销受力与抽芯距离 S 的矛盾，使弯销的截面尺寸和长度尺寸均可缩小，使模具结构紧凑。

在图 4-26 结构中，由于压铸件对定模型芯的包紧力较大，在初始抽芯前设置了延时抽芯的动作，弯销的延时抽芯行程为 M。而弯销完成抽芯的有效开模距离为 $H=M+L_1+L_2$；弯销的总抽芯距离为 $S=S_1+S_2=H_1\tan\alpha_1+H_2\tan\alpha_2$。

在滑块内设置滚轮 4 与弯销成滚动摩擦，适应了弯销角度的变化和减少摩擦力，也便于加工。

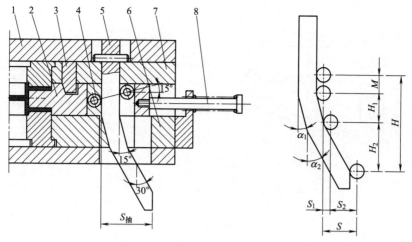

图 4-26　变角弯销抽芯的结构形式

1—定模座板；2—侧滑块；3—楔紧块；4—滚轮；5—弯销；6—动模板；7—定模板；8—定位装置

4.4.5　斜滑块抽芯机构

（1）斜滑块抽芯机构的组成及动作过程

① 外侧抽芯机构

图 4-27（a）为合模状态，合模时，斜滑块端面与定模分型面接触，使斜滑块进入动模套板内复位，直至动、定模分型面闭合，斜滑块间各密封面由压铸机锁模力锁紧。

图 4-27（b）为开模终止状态，开模时，通过推出机构推出斜滑块，在推出过程中，由于动模套板内斜导向槽的作用，使斜滑块向前运动的同时，分别向外侧 K 向分型位移，即在推出铸件的同时，抽出铸件侧面的凸凹部分，完成抽芯动作。

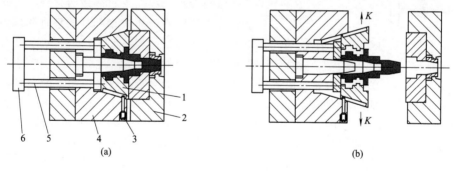

(a)　　　　　　　　　　　　　　　　(b)

图 4-27　外侧抽芯机构的组成及动作过程

1—斜滑块；2—定模套板；3—挡钉；4—动模套板；5—推杆；6—推板

② 内凹抽芯机构

图 4-28（a）所示为合模状态。合模时，通过复位杆 6 带动推出元件复位，合模力的作用推动斜滑块 2 的平面 A 使其复位。

图 4-28（b）为开模状态，开模后，由推板 10 驱动斜推杆 5 和推杆 1，将使压铸件脱离主型芯 3 的同时，斜推杆 5 在斜孔导向作用下，完成斜向抽芯动作。

由于斜推杆 5 在斜向推出时与推杆固定板 9 产生相对平面位移，为防止摩擦损耗，提高使用寿命，所以将斜推杆 5 的端部淬硬，并在推杆固定板 9 易磨损的部位设置的镶块 7 也淬硬。

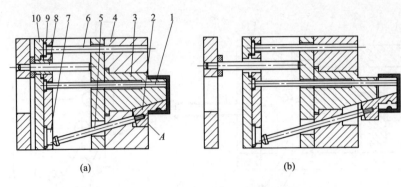

图 4-28　推出式内凹抽芯机构的组成及动作过程

1—推杆；2—斜滑块；3—主型芯；4—动模板；5—斜推杆；

6—复位杆；7—镶块；8—推板导柱；9—推杆固定板；10—推板

（2）斜滑块设计

1）斜滑块工作时的受力分析

斜滑块工作时的受力情况如图 4-29 所示，从滑块工作时的受力情况可知：

$$F = F_c = pA \tag{4-20}$$

$$F_W = F'_W = \frac{F}{\cos\alpha} = \frac{pA}{\cos\alpha} \tag{4-21}$$

$$F_h = F\tan\alpha = pA\tan\alpha \tag{4-22}$$

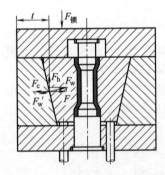

图 4-29　斜滑块受力分析

式中　F——模套对斜滑块的侧向反压力，N；

F_c——金属液作用于斜滑块成型部分侧向压力，N；

p——压射比压，MPa；

A——成型部分的侧投影面积，mm^2；

F_W——模套对斜滑块的反向垂直侧压力，N；

F'_W——金属液作用于斜滑块成型部分的垂直侧压力，N；

α——斜滑块的导向角，（°）；

F_h——模套对斜滑块的法向分力，N。

从上式中可知，斜滑块的导向角 α 对斜滑块的受力状况影响较大，当 α 增大时，金属液通过斜滑块对模套的侧向压力增大。则必须增大模套的侧壁厚度 t。而模套通过斜滑块对分型面的法向分力 F_h 也随之增大，压铸机必须有足够的锁紧力 $F_{锁}$，才能可靠地锁紧分型面。

斜滑块与斜销的抽芯力基本相同，在抽芯时，斜销克服抽芯力所需要的弯曲应力作用于斜销本身，而斜滑块克服抽芯力所需要的力作用在导滑槽上，即模套对斜滑块的反向垂直侧压力，相当于斜销在抽芯时受到的弯曲力 F_W。从式（4-22）中可知，斜滑块的导向角 α 越大，则斜滑块导滑槽受到的反向垂直力也越大，而应加大导滑槽的强度。

2）斜滑块基本参数的确定

斜滑块的基本参数如图 4-30 所示。

① 抽芯距离 $S_{抽}$ 的确定：

$$S_{抽} = S' + K \tag{4-23}$$

式中　S'——外形内凹成型深度，mm；

K——安全值。

② 推出高度 l 的确定，推出高度是斜滑块在推出时轴向运动的全行程，即抽芯行程或推出行程。合理地推出高度 l 的原则如下。

a. 当斜滑块处于推出的终了位置上时，应以充分卸除铸件对型芯的包紧力为原则，并需完成所需的抽芯距离，以便顺利地取下铸件。

b. 斜滑块推出高度与斜滑块的导向角有关，导向角越小，留在套板内的长度可减少，而推出高度可增加，常用的推出高度见表 4-51。

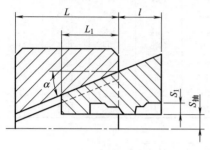

图 4-30　斜滑块基本参数

表 4-51　斜滑块可推出的高度

导向角 $\alpha/(°)$	推出高度 l/mm	留在套板内高度 L_1/mm
5～10	≤0.6L	≥30
12～18	≤0.55L	≥30
20～25	≤0.5L	≥30

注：要求 $l<2/3$ 斜滑块总高度。

c. 导向角的推荐值及应用范围见表 4-52。导向角由斜滑块的推出高度与抽芯距离确定：

$$\alpha = \arctan \frac{S_{抽}}{l} \tag{4-24}$$

式中　α——斜滑块的导向角，(°)；

$S_{抽}$——抽芯距离，mm；

l——斜滑块推出高度，mm。

按上式求得的 α 值一般较小，应取整数值选用，故导向角可在 5°～25°选取，如需要增大时，也不能超过 30°。

导向角的配合面应研合良好，以保证各侧分型面的密封要求。

抽芯距离、导向角和推出高度的相对值见表 4-53。由表中所确定的 $S_{抽}$、l、α 三者的相对值，可以得出如图 4-31 所示的关系，以便直接查用。

表 4-52　导向角的推荐值及应用范围

导向角 $\alpha/(°)$	应　用　范　围
5°、8°、10°	侧面抽芯距离小,推出高度大,抽芯力小,铸件结构强度不高,推出承力面(铸件上承受起始推出力的支承面)较窄的深腔薄壁铸件
12°、15°、18°	抽芯距离及推出高度处于中等程度,铸件具有一定的结构强度的场合
20°、22°、25°	侧向抽芯距离大,推出高度小,铸件结构强度高,且具有较宽的推出承力面

表 4-53　抽芯距离、导向角与推出高度的相对值

mm

导向角 $\alpha/(°)$	5°	8°	10°	12°	15°	18°	20°	22°	25°
抽芯距离 $S_{抽}$	推出高度 l								
1	12	—	—	—	—	—	—	—	—
2	23.5	14	—	—	—	—	—	—	—
3	35	21	17	—	—	—	—	—	—
4	47.5	28.5	23	19	15	—	—	—	—
5	58	35.5	28.5	24	19	15.5	14	—	—
6	70	42.5	34	29	22.5	19	16.5	15	13
7	81	49.5	40	34	26.5	22	19.5	17.5	15
8	93	57	46	38	30	25	22	20	17.5
9	—	64	51	43	34	28	25	22	19.5
10	—	71	57	48	37.5	31	27.5	24.5	21.5
11	—	78	62.5	53	41	34	30.5	27	24

导向角 $\alpha/(°)$	5°	8°	10°	12°	15°	18°	20°	22°	25°
抽芯距离 $S_{抽}$	\multicolumn{9}{c}{推出高度 l}
12	—	85	67	58	45	37.5	33	30	26
13	—	92.5	74	62	48.5	40.5	36	32	28
14	—	99.5	79.5	67	52.5	43.5	38.5	34.5	30
15	—	—	85.5	72	56	46.5	41.5	37	32.5
16	—	—	91	77	60	49.5	49	39.5	34.5
17	—	—	97	82	63.5	53	42	42	36.5
18	—	—	—	86.5	67.5	56	49.5	44.5	39
19	—	—	—	91	71	59	52.5	47	41
20	—	—	—	96	75	62	55	49.5	43

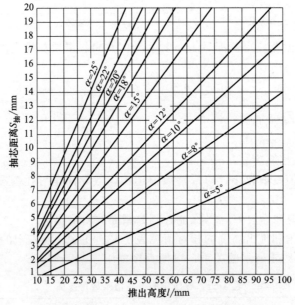

图 4-31　抽芯距离、推出高度与导向角的关系

（3）斜滑块形式

1）斜滑块的基本形式见表 4-54。

表 4-54　斜滑块的基本形式

类型	简　图	特点及选用范围
T形槽		适用于抽芯和导向斜角较大的场合,模套的导向槽部位加工工作量虽大,但这种导向形式牢固可靠,广泛用于单斜滑块及双斜滑块模具
燕尾槽		

类型	简　图	特点及选用范围
双圆柱销	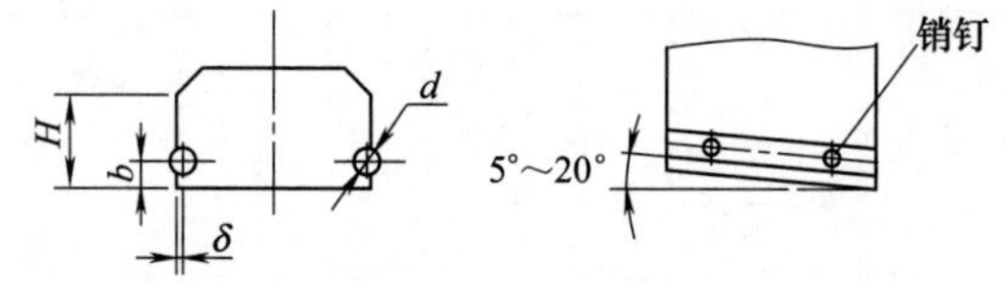	适用于抽芯和导向斜角中等的场合,导向部位加工方便,用于多块斜滑块模具
单圆柱销	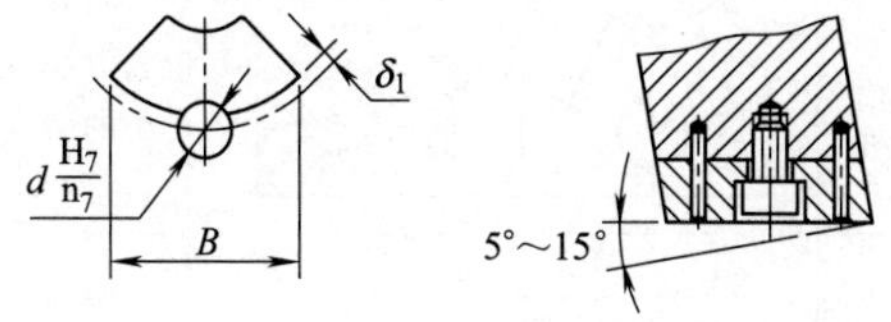	适用于抽芯力和导向斜角较小的滑块及宽度较小的多块滑块的模具,导向部位结构简单,加工方便
斜导销	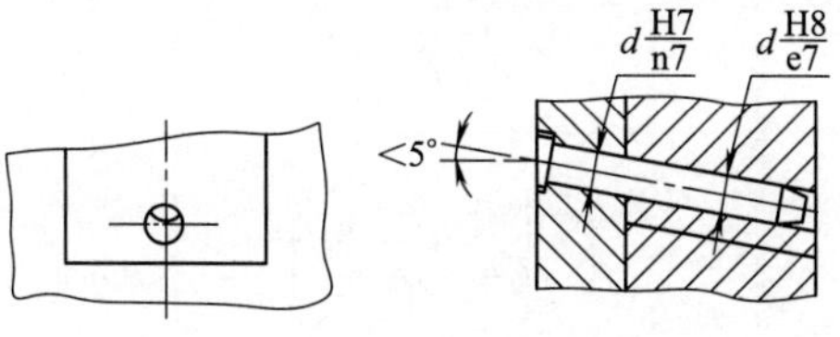	适用于抽芯力较小,导向斜角较大的场合,如抽拔铸件侧向要求无斜角或倒斜角度的模具型块,加工方便,斜销直径 d 的选择参阅 4.4.3 节斜销抽芯机构设计
斜滑块与推杆的组合	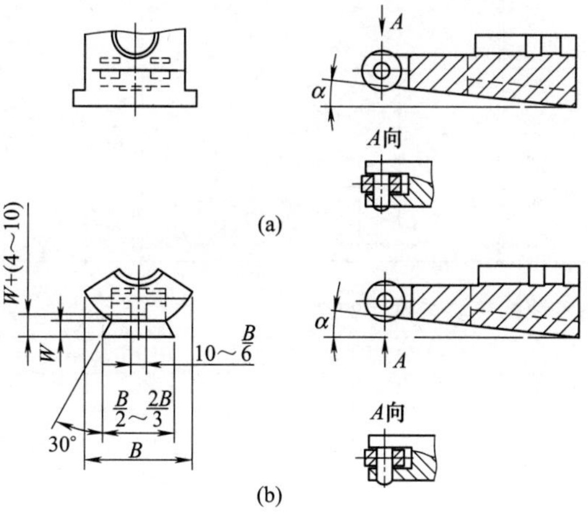	适用于推出高度较大或抽芯长度较长的场合。图(a)中为斜滑块与推出元件制成一体,尾部设置滑轮,可减轻推板表面的摩擦力,此种结构形式能承受较大的推出力,可靠性好,但模具材料消耗较大。图(b)为图(a)的镶拼形式,推杆部分采用结构钢制造
斜滑块与推板联接	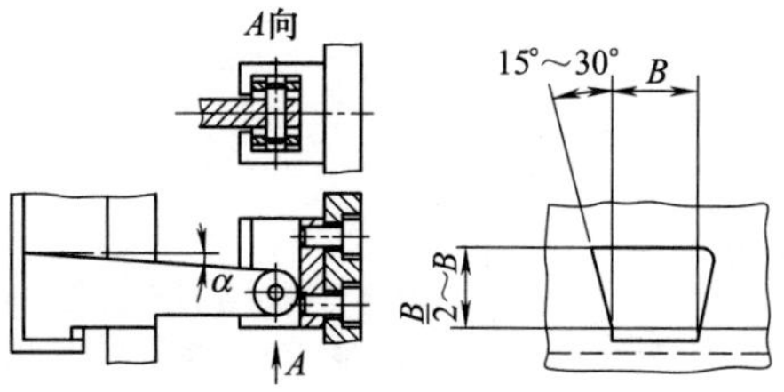	适合于内斜滑块和推出机构联动的场合,斜滑块尾部的滑轮装置在固定于推板上的滑轮座内,使滑块与推板动作同步

2）斜滑块的导滑形式见表 4-55。

3）斜滑块的镶块与镶套见表 4-56。

4）斜滑块的拼合形式见表 4-57。

5）斜滑块导向部位参数见表 4-58。

表 4-55 斜滑块的导滑形式

导滑形式	说　明	导滑形式	说　明
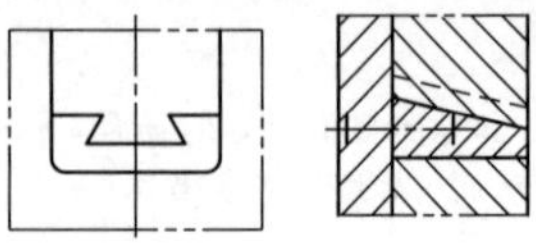	带燕尾槽的镶块镶入模套内,加工容易,滑块的燕尾在槽中滑动	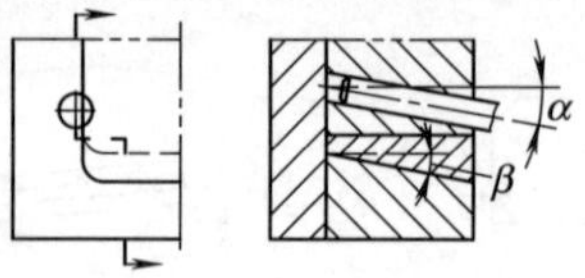	用斜导杆导滑,推杆行程长时,导杆加长,导滑可靠,设计时应使 $\beta>\alpha$
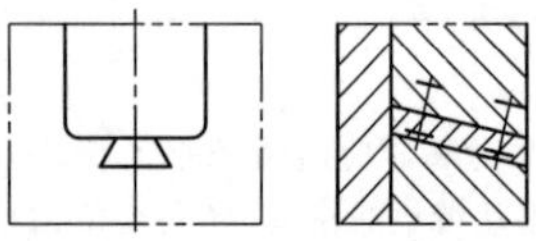	燕尾形长条镶块用螺钉与销钉和滑块连接,便于加工,大型滑块可用两处,较为方便	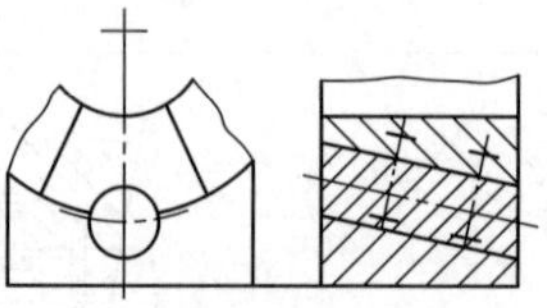	斜导杆用螺钉、销钉和滑块连接,适用于较小的多滑块抽芯场合
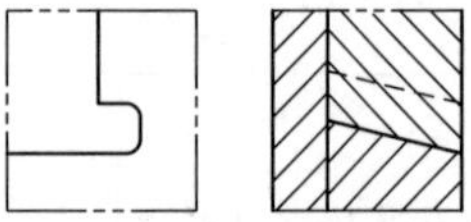	滑块用 T 形槽的形式导滑,应用较广	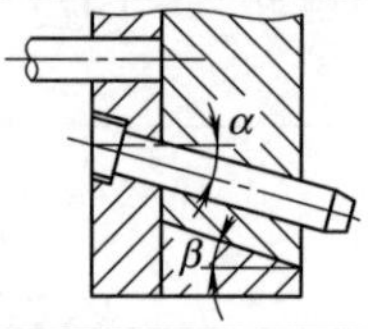	用斜销导滑,加工方便,适用于多个滑块拼合场合,设计时应使 $\beta>\alpha$
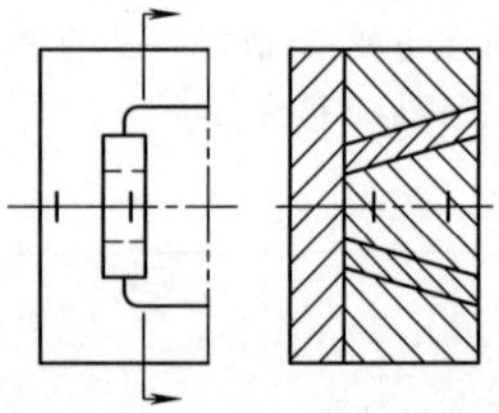	成对滑块时,在两端侧用镶块构成 T 形槽,容易加工,便于装配	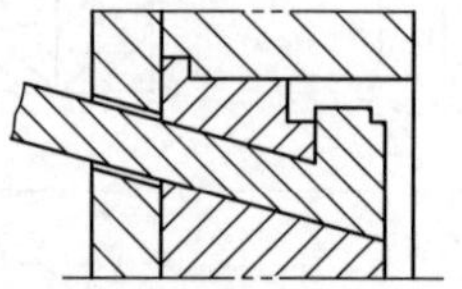	矩形截面推杆式,由斜孔导滑,多用于内侧抽芯场合
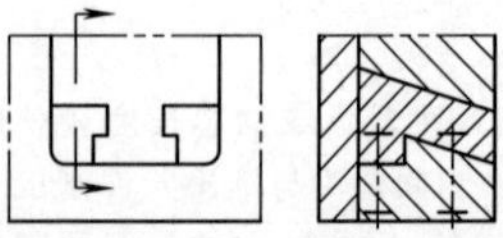	由两件镶块镶入模套组成 T 形槽,加工方便,并能提高使用寿命	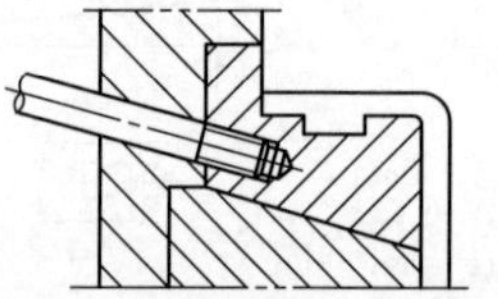	圆形截面斜向推杆由斜孔导滑,加工方便,适用于内侧抽芯场合

表 4-56　斜滑块的镶块与镶套的结构

形式	简　图	使用场合
组合镶套	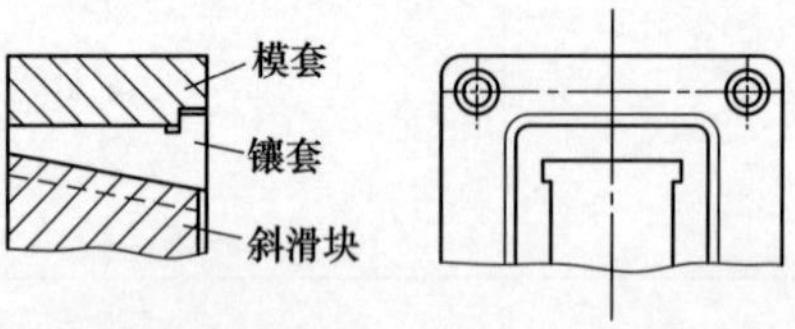	由四块固定镶块组合成镶套,镶套经热处理后磨削加工,确保与斜滑块的磨削配合精度,用于模具较小的场合
整体镶块与局部镶块	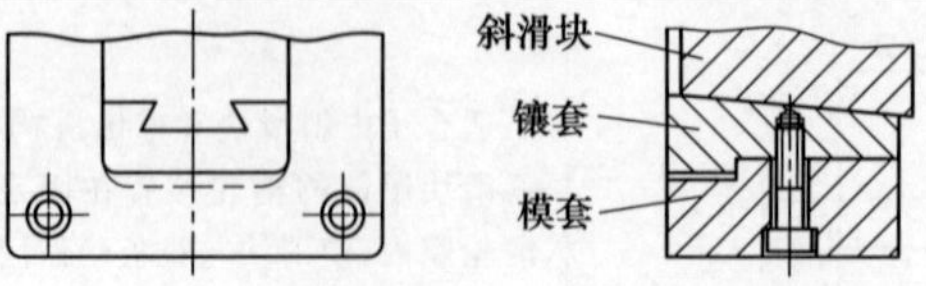 (a) 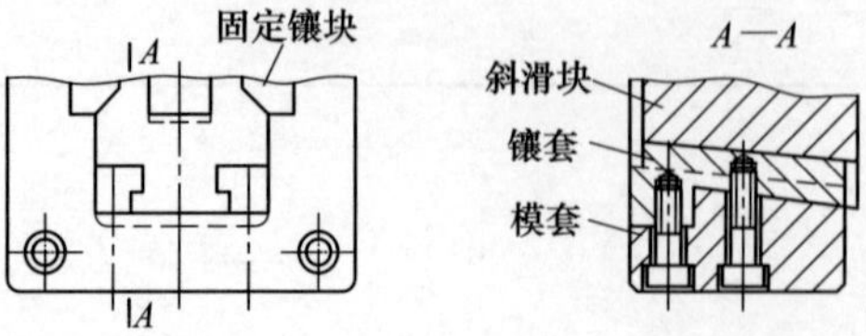 (b)	镶块设置在各斜滑块的导向槽部分,承受导滑斜面上的摩擦力,用于比较大的并具有较高的密封面要求的滑块上。图(a)为整体镶块,图(b)为局部镶块

表 4-57　斜滑块的拼合形式

拼合形式	简　图	说　明	拼合形式	简　图	说　明
两瓣式的拼合形式	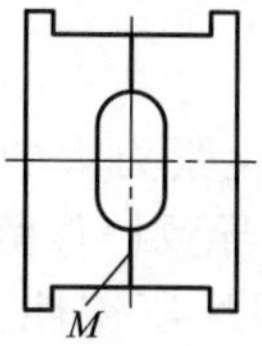	拼合面设置在圆弧的中心处,有利于保证压铸件的表面质量,并易于清理浇注溢料	多瓣式的拼合形式	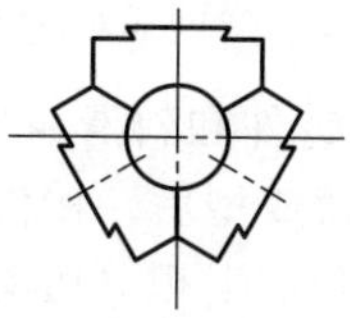	三滑块相互间以斜面配合的形式,在压铸机锁模力的作用下,使各斜面相互锁紧,其密封性良好
	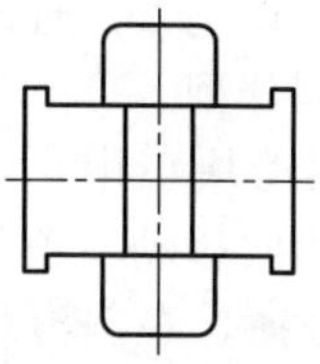	斜滑块的导滑面在压铸件轮廓的延长线上,用斜滑块与固定镶件的配合间隙达到密封的效果。故应要求较高的配合间隙,以便使配合间隙适应模具温度的变化,从而避免斜滑块在移动时与固定镶块产生摩擦拉伤或产生金属液窜入的溢料现象		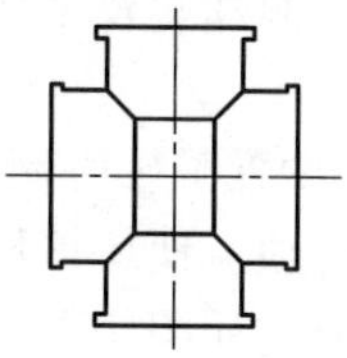	四滑块组成的配合形式,相互间以斜面密合,其应用较普遍
	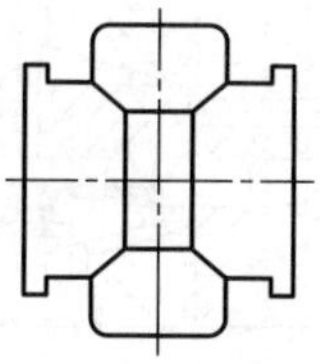	斜滑块与固定镶块采用斜面相互配合而达到密封的效果,以弥补上图的不足		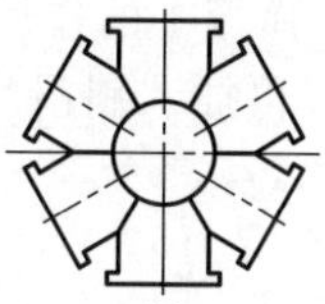 (a) 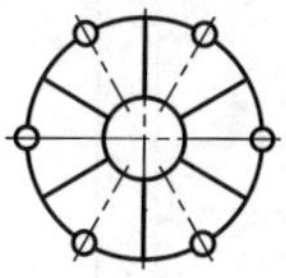 (b)	适用于多滑块拼合形式,斜面相互密合,效果良好,图(a)为 T 形槽式,图(b)为圆柱销导向,其结构简单,容易加工

表 4-58　斜滑块导向部位参数　　　　　　　　　　　　mm

斜滑块宽度 B	30～50	>50～80	>80～120	>120～160	>160～200
导向部位符号	各导向部位参数				
W	8～10	>10～14	>14～18	>18～20	>20～22
b_1	6	8	12	14	16
b_2	10	14	18	20	22
b_3	20～40	>40～60	>60～100	>100～130	>130～170
d	12	14	16	18	20
δ	1	1.2	1.4	1.6	1.8

注:表中导向部位符号见表 4-54。

6) 斜滑块抽芯机构的设计要点

① 合模后,为保证锁紧力压紧斜滑块,在套板上产生一定的预应力,使各斜滑块侧向分型面间具有良好的密封性,防止压铸时金属液窜入滑块间隙中形成飞边,影响铸件的尺寸精度,因此,斜滑块与动模套板装配后的要求如下。

a. 斜滑块底面应留有的 0.5～1mm 间隙。

b. 斜滑块上端面应高出动模套板分型面有一小段 δ 值,且 δ 值的选用与斜滑块导向角有关,见表 4-59。

表 4-59 斜滑块端面高出分型面的 δ 值

导向角 α/(°)	5	8	10	12	15	18	20	22	25
δ/mm	0.55	0.35	0.28	0.21	0.18	0.16	0.14	0.12	0.10

注：1. 表内 δ 值的制造偏差应取上限 +0.05mm。

2. 非表中所推荐的导向角相对应的 δ 值可按增大值选取。

② 开模时，应确保铸件和斜滑块留在动模一侧，通常是将压铸件包紧力大的部位设置在动模来保证它。如压铸成型后，铸件对定模部分的包紧力过大时，会导致铸件留在定模型芯上，并带动滑块与模套产生相对运动，不能实现完全脱模，甚至会损坏压铸件及斜滑块，如图 4-32 所示。

在此情况下，可采用制动装置来使斜滑块 5 在开模时，可靠地留在模套 4 内，其结构如图 4-33 所示。

在图 4-33（a）中，设置了延时制动装置，在主分型面上设置弹簧顶销 2。通过弹簧顶销 2 压紧斜滑块 7 保持不动，使压铸件留在模套 6 内，以便顺利进行侧分型。

当定模包紧力较大时，如图 4-33（b）所示，将弹簧顶销 2 插入斜滑块 7 中，当定模型芯 4 脱离铸件时，由于弹簧顶销 2 和导滑槽的约束，限制斜滑块 7 作侧向移动，迫使斜滑块 7 与铸件留在模套 6 内。弹簧 1 的作用是防止在合模时与滑块发生相碰撞，在斜滑块复位前压缩，直至与孔相对时，再插入斜滑块的孔中。

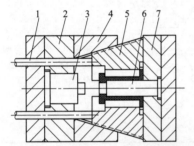

图 4-32 包紧力过大时的开模状态

1—推杆；2—动模板；3—主型芯；4—模套；
5—斜滑块；6—定模型芯；7—定模板

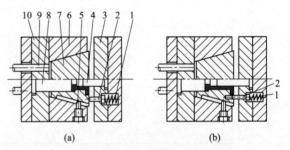

图 4-33 斜滑块制动装置

1—弹簧；2—弹簧顶销；3—定模板；
4—定模型芯；5—限位销；6—模套；7—斜滑块；
8—主型芯；9—推杆；10—动模固定板

③ 应避免在开模顶出后铸件留在一侧滑块型腔中，造成难以取下铸件。因此，将铸件分型面倒置，由型芯导向能使铸件处于中心位置。如图 4-34 所示，可避免上述问题。

④ 滑块的顶出应与铸件顶出同步，以防止铸件受力不平衡产生变形，对于单个滑块抽芯时，应精确控制推杆长度，使之与推动铸件的推杆之间的不同步误差控制在 0.1mm 之内。当采用多个斜滑块抽芯时，可采用图 4-35 所示方法，由横向导向销实现同步顶出。

⑤ 对于薄壁、刚性较差的支架类压铸件，应采取措施防止铸件顶出变形，见图 4-36。

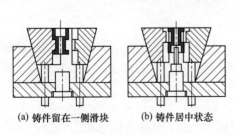

（a）铸件留在一侧滑块　　（b）铸件居中状态

图 4-34 压铸件容易取下的结构

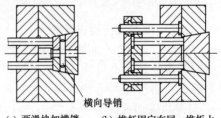

横向导销

（a）两滑块加横销　　（b）推杆固定在同一推板上

图 4-35 多斜滑块同步推出的结构

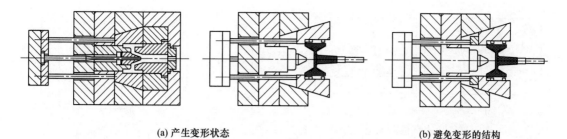

(a) 产生变形状态　　　　(b) 避免变形的结构

图 4-36　防止铸件顶出变形的结构

⑥ 斜滑块的底部在可能条件下，应在动模支承板上开设排料槽（见图 4-37），使残余金属碎屑及涂料能有容纳空间，以免遗留残屑影响斜滑块正常复位。

⑦ 应选择合理的成型位置。选择成型位置时，应考虑压铸件分别对动、定模包紧力的协调以及对抽芯力的影响，如图 4-38 所示的抽芯模，从图 4-38（a）的设置中看出，压铸件对定模型芯的包紧力大于对动模锥形型芯的包紧力。故开模时，压铸件和斜滑块很容易被定模型芯带出模套。图 4-38（b）改变了压铸件的摆放位置。压铸件对动模型芯包紧力大，开模时留在动模一侧；动模型芯对铸件脱模起导向作用；调整方形部位的摆放方向，减小了侧抽芯力。

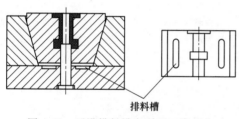

排料槽

图 4-37　开设排料槽有利于正常复位

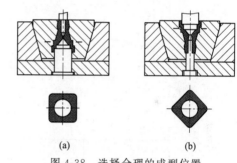

(a)　　　　(b)

图 4-38　选择合理的成型位置

⑧ 应避免产生横向飞边，影响压铸件顺利脱模，如图 4-39 所示，图 4-39（a）成型区下端与斜滑块底面齐平，合模的紧密程度直接影响成型底面的间隙，很容易跑料而产生飞边现象，使铸件脱模困难。图 4-39（b）的结构避免了上述情况的发生。即使出现飞边，也与脱模方向一致，并不影响脱模。

⑨ 尽量不在斜滑块的分型面上设置浇注系统，在特定条件下，可将浇道设置在定模的分型面上。但不能跨越斜滑块的各个移动面，以防止金属液窜入配合间隙，影响正常运动，如图 4-40 所示。

⑩ 压铸锌、铝、镁合金时，斜滑块的配合间隙按滑块的宽度 b 选取，见表 4-60。

表 4-60　斜滑块宽度方向的配合间隙

宽度 b	配合间隙 e	说　　明
≤40	0.070～0.080	用于铜合金斜滑块间隙的配合方法：将滑块单独加热至 100～120℃，保温一段时间，使内、外温度一致，与室温模套配合单面间隙应小于 0.05mm
>40～50	0.085～0.100	
>50～65	0.105～0.120	
>65～80	0.125～0.150	
>80～100	0.155～0.180	
>100～120	0.185～0.210	
>120～140	0.215～0.240	
>140～160	0.245～0.275	
>160～180	0.280～0.310	
>180～220	0.315～0.355	

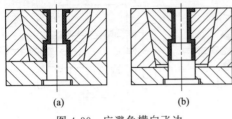

图 4-39 应避免横向飞边

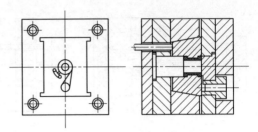

图 4-40 浇注系统不能跨越
斜滑块的移动面

4.4.6 推出式抽芯机构

1) 推出式抽芯机构的推出形式见表 4-61。

表 4-61 推出式抽芯机构的推出形式

形式	结构简图	说　明
斜推式	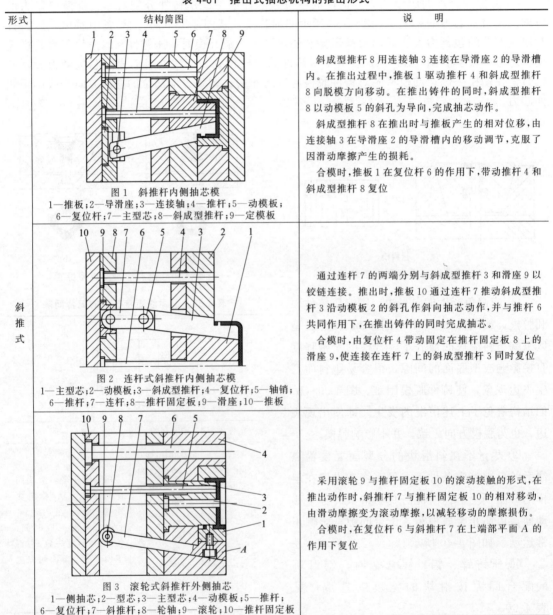 图 1 斜推杆内侧抽芯模 1—推板;2—导滑座;3—连接轴;4—推杆;5—动模板; 6—复位杆;7—主型芯;8—斜成型推杆;9—定模板	斜成型推杆 8 用连接轴 3 连接在导滑座 2 的导滑槽内。在推出过程中,推板 1 驱动推杆 4 和斜成型推杆 8 向脱模方向移动。在推出铸件的同时,斜成型推杆 8 以动模板 5 的斜孔为导向,完成抽芯动作。 　斜成型推杆 8 在推出时与推板产生的相对位移,由连接轴 3 在导滑座 2 的导滑槽内的移动调节,克服了因滑动摩擦产生的损耗。 　合模时,推板 1 在复位杆 6 的作用下,带动推杆 4 和斜成型推杆 8 复位
	图 2 连杆式斜推杆内侧抽芯模 1—主型芯;2—动模板;3—斜成型推杆;4—复位杆;5—轴销; 6—推杆;7—连杆;8—推杆固定板;9—滑座;10—推板	通过连杆 7 的两端分别与斜成型推杆 3 和滑座 9 以铰链连接。推出时,推板 10 通过连杆 7 推动斜成型推杆 3 沿动模板 2 的斜孔作斜向抽芯动作,并与推杆 6 共同作用下,在推出铸件的同时完成抽芯。 　合模时,由复位杆 4 带动固定在推杆固定板 8 上的滑座 9,使连接在连杆 7 上的斜成型推杆 3 同时复位
	图 3 滚轮式斜推杆外侧抽芯 1—侧抽芯;2—型芯;3—主型芯;4—动模板;5—推杆; 6—复位杆;7—斜推杆;8—轮轴;9—滚轮;10—推杆固定板	采用滚轮 9 与推杆固定板 10 的滚动接触的形式,在推出动作时,斜推杆 7 与推杆固定板 10 的相对移动,由滑动摩擦变为滚动摩擦,以减轻移动的摩擦损伤。 　合模时,在复位杆 6 与斜推杆 7 在上端部平面 A 的作用下复位

形式	结构简图	说　明
斜推式	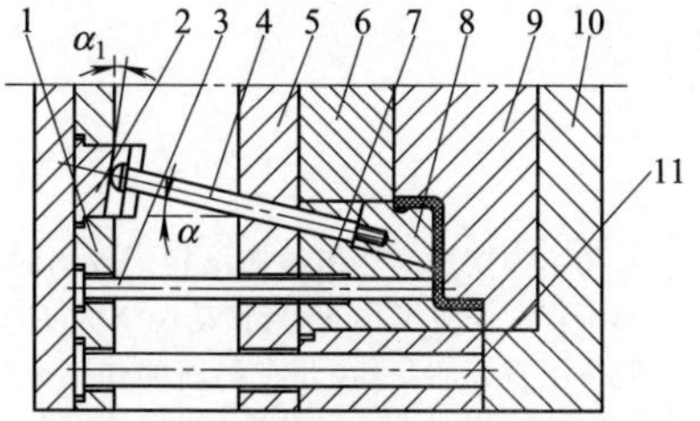 图 4　垂直导滑式斜推杆外侧抽芯 1—推杆固定板;2—导滑座;3—推杆;4—斜推杆; 5—支承板;6—动模板;7—主型芯;8—斜滑块; 9—定模镶块;10—定模板;11—复位杆	采用垂直导滑式斜推杆外侧抽芯的结构形式。斜推杆 4 安装在带有倾斜角 α_1 的导滑座 2 中,使 $\alpha_1=\alpha$。导滑座 2 固定在推杆固定板 1 上,使推出力沿斜推杆的轴向传递,以利于消除侧向分力而减小内摩擦
平移式	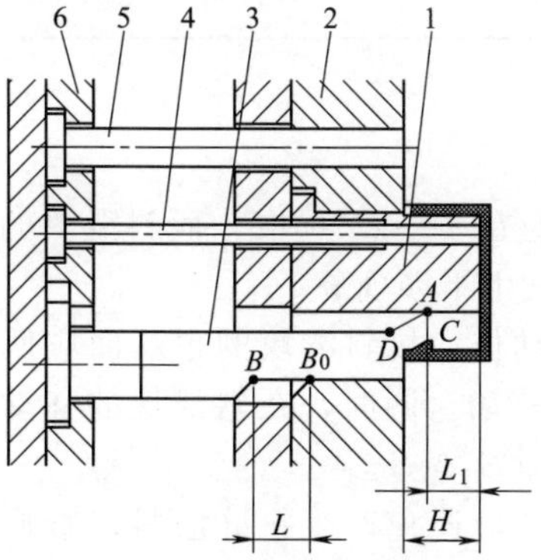 图 5　推杆平移式内侧抽芯 1—主型芯;2—动模板;3—成型推杆; 4—推杆;5—复位杆;6—推杆固定板	采用推杆平移式内侧抽芯的结构形式。成型推杆 3 安装在推杆固定板 6 的腰形导滑槽内。推出时,成型推杆 3 与推杆 4 同时使压铸件脱离主型芯 1。使 $L_1<L$,当推移到距离为 L 时,成型推杆 3 上的 A 点脱离主型芯 1,而 B 点与动模板上的 B_0 点相碰,迫使成型推杆 3 向内侧平移,完成抽芯动作。当开始抽芯时,压铸件不应完全脱离主型芯 1,而使 L 小于主型芯 1 的成型高度 H,否则压铸件没有径向约束而随成型推杆平移,不能实现抽芯动作。 合模时,复位杆 5 带动推出机构复位,成型推杆 3 在主型芯 1 侧面作用下,而向外侧移动,回复到原来位置上
摆杆式	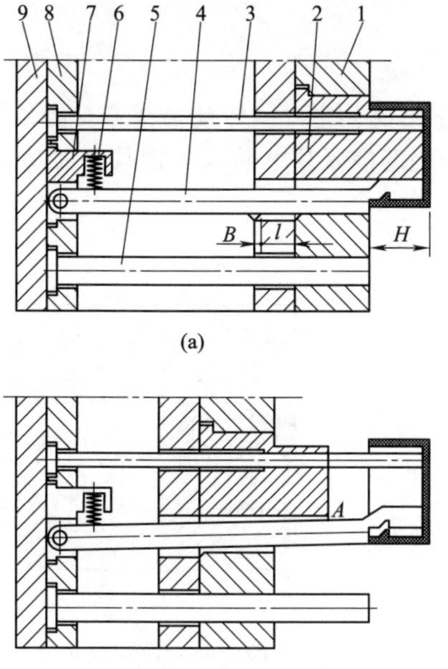 (a) (b) 图 6　摆杆式内侧抽芯 1—动模板;2—主型芯;3—推杆;4—成型摆杆;5—复位杆; 6—弹簧;7—摆杆座;8—推杆固定板;9—推板	图 6 为摆杆式内侧抽芯,成型摆杆 4 安装在摆杆座 7 上。在推出过程中,推杆 3 和成型摆杆 4 共同推动压铸件向脱模方向移动。当成型摆杆 4 的凸点 B 受动模板 1 的直孔的压迫时,而作逆时针方向摆动的抽芯动作,但是,应使 $l<H$,以防止铸件随成型摆杆 4 偏移。 合模时,当凸点 B 脱离动模板 1 的制约后,成型摆杆 4 在弹簧 6 的弹力作用下向外侧摆动,使成型摆杆 4 在复位时,避开主型芯 2 的 A 处而不受碰伤

形式	结构简图	说　明
摆杆式	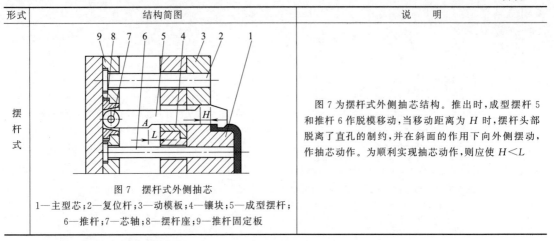 图 7　摆杆式外侧抽芯 1—主型芯；2—复位杆；3—动模板；4—镶块；5—成型摆杆； 6—推杆；7—芯轴；8—摆杆座；9—推杆固定板	图 7 为摆杆式外侧抽芯结构。推出时，成型摆杆 5 和推杆 6 作脱模移动，当移动距离为 H 时，摆杆头部脱离了直孔的制约，并在斜面的作用下向外侧摆动，作抽芯动作。为顺利实现抽芯动作，则应使 $H<L$

2）推出式抽芯机构的设计要点。

推出式抽芯机构的设计要点如下（图 4-41）。

① 在斜推出式抽芯模中，斜推杆的导向角 α 应在 $5°\sim25°$ 选取，而斜滑块的倾斜角 β 应大于或等于导向角，即 $\beta\geqslant\alpha$，以防止抽芯过程中发生干涉现象。

② 在内抽芯时，斜滑块有向内侧移动的抽芯动作，故斜滑块的顶端面应低于主型芯端面 $0.05\sim0.1\text{mm}$，以防止压铸件阻碍抽芯的径向移动。同时，在斜滑块的移动方向上应有足够的无阻碍空间 S_1，使它大于实际抽芯距离，即 $S_1>S$。

③ 斜滑块的各配合面应研合良好，定位准确，应避免产生拼缝溢料，影响正常运作或压铸件质量。

④ 为了保证斜滑块能可靠复位，在允许条件下可设置复位台肩 A，其宽度应尽量加大。

4.4.7　齿轮齿条抽芯机构

（1）齿轮齿条抽芯机构的组成

齿轮齿条抽芯机构的组成如图 4-42 所示。它由侧型芯 1、传动齿条 5、齿条滑块 7、齿轴 8 和楔紧块 9 组成。合模时，安装在定模板 3 上的楔紧块 9 将齿条滑块 7 锁紧，并使侧型芯 1 定位在成型位置上。

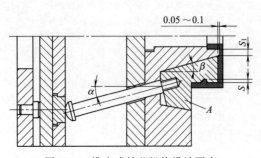

图 4-41　推出式抽芯机构设计要点

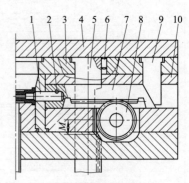

图 4-42　齿轮齿条抽芯机构

1—侧型芯；2—固定销；3—定模板；

4—定模座板；5—传动齿条；6—止转销；

7—齿条滑块；8—齿轴；

9—楔紧块；10—动模板

　　开模时，楔紧块 9 开始脱离齿条滑块 7、传动齿条 5 与动模板 10 作相对移动。但由于传动齿条 5 有一段延时抽芯距离 M，所以它不能使齿轴 8 起抽芯作用。当开模距离为 M 时，压铸件脱离了定模板 3 以后，传动齿条 5 才与齿轴 8 啮合，从而带动齿条滑块 7 和侧型芯 1 从压铸件中抽出，最后在推出机构的作用下，将压铸件完全推出。

　　（2）齿轴齿条抽芯机构的基本形式

　　齿轴齿条抽芯机构的基本形式见表 4-62。

表 4-62　齿轴齿条抽芯机构的基本形式

形式	结构简图	说　明
齿轴齿条装在模体的内部的结构	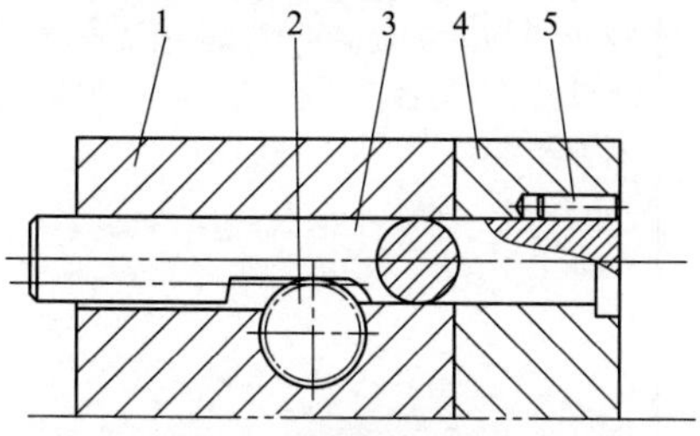 图 1　圆截面传动齿条 1—动模；2—齿轴；3—传动齿条；4—定模；5—止转销	装于模体内部时，常用采用圆形截面的齿形，但应有止转措施。 传动齿条的齿形，为便于加工并能保持较好的传动强度，常采用渐开线短齿。模数推荐取 $m=3$，短齿修正系数取 $f_0=0.8$，齿轴齿数 $Z=12$，压力角 $\alpha=20°$。 常用圆截面传动齿条所承受的抽芯力 F 见表 4-63
齿轴齿条装在模体的外侧	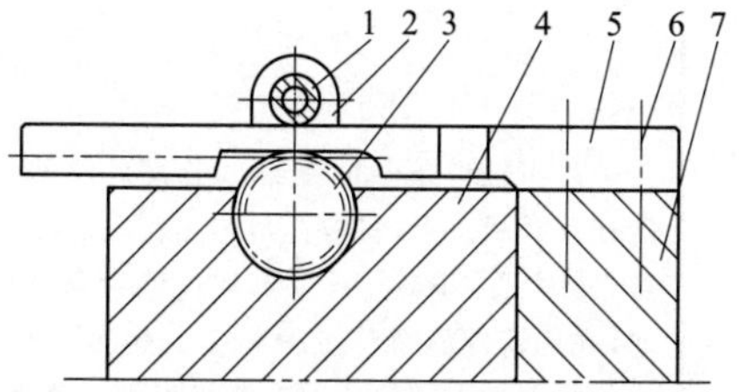 图 2　矩形截面传动齿条 1—滚轮；2—座架；3—齿轴；4—动模； 5—传动齿条；6—螺钉；7—定模	装于模具的外侧时，采用矩形截面，受力端设置滚轮压紧，以保持滚轮稳定运动。 齿轴齿条的模数及啮合宽度是决定结构承受抽芯力的主要参数，当 $m=3$ 时，可承受的抽芯力按下式估算： $$F=3500B$$ 式中　F——抽芯力，N； 　　　B——啮合宽度，mm。 齿轴齿条的参数可参照表 4-65
传动齿条设置在定模时的结构形式	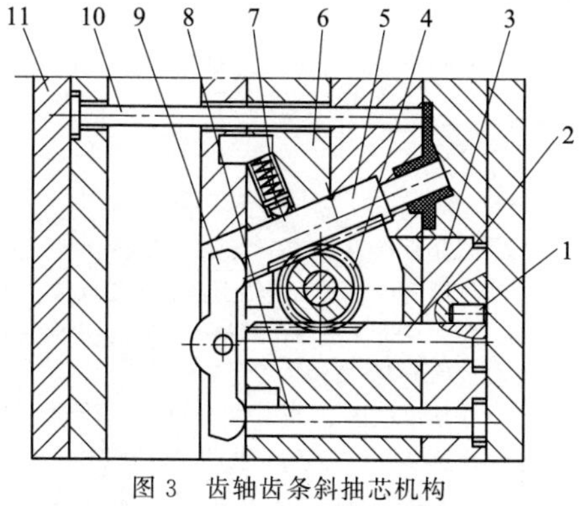 图 3　齿轴齿条斜抽芯机构 1—止转销；2—传动齿条；3—定模板；4—齿轴； 5—斜齿条型芯；6—动模板；7—定位销；8—压杆； 9—锁紧块；10—推杆；11—推板	图 3 中传动齿条 2 安装在定模板 3 上。开模时，齿轴 4 在与传动齿条 2 的相对移动中，以相互啮合而作逆时针转动，从而带动斜齿条型芯 5 作斜抽芯动作。 当开模后，由于传动齿条 2 与齿轴 4 完全分离，为保证在合模时齿形能顺利啮合，避免产生碾齿现象，设置了弹簧定位销 7，将斜齿条型芯 5 固定在齿轴 4 脱开传动齿条 2 时的位置上。 斜齿条型芯的锁紧，是依靠压杆 8 与锁紧块 9 的杠杆作用来完成。开模时，压杆 8 渐渐松动对锁紧块 9 的压力，使斜齿条型芯 5 脱离约束而得以斜抽芯

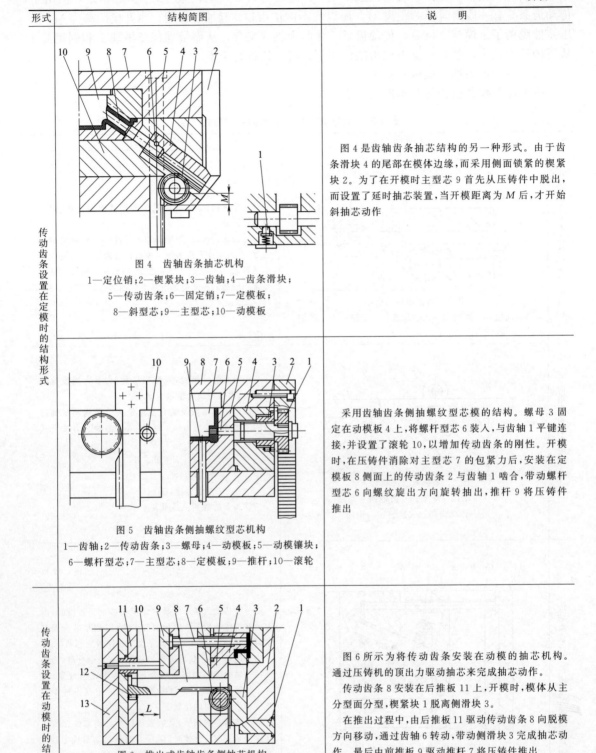

形式	结构简图	说　明
传动齿条设置在定模时的结构形式	图4　齿轴齿条抽芯机构 1—定位销；2—楔紧块；3—齿轴；4—齿条滑块； 5—传动齿条；6—固定销；7—定模板； 8—斜型芯；9—主型芯；10—动模板	图4是齿轴齿条抽芯结构的另一种形式。由于齿条滑块4的尾部在模体边缘，而采用侧面锁紧的楔紧块2。为了在开模时主型芯9首先从压铸件中脱出，而设置了延时抽芯装置，当开模距离为M后，才开始斜抽芯动作
	图5　齿轴齿条侧抽螺纹型芯机构 1—齿轴；2—传动齿条；3—螺母；4—动模板；5—动模镶块； 6—螺杆型芯；7—主型芯；8—定模板；9—推杆；10—滚轮	采用齿轴齿条侧抽螺纹型芯模的结构。螺母3固定在动模板4上，将螺杆型芯6装入，与齿轴1平键连接，并设置了滚轮10，以增加传动齿条的刚性。开模时，在压铸件消除对主型芯7的包紧力后，安装在定模板8侧面上的传动齿条2与齿轴1啮合，带动螺杆型芯6向螺纹旋出方向旋转抽出，推杆9将压铸件推出
传动齿条设置在动模时的结构形式	图6　推出式齿轴齿条侧抽芯机构 1—楔紧块；2—定模板；3—侧滑块；4—主型芯； 5—动模板；6—齿轴；7—推杆；8—传动齿条；9—前推板； 10—支承导柱；11—后推板；12—止转销；13—动模座板	图6所示为将传动齿条安装在动模的抽芯机构。通过压铸机的顶出力驱动抽芯来完成抽芯动作。 传动齿条8安装在后推板11上，开模时，模体从主分型面分型，楔紧块1脱离侧滑块3。 在推出过程中，由后推板11驱动传动齿条8向脱模方向移动，通过齿轴6转动，带动侧滑块3完成抽芯动作。最后由前推板9驱动推杆7将压铸件推出

形式	结构简图	说　明
传动齿条设置在动模时的结构形式	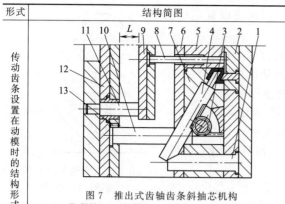 图 7　推出式齿轴齿条斜抽芯机构 1—楔紧块；2—定模板；3—齿轴；4—斜齿条型芯； 5—主型芯；6—支承板；7—动模板；8—推杆；9—前顶板； 10—传动齿条；11—支承导柱；12—后顶板；13—止转销	如图 7 所示，将传动齿条 10 安装在后顶板 12 上。依靠固定在定模板 2 上的楔紧块 1 锁紧斜齿条型芯 4 的尾部。其脱模动作与推出式齿轴齿条抽芯相似。 　　当抽芯动作完成后，传动齿条与齿轴始终处于啮合状态，以便合模时，型芯容易复位；但是，必须先完成抽芯动作，在消除横向脱模障碍后，才能开始轴向推出动作。因此，设置二次推出机构。当后推板前移距离 L 并完成抽芯时，在二次推出机构的作用下，传动齿条停止移动或与推杆同时移动，将压铸件推出；设置前后二组推板机构时，应分别设置复位杆（图中未示），以便在合模时，使二组推板分别有序地复位。 　　采用传动齿条设置在动模一侧的结构形式，必须采用二次推出机构，使模具结构复杂，增加制模成本。故只适用于压铸件对动成型件包紧力很小时，且无需设置轴向推出或其他特殊情况时采用

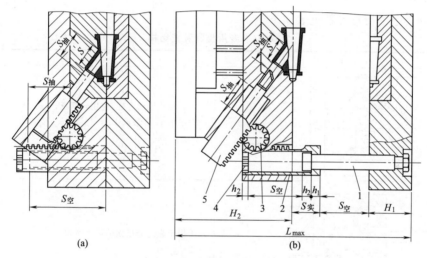

图 8　滑套齿轴齿条抽芯机构

1—拉杆；2—滑套齿条；3—齿轴；4—螺塞；5—齿条滑块

　　图 8(a) 为合模状态，滑块的楔紧，是由固定在定模板上拉杆的头部台肩压紧在滑套齿条孔螺塞端面，并通过齿啮合楔紧齿条滑块 5。

　　图 8(b) 为开模状态，开模初始时，因固定在定模的拉杆有一段空行程 $S_空$，故开始初期不抽芯。当拉杆头部的台肩与滑套齿条孔的上端面接触后，滑套齿条开始带动齿轴旋转，带动齿条滑块开始抽芯，当达到压铸机最大开模行程时，型芯即全部脱离铸件。

　　合模时，拉杆在滑套齿条内滑动一段空行程 $S_空$，当拉杆头部与滑套齿条内孔螺塞端面接触时，滑套齿条开始推动齿轴旋转，带动齿条滑块插芯到模具完全闭合时，才完成插芯动作。

表 4-63　圆截面传动齿条所承受的抽芯力

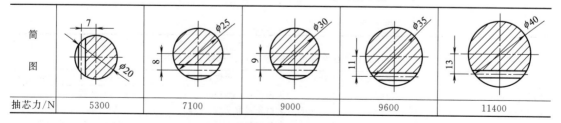

简图					
抽芯力/N	5300	7100	9000	9600	11400

　　(3) 传动齿条布置在定模内的齿轮齿条抽芯机构

　　1) 传动齿条布置在定模内的齿轮齿条抽芯机构动作。

开模结束时，传动齿条与齿轴脱开，为了保证合模时传动齿条与齿轴顺利啮合，齿轴应处于精确位置上，因而应设置相应的定位装置，见图 4-43。

合模结束后，传动齿条上有一段延时抽芯行程，传动齿条与齿轴脱开，通过对齿条滑块的楔紧，使齿轴的基准齿谷的对称中心线与传动齿条保持垂直，以保证开模抽芯时准确啮合。

2）齿条滑块合模结束时楔紧装置可按下述选用。

① 齿条滑块与分型面平行或倾斜角度不大时，可选用本节所介绍的楔紧装置结构。传动齿条上均应有一段延时抽芯行程，开模时，先脱离楔紧块，然后抽芯。

② 专用楔紧装置结构见表 4-64。

3）齿轴与传动齿条及齿条滑块啮合参数（见图 4-44）计算时，以合模位置时齿轴的齿形为基准，使齿轴基准齿谷 A 保持在与传动齿条垂直的对称中心线的位置上。

① 齿轴齿条的齿形参数见表 4-65。

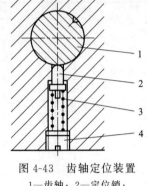

图 4-43　齿轴定位装置
1—齿轴；2—定位销；
3—弹簧；4—螺塞

表 4-64　专用楔紧装置结构

形式	结构简图	说　　明
齿轴端面楔紧		①齿轴定位精度好,应用较广泛。 ②楔角 α_1 一般取 $10°\sim15°$。 ③$S_延 \geqslant h$
定位销楔紧		①用于靠近分型面的齿条滑块。 ②$S_延 > h$
摆块楔紧		①通过螺杆调整楔紧的松紧位置,结构简单。 ②传动齿条上无延时抽芯时,摆块点间距离取 $L_1 > L_2$

表 4-65　齿轴齿条齿形参数（修正系数 $f = 0.8$）

参数名称	计算公式	计算参数	参数名称	计算公式	计算参数
模数 m/mm	—	3	齿根高 $h_根$/mm	$h_根 = m$（短齿）	3
压力角 α/(°)	—	20	齿条周节 T/mm	$T = \pi m$	9.4248
齿轴齿数 Z	—	12	分度圆弧齿厚 S/mm	$S = \pi m/2$	4.7124
齿轴节圆直径 $d_节$/mm	$d_节 = mZ$	36	齿条齿顶厚 $S_顶$/mm		2.95
齿顶高 $h_顶$/mm	$h_顶 = 0.8m$（短齿）	2.4			

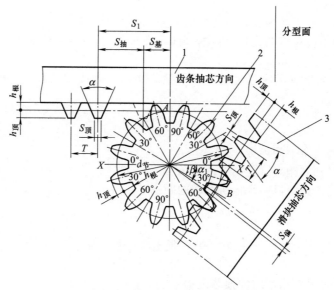

图 4-44　齿轴与传动齿条及齿条滑块啮合参数
1—传动齿条；2—齿轴；3—齿条滑块

② 确定传动齿条第一齿的位置，按下式计算：

$$S_1 = S_{基} + S_{延} \tag{4-25}$$

式中　S_1——传动齿条第一齿至齿轴中心距离，mm；

　　　$S_{基}$——传动齿条与齿轴开始接触时，齿条第一齿的中心至齿轴中心距离，mm；

　　　$S_{延}$——延时抽芯行程，mm。

③ 确定齿条滑块基准齿 B 的位置（图 4-44）：以垂直于分型面的齿轴中心线 $X—X$ 作基准线，将齿轴 12 个齿谷分别处于四个象限内，划为 0°、30°、60°、90°四个角度的 β 值，取已知齿条滑块的抽芯方向与 $X—X$ 基准线的夹角为 α_1，当 α_1 在某一象限内与某一 β 值接近时，用所接近的 β 值代入式（4-26）或式（4-27），可近似地确定基准齿 B 的位置 $S_{偏}$。

当 $\alpha_1 < \beta$ 时：

$$S_{偏} \approx (\beta - \alpha_1) \pi d_{节} / 360 = (\beta - \alpha_1) \times 0.314 \tag{4-26}$$

当 $\alpha_1 > \beta$ 时：

$$S_{偏} \approx (\alpha_1 - \beta) \pi d_{节} / 360 = (\alpha_1 - \beta) \times 0.314 \tag{4-27}$$

式中　$S_{偏}$——齿轴的齿谷对称线与通过齿轴中心垂直于齿条滑块节线的直线在节圆上所含的弧长。

4）确定抽芯传动参数。

① 传动齿条与齿轴从啮合到脱离前，传动齿条最后一齿能使齿条滑块移动一定距离 l，见图 4-45。l 值按下式计算（$m = 3$，$Z = 12$，$\alpha = 20°$，$f_0 = 0.8$ 时）：

$$l = \frac{mZ}{2} \times \frac{\pi}{180} \alpha_A \tag{4-28}$$

式中　α_A——传动齿条为一齿时与齿轴从啮合到脱开位置时齿轴所能转过的角度（°）。

　　　$\alpha_A = \alpha_1 + \alpha_2 + \alpha_3$。

　　　α_1——齿轴初始方位时啮合齿中心线与轴

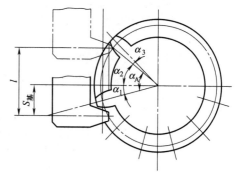

图 4-45　传动齿条从啮合到脱离的位置

线的夹角，$\alpha_1 = 15°$；

α_2——齿轴啮合齿转到脱开位置时脱开点与轴线的夹角；

α_3——齿轴半齿顶宽的夹角（由渐开线函数求得），$\alpha_3 = 3°43'$。

则 $l = 18.45\text{mm}$

② 传动齿条齿数是决定抽芯时所得到的抽芯距离，可按式（4-29）确定，如计算值为小数时，应取整数。

$$Z_{传} = \frac{S-l}{mh} + 1 \tag{4-29}$$

式中　$Z_{传}$——传动齿条上的齿数；

S——所需抽芯距离（包括安全值 K），mm；

l——传动齿条最后一个齿所抽芯的距离，mm；当 $m = 3$，$Z = 12$，$\alpha = 20°$，$f_0 = 0.8$ 时，$l = 18.45\text{mm}$；

m——模数。

将计算的传动齿条齿数代入式（4-29），得出实际抽芯距离 S 为：

$$S = mh(Z_{传} - 1) + l \tag{4-30}$$

（4）传动齿条设置在动模内的抽芯机构

1）抽芯行程的确定

① 允许推出铸件时的抽芯行程 L_3：

$$L_3 = L - (h_1 - \Delta l) - (h_2 + h_3 + h_4 + h_5 + h_6) \tag{4-31}$$

式中　　　　L——推出机构的总长度，mm；

h_1——推出铸件所需要的行程，mm；

Δl——推板 B 在推出动作结束时与动模板间的安全间隙，$\Delta l = 2 \sim 5\text{mm}$；

h_2，h_3，h_4，h_5，h_6——各板的厚度，mm。

② 按允许推出铸件时的抽芯行程决定传动齿条上的齿数 Z：

$$Z = L_3 / \pi m \tag{4-32}$$

式中　m——齿条模数；

L_3——允许推出的抽芯行程，mm。

③ 实际抽芯距离 $S_{实}$：

$$S_{实} = Z\pi m < L_3 \tag{4-33}$$

2）传动齿条工作长度的确定

传动齿条工作长度 L_2 按下式计算：

$$L_2 = S_{抽} + h_1 + \Delta l + 2\pi m + R \tag{4-34}$$

式中　$S_{抽}$——抽芯行程，mm；

R——滚刀半径构成的尾部弧形。

3）齿条滑块工作段长度的确定

齿条滑块工作段长度 L_1 按下式计算：

$$L_1 = L_3 + h_1 + \Delta l + 2\pi m \tag{4-35}$$

4）齿条滑块工作段齿数的确定

齿条滑块工作段齿数 $Z_{滑}$ 按下式计算：

$$Z_{滑} = \frac{L_1}{\pi m} = \frac{L_3 + h_1 + \Delta l}{\pi m} + 2 \tag{4-36}$$

（5）滑套齿轴齿条抽芯机构（见表 4-62 中图 8）

① 滑套齿条抽芯工作段齿数按下式确定：

$$Z_1 = \frac{S'_{抽}}{\pi m} \tag{4-37}$$

式中 Z_1——滑套齿条抽芯工作段齿数（应取整数）；

$S'_{\text{抽}}$——铸件预设抽芯行程，mm；

m——模数。

② 实际抽芯行程 $S_{\text{实}}$ 根据求得的滑套齿条工作段齿数计算得出：

$$S_{\text{实}} = \pi m Z_1 \tag{4-38}$$

式中 Z_1——滑套齿条工作段齿数。

③ 开模距离 $S_{\text{开}}$ 按下式计算：

$$S_{\text{开}} = L_{\text{最大}} - (H_1 + H_2) \tag{4-39}$$

或

$$S_{\text{开}} = S_{\text{空}} + S_{\text{实}} \tag{4-40}$$

式中 $L_{\text{最大}}$——压铸机的最大开模行程，mm；

H_1——定模厚度，mm；

H_2——动模包括模架、垫板等的厚度，mm；

$S_{\text{空}}$——拉杆的空行程，mm；

$S_{\text{实}}$——实际抽芯行程，mm。

④ 拉杆空行程 $S_{\text{空}}$ 按下式计算：

$$S_{\text{空}} = S_{\text{开}} - S_{\text{实}} \tag{4-41}$$

为了确保滑套齿条闭、开模状态不脱离齿轴，滑套齿条的最少齿数应在工作段起始和终止位置各加一齿：

$$Z_{\text{滑}} = Z_1 + 2 \tag{4-42}$$

式中 $Z_{\text{滑}}$——滑套齿条上的最少齿数；

Z_1——滑套齿条抽芯工作段齿数。

⑤ 滑套齿条的全长按下式确定：

$$Z_{\text{滑}} = S_{\text{空}} + h_1 + h_2 + h_3 \tag{4-43}$$

或

$$Z_{\text{滑}} = (Z_1 + 2)\pi m + h_1 + h_2 + h_3$$

式中 $Z_{\text{滑}}$——滑套齿条的全长，mm；

$S_{\text{空}}$——拉杆空行程，mm；

h_1——滑套齿条上端厚度，mm；

h_2——滑套齿条下端厚度，mm；

h_3——拉杆头部台阶厚度，mm；

Z_1——滑套齿条抽芯工作段齿数；

m——模数。

⑥ 型芯齿条上的最少齿数 $Z_{\text{芯}}$ 和型芯齿条全长 $L_{\text{芯}}$ 按下式确定：

$$Z_{\text{芯}} = Z_1 + 2 \tag{4-44}$$

$$L_{\text{芯}} = \pi m (Z_1 + 2) \tag{4-45}$$

式中 Z_1——滑套齿条抽芯工作段齿数。

4.4.8 液压抽芯机构

（1）液压抽芯机构的组成

液压抽芯机构的组成见图 4-46。

（2）液压抽芯机构的特点

① 抽芯力大，抽芯距离较长。

② 可以对任何方向进行抽芯。

③ 可以单独使用，随意开动。

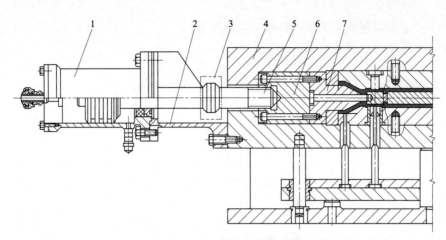

图 4-46　液压抽芯机构的组成

1—抽芯器；2—抽芯器座；3—联轴器；4—定模套板；5—拉杆；6—滑块；7—活动型芯

④ 模具结构简单，便于制造。

⑤ 当抽芯器压力大于型芯所受反压力的 3 倍时，可不设楔紧装置，并且侧型芯在合模复位时，不必考虑与推杆的干涉。

⑥ 抽芯器为通用件容易购得，其规格有 10kN、20kN、30kN、40kN、50kN、100kN。

（3）液压抽芯机构的基本形式

液压抽芯机构的基本形式如图 4-47 所示。液压抽芯器 9 通过支架 8 固定在动模板 6 上，液压抽芯器 9 的活塞杆通过联轴器 7 与固定在侧型芯 3 上的拉杆 5 连接。开模时，压铸件脱离定模板 1，楔紧块 4 也脱离侧型芯 3，此时，通过液压抽芯器 9 中的活塞的往复运动，使侧型芯 3 进行抽芯或复位动作。

合模后，楔紧块 4 插入侧型芯 3 的斜面凹槽内定位锁紧。

多型芯的液压抽芯机构如图 4-48 所示。采用型芯固定板，将多型芯与滑块连接。

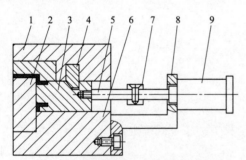

图 4-47　液压抽芯机构的基本形式

1—定模板；2—主型芯；3—侧型芯；4—楔紧块；5—拉杆；
6—动模板；7—联轴器；8—支架；9—液压抽芯器

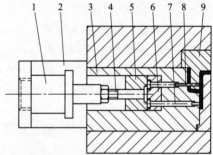

图 4-48　多型芯液压抽芯机构

1—液压抽芯器；2—支架；3—动模板；4—螺杆；
5—侧滑块；6—型芯固定板；7,8—型芯；9—定模镶块

型芯 7、8 采用型芯固定板 6、侧滑块 5、螺杆 4 与液压抽芯器 1 的活塞杆相接。同时完成抽芯或复位的作用。在压射过程中，由于金属液对侧滑块 5 的侧向压力不大，故不必设置楔紧装置。

图中的型芯 8 穿过定模镶块 9。但在其他抽芯结构中很难顺利脱模，该机构中未设置楔紧装置，液压抽芯也不受开模的影响，也是其结构的优越性所在。但是在抽芯复位时，一定要在合模状态下进行，以免发生相互干涉现象。

（4）液压抽芯器座的安装形式

1）通用抽芯器座的安装形式

① 通过抽芯器座一般为标准件，其横断面呈半圆形，一端与抽芯器相连接，另一端与模具相连接，见图 4-49。

② 通用抽芯器座是按抽芯器的最大抽芯行程设计的，如需选用较短的抽芯行程，则另设抽芯器座固定板，以便调整抽芯距离。

2）螺栓式抽芯器座的安装形式

① 螺栓式抽芯器座制造简单，安装方便，但刚性较差，常用于抽芯力小于 15t 的抽芯器，其安装形式见图 4-50 及图 4-51。

② 螺栓长度 H 一般按抽芯器的最大抽芯行程设计，如需选用较短的抽芯行程，则按表 4-66 的方法调整，使滑块限位。

③ 常用抽芯器中 A、B 和 E 尺寸（图 4-50）的选用见表 4-67。

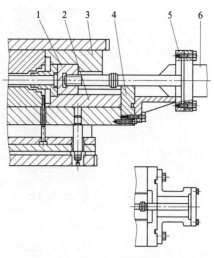

图 4-49　通用抽芯器座安装形式
1—滑块型芯；2—动模；3—定模；4—抽芯器座固定板；5—通用抽芯器座；6—抽芯器

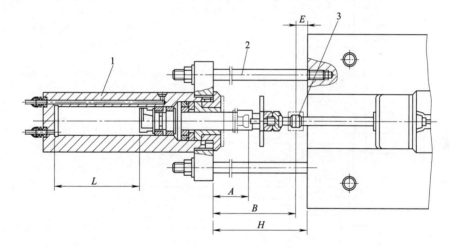

图 4-50　抽芯行程为最大时螺栓式抽芯器座的安装尺寸
1—抽芯器；2—螺栓；3—滑块拉杆

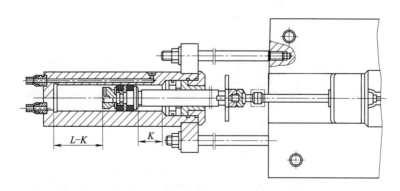

图 4-51　抽芯距离取抽芯器一部分行程时螺栓式抽芯器座的安装形式

表 4-66　螺栓式抽芯器座长度与抽芯动作的关系

项目	简　图	说　明
全行程抽芯	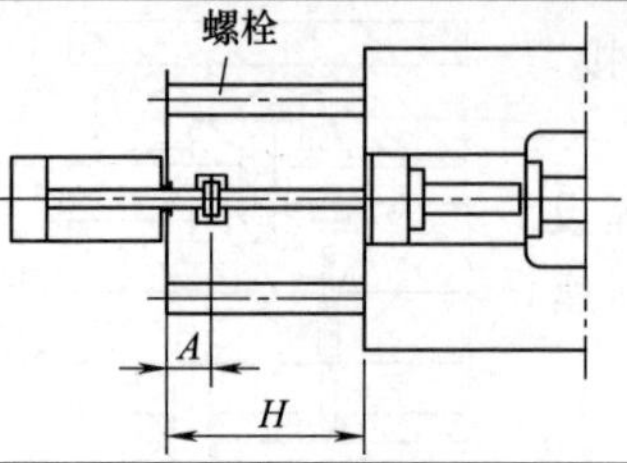	A——抽芯杆外露尺寸,mm(抽芯器活塞处于极限抽芯位置) H——螺栓长度,mm(取通用抽芯器座标准长度)
	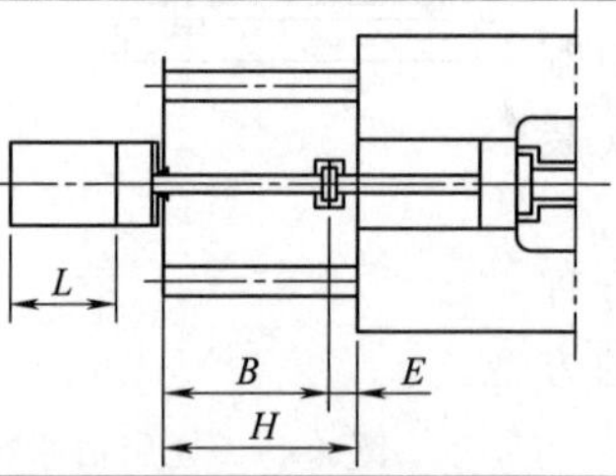	L——抽芯器全行程,mm B——抽芯杆外露尺寸,mm 　（抽芯器活塞处于极限抽芯位置 $B=L+A$) E——滑块连接杆在模具边框上的外露尺寸,mm 　（$H=L+A+E=B+E$)
抽芯距离小于抽芯器行程时的调整方法	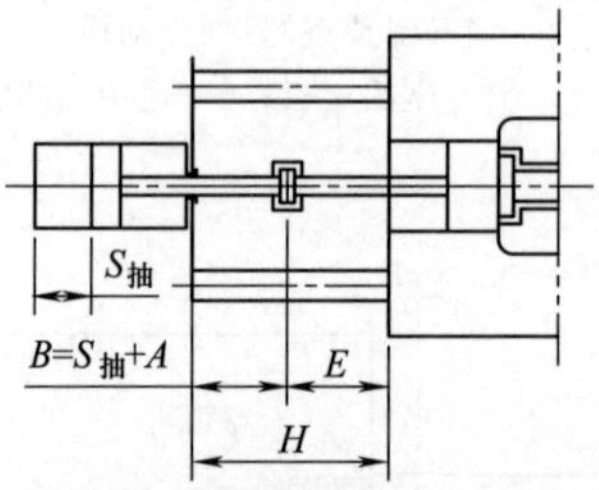	抽芯距离小于抽芯行程时,加长滑块连接杆的伸出模外的长度 E,以抽芯器中的活塞定位,可达到抽芯距离限位的要求。其中: $$E=H-B=H-(S_抽+A)$$ 式中　$S_抽$——抽芯距离,mm
	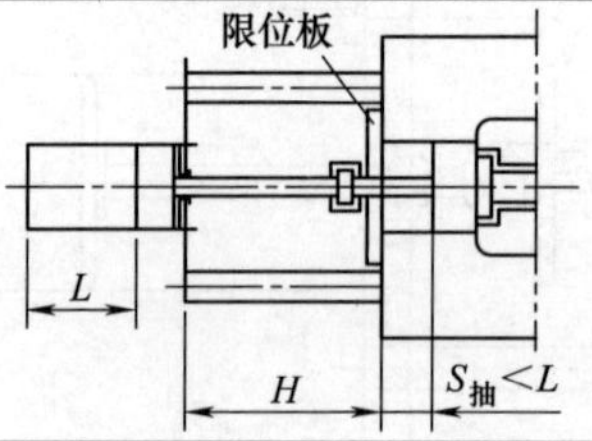	在模具上加设限位板,可达到对抽芯距离限位的要求
	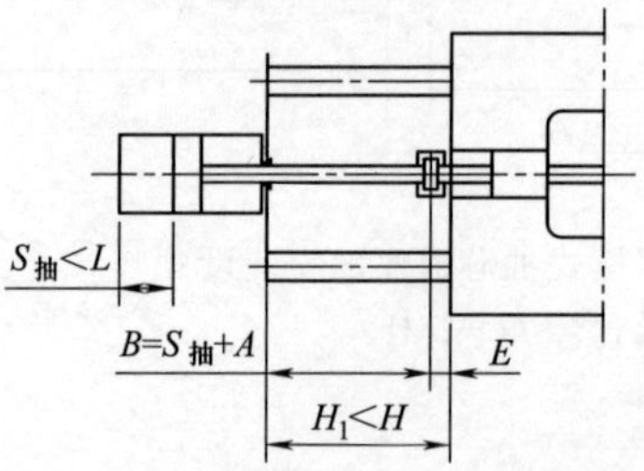	当抽芯距离 $S_抽$ 与抽芯全行程 L 相差悬殊时,可缩短抽芯器座长度(即螺栓长度),以减小模具的外形尺寸,其中: $$H_1<H,H_1=S_抽+A+E$$ 式中　H_1——专用抽芯器座长度,mm
	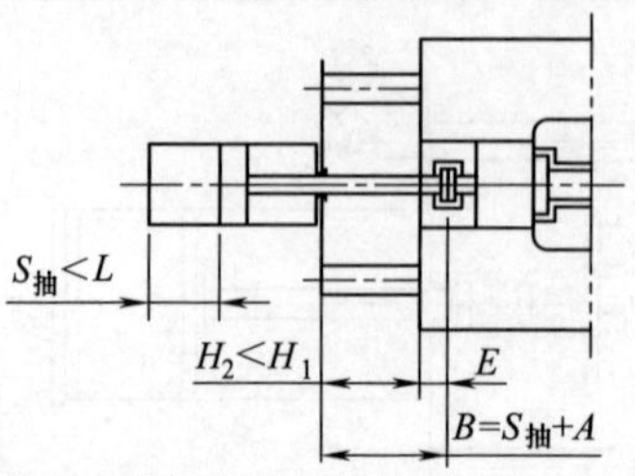	当抽芯器的联轴器能伸入滑块槽内时,可进一步缩短抽芯器座长度。其中: $$H_2<H_1,H_2=S_抽+A-E$$

3) 框架式抽芯器座的安装形式

① 框架式抽芯器座刚性和稳定性较好,用于抽芯力大于 15t 的抽芯器。其安装形式如图 4-52 所示。

表 4-67　常用抽芯器 A、B 和 E 尺寸

抽芯器吨位/t	抽芯器行程/mm	联轴器外径/mm	A/mm	B/mm	E/mm
3	150	$\phi 60$	130	280	20
5	160	$\phi 80$	140	300	30
9	250	$\phi 100$	150	400	40
15	250	$\phi 120$	160	410	45

注：1. 表中抽芯器为上海压铸机厂生产的规格。

2. E 值可在模具设计时决定，表中数据仅供参考。

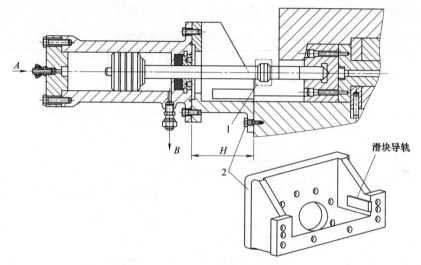

图 4-52　框架式抽芯器座安装形式

1—联轴器；2—抽芯器座

② 对于大型滑块，选用抽芯力较大的抽芯器时，可在框架式的抽芯器座内侧布置导轨，使伸出套板外的滑块运动平稳，并可减少模具滑槽长度和模具整体尺寸。

③ 抽芯器座长度 H 的计算，可参见表 4-66。

4）模具上带有托架抽芯器座的安装形式

模具上带有托架抽芯器座的安装形式如图 4-53 所示。

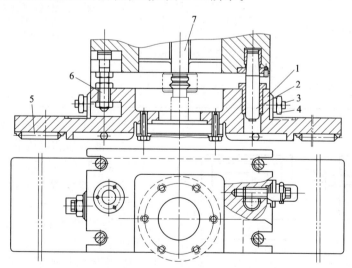

图 4-53　模具上带有托架抽芯器座的安装形式

1—托架体；2—锥形销；3—斜齿轮；4—连接螺栓；5—滚柱；6—滑块连接杆；7—抽芯杆

① 在大型压铸模中,有时四面设置抽芯器,而增加了模具的质量,故在动模下部设置支持质量的动模托架,托架通过滚柱 5 在压铸机导轨上随开、合模作滑动运动。

② 为防止设在模具下方液压抽芯器与动模托架间在位置上的干扰,可在动模托架上另设抽芯器座,使动模、动模托架及抽芯器三者组合成一体。

5）抽芯器座安装螺钉的受力计算

液压抽芯器座采用螺钉与模具连接时,应考虑螺钉的连接强度,并进行必要的受力分析与计算。

① 按不同的安装形式,计算单个螺钉的受力大小,见表 4-68。

表 4-68　单个螺钉受力分析与计算

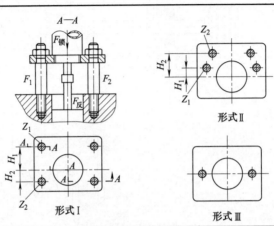

项　　目	计算公式	说　　明
锁芯力 $F_{锁}$ 处在螺栓中间,但偏心距离 H_1 与 H_2 不等距离(见形式Ⅰ)	1. 当偏心距离为 H_1 时 $$F_1 = \dfrac{KF_{锁}}{Z_1\left(1+\dfrac{H_1}{H_2}\right)}$$ 2. 当偏心距离为 H_2 时 $$F_2 = \dfrac{KF_{锁}}{Z_2\left(1+\dfrac{H_2}{H_1}\right)}$$	F,F_1,F_2——螺钉所受的力,N K——安全值,取 $1.25\sim1.5$ $F_{锁}$——抽芯器锁芯力,N,参见表 4-69 Z——螺钉总数 Z_1——当偏心距离为 H_1 时的螺钉数 Z_2——当偏心距离为 H_2 时的螺钉数 H_1,H_2——偏心距离,mm
锁芯力 $F_{锁}$ 偏于螺栓的一侧(见形式Ⅱ)	1. 当偏心距离为 H_1 时 $$F_1 = \dfrac{KF_{锁}\left(1+\dfrac{H_1}{H_2-H_1}\right)}{Z_1}$$ 2. 当偏心距离为 H_2 时,螺栓受力较小,一般不作计算	
锁芯力 $F_{锁}$ 处在与螺栓的同一中心线上(见形式Ⅲ)	$$F = \dfrac{KF_{锁}}{Z}$$	

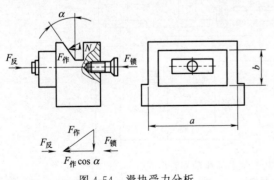

图 4-54　滑块受力分析

② 通过计算,选择螺钉的直径。

（5）液压抽芯机构的设计要点

1）滑块受力计算。

当抽芯器设置在动模上,活动型芯的成型投影面积较大时,应设有楔紧块,以防止压铸时滑块移动。其受力情况如图 4-54 所示。

① 楔紧滑块所需要的作用力 $F_{推}$ 按下式计算：

$$F_{推} \geqslant K \frac{F_{反} - F_{锁}}{\cos\alpha} = K \frac{pA - F_{锁}}{\cos\alpha} \tag{4-46}$$

式中　$F_{反}$——压铸时的反压力，N；

　　　p——压射比压，MPa；

　　　A——受压铸反力的投影面积，mm^2；

　　　K——安全值，取 1.25；

　　　α——滑块楔紧角，(°)；

　　　$F_{锁}$——抽芯器锁芯力（见表 4-69）。

② 锁芯力的计算。

在液压抽芯机构中，当抽芯器设置在定模时，开模前需先抽芯，不设置楔紧块，而依靠抽芯器自身的锁芯力锁住滑块型芯，锁芯力的大小取决于抽芯器活塞的面积和管路的压力，并与压铸机的油路系统有关。当抽芯器的前腔有常压时，则锁芯力小；抽芯器的前腔道回油时则锁芯力大。抽芯器锁芯力的计算见表 4-69。

表 4-69　抽芯器锁芯力的计算公式

	抽芯时有背压	抽芯时无背压
简　图	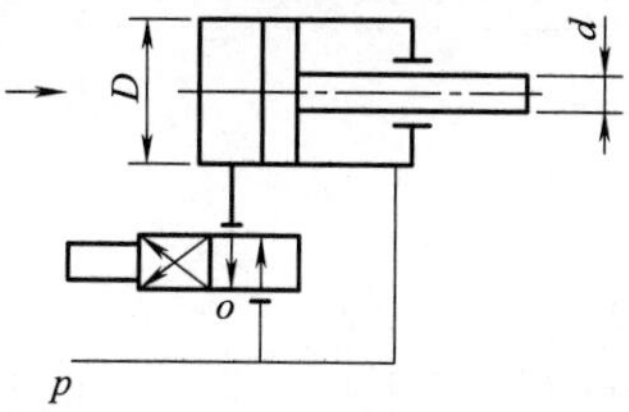	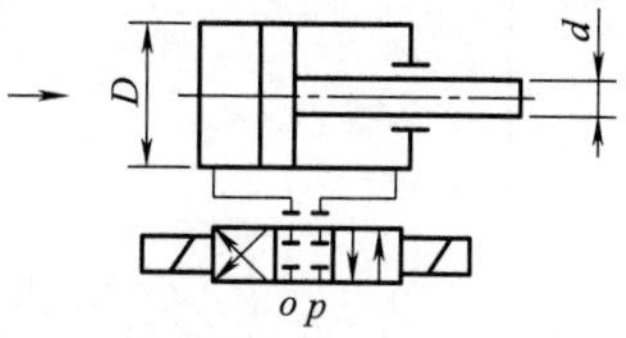
已知抽芯器活塞直径的计算	$F_{锁} = p \dfrac{\pi d^2}{4}$	$F_{锁} = p \dfrac{\pi d^2}{4}$ $F_{锁} = F_{抽} + p \dfrac{\pi d^2}{4}$
说　明	D——抽芯器活塞直径，mm d——抽芯器活塞杆直径，mm p——管路压力，MPa $F_{锁}$——抽芯器锁芯力，N $F_{抽}$——抽芯器抽芯力，N	

2）液压抽芯器不得超负载使用。按计算抽芯力的 1.3 倍作为安全值，根据抽芯距离选择液压抽芯器。

3）在一般情况下，不宜将液压抽芯器的锁紧力作为锁模力，故应设有楔紧装置，但当金属液的压射反压小于液压抽芯器锁芯力的 1/3 时，可酌情不设置楔紧装置。

4）侧抽芯方向不应设置在操作人员一侧，以免妨碍操作及发生人身安全事故。

5）应避免抽芯作用力方向与压铸件包紧型芯的作用力的合力中心产生力矩，以确保型芯的平稳滑动。

6）设有楔紧装置时，应在合模前，先使侧型芯复位，以防止楔紧块与侧滑块相碰损坏。在型芯复位过程中，还应避免与推杆产生干涉现象。在液压抽芯器上应设置控制装置。使液压抽芯器能严格按压铸程序安全运行。防止结构件相互干涉。不设置楔紧装置的情况除外。

4.4.9　手动抽芯机构

手动抽芯是在压铸成型后，用手工操作的方法，将型芯从压铸件中抽出的抽芯方式。手动抽芯劳动强度大，压铸效率低，但模具结构简单，易于制造，制造周期短，适用于试制或小批量的生产。手动抽芯机构分为模内和模外两种。

（1）模内手动抽芯

模内手动抽芯是通过螺杆、齿轴齿条以及杠杆在模体内的传递，将型芯抽出的方法。模内手动抽芯的机构形式见表 4-70。

表 4-70　模内手动抽芯机构

类型		结构简图	说　　明
手动螺杆抽芯机构	（1）模内手动螺杆抽芯结构	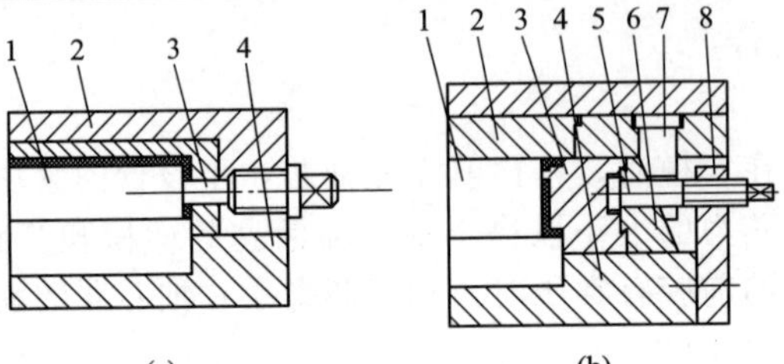 图 1 1—主型芯；2—定模板；3—侧型芯；4—动模板； 5—螺杆；6—侧滑块；7—楔紧块；8—螺母	图 1 是通过旋转螺杆进行抽芯的。图 1(a) 将侧型芯 3 通过螺纹安装在定模板 2 上，并定位锁紧。其结构形式是首先将侧型芯 3 推出后，才可开模。当金属液对型芯的反压力较大时，可设置楔紧块。如图 1(b) 所示，螺杆 5 固定在侧型芯 3 和侧滑块 6 的组合体内，并与安装在动模板 4 上的螺母 8 螺纹配合。楔紧块 7 将侧型芯 3 的组合体定位与锁紧。故只有开模后，才可手动抽芯。推出压铸件后，使滑块复位，再合模
	（2）定模小型芯螺杆抽芯结构与螺母尺寸设计	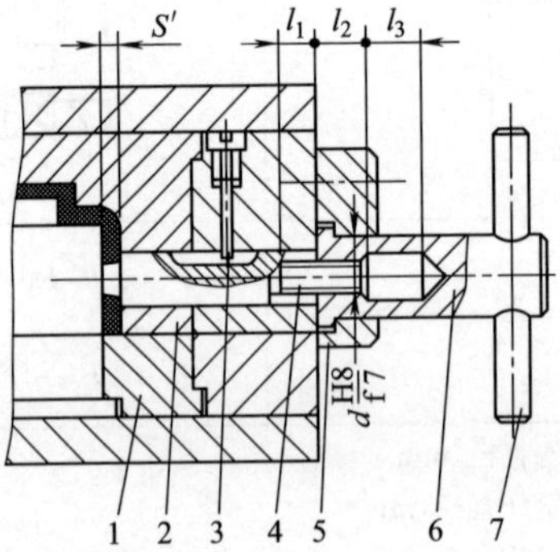 图 2 1—动模；2—定模；3—止转销；4—带螺杆型芯； 5—座架；6—转动螺母；7—手柄	无楔紧装置螺杆长度计算： $$L_1 = l_1 + l_2 = S' + (3\sim5) + 1.5d$$ $$L_2 = l_2 + l_3 = 1.5d + l_1$$ 式中　L_1——螺杆长度，mm 　　　L_2——螺孔深度，mm 　　　l_1——螺杆抽芯距离（$l_1 = S' + 3\sim5$），mm 　　　l_2——螺杆与螺母结合长度（$l_2 = 1.5d$），mm 　　　l_3——传动螺母空行程深度，mm，$l_3 = l_1$ 　　　S'——型芯成型深度，mm 　　　d——螺杆外径，mm
	（3）带楔紧块的螺杆抽芯	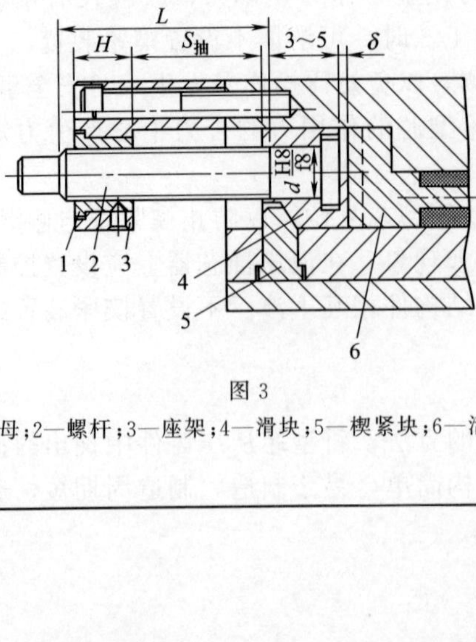 图 3 1—螺母；2—螺杆；3—座架；4—滑块；5—楔紧块；6—活动型芯	螺杆在滑块内为间隙配合，转动螺杆使滑块作直线运动，抽出活动型芯。 　　抽芯操作顺序：开模→中停→抽芯→继续开模推出铸件→插芯→合模。 　　螺杆台阶与滑块台阶坑端面应留有间隙 δ，以保证滑块楔紧后，不致使螺纹受力变形。其间隙可取 $\delta = 0.5$mm。 　　传动螺杆长度尺寸确定： $$L = H + S_{抽} + (8\sim10) = 1.5d + S_{抽} + (8\sim10)$$ 式中　L——螺杆长度，mm 　　　H——导程螺母厚度（$H = 1.5d$），mm 　　　$S_{抽}$——抽距距离，mm 　　　d——螺杆外径，mm

类型		结构简图	说　明
手动螺杆抽芯机构	（4）斜滑块垂直分型面间螺杆抽芯	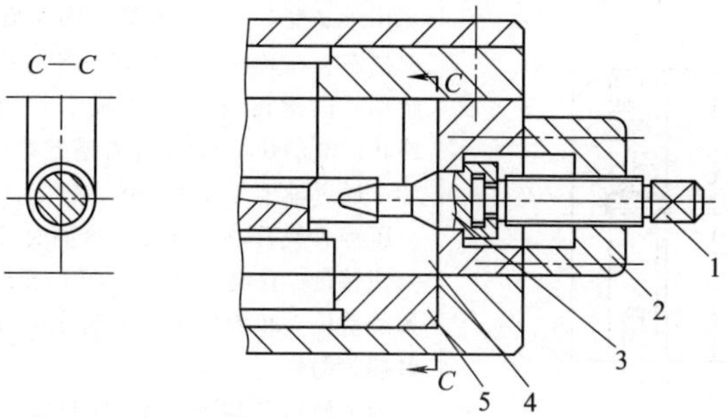 图 4 1—螺杆；2—导程螺母座；3—活动型芯；4—斜滑块；5—定模	图 4 中，抽拔斜滑块垂直分型面的同时，因抽拔型芯与推出斜滑块产生干扰，采用手动抽芯程序，可避免相互干扰。 抽芯操作程序：抽芯→开模、推出铸件→合模→插芯复位
	（5）交叉型芯的手动抽芯	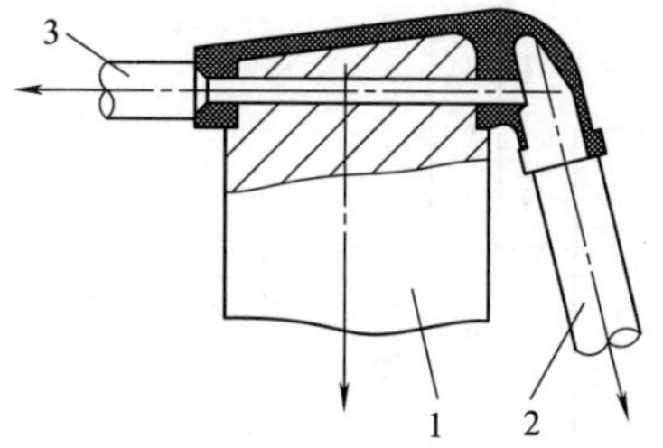 图 5 1,2—机动抽芯的型芯；3—手动抽芯的型芯	铸件需要抽出型芯 1、2、3，型芯 3 穿过型芯 1，但在抽出型芯 3 之前，型芯 1 绝不能进行抽芯，故对交叉的型芯抽芯一般采用手动螺杆抽芯，先抽出交叉型芯 3，然后采用机动或液压传动抽出型芯 1、2，以简化抽芯程序和模具结构
手动齿轴齿条抽芯机构	模内手动齿轴齿条抽芯机构	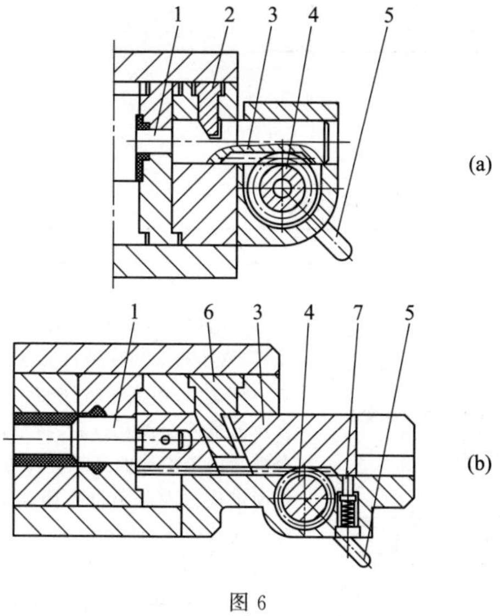 图 6 1—侧型芯；2—楔紧块；3—齿条滑块； 4—齿轴；5—手柄；6—弯销；7—定位装置	图 6(a) 是简单的齿轴齿条手动抽芯机构。开模后，手柄 5 使齿轴 4 按顺时针方向转动，带动齿条滑块 3 和侧型芯 1 作抽芯动作。侧型芯 1 也应在合模前复位。抽芯力较大和抽芯距离较长的型芯，可采用手动和机动相配合的联合方式完成抽芯动作。图 6(b) 是采用弯销 6 作初始抽芯，由手动完成抽芯的距离要求。开模时，弯销 6 带动侧型芯 1 卸除包紧力完成初始抽芯，然后人工旋动手柄 5 并通过齿轴 4 和齿条滑块 3 完成抽芯距离要求的直线后移动作。 其操作程序是：开模→弯销抽芯→手动抽芯→推出压铸件→齿条滑块 3 依靠定位装置 7 复位至弯销抽芯的终点位置→合模锁紧

类型	结构简图	说　明
手动辐射抽芯机构	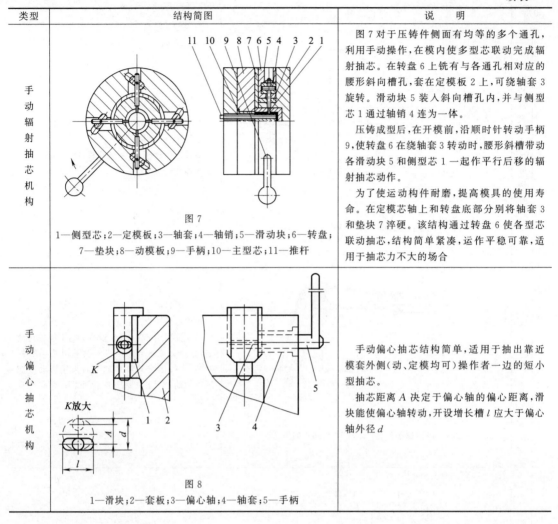　图 7 1—侧型芯；2—定模板；3—轴套；4—轴销；5—滑动块；6—转盘； 7—垫块；8—动模板；9—手柄；10—主型芯；11—推杆	图 7 对于压铸件侧面有均等的多个通孔，利用手动操作，在模内使多型芯联动完成辐射抽芯。在转盘 6 上铣有与各通孔相对应的腰形斜向槽孔，套在定模板 2 上，可绕轴套 3 旋转。滑动块 5 装入斜向槽孔内，并与侧型芯 1 通过轴销 4 连为一体。 　压铸成型后，在开模前，沿顺时针转动手柄 9，使转盘 6 在绕轴套 3 转动时，腰形斜槽带动各滑动块 5 和侧型芯 1 一起作平行后移的辐射抽芯动作。 　为了使运动构件耐磨，提高模具的使用寿命。在定模芯轴上和转盘底部分别将轴套 3 和垫块 7 淬硬。该结构通过转盘 6 使各型芯联动抽芯，结构简单紧凑，运作平稳可靠，适用于抽芯力不大的场合
手动偏心抽芯机构	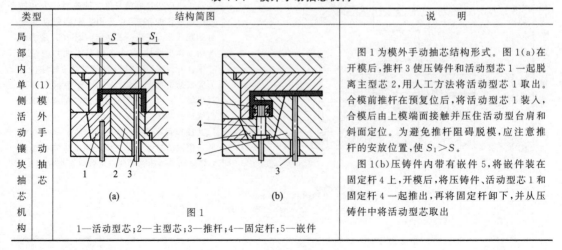　图 8 1—滑块；2—套板；3—偏心轴；4—轴套；5—手柄	手动偏心抽芯结构简单，适用于抽出靠近模套外侧（动、定模均可）操作者一边的短小型抽芯。 　抽芯距离 A 决定于偏心轴的偏心距离，滑块能使偏心轴转动，开设增长槽 l 应大于偏心轴外径 d

（2）模外手动抽芯

模外手动抽芯机构见表 4-71。

表 4-71　模外手动抽芯机构

类型		结构简图	说　明
局部内单侧活动镶块抽芯机构	（1）模外手动抽芯	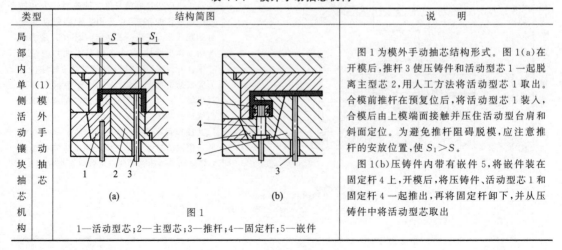 　(a)　　　(b) 图 1 1—活动型芯；2—主型芯；3—推杆；4—固定杆；5—嵌件	图 1 为模外手动抽芯结构形式。图 1(a) 在开模后，推杆 3 使压铸件和活动型芯 1 一起脱离主型芯 2，用人工方法将活动型芯 1 取出。合模前推杆在预复位后，将活动型芯 1 装入，合模后由上模端面接触并压住活动型台肩和斜面定位。为避免推杆阻碍脱模，应注意推杆的安放位置，使 $S_1 > S$。 　图 1(b) 压铸件内带有嵌件 5，将嵌件装在固定杆 4 上，开模后，将压铸件、活动型芯 1 和固定杆 4 一起推出，再将固定杆卸下，并从压铸件中将活动型芯取出

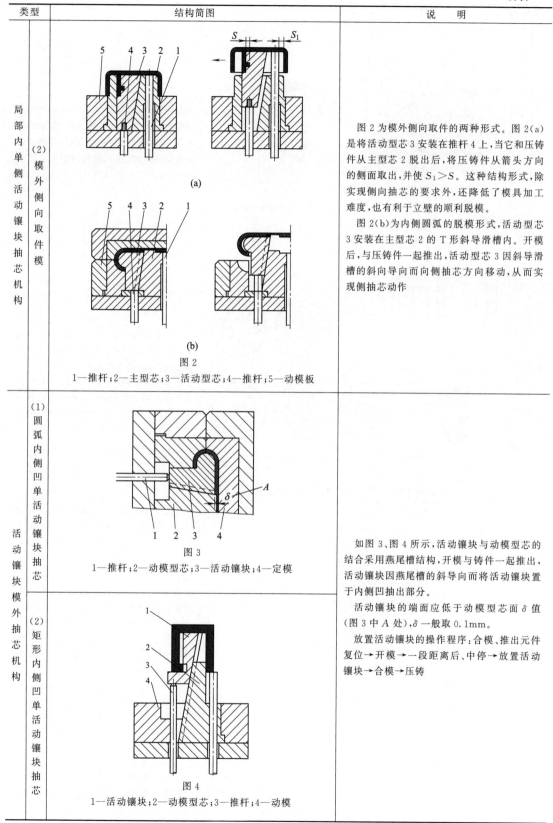

类型		结构简图	说　明
局部内单侧活动镶块抽芯机构	（2）模外侧向取件模	**图 2** （a） （b） 1—推杆；2—主型芯；3—活动型芯；4—推杆；5—动模板	图 2 为模外侧向取件的两种形式。图 2（a）是将活动型芯 3 安装在推杆 4 上，当它和压铸件从主型芯 2 脱出后，将压铸件从箭头方向的侧面取出，并使 $S_1 > S$。这种结构形式，除实现侧向抽芯的要求外，还降低了模具加工难度，也有利于立壁的顺利脱模。 　　图 2（b）为内侧圆弧的脱模形式，活动型芯 3 安装在主型芯 2 的 T 形斜导滑槽内。开模后，与压铸件一起推出，活动型芯 3 因斜导滑槽的斜向导向而向侧抽芯方向移动，从而实现侧抽芯动作
活动镶块模外抽芯机构	（1）圆弧内侧凹单活动镶块抽芯	**图 3** 1—推杆；2—动模型芯；3—活动镶块；4—定模	如图 3、图 4 所示，活动镶块与动模型芯的结合采用燕尾槽结构，开模与铸件一起推出，活动镶块因燕尾槽的斜导向而将活动镶块置于内侧凹出部分。 　　活动镶块的端面应低于动模型芯面 δ 值（图 3 中 A 处），δ 一般取 0.1mm。 　　放置活动镶块的操作程序：合模、推出元件复位→开模→一段距离后、中停→放置活动镶块→合模→压铸
	（2）矩形内侧凹单活动镶块抽芯	**图 4** 1—活动镶块；2—动模型芯；3—推杆；4—动模	

类型	结构简图	说　明
（3）局部内侧凹双活动镶块抽芯	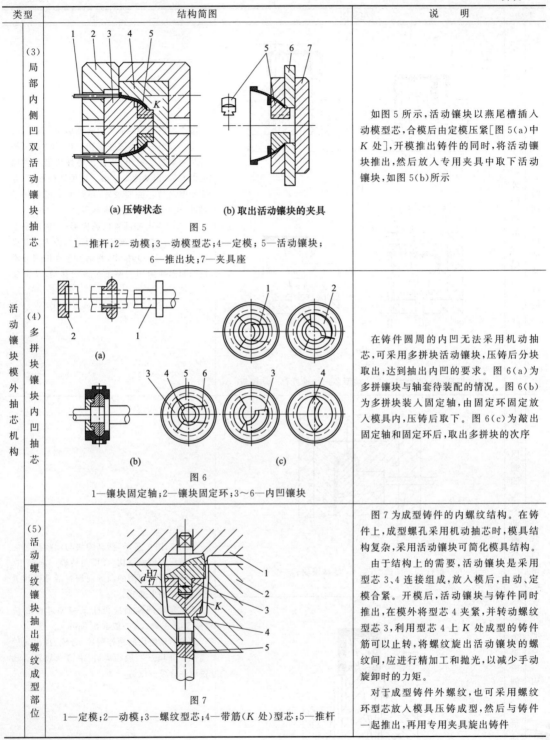	如图5所示，活动镶块以燕尾槽插入动模型芯，合模后由定模压紧[图5(a)中 K 处]，开模推出铸件的同时，将活动镶块推出，然后放入专用夹具中取下活动镶块，如图5(b)所示
活动镶块模外抽芯机构（4）多拼块镶块外抽芯		在铸件圆周的内凹无法采用机动抽芯，可采用多拼块活动镶块，压铸后分块取出，达到抽出内凹的要求。图6(a)为多拼镶块与轴套待装配的情况。图6(b)为多拼块装入固定轴，由固定环固定放入模具内，压铸后取下。图6(c)为敲出固定轴和固定环后，取出多拼块的次序
（5）活动螺纹镶块抽出螺纹成型部位		图7为成型铸件的内螺纹结构。在铸件上，成型螺孔采用机动抽芯时，模具结构复杂，采用活动镶块可简化模具结构。 由于结构上的需要，活动镶块是采用型芯3、4连接组成，放入模后，由动、定模合紧。开模后，活动镶块与铸件同时推出，在模外将型芯4夹紧，并转动螺纹型芯3，利用型芯4上 K 处成型的铸件筋可以止转，将螺纹旋出活动镶块的螺纹间，应进行精加工和抛光，以减少手动旋卸时的力矩。 对于成型铸件外螺纹，也可采用螺纹环型芯放入模具压铸成型，然后与铸件一起推出，再用专用夹具旋出铸件

（a）压铸状态　　（b）取出活动镶块的夹具

图5
1—推杆；2—动模；3—动模型芯；4—定模；5—活动镶块；
6—推出块；7—夹具座

图6
1—镶块固定轴；2—镶块固定环；3～6—内凹镶块

图7
1—定模；2—动模；3—螺纹型芯；4—带筋（K 处）型芯；5—推杆

4.4.10　联合抽芯机构

　　根据压铸件的结构特点，如采用某一种抽芯机构达不到满意效果，应根据实际情况，以经济实用为原则，不应仅局限于某一种结构，可采用多种形式的联合抽芯的结构形式，见表4-72。

表 4-72 联合抽芯机构

类型		结构简图	说 明
带动导槽零件的联合抽芯	液压、导槽圆周辐射联合抽芯	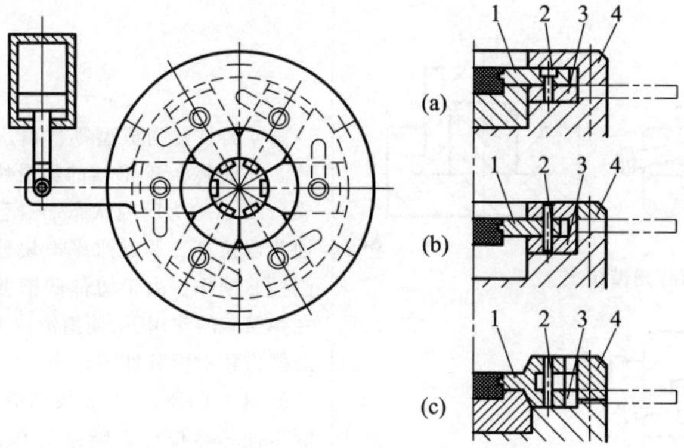 图 1 1—滑块；2—导销；3—导槽板；4—压圈	图 1 为液压、导槽圆周辐射联合抽芯，其结构为液压抽芯器带动导槽板 3 实现圆周抽芯，它也可以用其他抽芯方式带动导槽板实现抽芯，图 1 中(a)、(b)、(c)分别表示了导槽板和导销的不同连接结构形式
	带动导槽滑板的联合抽芯	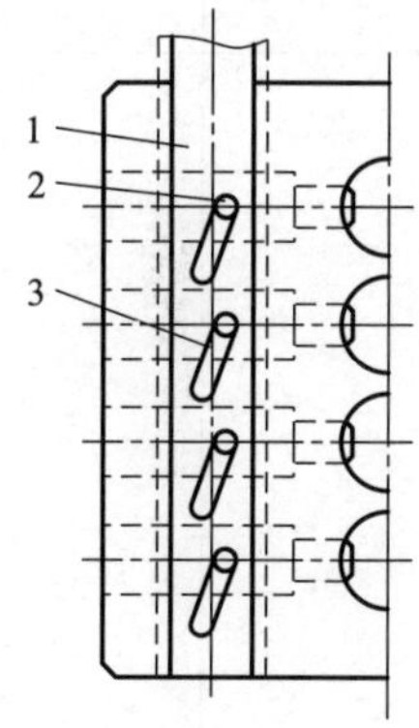 图 2 1—导槽板；2—导销；3—滑块	图 2 中的导槽板 1 可用液压、斜拉杆、弯拉杆等抽芯方式带动，从而完成一排型芯的抽芯
	带动内部摆动型芯的联合抽芯	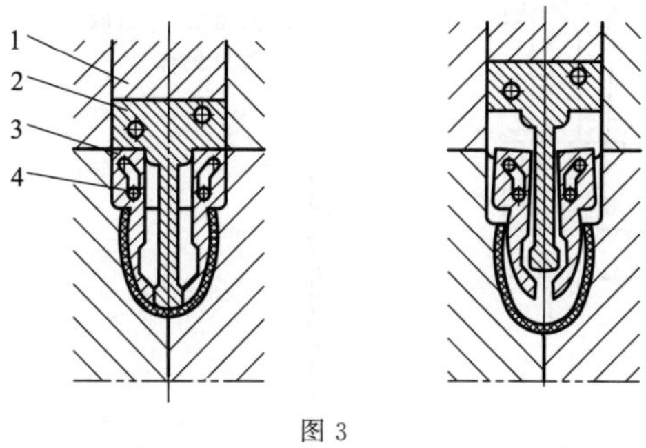 图 3 1—滑块；2—活动型芯；3—摆动型芯；4—回转轴	图 3 铸件内壁两侧成鼓形，采用整体型芯无法抽出，可采用组合型芯分级抽出。在开模时，滑块带动活动型芯 2 向上移动，使脱离摆动型芯 3，同时滑块上回转轴 4 在摆动型芯 3 的槽内移动，使摆块型芯内部收缩从而脱出。其结构的滑块可用斜拉杆、弯拉杆、齿轴齿条等抽芯方式带动实现抽芯

类型	结构简图	说　明
内侧凹液压、斜滑块联合抽芯	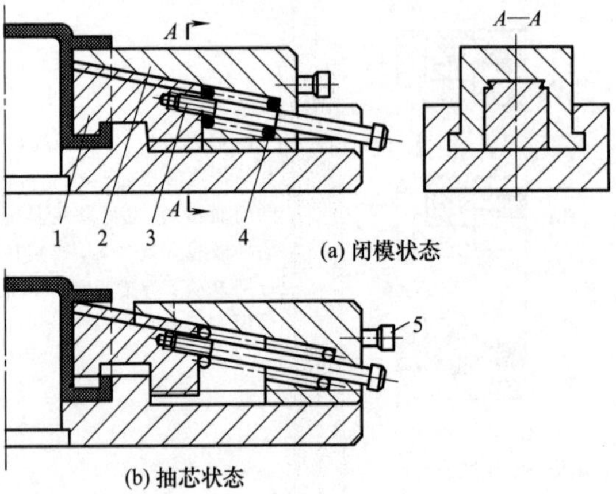 (a) 闭模状态 (b) 抽芯状态 图 4 1—斜滑块；2—滑块型芯；3—螺钉；4—弹簧；5—抽芯器拉杆	图 4 铸件侧向成型零件由水平滑块型芯 2 和安装在 T 形槽的斜滑块 1 组合而成。图 4(a)为闭模状态，开模后，由液压抽芯器拉杆 5 驱动水平滑块型芯 2 开始侧抽芯动作。由于铸件凹槽壁的阻碍而在弹簧 4 的作用下，使斜滑块 1 沿斜向导滑槽作相对上移抽芯动作。 　如图 4(b)所示，当完成侧抽芯动作后，液压抽芯器拉杆 5 继续后移，侧抽芯全部结束
推出式和液压抽芯器联合抽出内型芯的结构形式	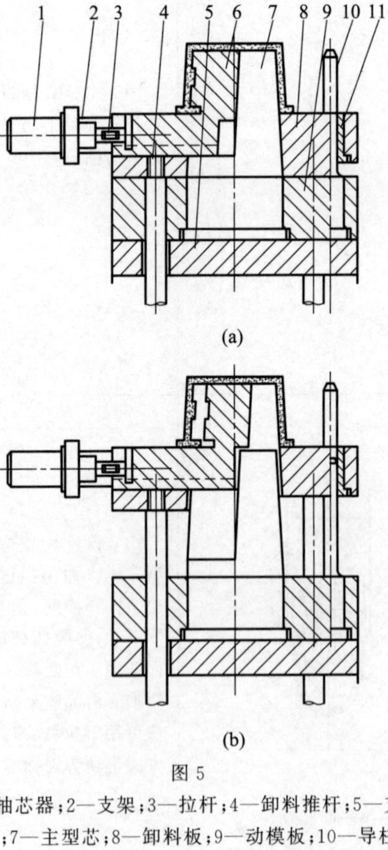 (a) (b) 图 5 1—液压抽芯器；2—支架；3—拉杆；4—卸料推杆；5—支承板； 6—内侧型芯；7—主型芯；8—卸料板；9—动模板；10—导柱；11—导套	如图 5 所示，内侧型芯 6 安装在卸料板 8 的 T 形导滑槽内，并以主型芯 7 的斜面定位。开模后，卸料推杆 4 推动卸料板 8，在压铸件脱离主型芯 7 的过程中，液压抽芯器 1 逐渐向内侧的脱离方向推动内侧型芯 6，完成内侧抽芯动作，使压铸件脱离模体落下

类型	结构简图	说　明
弯销液压抽芯器复式抽芯	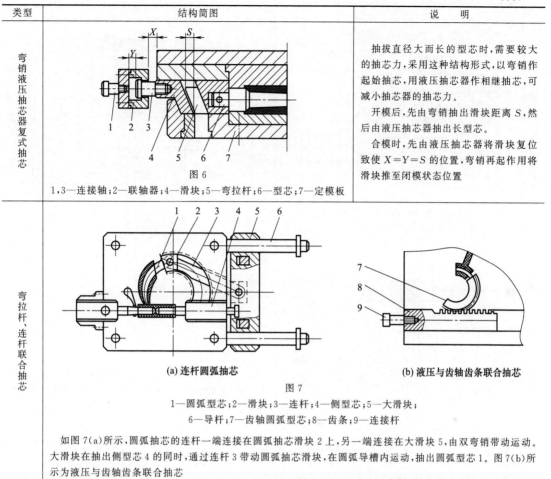	抽拔直径大而长的型芯时,需要较大的抽芯力,采用这种结构形式,以弯销作起始抽芯,用液压抽芯器作相继抽芯,可减小抽芯器的抽芯力。 开模后,先由弯销抽出滑块距离 S,然后由液压抽芯器抽出长型芯。 合模时,先由液压抽芯器将滑块复位致使 $X=Y=S$ 的位置,弯销再起作用将滑块推至闭模状态位置

图 6

1,3—连接轴;2—联轴器;4—滑块;5—弯拉杆;6—型芯;7—定模板

类型	结构简图
弯拉杆、连杆联合抽芯	(a) 连杆圆弧抽芯　　(b) 液压与齿轴齿条联合抽芯 图 7 1—圆弧型芯;2—滑块;3—连杆;4—侧型芯;5—大滑块; 6—导杆;7—齿轴圆弧型芯;8—齿条;9—连接杆

如图 7(a)所示,圆弧抽芯的连杆一端连接在圆弧抽芯滑块 2 上,另一端连接在大滑块 5,由双弯销带动运动。大滑块在抽出侧型芯 4 的同时,通过连杆 3 带动圆弧抽芯滑块,在圆弧导槽内运动,抽出圆弧型芯 1。图 7(b)所示为液压与齿轴齿条联合抽芯

4.4.11　脱螺纹机构

脱螺纹机构见表 4-73。

表 4-73　脱螺纹机构

类型	结构简图	类型	结构简图
模外卸螺纹结构	图 1 1—推板;2—楔板;3,7—弹簧;4—推杆;5—活动板; 6—卡销;8—动模;9—螺纹型芯	齿条齿轮传动脱螺纹	图 2 1—轴;2—齿条;3—齿轮;4～7—齿轮; 8—螺纹型芯;9—分流锥

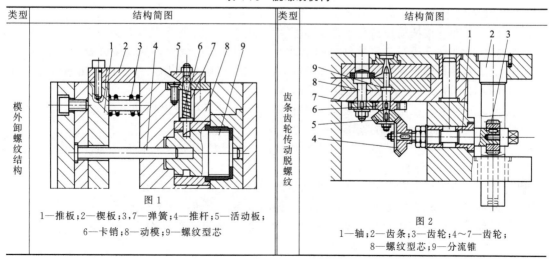

类型	结构简图	类型	结构简图
液压抽芯器驱动齿条齿轮脱螺纹	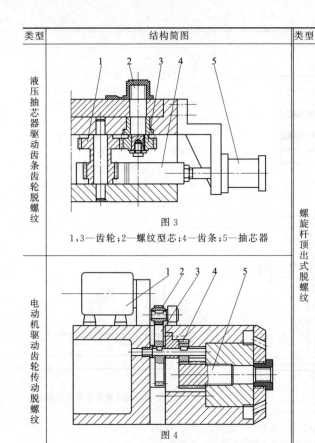 图3 1,3—齿轮;2—螺纹型芯;4—齿条;5—抽芯器	螺旋杆顶出式脱螺纹	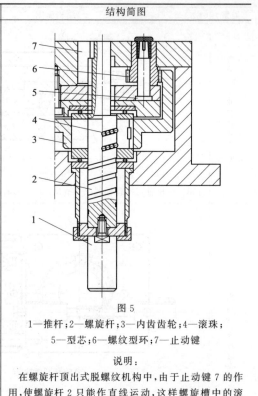 图5 1—推杆;2—螺旋杆;3—内齿齿轮;4—滚珠; 5—型芯;6—螺纹型环;7—止动键 说明: 　在螺旋杆顶出式脱螺纹机构中,由于止动键7的作用,使螺旋杆2只能作直线运动,这样螺旋槽中的滚珠4迫使内齿齿轮转动,再传动螺纹型环6,从而实现脱外螺纹
电动机驱动齿轮传动脱螺纹	图4 1—电动机;2~4—齿轮;5—螺纹型芯		

4.5　压铸模推出机构的设计

4.5.1　推出机构的组成、分类及设计要点

（1）推出机构的组成

推出机构的组成如图4-55所示。

① 推出零件直接推动压铸件脱落,如推杆、推管、卸料板及成型推块等。

② 复位零件在合模时,将推件机构准确地回复到原来的位置,如复位杆及卸料板等。

③ 限位零件是调整和控制复位装置的位置,起止退限位作用,并保证推出过程中,受压射力作用时不改变位置,如限位钉及挡圈等。

④ 导向零件引导推出机构往复运动的移动方向,并承受推出构件等构件的重量,防止移动时倾斜,如推板导柱和导套等。

⑤ 结构零件将推出机构的各零件组装成一体,如推杆固定板、推板、螺钉等连接件。

（2）推出机构的分类

① 按推出机构的驱动方式分为:机动推出、液压推出和手动推出。

② 按推出的运动方式分为:直线推出、斜向推出、旋转推出和摆动推出。

③ 按推出机构的结构形式分为:推杆推出、推管推出、推件板推出、推杆、推管、推件板联合推出及其他形式的推出机构等。

④ 按推出机构的运动特点分为：一次推出、二次推出、多次顺序分型脱模机构以及定模推出机构等。

（3）推出机构的设计要点

1）推出距离的确定

推出零件的距离是在推出零件的作用下，铸件与其成型零件表面的直线位移或角位移，应能保证压铸件从模具中顺利取出。其推出距离计算如图 4-56 所示。

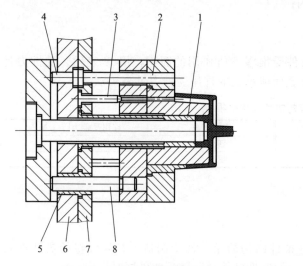

图 4-55　推出机构的组成
1—推管；2—复位杆；3—推杆；
4—挡钉；5—推板导套；6—推板；
7—推杆固定板；8—推板导柱

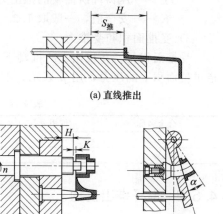

（a）直线推出

（b）旋转推出　　　　（c）摆动推出

图 4-56　推出距离计算图

① 直线推出 ［图 4-56（a）］

当 $H \leqslant 20 \mathrm{mm}$ 时，　　　　　　$S_{推} \geqslant H + (3 \sim 5)$ 　　　　　　　　（4-47）

当 $H > 20 \mathrm{mm}$ 时，　　　　　　$\dfrac{1}{3} H \geqslant S_{推} \leqslant H$ 　　　　　　　　　（4-48）

使用斜钩推杆时，　　　　　　　$S_{推} \geqslant H + 10$ 　　　　　　　　　　（4-49）

式中　H——滞留铸件的最大成型长度，当凸出成型部分为阶梯形时，H 值以各阶梯中最长一段计算，mm；

　　　$S_{推}$——直线推出距离，当出模斜度小或成型长度较大时，$S_{推}$ 取偏大值，mm。

② 旋转推出 ［图 4-56（b）］

$$n_{推} \geqslant \frac{H + K}{T} \tag{4-50}$$

式中　$n_{推}$——旋转推出转数，r；

　　　H——成型螺纹长度，mm；

　　　T——螺纹导程，mm；

　　　K——安全值，一般取 $3 \sim 5 \mathrm{mm}$。

③ 摆动推出 ［图 4-56（c）］

$$\alpha_{推} \geqslant \alpha + \alpha_{K} \tag{4-51}$$

式中　$\alpha_{推}$——推出摆动角度，（°）；

　　　α——铸件旋转面夹角，（°）；

α_K——安全值，一般取 $3°\sim5°$。

2）推出力的确定

在推出过程中，使铸件脱出成型零件时所需要的力，即为推出力。推出力按下式计算：

$$F_推 \geqslant KF \tag{4-52}$$

式中 $F_推$——压铸机顶出器的推出力，N；

F——压铸件所需要的推出力，N；

K——安全值，一般取 1.2。

3）受推面积和受推力

受推面积是指在推出力的推动下，铸件受推零件所作用的面积，用 A 表示。受推力是指单位面积上的压力，用 p 表示。不同合金所能承受的许用受推力见表 4-74。

表 4-74 推荐的铸件许用受推力 $[p]$

合金名称	许用受推力 $[p]$/MPa	合金名称	许用受推力 $[p]$/MPa
锌合金	40	镁合金	30
铝合金	50	铜合金	50

4.5.2 推杆推出机构

（1）推杆推出机构的组成

推杆推出机构的组成见图 4-57。推杆推件结构简单，便于制造，布局调整的灵活性较大，修理方便，易于更换。在浇道余料部位设置推杆使余料随压铸件同时推出。

（2）推杆推出部位的设置要点

① 推杆应分布合理，使铸件各部位受推力均衡。

② 铸件有深腔和包紧力大的部位，要选择推杆合适的直径和数量，同时推杆兼排气、溢流作用。

③ 避免在铸件重要表面和基准表面设置推杆，可以在增设的溢流槽上设置推杆。

④ 必要时，在浇道上合理设置推杆；有分流锥时，在分流锥部位设置推杆。

⑤ 有侧抽芯结构的模具，推杆的推出位置尽可能避免与侧型芯复位动作发生干涉。

⑥ 推杆应设置在脱模阻力较大的部位，同时应考虑模具成型零件有足够的强度。如图 4-58 中的侧壁厚度 S 应大于 3mm。

⑦ 一般推杆直径 d 应比成型尺寸 d_0 小 $0.4\sim0.6$mm。推杆边缘与型芯壁间应保持距离 δ，并有一个小台阶，以避免窜入金属，见图 4-58。

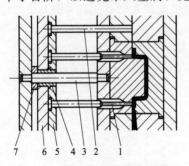

图 4-57 推杆推出机构的组成

1—推杆；2—复位杆；
3—推板导柱；4—推板导套；
5—推杆固定板；6—推板；7—挡圈

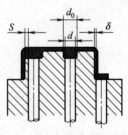

图 4-58 推杆位置设置

⑧ 推杆零件的设置原则见表 4-75。

表 4-75 推杆零件的设置原则

图 例	设置原则	图 例	设置原则
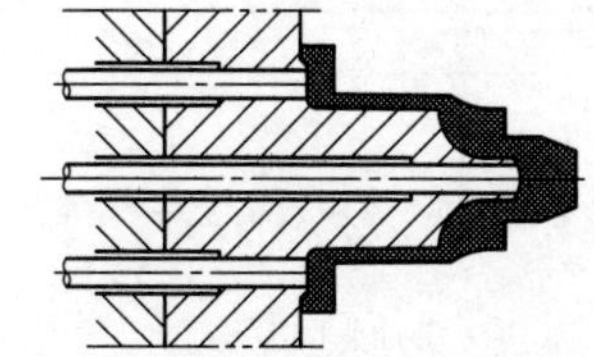	推杆设置在受铸件包紧力成型部位周围及分流锥的头部	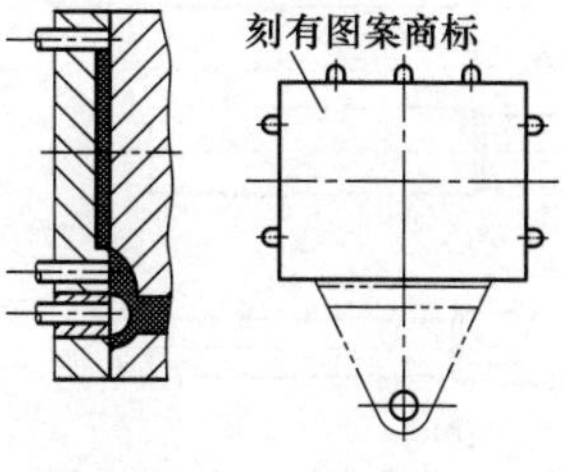 刻有图案商标 (a) (b)	避免在铸件的装饰表面设置推杆零件,而应设置在工艺凸台上,以避免推杆痕迹对铸件商标图案的影响
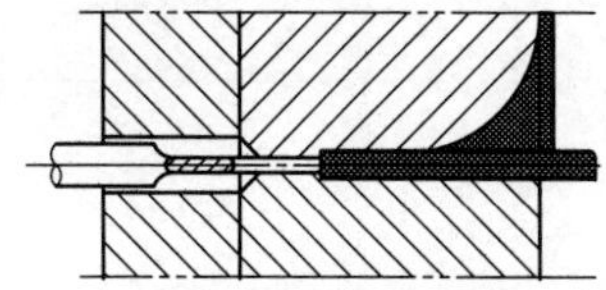	推杆设置在出模斜度小和狭窄深腔部位	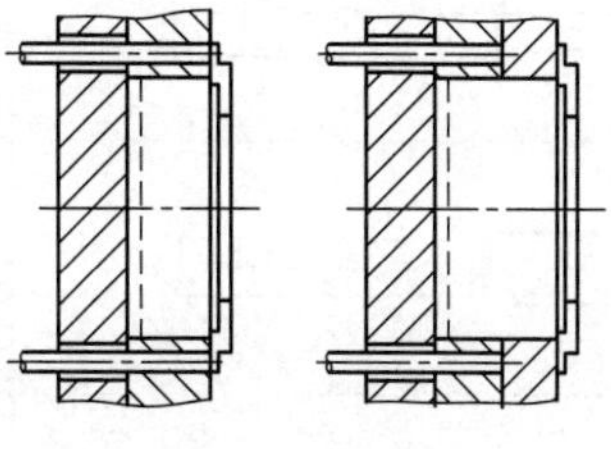 (a) (b)	铸件基准面上设置推杆,因推杆痕影响基准面精度[图(a)];改为推板推出,基准面平整无痕[图(b)]
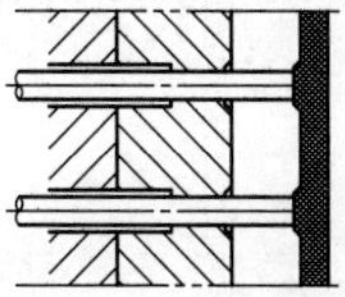	推杆设置在铸件凸台部位	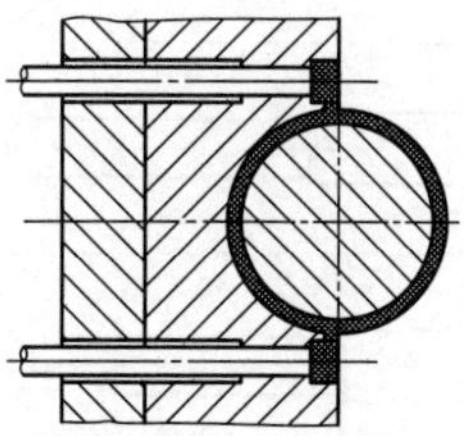	推杆设置在溢流槽上,避免推杆与侧抽芯合模时发生"干涉"。中间型芯由抽芯机构抽出
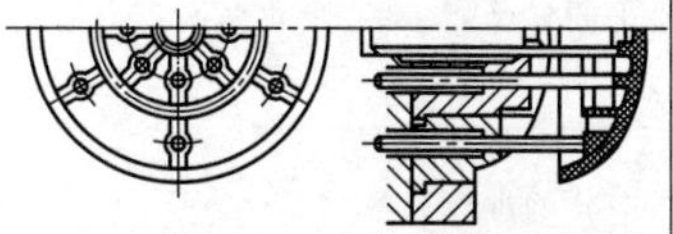	在铸件的加强筋和强度较好的部位设置推杆零件	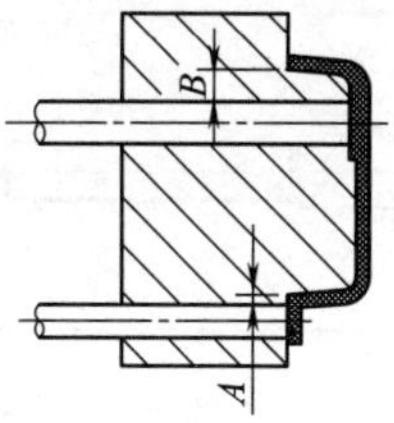	应考虑到模具的强度和避免推杆与成型面产生摩擦,须留有修理余地。应满足:$A \geqslant 2mm$;$B = 0.25 \sim 0.5mm$
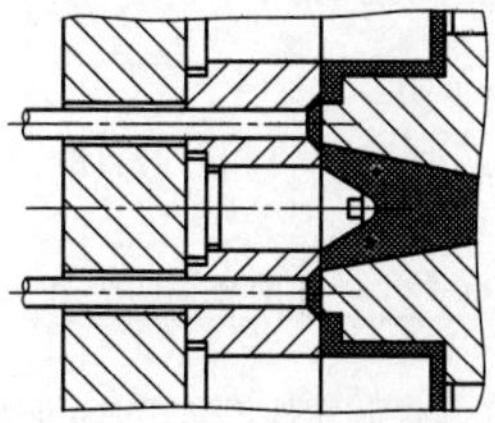	在浇道和分流锥部位应设置推杆	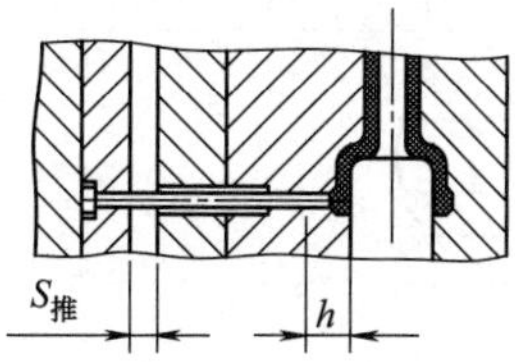 $S_{推}$ h	应控制推出距离,使 $S_{推} < h$,避免与液压抽芯的活动型芯发生干扰
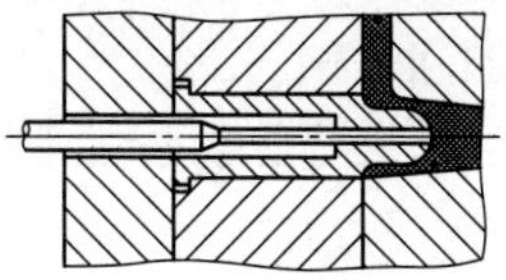	在受铸件包紧力较大的分流锥内孔设置推杆	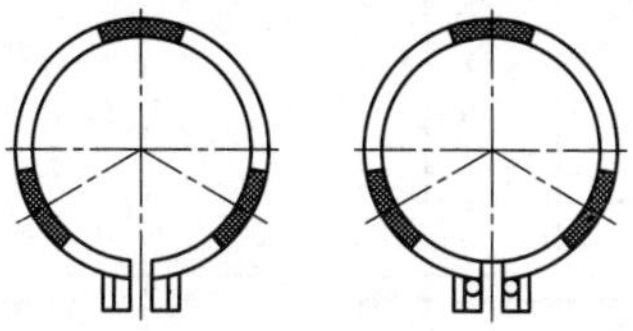	
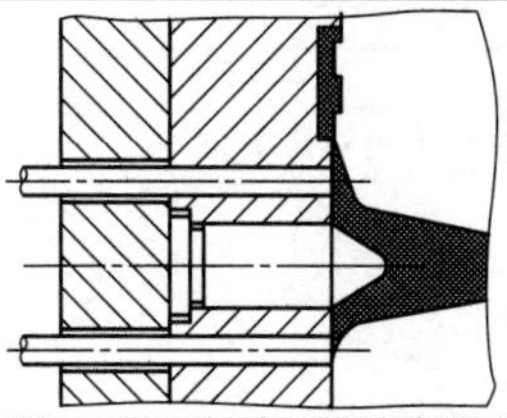	在受铸件包紧力较大的分流锥周围设置推杆		
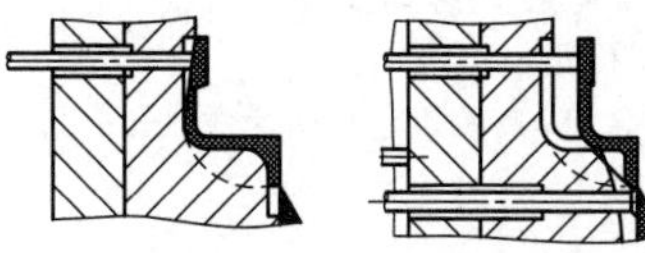 (a) (b)	推杆在铸件的作用部位应对称均匀,防止铸件推出时歪斜造成变形。图(a)铸件在推出时歪斜造成变形,图(b)增设了推杆,铸件受力均匀,避免变形	 (a) (b)	铸件豁开部位推出时容易变形[图(a)]。应将铸件豁开部位做工艺上的连接,并增设推杆,以避免豁开部位变形[图(b)]

（3）推杆的推出端形状与截面

常用的推杆推出端形状及设置要求见表 4-76。其端截面形状见表 4-77。

表 4-76　常用推杆推出端形状及设置要求

名称	图　　例	说　　明
平面形	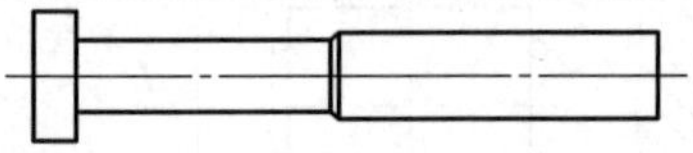 (a) 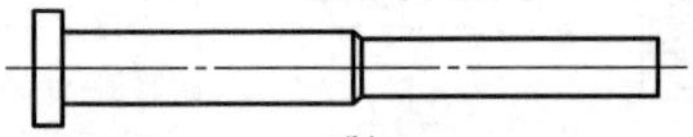 (b)	①设置于铸件的平面、凸台、肋部、浇注及溢流系统等部位,适用范围广泛。 ②直径小于 8mm 时,其后部应考虑加强[图(b)]
圆锥形	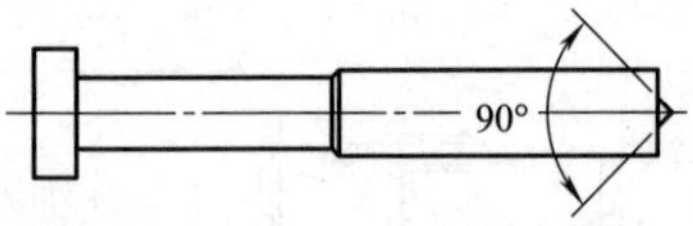 90° 90°	①铸件要求有供钻孔的定位锥坑。 ②直径一般大于 8mm
	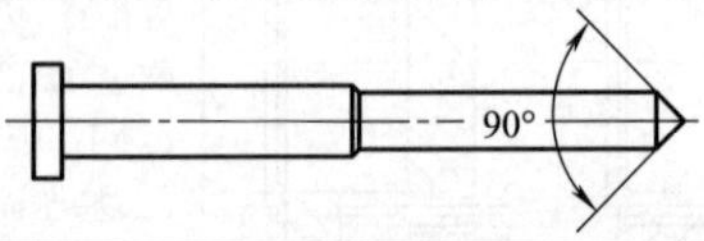	①设置于分流锥中心孔内,兼有分流及推出直浇道的作用。 ②直径一般小于 10mm
凹面形	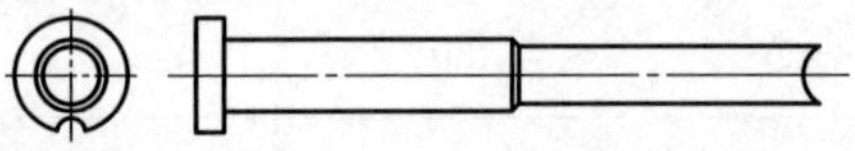	①适应铸件上推出部位的特殊形状。 ②凹面如不以推杆轴线为回转中心,则要求止转。 ③凹面周边锐角应倒钝
凸面形	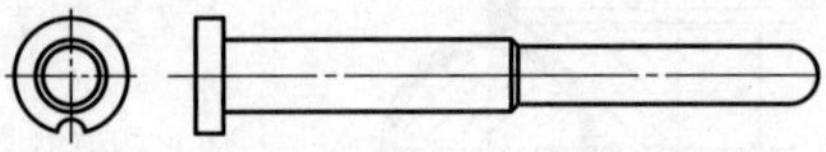	①适应铸件上推出特殊形状的部位。 ②凸面如不以推杆轴线为回转中心,则要求止转
削扁形	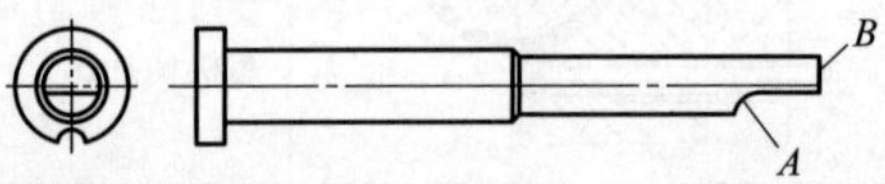 B A	①设置于深而薄带肋的铸件。 ②平面 A 构成肋的一部分侧面,与肋有相同的斜度,平面 B 承受推出力。 ③要避免两侧削扁,特定情况下允许二削扁平面垂直相交
斜钩形	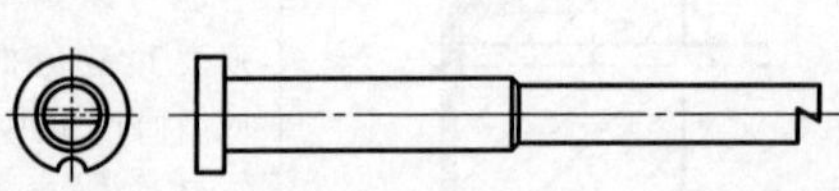	①帮助铸件脱离定模。 ②卧式压铸机上压射冲头在开模时无外伸动作时,可使余料脱离浇口套。 ③合模时其端面不得超过推杆孔端面。 ④采用两个以上斜钩时,为保持斜钩方向一致,则要求止转

表 4-77　推杆推出端常用截面形状

名称	图　　例	说　　明
圆形	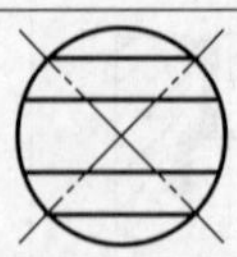	①一般推杆直径为 3～16mm,大直径的可达 40mm。 ②制造与维修方便,应用广泛
方形	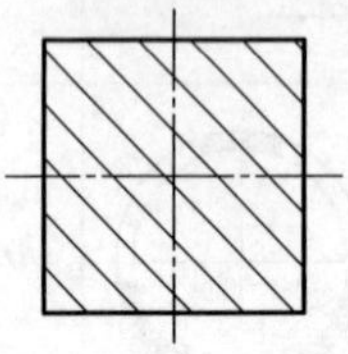	①推杆方孔整体做出时,四角应避免锐角,防止镶块孔四角应力集中,如设置于镶拼线边上时可不倒角。 ②推杆推出端截面为长方形时,一般长短边之比不大于 6mm,短边不小于 2mm。 ③推出铸件的凸台、肋等
长方形	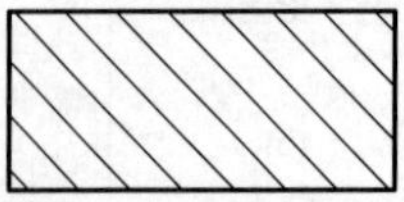	

名称	图　例	说　明
半圆形	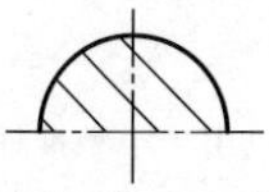	①推出力与推杆中心略呈偏心。 ②用于推杆位置受到局限的场合
扇形		①内半径处避免锐角。 ②加工比较困难。 ③可取代部位推管推出铸件,以避免与分型面上横向型芯发生干扰
长圆形	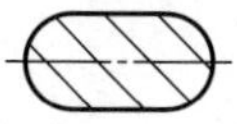	①对动模镶块上的推杆孔要求较低。 ②强度高。 ③如采用长方形推杆而长方形孔整体做出时,可用长圆形代替加工较容易
平圆形		用于厚壁筒形零件,可代替扇形推杆,简化加工工艺,消除应力集中现象

（4）推杆的固定形式

推杆常见的固定形式见表 4-78。

表 4-78　推杆的固定形式

序号	图　例	说　明
1	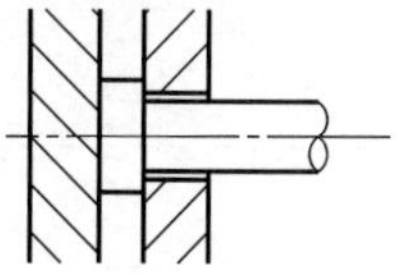 (a) 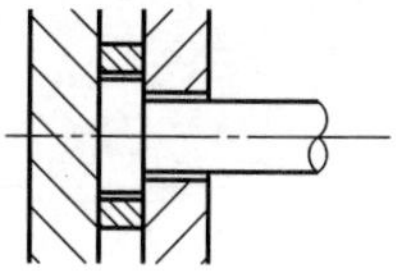 (b)	图(a)采用推板和推杆固定板将推杆台肩部位夹紧,但要求台肩厚度尺寸应较严格控制。 　图(b)在推板与固定板之间用垫圈控制,使推杆允许有少量轴向窜动,一般较常用
2	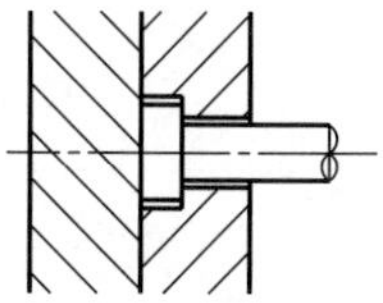	推杆台肩与推杆固定板沉孔配合,最常见应用的形式
3	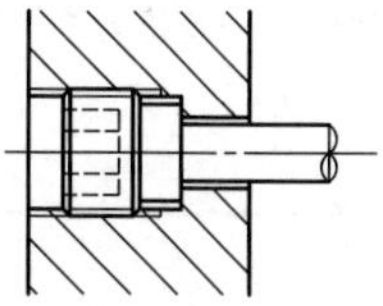	用螺钉顶紧推杆,推力由螺钉承受。适用于台肩直径小于 12mm 的推杆。这种形式可省去推杆固定板
4	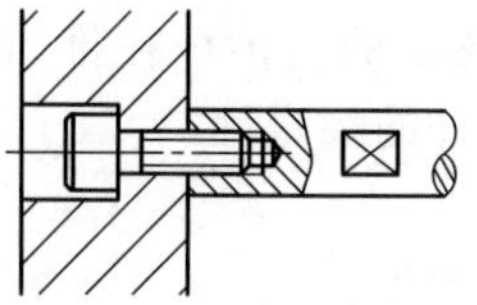	用螺钉拧紧推杆,适用于推杆直径大于 12mm 的场合,可省去推杆固定板

序号	图 例	说 明
5	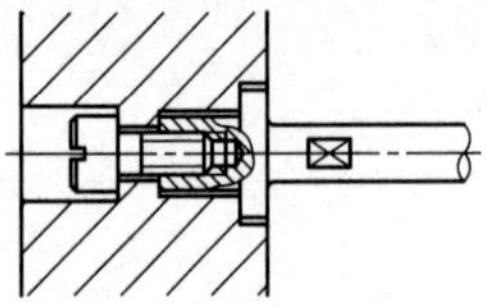	端部加大沉入后用螺钉拧紧,适用于小型推杆,但推杆用料较多,也可省去推杆固定板
6	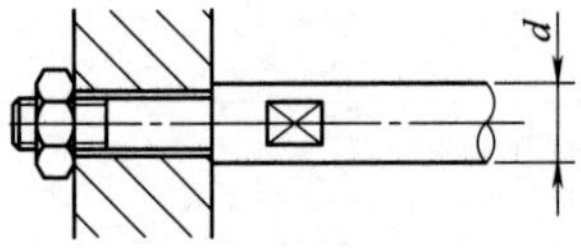 (a) 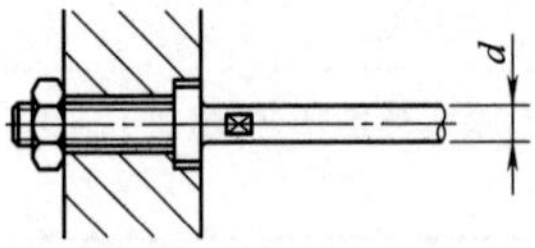 (b)	图(a)用螺母紧固,适用于杆部直径 d 大于 12mm 的场合。 图(b)适用于杆部直径 d 为 $\phi6\sim10$mm 的推杆
7	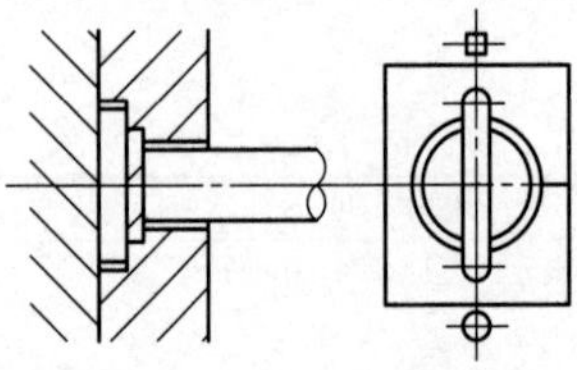	①推杆仅能顺着键、销轴线方向活动。 ②止转键可为方形,也可用圆柱销。 ③长槽开设在推杆尾部台阶的端面上,长槽可以过中心,也可以不过中心
8	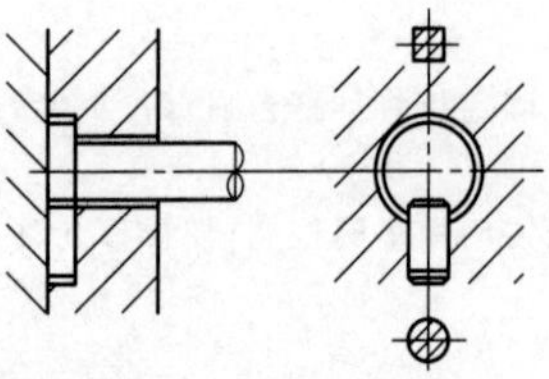	单面键止转,推杆在孔内活动度比前一种形式大
9	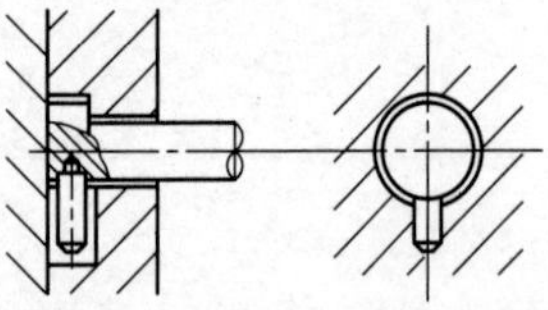	止转设置在推杆尾端,推杆固定板为不通孔槽
10	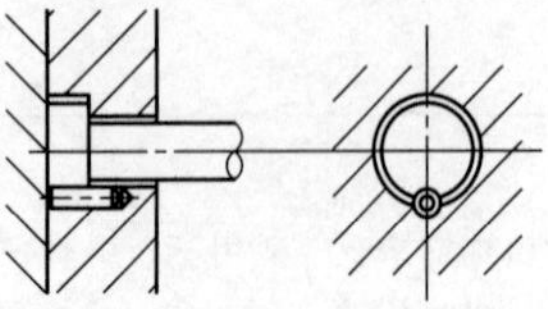	采用轴向设置销钉防止推杆转动,一般较为常用的形式

(5) 推杆的尺寸

推杆直径是按推杆端面在铸件上允许承受的受推力 p 决定的。推杆在推出铸件的过程中,受到轴向压力,因此必须计算推杆的直径,同时校准推杆的稳定性。

① 推杆截面积计算

推杆前端截面积计算公式如下,推杆的直径也可由下式求得:

$$A=\frac{F_{推}}{n[p]} \tag{4-53}$$

式中　A——推杆前端截面积，mm^2；

　　$F_{推}$——推杆承受的总推力，N；

　　n——推杆根数；

　　$[p]$——许用受推力，见表 4-74。

根据计算式（4-53），当 $n=1$ 时，绘制图 4-59 所示的推杆直径与推出力的关系图，供设计时查用。

查用实例：

已知 $F_{推}=20000N$、$n=4$ 的铝合金铸件，求推杆直径。

先求出一根推杆的受力，$F_{推}=20000/4=5000N$，查横坐标 5000 处，向上交于铝合金曲线一点，再在纵坐标上查得推杆直径约 $\phi11mm$，取 $\phi12mm$。

② 推杆稳定性

为了保证推杆的稳定性，需根据单个推杆的细长比调整推杆的截面积。

推杆承受静压力下的稳定性可由下式计算：

$$K_{稳}=\eta\frac{EJ}{F_{推}l^2} \tag{4-54}$$

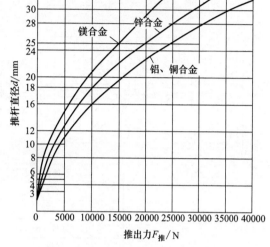

图 4-59　推杆直径与推出力关系图

式中　$K_{稳}$——稳定安全系数，钢取 $1.5\sim3$；

　　η——稳定系数，其取值 20.19；

　　E——弹性模数，N/cm^2，钢取 $E=2\times10^7 N/cm^2$；

　　$F_{推}$——推杆承受的实际推力，N；

　　l——推杆全长，mm；

　　J——推杆最小截面积处的抗弯截面矩量，cm^4。

J 的计算为：

圆截面　　　　　　　　　　　　$J=hd^4/64$ 　　　　　　　　　　　　(4-55)

方截面　　　　　　　　　　　　$J=a^4/12$ 　　　　　　　　　　　　(4-56)

矩形截面　　　　　　　　　　　$J=a^3b/12$ 　　　　　　　　　　　(4-57)

式中　d——圆形推杆直径，cm；

　　a——方形推杆边长或矩形推杆短边长，cm；

　　b——矩形推杆长边长，cm。

（6）推杆的配合

推杆的配合要求见表 4-79。

4.5.3　推管推出机构

推管推出机构的运动方式与推杆基本相同，推管推出元件呈管状，设置于型芯外围，以推出铸件，具有使铸件推出部位平整，顶出平稳，不容易变形等优点。

（1）推管机构的类型及应用

推管机构的类型及应用见表 4-80。

表 4-79 推杆的配合要求

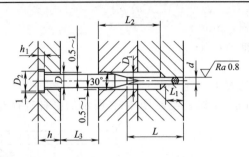

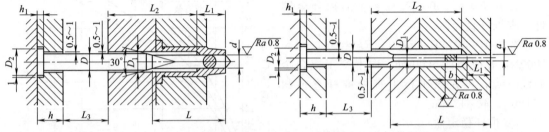

配合部位	配合精度及参数	说 明
推杆与孔的配合精度	H7/f7	用于压铸锌合金时的圆形截面推杆
	H7/e8	用于压铸铝合金时的圆形截面推杆
	H7/d8	用于压铸铜合金时的圆形截面推杆
	H8/f9	用于压铸锌铝合金时的非圆形截面推杆
推杆与孔的导滑长度的最小值 L_1/mm	$d<5, L_1=15$ $d=5\sim8, L_1=3d$ $d=8\sim12, L_1=(3\sim2.5)d$ $d>12, L_1=(2.5\sim2)d$	
推杆加强段的直径 D/mm	$d\leqslant6, D=d+4$ $10\geqslant d>6, D=d+2$ $d>10, D=d$	用于圆形截面推杆
	$D\geqslant\sqrt{a^2+b^2}$	用于非圆截面推杆
推杆前端长度 L/mm	$L=L_1+L_推+10\leqslant10d$	$L_推$ 为推出距离
推出距离 L_3/mm	$L_3=L_推+5, L_2>L_3$	保护导滑孔
推杆固定板厚度 h/mm	$15\leqslant h\leqslant30$	
推杆台肩直径与厚度 D_2、h_1/mm	$D_2=D+6$ $h_1=4\sim8$	

表 4-80 推管机构的类型及应用

图 例	说 明
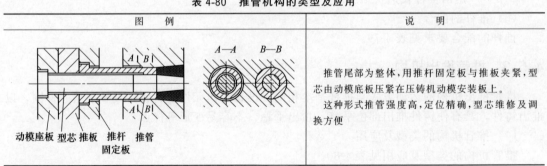 动模座板 型芯 推板 推杆 推管 固定板	推管尾部为整体，用推杆固定板与推板夹紧，型芯由动模底板压紧在压铸机动模安装板上。 这种形式推管强度高，定位精确，型芯维修及调换方便

图　例	说　明
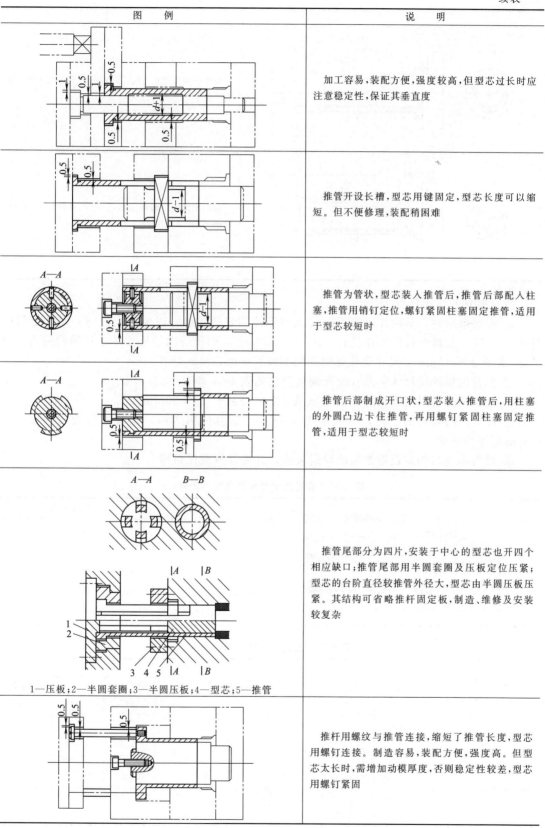	加工容易,装配方便,强度较高,但型芯过长时应注意稳定性,保证其垂直度
	推管开设长槽,型芯用键固定,型芯长度可以缩短。但不便修理,装配稍困难
	推管为管状,型芯装入推管后,推管后部配入柱塞,推管用销钉定位,螺钉紧固柱塞固定推管,适用于型芯较短时
	推管后部制成开口状,型芯装入推管后,用柱塞的外圆凸边卡住推管,再用螺钉紧固柱塞固定推管,适用于型芯较短时
1—压板;2—半圆套圈;3—半圆压板;4—型芯;5—推管	推管尾部分为四片,安装于中心的型芯也开四个相应缺口;推管尾部用半圆套圈及压板定位压紧;型芯的台阶直径较推管外径大,型芯由半圆压板压紧。其结构可省略推杆固定板,制造、维修及安装较复杂
	推杆用螺纹与推管连接,缩短了推管长度,型芯用螺钉连接。制造容易,装配方便,强度高。但型芯太长时,需增动模厚度,否则稳定性较差,型芯用螺钉紧固

续表

图　例	说　明
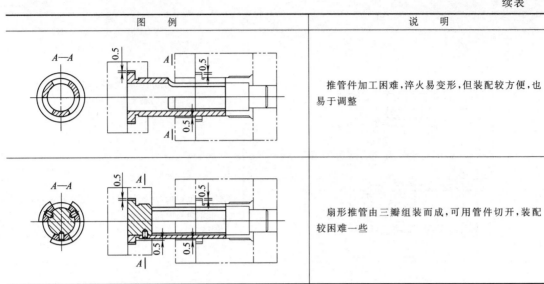	推管件加工困难,淬火易变形,但装配较方便,也易于调整
	扇形推管由三瓣组装而成,可用管件切开,装配较困难一些

（2）推管的设计要点

① 推管推出时,其内外表面不应与成型零件的表面接触,以免相互擦伤。设计推管的外径尺寸 D 应比筒形铸件的外径 D_0 小 0.5～1.2mm,而推管内径尺寸 d 应比铸件的内径尺寸 d_0 大 0.2～0.5mm。尺寸变化处用圆角 R 0.15～0.12mm 过渡。

② 推管的内外径尺寸关系及配合偏差分别见表 4-81 和表 4-82。

③ 推管的导滑封闭段长度 L 计算式为: $L=(S_{推}+10)\geqslant 20$mm。

④ 推管应有相应的壁厚,一般取 1.5～6mm 的范围内选取。推管内径通常在 ϕ10～60mm 范围内选取。

⑤ 推管推出机构应设置推板的导向装置,并需设置复位机构。

表 4-81　推管的非导滑部位推荐尺寸

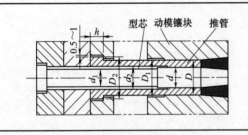

部　位	尺寸关系
动模镶块扩孔	$D_1=D+(1\sim2)$
推管扩孔	$d_2=d+(0.5\sim1)$
型芯缩小段	$d_1=d-(0.5\sim1)$
推管尾部外径	$D_2=D+(6\sim10)$
推管尾部台肩厚度	$h=5\sim10$

表 4-82　推管内、外径配合要求

公称尺寸	内　径 H8	外　径 锌合金 f7	外　径 铝合金 e8	外　径 铜合金 d8	公称尺寸	内　径 H8	外　径 锌合金 f7	外　径 铝合金 e8	外　径 铜合金 d8
≤10	+0.022	−0.013 −0.028	−0.025 −0.047	−0.040 −0.062	>30～40	+0.039 0	−0.025 −0.050	−0.050 −0.089	−0.080 −0.119
>10～18	+0.027	−0.016 −0.034	−0.032 −0.059	−0.050 −0.077	>40～50				
>18～30	+0.033	−0.020 −0.041	−0.040 −0.073	−0.065 −0.098					

4.5.4　推叉推出机构

推叉推出机构是推管机构的派生形式。其机构组成与推管机构相同,当不便于采用推管机构时,可采用推叉机构。推叉推出机构常见结构形式见表 4-83。

表 4-83　推叉推出机构常见结构形式

形式	图　例	说　明
两叉	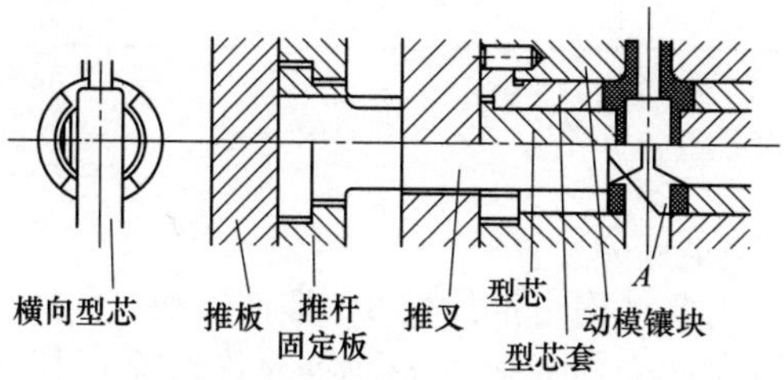 横向型芯　推板　推杆固定板　推叉　型芯　动模镶块　型芯套 (a) 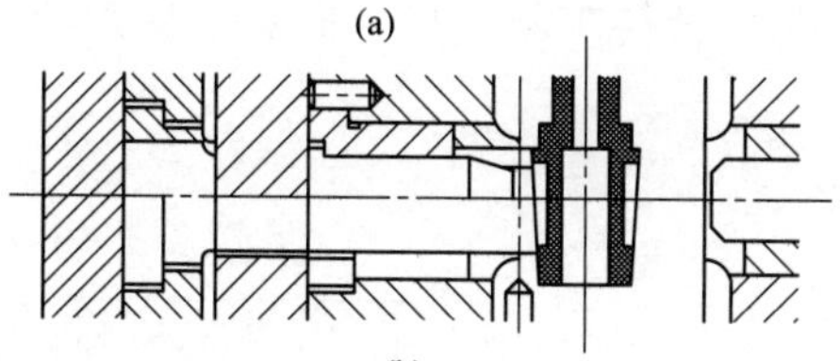 (b)	分型面有横向型芯。铸件两侧斜面 A 由型芯套与推叉的端面形成。型芯套的两侧有与推叉相应的缺槽作为导向。 　其特点是推叉强度较高,抽芯推出及复位时推叉与横向型芯均不发生干扰
三叉	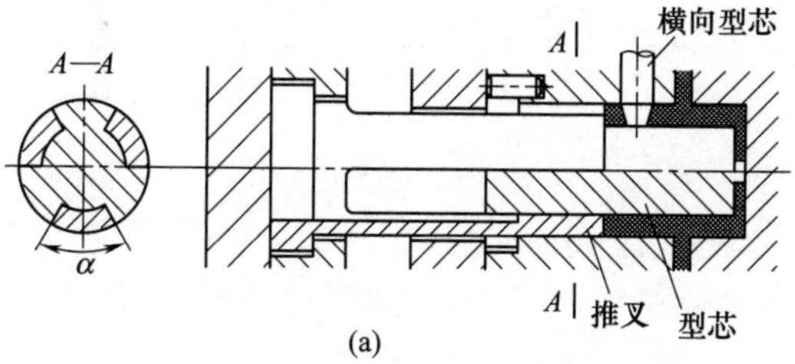 A—A　横向型芯 推叉　型芯 (a) 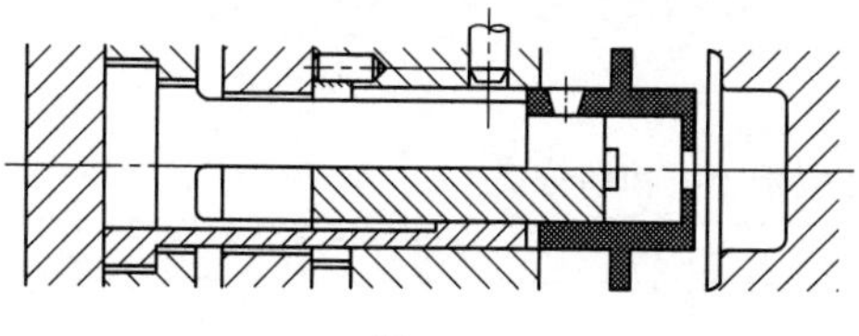 (b)	铸件为圆筒形,横向有型芯。型芯侧面有三条缺槽,作为推叉的导向槽。 　其特点是推叉、型芯制造精度高,要求互换,且推出力均衡

推叉的叉数选择应根据分型面上横向型芯的数目,或铸件形状的要求而定,也可根据推叉所包围的型芯直径而定。

不同型芯直径的推叉推荐数值见表 4-84。当叉数超过 3 片时,可采用组合推叉,用固定板固定,见表 4-85。

表 4-84　不同型芯直径的推叉数

型芯直径/mm	叉数	叉所对圆心角/(°)	型芯直径/mm	叉数	叉所对圆心角/(°)
10～20	2	90	>30～50	4	45
>20～30	3	60	>50	6	30

表 4-85 组合推叉及定位板

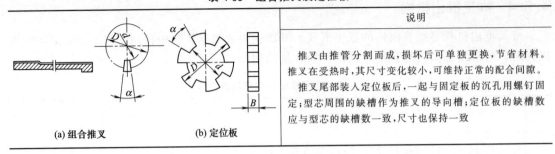

	说明
(a) 组合推叉　　　(b) 定位板	推叉由推管分割而成,损坏后可单独更换,节省材料。推叉在受热时,其尺寸变化较小,可维持正常的配合间隙。 推叉尾部装入定位板后,一起与固定板的沉孔用螺钉固定;型芯周围的缺槽作为推叉的导向槽;定位板的缺槽数应与型芯的缺槽数一致,尺寸也保持一致

4.5.5 推件板推出机构

（1）推件板推出机构的组成

推件板推出机构的组成如图 4-60 所示。主要结构由推件板 3、推件镶块 2、推杆 6 和推板 7 等零件组成。推件板推出适用于薄壁的大型壳体或铸件表面不允许留有推杆痕迹的铸件。推件板与压铸件接触面积大,推出力均匀,铸件不易变形。但对于复杂型芯加工困难,模具涂刷涂料不方便。

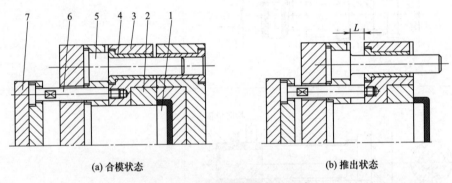

(a) 合模状态　　　　　　　　　　　(b) 推出状态

图 4-60 推件板推出机构的组成

1—型芯；2—推件镶块；3—推件板；4—导套；5—导柱；6—推杆；7—推板

（2）推件板推出机构的分类

推件板推出机构的分类见表 4-86。

表 4-86 推件板推出机构的分类

分类	名称	图　例	说　明
一般结构	推件板整体式	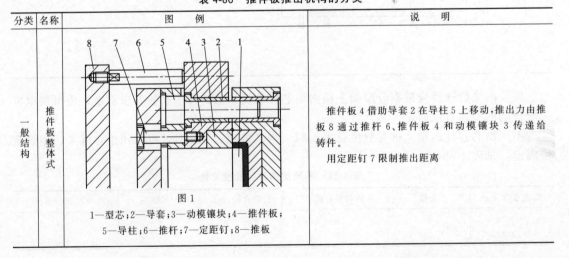 图 1 1—型芯；2—导套；3—动模镶块；4—推件板； 5—导柱；6—推杆；7—定距钉；8—推板	推件板 4 借助导套 2 在导柱 5 上移动,推出力由推板 8 通过推杆 6、推件板 4 和动模镶块 3 传递给铸件。 用定距钉 7 限制推出距离

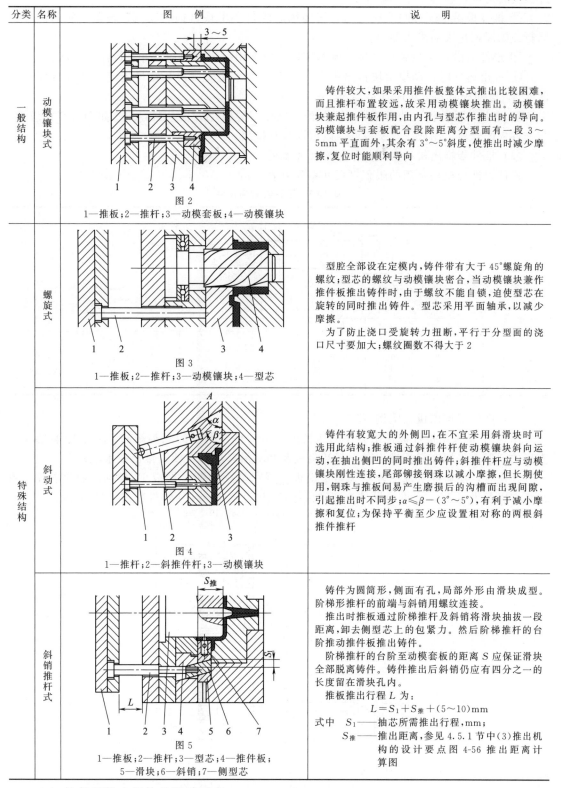

分类	名称	图　例	说　明
一般结构	动模镶块式	图 2 1—推板；2—推杆；3—动模套板；4—动模镶块	铸件较大，如果采用推件板整体式推出比较困难，而且推杆布置较远，故采用动模镶块推出。动模镶块兼起推件板作用，由内孔与型芯作推出时的导向。动模镶块与套板配合段除距离分型面有一段 3～5mm 平直面外，其余有 3°～5° 斜度，使推出时减少摩擦，复位时能顺利导向
特殊结构	螺旋式	图 3 1—推板；2—推杆；3—动模镶块；4—型芯	型腔全部设在定模内，铸件带有大于 45° 螺旋角的螺纹；型芯的螺纹与动模镶块密合，当动模镶块兼作推件板推出铸件时，由于螺纹不能自锁，迫使型芯在旋转的同时推出铸件。型芯采用平面轴承，以减少摩擦。 为了防止浇口受旋转力扭断，平行于分型面的浇口尺寸要加大；螺纹圈数不得大于 2
特殊结构	斜动式	图 4 1—推杆；2—斜推件杆；3—动模镶块	铸件有较宽大的外侧凹，在不宜采用斜滑块时可选用此结构；推板通过斜推件杆使动模镶块斜向运动，在抽出侧凹的同时推出铸件；斜推件杆应与动模镶块刚性连接，尾部铆接钢珠以减小摩擦，但长期使用，钢珠与推板间易产生磨损后的沟槽而出现间隙，引起推出时不同步；$\alpha \leqslant \beta - (3° \sim 5°)$，有利于减小摩擦和复位；为保持平衡至少应设置相对称的两根斜推件推杆
特殊结构	斜销推杆式	图 5 1—推板；2—推杆；3—型芯；4—推件板； 5—滑块；6—斜销；7—侧型芯	铸件为圆筒形，侧面有孔，局部外形由滑块成型。阶梯形推杆的前端与斜销用螺纹连接。 推出时推板通过阶梯推杆及斜销将滑块抽拔一段距离，卸去侧型芯上的包紧力。然后阶梯推杆的台阶推动推件板推出铸件。 阶梯推杆的台阶至动模套板的距离 S 应保证滑块全部脱离铸件。铸件推出后斜销仍应有四分之一的长度留在滑块孔内。 推板推出行程 L 为： $$L = S_1 + S_{推} + (5 \sim 10) \text{mm}$$ 式中　S_1——抽芯所需推出行程，mm； 　　　$S_{推}$——推出距离，参见 4.5.1 节中（3）推出机构的设计要点图 4-56 推出距离计算图

（3）推件板推出机构的设计要点

① 推件推杆应以推出力为中心均匀分布，应尽量增大推件推杆的位置跨度，以达到推

件板受力均衡，移动平稳的效果。

② 推件板沿口配合间隙应合适，避免因间隙过小出现自锁"咬死"现象，而妨碍推出运行或因间隙过大而渗入溶料。

③ 推件板沿口与金属液直接接触的零件，应选用耐热钢制造，并进行淬硬处理。

④ 推出铸件时，动模镶块推出距离 $S_推$ 不得大于动模镶块与动模固定型芯接合面长度的 2/3，以使模具在复位时保持稳定。

⑤ 型芯与推件板（动模镶块）间的配合精度一般取 H7/e8～H8/d7，如型芯直径较大，与推件板配合段可制成 1°～3°斜度，以保证顺利推出。

（4）推件板推出机构常用的限程钉尺寸系列

推件板推出机构常用的限程钉尺寸系列见表 4-87。

表 4-87　限程钉常用尺寸

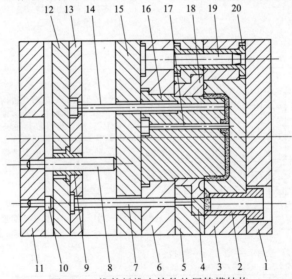

d	d_1	l	d_2	b	H	D	N	t	f	L
12	M8	12	6.2	2	7	18	2	3	1.2	
16	M10	16	7.8	3	8	22	2.5	3.5	1.5	按需要
20	M12	20	9.5	4	8	26	2.5	3.5	1.8	确定长度
24	M16	24	13	4	9	30	3	4	2	
30	M20	32	16.4	5	9	36	3	4	2.5	
36	M24	40	19.5	6	10	42	3	4	3	

（5）推件板推出机构实例

图 4-61 是采用推件板推出铸件的压铸模。压铸件是薄壁的壳类制品。由于外形是较大直径的圆形，采用卸料板推出时，其卸料板及卸料沿口加工方便，推出效果较好。

开模时，压铸件及浇注余料脱离定模板，留在动模一侧。推板 12 推动卸料推杆 7、卸料板 5 以及推杆 14，以推板导柱 8 和动模导柱 19 为导向，使压铸件脱离主型芯 16。

图 4-61　推件板推出铸件的压铸模结构

1—定模座板；2—浇口套；3—定模板；4—浇道镶块；5—卸料板；6—动模板；7—卸料推杆；8—推板导柱；
9—推板导套；10—限位钉；11—动模座板；12—推板；13—推杆固定板；14—推杆；15—支承板；
16—主型芯；17—型芯；18—卸料沿口；19—动模导柱；20—导套

该结构形式，在压铸件脱离主型芯后，与浇注余料一起附着在卸料板的平面上，因此，应减少横浇道余料对卸料板的包紧力，即减少横浇道进、出口的角度，使浇注余料同压铸件一起顺利地脱离卸料板。

合模时，卸料板 5 在触及定模板 3 后，通过卸料推杆 7 驱动推出系统复位。

4.5.6　其他推出机构

其他推出机构是按铸件不同的结构形式或工艺要求设计的特殊推出机构。无固定的结构形式，在设计模具时按具体情况而定，表 4-88 中所列的结构形式供参考。

表 4-88　其他推出机构

分类	名称	图　　例	说　　明
倒抽式推出机构	（1）定模型芯倒抽机构	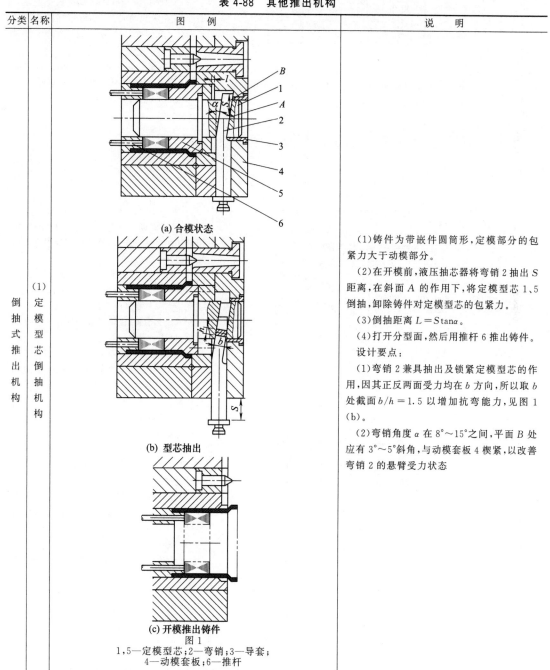 （a）合模状态 （b）型芯抽出 （c）开模推出铸件 图 1 1,5—定模型芯；2—弯销；3—导套； 4—动模套板；6—推杆	（1）铸件为带嵌件圆筒形，定模部分的包紧力大于动模部分。 （2）在开模前，液压抽芯器将弯销 2 抽出 S 距离，在斜面 A 的作用下，将定模型芯 1、5 倒抽，卸除铸件对定模型芯的包紧力。 （3）倒抽距离 $L = S \tan \alpha$。 （4）打开分型面，然后用推杆 6 推出铸件。 设计要点： （1）弯销 2 兼具抽出及锁紧定模型芯的作用，因其正反两面受力均在 b 方向，所以取 b 处截面 $b/h = 1.5$ 以增加抗弯能力，见图 1（b）。 （2）弯销角度 α 在 $8° \sim 15°$ 之间，平面 B 处应有 $3° \sim 5°$ 斜角，与动模套板 4 楔紧，以改善弯销 2 的悬臂受力状态

分类	名称	图 例	说 明
倒抽式推出机构	（2）动模液压缸倒抽机构	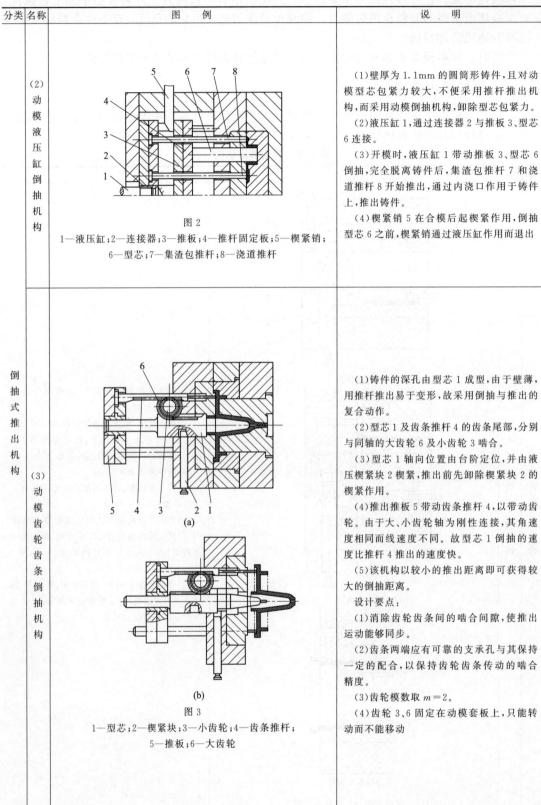图 2 1—液压缸；2—连接器；3—推板；4—推杆固定板；5—楔紧销； 6—型芯；7—集渣包推杆；8—浇道推杆	（1）壁厚为 1.1mm 的圆筒形铸件，且对动模型芯包紧力较大，不便采用推杆推出机构，而采用动模倒抽机构，卸除型芯包紧力。 （2）液压缸 1，通过连接器 2 与推板 3、型芯 6 连接。 （3）开模时，液压缸 1 带动推板 3、型芯 6 倒抽，完全脱离铸件后，集渣包推杆 7 和浇道推杆 8 开始推出，通过内浇口作用于铸件上，推出铸件。 （4）楔紧销 5 在合模后起楔紧作用，倒抽型芯 6 之前，楔紧销通过液压缸作用而退出
	（3）动模齿轮齿条倒抽机构	（a） （b） 图 3 1—型芯；2—楔紧块；3—小齿轮；4—齿条推杆； 5—推板；6—大齿轮	（1）铸件的深孔由型芯 1 成型，由于壁薄，用推杆推出易于变形，故采用倒抽与推出的复合动作。 （2）型芯 1 及齿条推杆 4 的齿条尾部，分别与同轴的大齿轮 6 及小齿轮 3 啮合。 （3）型芯 1 轴向位置由台阶定位，并由液压楔紧块 2 楔紧，推出前先卸除楔紧块 2 的楔紧作用。 （4）推出推板 5 带动齿条推杆 4，以带动齿轮。由于大、小齿轮轴为刚性连接，其角速度相同而线速度不同。故型芯 1 倒抽的速度比推杆 4 推出的速度快。 （5）该机构以较小的推出距离即可获得较大的倒抽距离。 设计要点： （1）消除齿轮齿条间的啮合间隙，使推出运动能够同步。 （2）齿条两端应有可靠的支承孔与其保持一定的配合，以保持齿轮齿条传动的啮合精度。 （3）齿轮模数取 $m=2$。 （4）齿轮 3、6 固定在动模套板上，只能转动而不能移动

分类	名称	图 例	说 明
旋转推出机构	（1）旋转推出机构	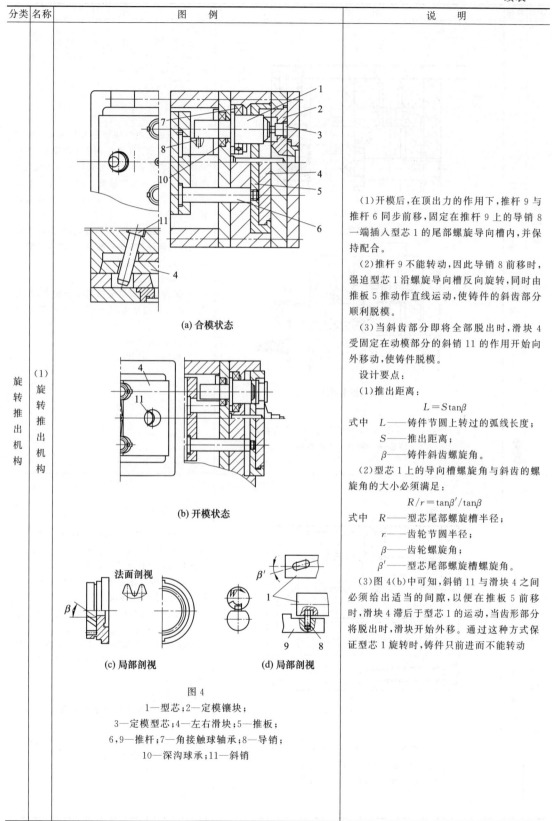	（1）开模后，在顶出力的作用下，推杆 9 与推杆 6 同步前移，固定在推杆 9 上的导销 8 一端插入型芯 1 的尾部螺旋导向槽内，并保持配合。 （2）推杆 9 不能转动，因此导销 8 前移时，强迫型芯 1 沿螺旋导向槽反向旋转，同时由推板 5 推动作直线运动，使铸件的斜齿部分顺利脱模。 （3）当斜齿部分即将全部脱出时，滑块 4 受固定在动模部分的斜销 11 的作用开始向外移动，使铸件脱模。 设计要点： （1）推出距离： $$L = S\tan\beta$$ 式中　L——铸件节圆上转过的弧线长度； 　　　S——推出距离； 　　　β——铸件斜齿螺旋角。 （2）型芯 1 上的导向槽螺旋角与斜齿的螺旋角的大小必须满足： $$R/r = \tan\beta'/\tan\beta$$ 式中　R——型芯尾部螺旋槽半径； 　　　r——齿轮节圆半径； 　　　β——齿轮螺旋角； 　　　β'——型芯尾部螺旋槽螺旋角。 （3）图 4(b) 中可知，斜销 11 与滑块 4 之间必须给出适当的间隙，以便在推板 5 前移时，滑块 4 滞后于型芯 1 的运动，当齿形部分将脱出时，滑块开始外移。通过这种方式保证型芯 1 旋转时，铸件只前进而不能转动

(a) 合模状态

(b) 开模状态

法面剖视

(c) 局部剖视　　(d) 局部剖视

图 4
1—型芯；2—定模镶块；
3—定模型芯；4—左右滑块；5—推板；
6，9—推杆；7—角接触球轴承；8—导销；
10—深沟球承；11—斜销

分类	名称	图 例	说 明
旋转推出机构	（2）齿轮传动推出机构	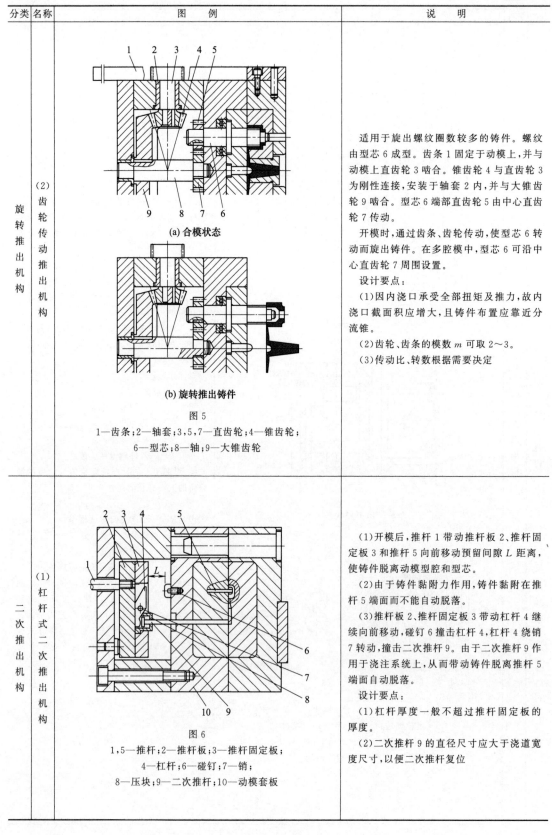 （a）合模状态 （b）旋转推出铸件 图 5 1—齿条；2—轴套；3,5,7—直齿轮；4—锥齿轮； 6—型芯；8—轴；9—大锥齿轮	适用于旋出螺纹圈数较多的铸件。螺纹由型芯 6 成型。齿条 1 固定于动模上，并与动模上直齿轮 3 啮合。锥齿轮 4 与直齿轮 3 为刚性连接，安装于轴套 2 内，并与大锥齿轮 9 啮合。型芯 6 端部直齿轮 5 由中心直齿轮 7 传动。 　　开模时，通过齿条、齿轮传动，使型芯 6 转动而旋出铸件。在多腔模中，型芯 6 可沿中心直齿轮 7 周围设置。 　　设计要点： 　　(1)因内浇口承受全部扭矩及推力，故内浇口截面积应增大，且铸件布置应靠近分流锥。 　　(2)齿轮、齿条的模数 m 可取 2～3。 　　(3)传动比、转数根据需要决定
二次推出机构	（1）杠杆式二次推出机构	 图 6 1,5—推杆；2—推杆板；3—推杆固定板； 4—杠杆；6—碰钉；7—销； 8—压块；9—二次推杆；10—动模套板	（1）开模后，推杆 1 带动推杆板 2、推杆固定板 3 和推杆 5 向前移动预留间隙 L 距离，使铸件脱离动模型腔和型芯。 　　(2)由于铸件黏附力作用，铸件黏附在推杆 5 端面而不能自动脱落。 　　(3)推杆板 2、推杆固定板 3 带动杠杆 4 继续向前移动，碰钉 6 撞击杠杆 4，杠杆 4 绕销 7 转动，撞击二次推杆 9。由于二次推杆 9 作用于浇注系统上，从而带动铸件脱离推杆 5 端面自动脱落。 　　设计要点： 　　(1)杠杆厚度一般不超过推杆固定板的厚度。 　　(2)二次推杆 9 的直径尺寸应大于浇道宽度尺寸，以便二次推杆复位

分类	名称	图　例	说　明
二次推出机构	（2）摆块式超前二次推出机构	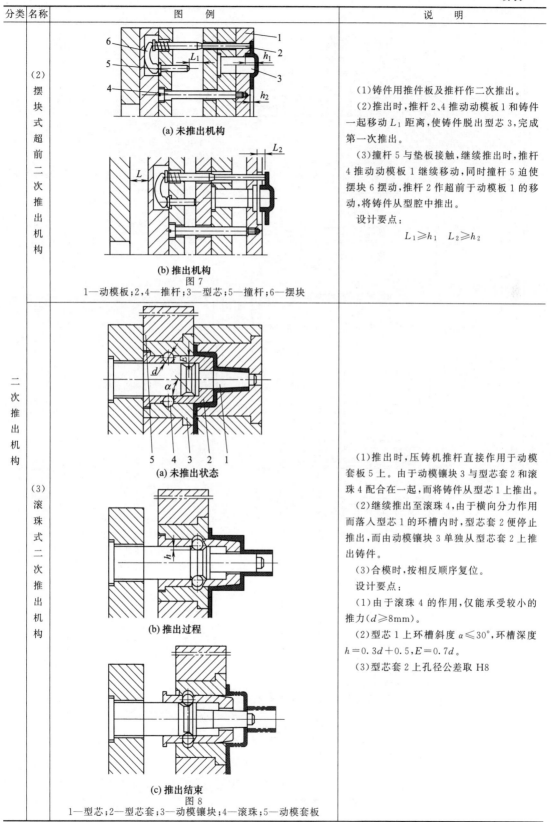	（1）铸件用推件板及推杆作二次推出。 （2）推出时，推杆2、4推动动模板1和铸件一起移动 L_1 距离，使铸件脱出型芯3，完成第一次推出。 （3）撞杆5与垫板接触，继续推出时，推杆4推动动模板1继续移动，同时撞杆5迫使摆块6摆动，推杆2作超前于动模板1的移动，将铸件从型腔中推出。 设计要点： $$L_1 \geqslant h_1 \quad L_2 \geqslant h_2$$
	（3）滚珠式二次推出机构		（1）推出时，压铸机推杆直接作用于动模套板5上。由于动模镶块3与型芯套2和滚珠4配合在一起，而将铸件从型芯1上推出。 （2）继续推出至滚珠4，由于横向分力作用而落入型芯1的环槽内时，型芯套2便停止推出，而由动模镶块3单独从型芯套2上推出铸件。 （3）合模时，按相反顺序复位。 设计要点： （1）由于滚珠4的作用，仅能承受较小的推力（$d \geqslant 8\text{mm}$）。 （2）型芯1上环槽斜度 $\alpha \leqslant 30°$，环槽深度 $h = 0.3d + 0.5$，$E = 0.7d$。 （3）型芯套2上孔径公差取 H8

(a) 未推出机构

(b) 推出机构
图 7
1—动模板；2,4—推杆；3—型芯；5—撞杆；6—摆块

(a) 未推出状态

(b) 推出过程

(c) 推出结束
图 8
1—型芯；2—型芯套；3—动模镶块；4—滚珠；5—动模套板

分类	名称	图 例	说 明
二次推出机构	（4）楔板滑块式二次推出机构	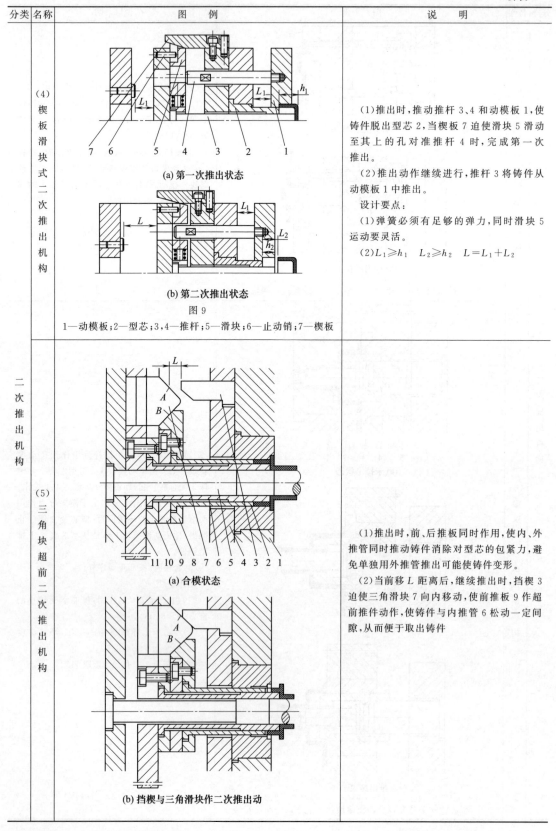	（1）推出时，推动推杆3、4和动模板1，使铸件脱出型芯2，当楔板7迫使滑块5滑动至其上的孔对准推杆4时，完成第一次推出。 （2）推出动作继续进行，推杆3将铸件从动模板1中推出。 设计要点： （1）弹簧必须有足够的弹力，同时滑块5运动要灵活。 （2）$L_1 \geqslant h_1$　$L_2 \geqslant h_2$　$L = L_1 + L_2$
	（5）三角块超前二次推出机构		（1）推出时，前、后推板同时作用，使内、外推管同时推动铸件消除对型芯的包紧力，避免单独用外推管推出可能使铸件变形。 （2）当前移 L 距离后，继续推出时，挡楔3迫使三角滑块7向内移动，使前推板9作超前推件动作，使铸件与内推管6松动一定间隙，从而便于取出铸件

(a) 第一次推出状态

(b) 第二次推出状态

图 9

1—动模板；2—型芯；3，4—推杆；5—滑块；6—止动销；7—楔板

(a) 合模状态

(b) 挡楔与三角滑块作二次推出动

分类	名称	图　例	说　明
二次推出机构	（5）三角块超前二次推出机构	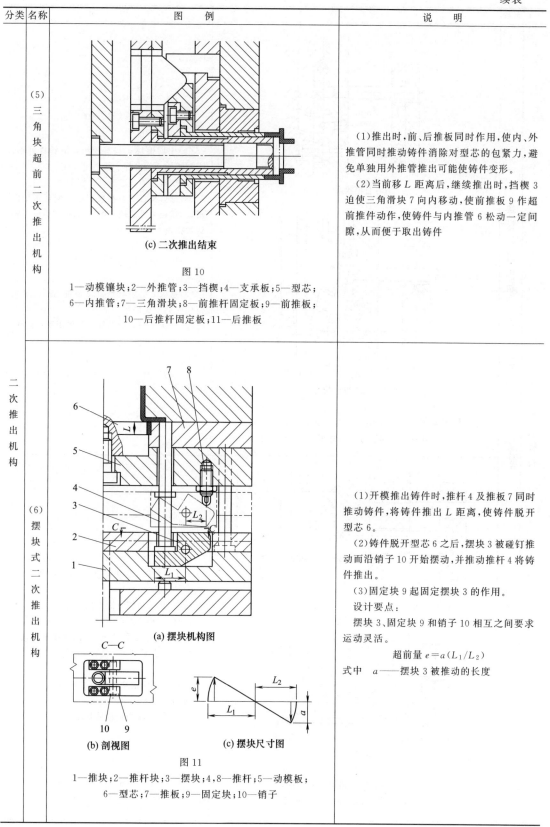	（1）推出时,前、后推板同时作用,使内、外推管同时推动铸件消除对型芯的包紧力,避免单独用外推管推出可能使铸件变形。 （2）当前移 L 距离后,继续推出时,挡楔 3 迫使三角滑块 7 向内移动,使前推板 9 作超前推件动作,使铸件与内推管 6 松动一定间隙,从而便于取出铸件
	（6）摆块式二次推出机构		（1）开模推出铸件时,推杆 4 及推板 7 同时推动铸件,将铸件推出 L 距离,使铸件脱开型芯 6。 （2）铸件脱开型芯 6 之后,摆块 3 被碰钉推动而沿销子 10 开始摆动,并推动推杆 4 将铸件推出。 （3）固定块 9 起固定摆块 3 的作用。 设计要点: 　摆块 3、固定块 9 和销子 10 相互之间要求运动灵活。 　　　　超前量 $e＝a(L_1/L_2)$ 式中　a——摆块 3 被推动的长度

(c) 二次推出结束

图 10

1—动模镶块;2—外推管;3—挡楔;4—支承板;5—型芯;
6—内推管;7—三角滑块;8—前推杆固定板;9—前推板;
10—后推杆固定板;11—后推板

(a) 摆块机构图

$C—C$

10　9

(b) 剖视图　　　(c) 摆块尺寸图

图 11

1—推块;2—推杆块;3—摆块;4,8—推杆;5—动模板;
6—型芯;7—推板;9—固定块;10—销子

实用模具设计与生产应用手册 压铸模

续表

分类	名称	图 例	说 明
摆动推出机构	(1) 摆板推出机构	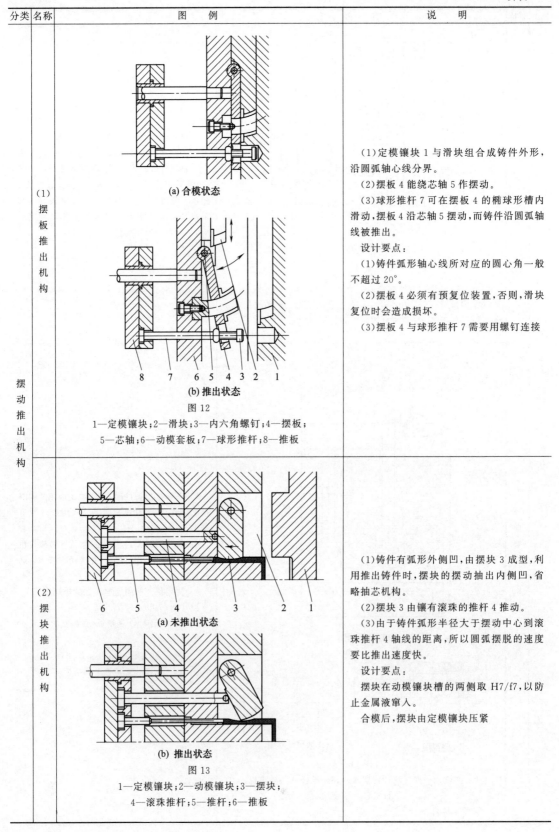	(1)定模镶块1与滑块组合成铸件外形，沿圆弧轴心线分界。 (2)摆板4能绕芯轴5作摆动。 (3)球形推杆7可在摆板4的椭球形槽内滑动，摆板4沿芯轴5摆动，而铸件沿圆弧轴线被推出。 设计要点： (1)铸件弧形轴心线所对应的圆心角一般不超过20°。 (2)摆板4必须有预复位装置，否则，滑块复位时会造成损坏。 (3)摆板4与球形推杆7需要用螺钉连接
	(2) 摆块推出机构		(1)铸件有弧形外侧凹，由摆块3成型，利用推出铸件时，摆块的摆动抽出内侧凹，省略抽芯机构。 (2)摆块3由镶有滚珠的推杆4推动。 (3)由于铸件弧形半径大于摆动中心到滚珠推杆4轴线的距离，所以圆弧摆脱的速度要比推出速度快。 设计要点： 摆块在动模镶块槽的两侧取H7/f7，以防止金属液窜入。 合模后，摆块由定模镶块压紧

图 12 下方说明：

(a) 合模状态

(b) 推出状态

图 12

1—定模镶块；2—滑块；3—内六角螺钉；4—摆板；
5—芯轴；6—动模套板；7—球形推杆；8—推板

(a) 未推出状态

(b) 推出状态

图 13

1—定模镶块；2—动模镶块；3—摆块；
4—滚珠推杆；5—推杆；6—推板

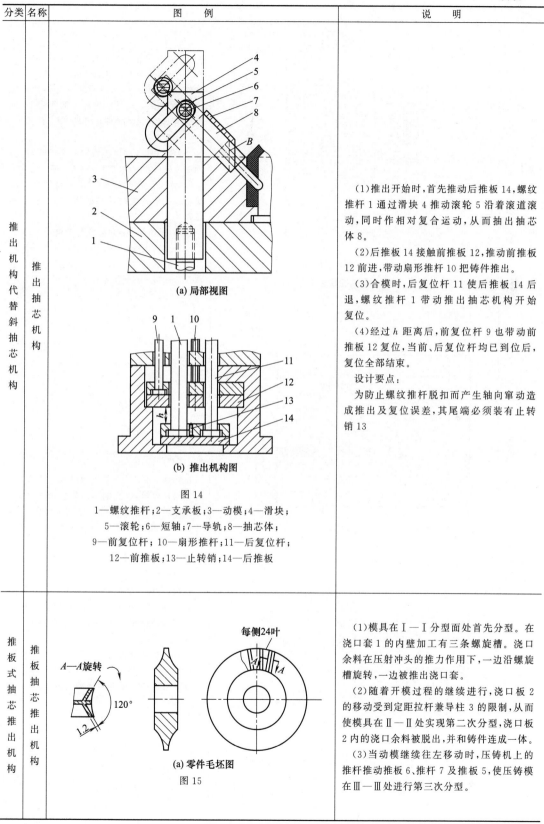

分类	名称	图　例	说　明
推出机构代替斜抽芯机构	推出抽芯机构	(a) 局部视图 (b) 推出机构图 图 14 1—螺纹推杆;2—支承板;3—动模;4—滑块; 5—滚轮;6—短轴;7—导轨;8—抽芯体; 9—前复位杆;10—扇形推杆;11—后复位杆; 12—前推板;13—止转销;14—后推板	(1)推出开始时,首先推动后推板 14,螺纹推杆 1 通过滑块 4 推动滚轮 5 沿着滚道滚动,同时作相对复合运动,从而抽出抽芯体 8。 (2)后推板 14 接触前推板 12,推动前推板 12 前进,带动扇形推杆 10 把铸件推出。 (3)合模时,后复位杆 11 使后推板 14 后退,螺纹推杆 1 带动推出抽芯机构开始复位。 (4)经过 h 距离后,前复位杆 9 也带动前推板 12 复位,当前、后复位杆均已到位后,复位全部结束。 设计要点: 为防止螺纹推杆脱扣而产生轴向窜动造成推出及复位误差,其尾端必须装有止转销 13
推板式抽芯推出机构	推板抽芯推出机构	每侧24叶 A—A旋转　120°　1.2 (a) 零件毛坯图 图 15	(1)模具在Ⅰ—Ⅰ分型面处首先分型。在浇口套 1 的内壁加工有三条螺旋槽。浇口余料在压射冲头的推力作用下,一边沿螺旋槽旋转,一边被推出浇口套。 (2)随着开模过程的继续进行,浇口板 2 的移动受到定距拉杆兼导柱 3 的限制,从而使模具在Ⅱ—Ⅱ处实现第二次分型,浇口板 2 内的浇口余料被脱出,并和铸件连成一体。 (3)当动模继续往左移动时,压铸机上的推杆推动推板 6、推杆 7 及推板 5,使压铸模在Ⅲ—Ⅲ处进行第三次分型。

分类	名称	图　例	说　明
推板式抽芯推出机构	推板抽芯推出机构	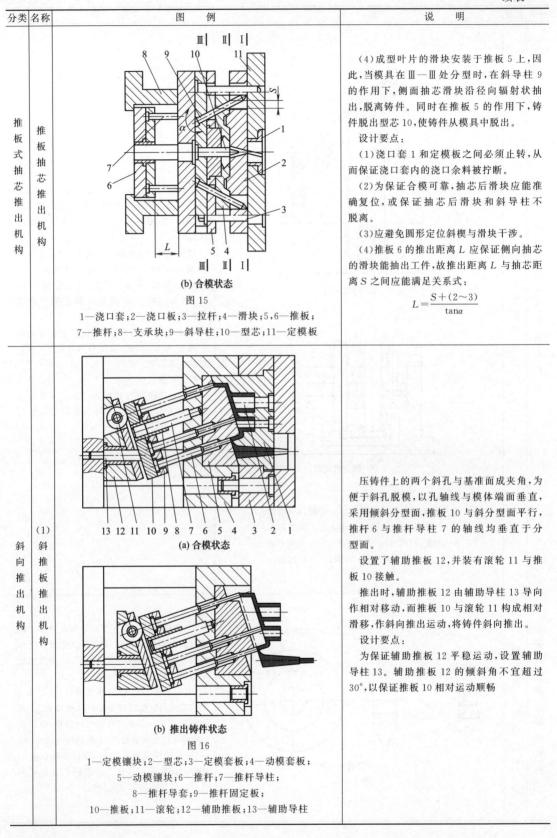	（4）成型叶片的滑块安装于推板 5 上，因此，当模具在Ⅲ—Ⅲ处分型时，在斜导柱 9 的作用下，侧面抽芯滑块沿径向辐射状抽出，脱离铸件。同时在推板 5 的作用下，铸件脱出型芯 10，使铸件从模具中脱出。 　　设计要点： 　　（1）浇口套 1 和定模板之间必须止转，从而保证浇口套内的浇口余料被拧断。 　　（2）为保证合模可靠，抽芯后滑块应能准确复位，或保证抽芯后滑块和斜导柱不脱离。 　　（3）应避免圆形定位斜楔与滑块干涉。 　　（4）推板 6 的推出距离 L 应保证侧向抽芯的滑块能抽出工件，故推出距离 L 与抽芯距离 S 之间应能满足关系式： $$L=\frac{S+(2\sim3)}{\tan\alpha}$$

（b）合模状态

图 15

1—浇口套；2—浇口板；3—拉杆；4—滑块；5,6—推板；
7—推杆；8—支承块；9—斜导柱；10—型芯；11—定模板

| 斜向推出机构 | （1）斜推板推出机构 | （a）合模状态

（b）推出铸件状态

图 16
1—定模镶块；2—型芯；3—定模套板；4—动模套板；
5—动模镶块；6—推杆；7—推杆导柱；
8—推杆导套；9—推杆固定板；
10—推板；11—滚轮；12—辅助推板；13—辅助导柱 | 　　压铸件上的两个斜孔与基准面成夹角，为便于斜孔脱模，以孔轴线与模体端面垂直，采用倾斜分型面，推板 10 与斜分型面平行，推杆 6 与推杆导柱 7 的轴线均垂直于分型面。
　　设置了辅助推板 12，并装有滚轮 11 与推板 10 接触。
　　推出时，辅助推板 12 由辅助导柱 13 导向作相对移动，而推板 10 与滚轮 11 构成相对滑移，作斜向推出运动，将铸件斜向推出。
　　设计要点：
　　为保证辅助推板 12 平稳运动，设置辅助导柱 13。辅助推板 12 的倾斜角不宜超过30°，以保证推板 10 相对运动顺畅 |

分类	名称	图　例	说　明
斜向推出机构	（2）平行推板斜推出机构	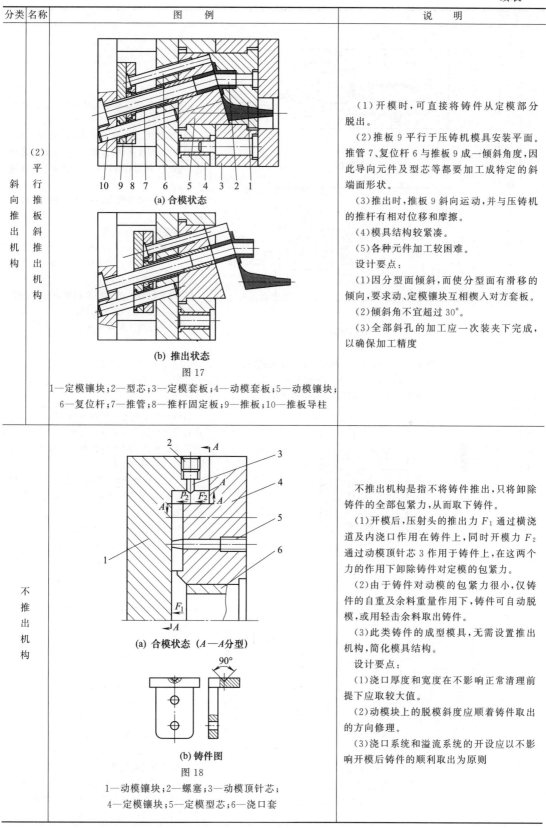 （a）合模状态 （b）推出状态 图 17 1—定模镶块；2—型芯；3—定模套板；4—动模套板；5—动模镶块； 6—复位杆；7—推管；8—推杆固定板；9—推板；10—推板导柱	（1）开模时，可直接将铸件从定模部分脱出。 （2）推板 9 平行于压铸机模具安装平面。推管 7、复位杆 6 与推板 9 成一倾斜角度，因此导向元件及型芯等都要加工成特定的斜端面形状。 （3）推出时，推板 9 斜向运动，并与压铸机的推杆有相对位移和摩擦。 （4）模具结构较紧凑。 （5）各种元件加工较困难。 设计要点： （1）因分型面倾斜，而使分型面有滑移的倾向，要求动、定模镶块互相楔入对方套板。 （2）倾斜角不宜超过 30°。 （3）全部斜孔的加工应一次装夹下完成，以确保加工精度
不推出机构		（a）合模状态（A—A分型） 90° （b）铸件图 图 18 1—动模镶块；2—螺塞；3—动模顶针芯； 4—定模镶块；5—定模型芯；6—浇口套	不推出机构是指不将铸件推出，只将卸除铸件的全部包紧力，从而取下铸件。 （1）开模后，压射头的推出力 F_1 通过横浇道及内浇口作用在铸件上，同时开模力 F_2 通过动模顶针芯 3 作用于铸件上，在这两个力的作用下卸除铸件对定模的包紧力。 （2）由于铸件对动模的包紧力很小，仅铸件的自重及余料重量作用下，铸件可自动脱模，或用轻击余料取出铸件。 （3）此类铸件的成型模具，无需设置推出机构，简化模具结构。 设计要点： （1）浇口厚度和宽度在不影响正常清理前提下应取较大值。 （2）动模块上的脱模斜度应顺着铸件取出的方向修理。 （3）浇口系统和溢流系统的开设应以不影响开模后铸件的顺利取出为原则

分类	名称	图　例	说　明
定模推出机构	（1）强制脱离定模机构	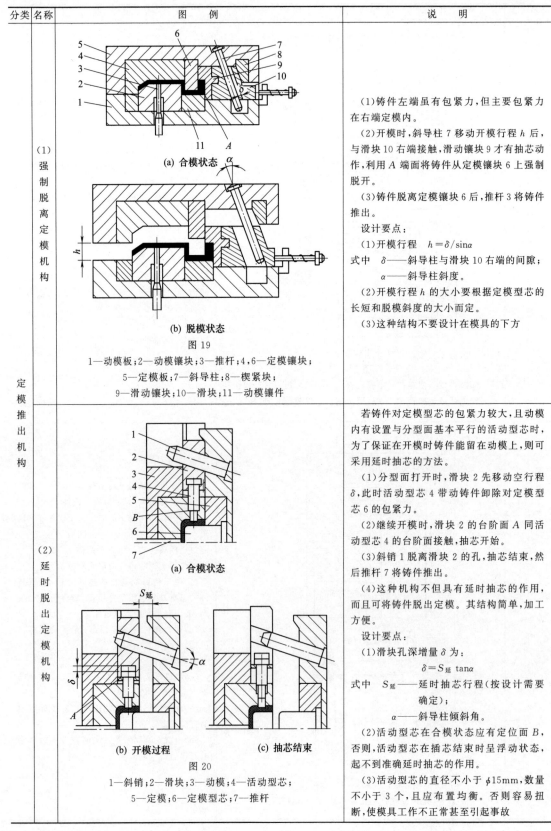	（1）铸件左端虽有包紧力，但主要包紧力在右端定模内。 （2）开模时，斜导柱7移动开模行程h后，与滑块10右端接触，滑动镶块9才有抽芯动作，利用A端面将铸件从定模镶块6上强制脱开。 （3）铸件脱离定模镶块6后，推杆3将铸件推出。 设计要点： （1）开模行程　$h=\delta/\sin\alpha$ 式中　δ——斜导柱与滑块10右端的间隙； 　　　α——斜导柱斜度。 （2）开模行程h的大小要根据定模型芯的长短和脱模斜度的大小而定。 （3）这种结构不要设计在模具的下方
	（2）延时脱出定模机构		若铸件对定模型芯的包紧力较大，且动模内有设置与分型面基本平行的活动型芯时，为了保证在开模时铸件能留在动模上，则可采用延时抽芯的方法。 （1）分型面打开时，滑块2先移动空行程δ，此时活动型芯4带动铸件卸除对定模型芯6的包紧力。 （2）继续开模时，滑块2的台阶面A同活动型芯4的台阶面接触，抽芯开始。 （3）斜销1脱离滑块2的孔，抽芯结束，然后推杆7将铸件推出。 （4）这种机构不但具有延时抽芯的作用，而且可将铸件脱出定模。其结构简单，加工方便。 设计要点： （1）滑块孔深增量δ为： $$\delta=S_{延}\tan\alpha$$ 式中　$S_{延}$——延时抽芯行程（按设计需要确定）； 　　　α——斜导柱倾斜角。 （2）活动型芯在合模状态应有定位面B，否则，活动型芯在插芯结束时呈浮动状态，起不到准确延时抽芯的作用。 （3）活动型芯的直径不小于$\phi15mm$，数量不小于3个，且应布置均衡。否则容易扭断，使模具工作不正常甚至引起事故

图例说明（上）：

(a) 合模状态

(b) 脱模状态

图 19

1—动模板；2—动模镶块；3—推杆；4,6—定模镶块；
5—定模板；7—斜导柱；8—楔紧块；
9—滑动镶块；10—滑块；11—动模镶件

图例说明（下）：

(a) 合模状态

(b) 开模过程　　　(c) 抽芯结束

图 20

1—斜销；2—滑块；3—动模；4—活动型芯；
5—定模；6—定模型芯；7—推杆

分类	名称	图　例	说　明
定模推出机构	（3）定模倒拉抽出机构	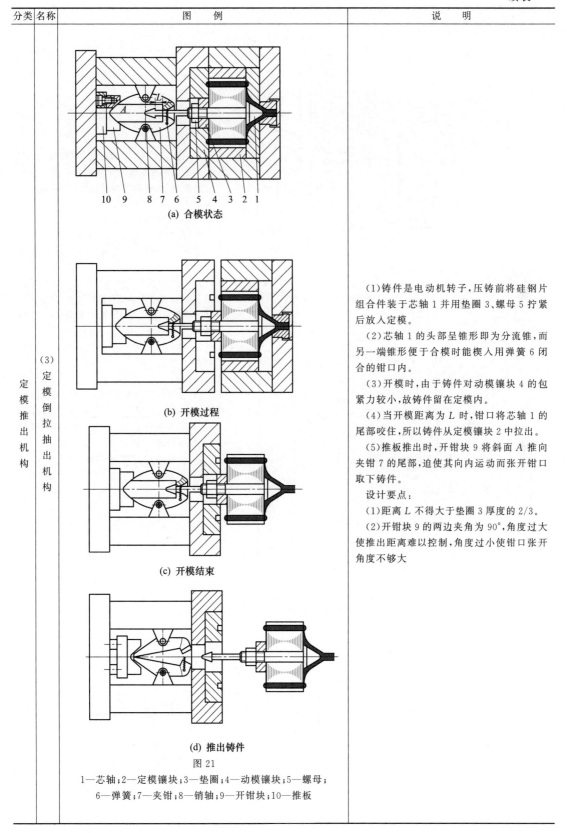 (a) 合模状态 (b) 开模过程 (c) 开模结束 (d) 推出铸件 图 21 1—芯轴；2—定模镶块；3—垫圈；4—动模镶块；5—螺母； 6—弹簧；7—夹钳；8—销轴；9—开钳块；10—推板	（1）铸件是电动机转子，压铸前将硅钢片组合件装于芯轴 1 并用垫圈 3、螺母 5 拧紧后放入定模。 （2）芯轴 1 的头部呈锥形即为分流锥，而另一端锥形便于合模时能楔入用弹簧 6 闭合的钳口内。 （3）开模时，由于铸件对动模镶块 4 的包紧力较小，故铸件留在定模内。 （4）当开模距离为 L 时，钳口将芯轴 1 的尾部咬住，所以铸件从定模镶块 2 中拉出。 （5）推板推出时，开钳块 9 将斜面 A 推向夹钳 7 的尾部，迫使其向内运动而张开钳口取下铸件。 　设计要点： （1）距离 L 不得大于垫圈 3 厚度的 2/3。 （2）开钳块 9 的两边夹角为 90°，角度过大使推出距离难以控制，角度过小使钳口张开角度不够大

分类	名称	图 例	说 明
定模推出机构	(4)定模推杆推出机构	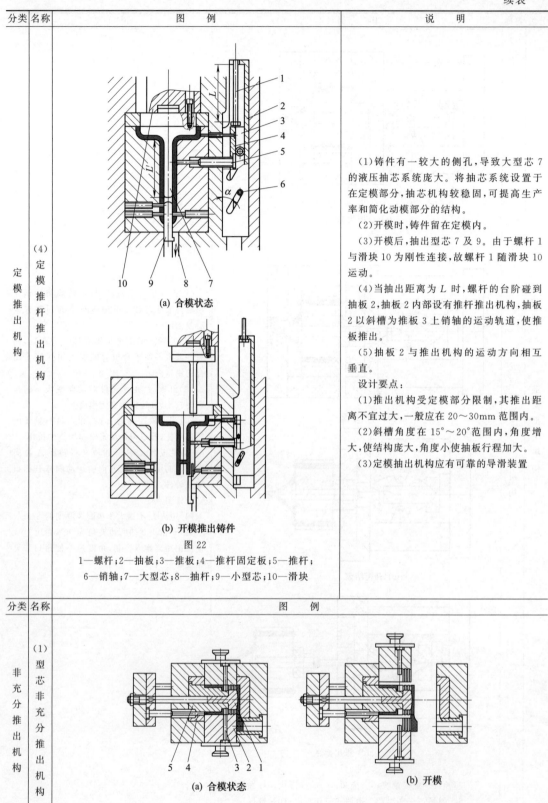 (a) 合模状态 (b) 开模推出铸件 图 22 1—螺杆；2—抽板；3—推板；4—推杆固定板；5—推杆； 6—销轴；7—大型芯；8—抽杆；9—小型芯；10—滑块	(1)铸件有一较大的侧孔,导致大型芯 7 的液压抽芯系统庞大。将抽芯系统设置于在定模部分,抽芯机构较稳固,可提高生产率和简化动模部分的结构。 (2)开模时,铸件留在定模内。 (3)开模后,抽出型芯 7 及 9。由于螺杆 1 与滑块 10 为刚性连接,故螺杆随滑块 10 运动。 (4)当抽出距离为 L 时,螺杆的台阶碰到抽板 2,抽板 2 内部设有推杆推出机构,抽板 2 以斜槽为推板 3 上销轴的运动轨道,使推板推出。 (5)抽板 2 与推出机构的运动方向相互垂直。 设计要点: (1)推出机构受定模部分限制,其推出距离不宜过大,一般应在 20~30mm 范围内。 (2)斜槽角度在 15°~20° 范围内,角度增大,使结构庞大,角度小使抽板行程加大。 (3)定模抽出机构应有可靠的导滑装置

分类	名称	图 例
非充分推出机构	(1)型芯非充分推出机构	(a) 合模状态 5 4 3 2 1 (b) 开模

分类	名称	图　例
非充分推出机构	（1）型芯非充分推出机构	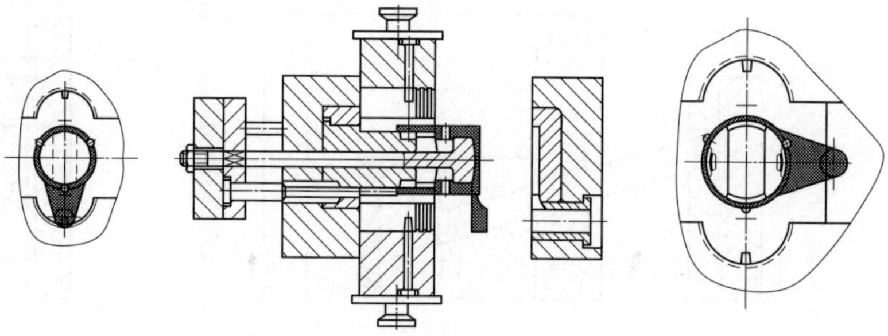 (c)　推出铸件　　(d)　铸件旋转90°,取下铸件 图 23 1—削扁型芯;2—动模滑块;3—侧型芯;4—推杆;5—型芯
	说明	活塞类铸件的内凹用型芯 5 与削扁型芯组合成型。推出时,削扁型芯 1 与推杆 4 协同推出铸件;推出铸件后,对削扁型芯 1 的圆弧上有包紧力,需要用手工或机构传动方式将其旋转 90°后取出。 　设计要点: 　削扁型芯 1 的圆弧直径应较型芯 5 叉形引伸部分直径小于 1mm。而且弧线应加工出模斜度,以使铸件在一开始旋转即消除包紧力,并进入空位;削扁型芯 1 的宽度应尽可能小,但也不得小于活塞销座直径,以减小包紧力
	（2）垂直非充分推出机构	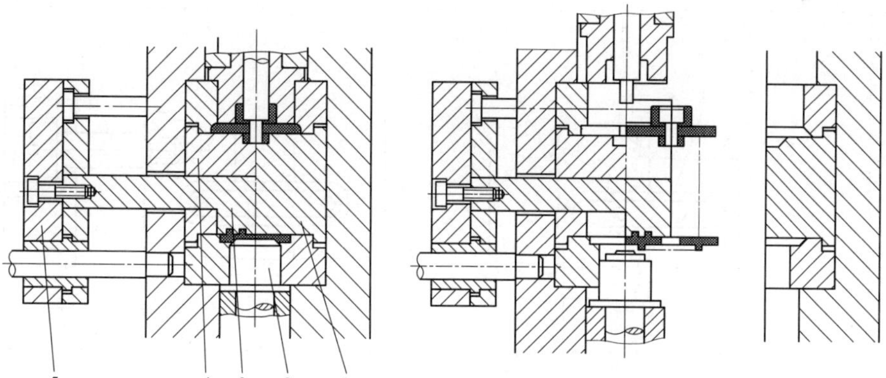 5　　4 3 2　1 (a)　合模状态　　(b)　开模推出铸件 图 24 1—定模镶块;2—型芯;3—成型推杆;4—动模镶块;5—推板
	说明	铸件承受推出力部分容易变形,且缺乏布置普通推杆的位置,而设置成型推杆;合模状态时,成型推杆 3 与动模镶块 4 等共同成铸件内部形状;推出方式与普通机构相似。推出后,铸件对成型推杆 3 仍有较小的包紧力;其他铸件成型部位仍需用普通推杆推出。 　设计要点: 　(1)成型推杆 3 的形状不宜太复杂,而侧凹不宜过深,以避免过大的残余包紧力。 　(2)成型推杆 3 可以布置数根,但成型方向必须一致,以便取下铸件

分类	名称	图 例
非充分推出机构	（3）斜向非充分推出机构	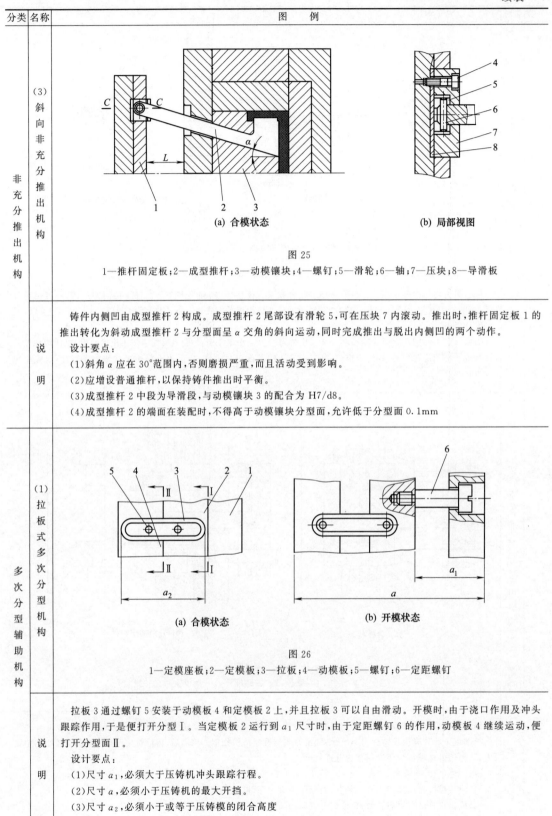 **(a) 合模状态**　　　　　　**(b) 局部视图** 图 25 1—推杆固定板；2—成型推杆；3—动模镶块；4—螺钉；5—滑轮；6—轴；7—压块；8—导滑板
	说明	铸件内侧凹由成型推杆 2 构成。成型推杆 2 尾部设有滑轮 5，可在压块 7 内滚动。推出时，推杆固定板 1 的推出转化为斜动成型推杆 2 与分型面呈 α 交角的斜向运动，同时完成推出与脱出内侧凹的两个动作。 　　设计要点： 　　(1)斜角 α 应在 30°范围内，否则磨损严重，而且活动受到影响。 　　(2)应增设普通推杆，以保持铸件推出时平衡。 　　(3)成型推杆 2 中段为导滑段，与动模镶块 3 的配合为 H7/d8。 　　(4)成型推杆 2 的端面在装配时，不得高于动模镶块分型面，允许低于分型面 0.1mm
多次分型辅助机构	（1）拉板式多次分型机构	**(a) 合模状态**　　　　　　　**(b) 开模状态** 图 26 1—定模座板；2—定模板；3—拉板；4—动模板；5—螺钉；6—定距螺钉
	说明	拉板 3 通过螺钉 5 安装于动模板 4 和定模板 2 上，并且拉板 3 可以自由滑动。开模时，由于浇口作用及冲头跟踪作用，于是便打开分型Ⅰ。当定模板 2 运行到 a_1 尺寸时，由于定距螺钉 6 的作用，动模板 4 继续运动，便打开分型面Ⅱ。 　　设计要点： 　　(1)尺寸 a_1 必须大于压铸机冲头跟踪行程。 　　(2)尺寸 a 必须小于压铸机的最大开挡。 　　(3)尺寸 a_2 必须小于或等于压铸模的闭合高度

分类	名称	图　例
多次分型辅助机构	（2）摆钩式多次分型机构	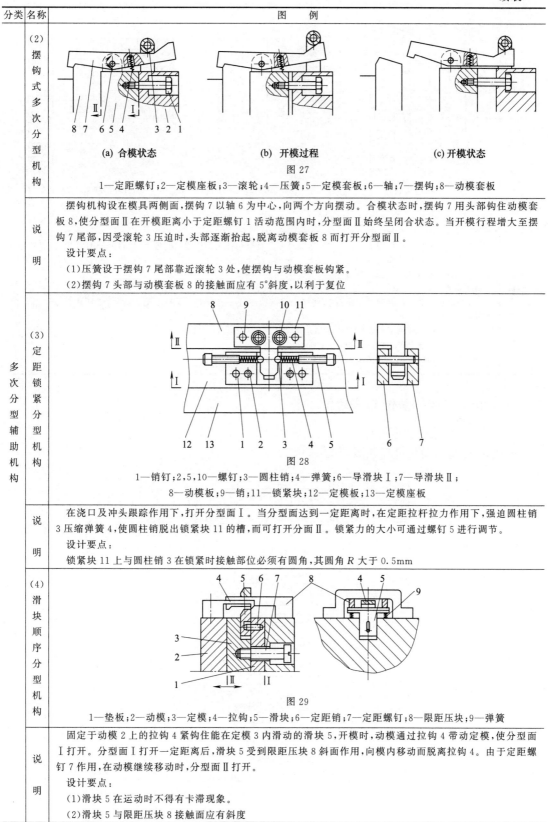

图 27

1—定距螺钉；2—定模座板；3—滚轮；4—压簧；5—定模套板；6—轴；7—摆钩；8—动模套板

	说明	摆钩机构设在模具两侧面，摆钩 7 以轴 6 为中心，向两个方向摆动。合模状态时，摆钩 7 用头部钩住动模套板 8，使分型面Ⅱ在开模距小于定距螺钉 1 活动范围内时，分型面Ⅱ始终呈闭合状态。当开模行程增大至摆钩 7 尾部，因受滚轮 3 压迫时，头部逐渐抬起，脱离动模套板 8 而打开分型面Ⅱ。 设计要点： （1）压簧设于摆钩 7 尾部靠近滚轮 3 处，使摆钩与动模套板钩紧。 （2）摆钩 7 头部与动模套板 8 的接触面应有 5°斜度，以利于复位
	（3）定距锁紧分型机构	图 28 1—销钉；2,5,10—螺钉；3—圆柱销；4—弹簧；6—导滑块Ⅰ；7—导滑块Ⅱ； 8—动模板；9—销；11—锁紧块；12—定模板；13—定模座板
	说明	在浇口及冲头跟踪作用下，打开分型面Ⅰ。当分型面达到一定距离时，在定距杆拉力作用下，强迫圆柱销 3 压缩弹簧 4，使圆柱销脱出锁紧块 11 的槽，而可打开分面Ⅱ。锁紧力的大小可通过螺钉 5 进行调节。 设计要点： 锁紧块 11 上与圆柱销 3 在锁紧时接触部位必须有圆角，其圆角 R 大于 0.5mm
	（4）滑块顺序分型机构	图 29 1—垫板；2—动模；3—定模；4—拉钩；5—滑块；6—定距销；7—定距螺钉；8—限距压块；9—弹簧
	说明	固定于动模 2 上的拉钩 4 紧钩住能在定模 3 内滑动的滑块 5，开模时，动模通过拉钩 4 带动定模，使分型面Ⅰ打开。分型面Ⅰ打开一定距离后，滑块 5 受到限距压块 8 斜面作用，向模内移动而脱离拉钩 4。由于定距螺钉 7 作用，在动模继续移动时，分型面Ⅱ打开。 设计要点： （1）滑块 5 在运动时不得有卡滞现象。 （2）滑块 5 与限距压块 8 接触面应有斜度

分类	名称	图　例
多次分型辅助机构	（5）摆块式三次分型机构	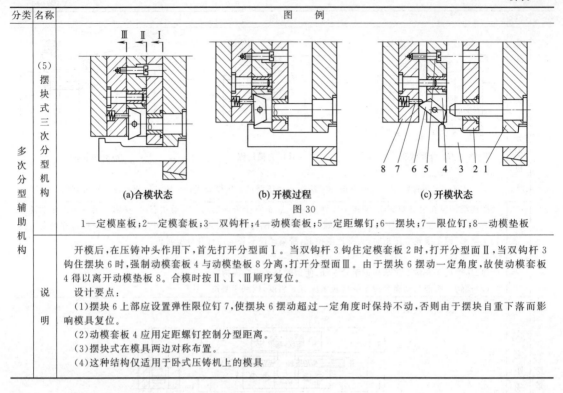 (a)合模状态　　(b)开模过程　　(c)开模状态 图 30 1—定模座板；2—定模套板；3—双钩杆；4—动模套板；5—定距螺钉；6—摆块；7—限位钉；8—动模垫板
	说明	开模后，在压铸冲头作用下，首先打开分型面Ⅰ。当双钩杆 3 钩住定模套板 2 时，打开分型面Ⅱ，当双钩杆 3 钩住摆块 6 时，强制动模套板 4 与动模垫板 8 分离，打开分型面Ⅲ。由于摆块 6 摆动一定角度，故使动模套板 4 得以离开动模垫板 8。合模时按Ⅱ、Ⅰ、Ⅲ顺序复位。 　设计要点： 　（1）摆块 6 上部应设置弹性限位钉 7，使摆块 6 摆动超过一定角度时保持不动，否则由于摆块自重下落而影响模具复位。 　（2）动模套板 4 应用定距螺钉控制分型距离。 　（3）摆块式在模具两边对称布置。 　（4）这种结构仅适用于卧式压铸机上的模具

4.5.7　推出机构的复位与先复位

（1）推出机构的复位

① 复位机构的动作过程如图 4-62 所示。

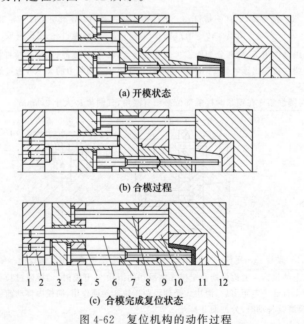

(a) 开模状态

(b) 合模过程

(c) 合模完成复位状态

图 4-62　复位机构的动作过程

1—动模座板；2—限位钉；3—推板；4—推杆固定板；5—推板导套；6—推板导柱；
7—推杆；8—复位杆；9—型芯；10—动模板；11—型腔镶块；12—定模板

如图 4-62（a）所示，开模时，复位杆 8 随推出机构同时向前移动，并由推杆 7 将铸件推出模体。复位杆 8 伸出分型面的距离即为推出机构的推出距离。

如图 4-62（b）合模过程中，定模板 12 的分型面触及复位杆 8 的端面时，复位杆受阻，而使推出机构停止移动，动模的其余部分继续作合模动作，推出机构开始复位动作。

如图 4-62（c）所示，当合模动作完成，分型面合紧时，在限位钉 2 的限位作用下，推出机构回复到原来的准确位置，完成复位动作。

② 复位杆的布局形式见表 4-89。

③ 复位杆的复位形式见表 4-90。

④ 推板的限位形式见表 4-91。

表 4-89　复位杆的布局形式

形　式		图　例	特　点
模内复位	复位杆在镶块外	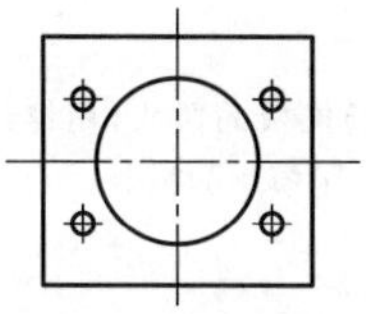	复位杆设置在成型镶块外，其复位作用面较大，受力平稳。选择复位杆的位置有较大的灵活性。对于安装、调整及更换较容易
	复位杆在镶块内	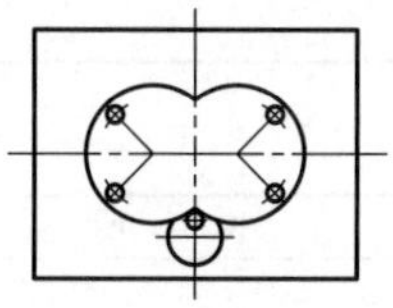	对于结构简单的小型模具，复位杆可设置在成型镶块的非成型区域内，其结构紧凑，但更换成型镶块时，增加维修的工作量
模外复位		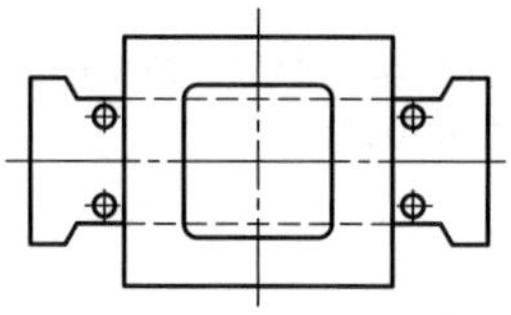	在加长的推板上设置复位杆，四根复位杆与推板中心对称设置，推板复位平稳。适用于较大的模具，或通用模座上

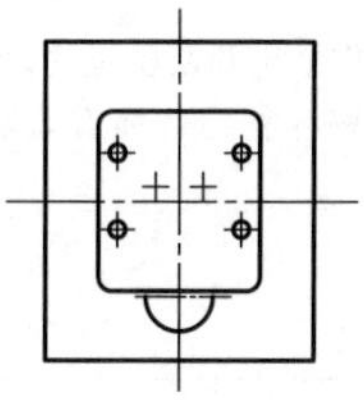

表 4-90　复位杆的复位形式

形　式	图　例	特　点
复位杆设在模具内	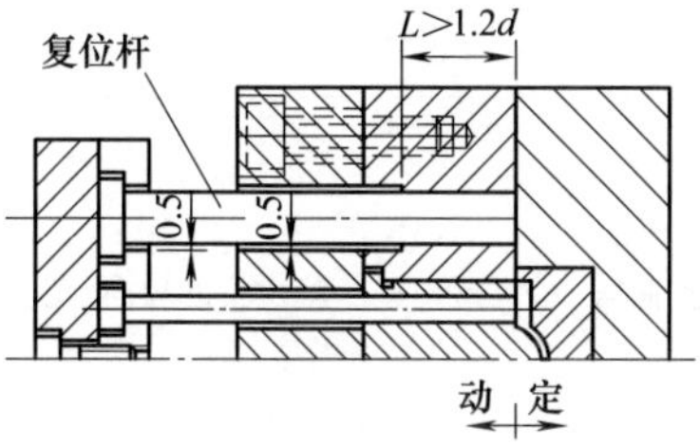 $L>1.2d$	复位杆设置在模具内，由固定板固定，安全可靠，复位精确，这种形式较普遍应用

续表

形 式	图 例	特 点
复位杆设在模具内	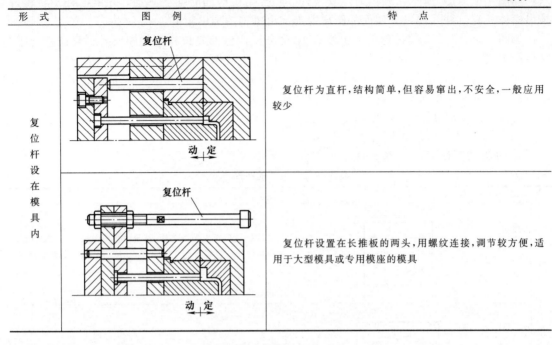	复位杆为直杆,结构简单,但容易窜出,不安全,一般应用较少
		复位杆设置在长推板的两头,用螺纹连接,调节较方便,适用于大型模具或专用模座的模具

表 4-91 推板的限位形式

图 例	说 明
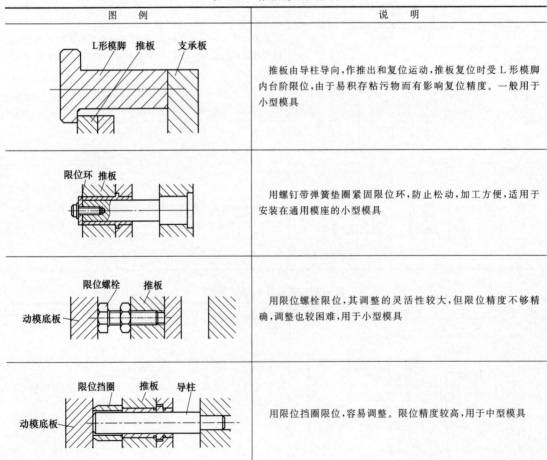	推板由导柱导向,作推出和复位运动,推板复位时受 L 形模脚内台阶限位,由于易积存粘污物而有影响复位精度。一般用于小型模具
	用螺钉带弹簧垫圈紧固限位环,防止松动,加工方便,适用于安装在通用模座的小型模具
	用限位螺栓限位,其调整的灵活性较大,但限位精度不够精确,调整也较困难,用于小型模具
	用限位挡圈限位,容易调整。限位精度较高,用于中型模具

图 例	说 明
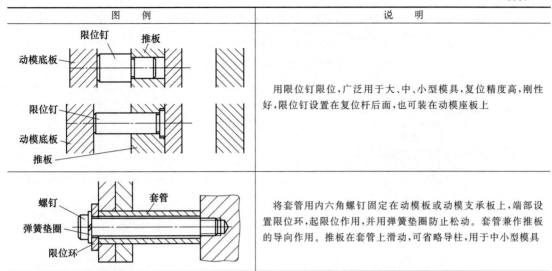	用限位钉限位,广泛用于大、中、小型模具,复位精度高,刚性好,限位钉设置在复位杆后面,也可装在动模座板上
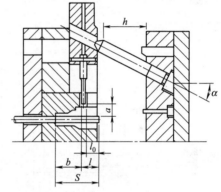	将套管用内六角螺钉固定在动模板或动模支承板上,端部设置限位环,起限位作用,并用弹簧垫圈防止松动。套管兼作推板的导向作用。推板在套管上滑动,可省略导柱,用于中小型模具

（2）推出机构的先复位

当推出零件与侧型芯在合模过程中发生"干涉"或推出零件推出后影响放置嵌件时,推件机构必须采用先复位,以保证压铸过程顺利安全进行。

1）机动推出时的先复位

机动推出在复位时,推杆与斜销抽芯机构的活动型芯在合模时有时会产生干涉,为避免这种干涉,必须设计先复位机构。

复位机构的复位动作是与合模动作同时完成。合模时,活动型芯在复位插入过程中,与推出零件发生相互碰撞,或当推出零件推出压铸件后的位置有影响嵌件的放置,这种现象称为"干涉"。

侧型芯与推杆的"干涉"判定分析见图 4-63。

根据图 4-63,当 $S < h$ 时,设 e 为侧型芯前移的距离,当合模距离为 $h - S$ 时,斜导柱提前插芯的插入距离为:

$$e = (h - S)\tan\alpha$$

判定"干涉"的计算见表 4-92。

图 4-63 侧型芯与推杆的"干涉"判定分析图

h—斜导柱伸出在开模方向上的距离；b—活动型芯下边缘至推杆复位面的距离；l—活动型芯下边缘至推杆顶部的距离；α—斜导柱的斜角；l_0—推杆与活动型芯发生"干涉"的长度；S—推杆推出长度；a—活动型芯端面至推杆边缘的距离

表 4-92 判定"干涉"计算表

S 与 h 的关系	提前插入距离 e 的条件	判 定 计 算 式	判 定 结 果
$S < h$	$e < a$	$(a - e)/l \geq \tan\alpha$	不发生干涉
		$(a - e)/l < \tan\alpha$	发生干涉,干涉长度为 $l_0 = l - \dfrac{a - e}{\tan\alpha}$
	$e \geq a$	不必计算	发生干涉,干涉长度为 $l = l_0$
$S \geq h$	$e = 0$	$a/l \geq \tan\alpha$	不发生干涉
		$a/l < \tan\alpha$	发生干涉,干涉长度为 $l_0 = l - \dfrac{a}{\tan\alpha}$

2）液压推出器推出的先复位

在压铸机上装有液压推出器，模具推杆与液压缸相连，模具推出机构的先复位可由液压推出器实现。常见液压推出器与模具推板的连接形式见表 4-93。

表 4-93　液压推出器与模具推板的连接形式

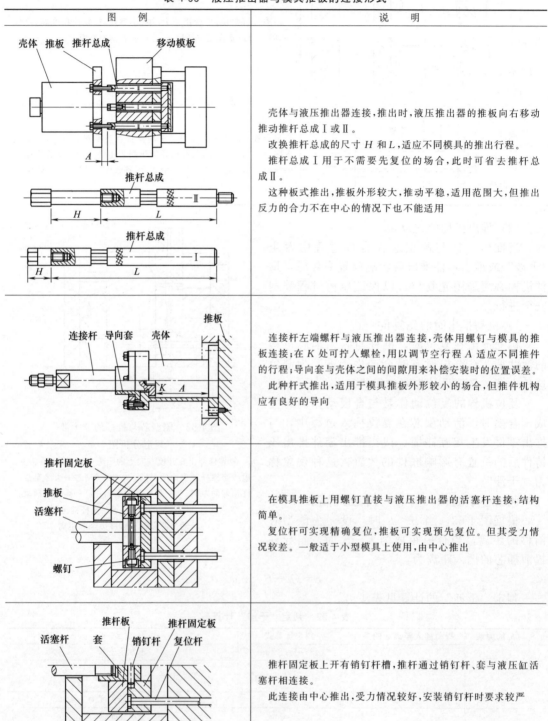

图　例	说　明
壳体　推板　推杆总成　移动模板 推杆总成 推杆总成	壳体与液压推出器连接，推出时，液压推出器的推板向右移动推动推杆总成Ⅰ或Ⅱ。 改换推杆总成的尺寸 H 和 L，适应不同模具的推出行程。 推杆总成Ⅰ用于不需要先复位的场合，此时可省去推杆总成Ⅱ。 这种板式推出，推板外形较大，推动平稳，适用范围大，但推出反力的合力不在中心的情况下也不能适用
连接杆　导向套　壳体　推板	连接杆左端螺杆与液压推出器连接，壳体用螺钉与模具的推板连接；在 K 处可拧入螺栓，用以调节空行程 A 适应不同推件的行程；导向套与壳体之间的间隙用来补偿安装时的位置误差。 此种杆式推出，适用于模具推板外形较小的场合，但推件机构应有良好的导向
推杆固定板 推板 活塞杆 螺钉	在模具推板上用螺钉直接与液压推出器的活塞杆连接，结构简单。 复位杆可实现精确复位，推板可实现预先复位。但其受力情况较差。一般适于小型模具上使用，由中心推出
活塞杆　推杆板　推杆固定板 套　销钉杆　复位杆	推杆固定板上开有销钉杆槽，推杆通过销钉杆、套与液压缸活塞杆相连接。 此连接由中心推出，受力情况较好，安装销钉杆时要求较严

图　例	说　明
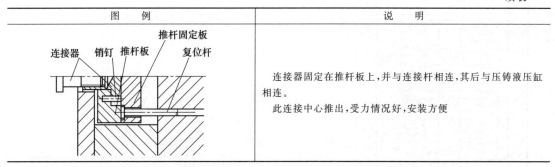	连接器固定在推杆板上,并与连接杆相连,其后与压铸液压缸相连。 此连接中心推出,受力情况好,安装方便

3）机动推出的常用先复位结构形式

常用先复位结构形式见表 4-94。

表 4-94　机动推出时常用先复位结构形式

形　式	图　例	说　明
摆板式 先复位	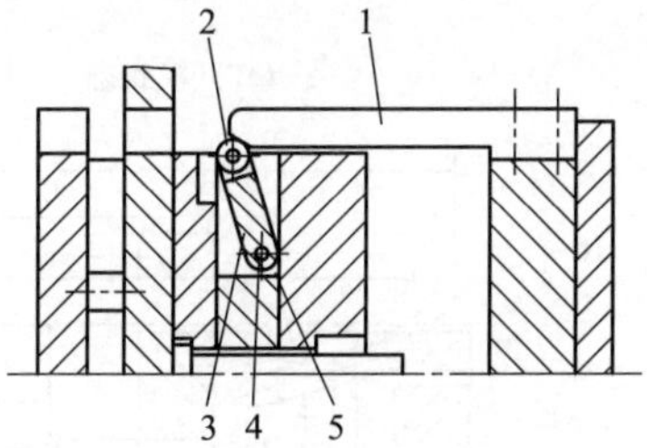 1—复位杆;2—滚轮;3—摆板; 4—轴;5—推杆固定板	先复位杆 1 推动滚轮 2,带动摆板 3 绕轴 4 摆动,推动推杆固定板 5 先复位。 适用于推出距离较大的先复位场合
三角块式 先复位	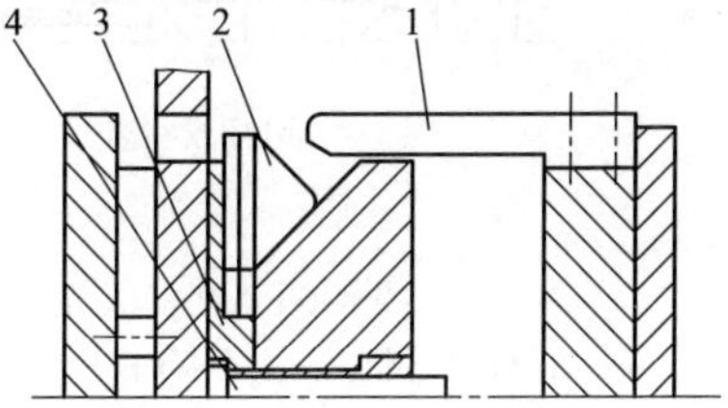 1—楔杆;2—三角块;3—推板;4—推杆	合模时,楔杆 1 借助合模力,首先推动三角块 2 向内移动,在斜面作用下驱动推板 3 作复位动作,带动推杆 4 完成先复位。 适用于推出距离较小的模具先复位
连杆式 先复位	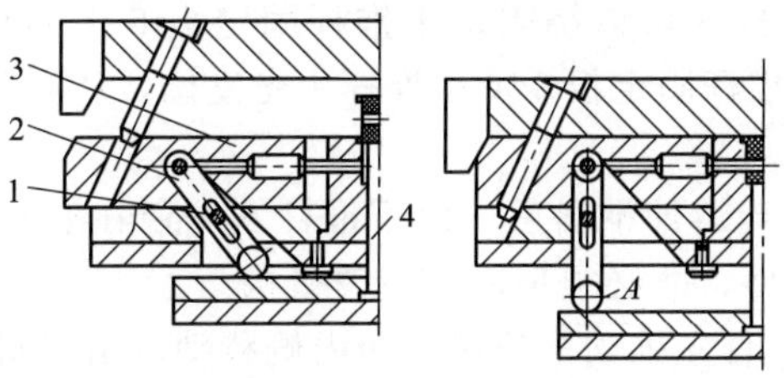 (a)　　　　(b) 1—销轴;2—连杆;3—滑块	合模时,由于滑块 3 作用于连杆 2 绕销轴 1 转动,连杆 A 端迫使推杆 4 先复位

4）常用先复位结构实例

① 弹性套式先复位。如图 4-64 所示,推出时,弹性套 3 的头部被挤入衬套 1 呈收缩状态。合模时,先复位杆 2 顶住弹性套 3 的端面,推动推件系统使推杆 4 先复位,当弹性套 3 消除收缩状态时,先复位杆 2 则插入弹性套 3 的孔中,将继续完成全合模过程。

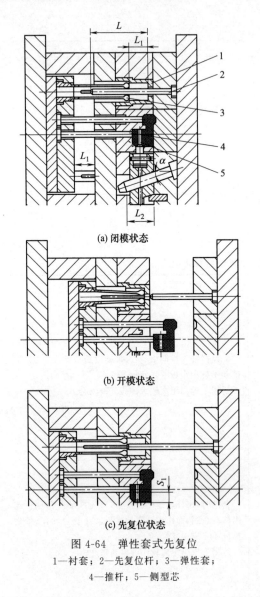

(a) 闭模状态

(b) 开模状态

(c) 先复位状态

图 4-64 弹性套式先复位

1—衬套；2—先复位杆；3—弹性套；
4—推杆；5—侧型芯

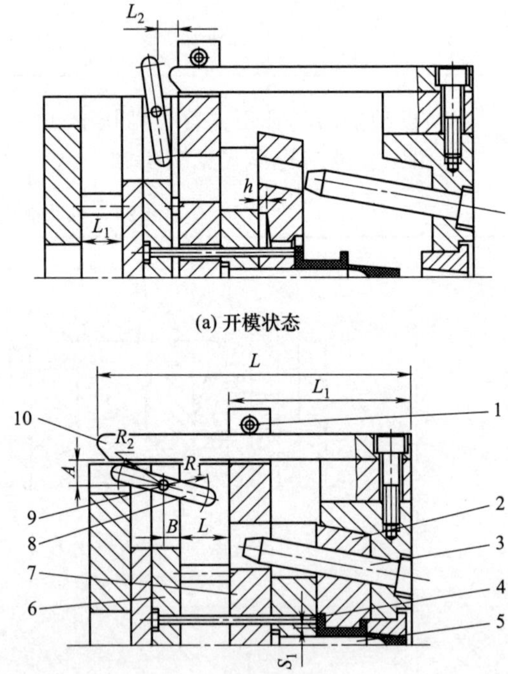

(a) 开模状态

(b) 闭模状态

图 4-65 杠杆式先复位

1—滚轮；2—滑块；3—斜导柱；4—推杆；5—型芯；
6—推杆固定板；7—支承板；8—杠杆；9—轴；10—楔杆

② 杠杆式先复位。如图 4-65 所示，杠杆 8 可以绕固定于推杆固定板 6 上的轴 9 转动。合模时，由楔杆 10 推动杠杆 8 转动，迫使推杆固定板 6 带动推杆 4 先复位，从而避免滑块 2 和推杆 4 发生"干涉"。

③ 三角块式先复位。如图 4-66 所示，当铸件推出后，由于推杆 6 停留在安装嵌件的位置上，如图 4-66（a）所示，而无法安装嵌件，故必须采用先复位机构。

合模开始时，楔杆 1 在合模力作用下，首先推动三角块 4 向内侧移动，由于斜面作用而驱动推板 3 作复位动作，并带动推出系统及推杆 6 完成先复位，如图 4-66（b）所示。

合模后，由复位杆（图中未画出）完成精确复位，如图 4-66（c）所示。三角块 4 的复位移动是在推出过程中，由支承板 7 底端斜面的作用下完成的。

④ 连杆式先复位。如图 4-67 所示，压铸模设置侧型芯，由于推杆与侧型芯产生"干涉"现象，故必须设置先复位机构。图 4-67 中所示，它依靠楔板 9 推动连杆机构 10，完成先复位动作。

当压铸件推出后，推杆 7 的推出位置与侧型芯 2 发生"干涉"现象，如图 4-67（a）所示。

合模时，安装在定模板 1 上的楔板 9 推动连杆机构以动模板 4 为相对固定点作伸直运动，从而推动推板 8，并带动推杆 7 在侧型芯 2 还未接近时提前复位，避免了两者的"干涉"现象，如图 4-67（b）所示。

完成合模后，复位杆 6 使推出系统精确复位，如图 4-67（c）所示。

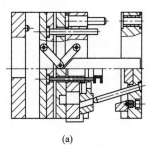

(a)

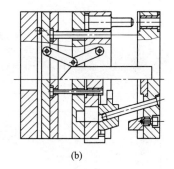

(b)

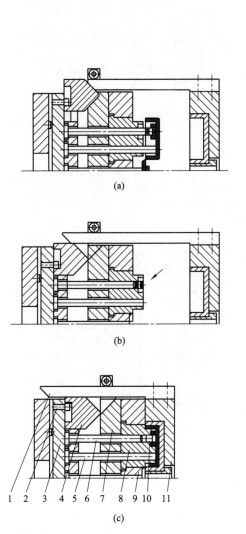

(a)

(b)

(c)

1　2　3　4　5　6　7　8　9　10　11

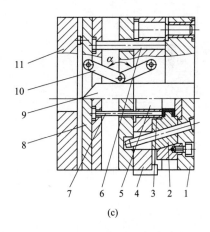

(c)

图 4-66　三角块式先复位

1—楔杆；2—限位销；3—推板；4—三角块；
5,6—推杆；7—支承板；8—型芯；
9—动模板；10—嵌件；11—定模板

图 4-67　连杆式先复位

1—定模板；2—侧型芯；3—动模镶块；4—动模板；
5—主型芯；6—复位杆；7—推杆；8—推板；9—楔板；
10—连杆机构；11—动模座板

4.6　压铸模模架及零件设计

4.6.1　压铸模标准模架

压铸模模架标准尺寸系列见表 4-95。

表 4-95　压铸模模架标准尺寸系列　　　　　　mm

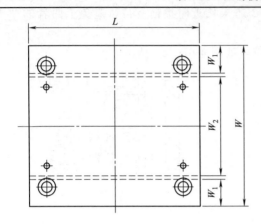
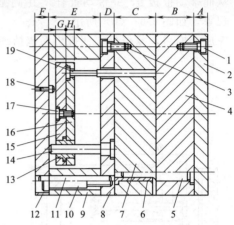

图 1　通用模架(1)

1—定模模板螺钉;2—定模座板;3—动模模板螺钉;4—定模套板;5—导柱;6—导套;
7—动模套板;8—支承板;9—垫块;10—模座螺钉;11—圆柱销;12—动模座板;13—推板导套;
14—推板导柱;15—推板;16—推杆固定板;17—推板螺钉;18—限位钉;19—复位杆

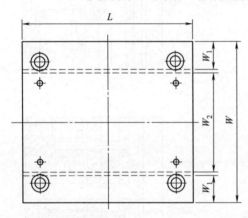
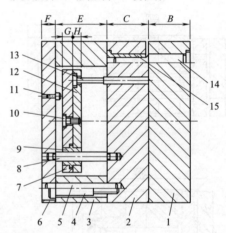

图 2　通用模架(2)

1—定模套板;2—动模套板;3—垫块;4—模座螺钉;5—圆柱销;6—动模座板;7—推板;
8—推板导柱;9—推板导套;10—推板螺钉;11—限位钉;12—推杆固定板;
13—复位杆;14—导柱;15—导套

主要尺寸		W	200		250				315					355						400		
		L	200	315	200	315	400	450	500	315	400	450	500	560	400	450	500	560	630	710	400	450	500
定模座板		A	25		25					32					40						40		
定模套板		B	25～160		25～160					25～160		32～160			32～160						32～160		
动模套板		C	25～160		25～160					25～160		32～160			32～160						32～160		
支承板		D	35		40					50					50						63		
动模座板		F	25		25					32					32						32		
垫块		W_1	32		40					50					50						63		
		E	63～100		63～100					80～125					80～125						80～125		
推板		W_2	125		160					205					245						264		
		G	20		25					25					32						32		
推杆固		W_3	125		160					205					245						264		
定板		H	12		12					16					16						16		
复位杆	直径		$\phi12$		$\phi16$					$\phi20$					$\phi20$						$\phi20$		

续表

主要尺寸	W	200		250					315					355						400		
	L	200	315	200	315	400	450	500	315	400	450	500	560	400	450	500	560	630	710	400	450	500
导柱导套	导向段直径	φ20		φ25					φ32					φ32						φ40		
	固定段直径	φ28		φ35					φ42					φ42						φ50		
推板导柱	导向段直径	φ16		φ20					φ20					φ20						φ25		
定模套板螺钉		6×M10		6×M10		8×M10			6×M12			8×M12		8×M12						8×M12		
动模套板螺钉		6×M10		6×M10		8×M10			6×M12			8×M12		8×M12						8×M12		
推板螺钉		M8		M8					M8					M10						M10		
模座板螺钉		4×M12		4×M12		6×M12			4×M12			6×M16		6×M16						6×M12		

主要尺寸	W	400				450							500					630				710	
	L	560	630	710	800	450	500	560	630	710	800	900	560	630	710	800	900	630	710	800	900	900	1000
定模座板	A	40				40							50					63				63	
定模套板	B	32~160				40~200							40~200					50~250				50~250	
定模套板	C	32~160				40~200							40~200					50~250				50~250	
支承板	D	63				63							63					80				80	
动模座板	F	32				40							50					50				50	
垫块	W_1	63				63							80					80				80	
	E	80~125				80~160							100~200					100~200				100~200	
推板	W_2	264				314							330					460				540	
	G	32				32							40					40				40	
推杆固定板	W_3	264				314							330					460				540	
	H	16				16							20					20				20	
复位杆	直径	φ20				φ20							φ20					φ25				φ25	
导柱导套	导向段直径	φ40				φ40							φ40					φ63				φ63	
	固定段直径	φ50				φ50							φ50					φ80				φ80	
推板导柱	导向段直径	φ25				φ32							φ32					φ40				φ40	
定模套板螺钉		8×M12				8×M12					10M12		10×M12					10×M16				12M16	
动模套板螺钉		8×M12				8×M12					10M12		10×M12					10×M16				12M16	
推板螺钉		M10				M10					M10		M12					M16				M16	
模座板螺钉		8×M12				6×M20			8×M20				8×M20		8×M20		10×M20	8×M24		10×M24		10×M24	

4.6.2　模座、支承板与垫块

压铸模模座有整体式、组合式和角架式，三种专用模座的基本结构形式见表 4-96。

在模架中，用作构成组合式模座和动模通孔模套支承板的模板（见 GB/T 4678.1—2003）、垫块（见 GB/T 4678.15—2003）、构成推出脱模机构的推板（见 GB/T 4678.8—2003）；分别见表 4-97～表 4-99。

压铸模的套板边框厚度推荐尺寸见表 4-100。

动模支承板厚度推荐尺寸见表 4-101。

压铸模中的圆形镶块（GB/T 4678.2—2003）和矩形镶块尺寸（GB/T 4678.3—2003）分别见表 4-102 及表 4-103。

表 4-96 模座的基本结构形式 mm

名称	示 意 图	说 明
整体式模座	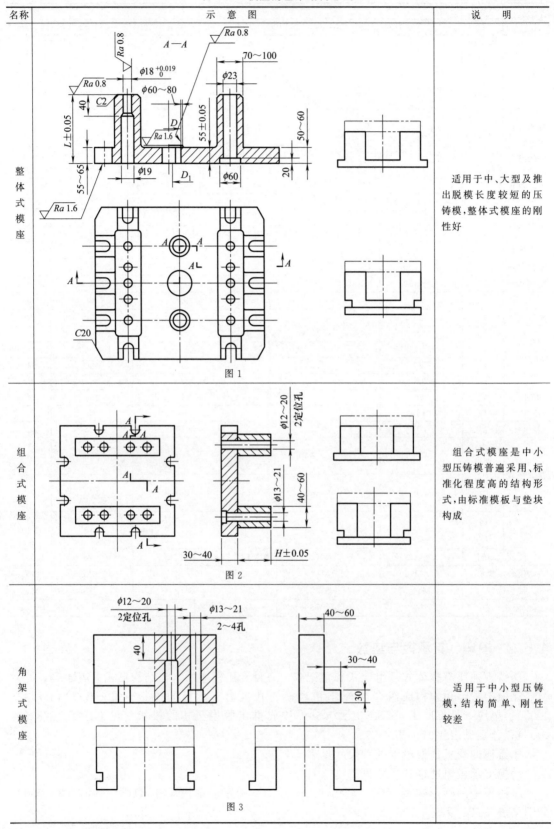 图 1	适用于中、大型及推出脱模长度较短的压铸模,整体式模座的刚性好
组合式模座	图 2	组合式模座是中小型压铸模普遍采用、标准化程度高的结构形式,由标准模板与垫块构成
角架式模座	图 3	适用于中小型压铸模,结构简单、刚性较差

表 4-97　**模板**（摘自 GB/T 4678.1—2003）　　　mm

<table>
<tr><td colspan="2">

1）材料和硬度

材料由制造者选定,推荐采用 45 钢。

套板和支承板硬度 25～32HRC。

2）技术要求

①模板公差等级应符合 GB/T 1801—1999 中 js10 级的规定。

②用作套板时,基准面的形位公差应符合 GB/T 1184—1996 的规定,t_1、t_3 为 5 级精度,t_2 为 7 级精度。用作座板、支承板时,形位公差等级均应符合 GB/T 1184—1996 中 H 的规定。

③其余应符合 GB/T 4679—2003 的规定。

3）标记

示 例：$L_1 = 200mm$, $L_2 = 200mm$, $H = 20mm$ 的模板标记如下：

模板　200×200×20　GB/T 4678.1—2003
</td><td colspan="2">

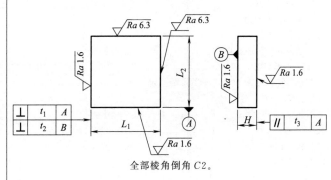

全部棱角倒角 C2。
</td></tr>
</table>

L_1	L_2				H													
					20	25	32	40	50	63	80	100	125	160	200	250	320	400
200	200	250	320	355	×	×	×	×	×	×	×							
250	250	320	400	450	×	×	×	×	×	×	×							
320	320	400	450	500		×	×	×	×	×	×	×						
400	400	450	500	560			×	×	×	×	×	×						
450	450	500	560	630			×	×	×	×	×	×						
500	500	560	630	710				×	×	×	×	×	×					
560	560	630	710	800					×	×	×	×	×	×				
630	630	710	800	900					×	×	×	×	×	×	×			
710	710	800	900	1000						×	×	×	×	×	×			
800	800	900	1000	1250						×	×	×	×	×	×			
900	900	1000	1250	1400						×	×	×	×	×	×	×		×
1000	1000	1100	1250	1400						×	×	×	×	×	×	×		×
1100	1100	1250	1400								×	×	×	×	×	×		×

注：表中"×"表示选用规格,下表同。

表 4-98　**垫块**（摘自 GB/T 4678.15—2003）　　　mm

<table>
<tr><td>

1）材料

材料由制造者选定,推荐采用 45 钢。

2）技术要求

基准面的形位公差应符合 GB/T 1184—1996 的规定,t 为 5 级精度。

其余应符合 GB/T 4679—2003 的规定。

3）标记

示例：$L_1=200mm$, $L_2=80mm$, $H=32mm$ 的垫块标记如下：

垫块　200×80×32　GB/T 4678.15—2003
</td><td>

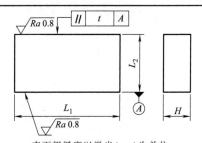

表面粗糙度以微米（μm）为单位,

未注表面粗糙度 $Ra=6.3μm$；全部棱边倒角 C2。
</td></tr>
</table>

H	32	40	50	63	80				100	125
$L_2^{+0.1}_0$					L_1					
	200	200	250	320	400	450	500	560	630	710	800	900	1000
80	×	×	×									
100	×	×	×	×								
125	×	×	×	×	×	×	×	×	×	×		
160		×	×	×	×	×	×	×	×	×	×	
200					×	×	×	×	×	×	×	×
250							×				×	×
320											×	×

表 4-99　推板（摘自 GB/T 4678.8—2003）　　　　　　　　　　　　　mm

1）材料和硬度

推荐采用 45 钢。

硬度 28～32HRC。

2）技术要求

基准面的形位公差应符合 GB/T 1184—1996 的规定，t 为 6 级精度。

其余应符合 GB/T 4678—2003 的规定。

3）标记

示例：L_1＝100mm，L_2＝125mm，H＝16mm 的推板标记如下：

推板　100×125×16　GB/T 4678.8—2003

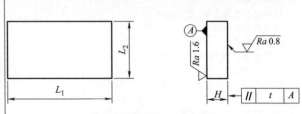

表面粗糙度以微米（μm）为单位，

未注表面粗糙度 Ra＝6.3μm，全部棱边倒角 C2。

L_1	L_2				H							
					16	20	25	32	40	50	63	80
125	160	200			×	×						
125	160	200	250		×	×						
160	200	250	320		×	×	×	×	×			
200	250	320	400	500	×	×	×	×	×			
250	320	400	500	630			×		×			
320	400	500	630	710			×		×	×		
400	500	630	710				×		×	×		
500	630	710	800				×			×	×	×
630	710	800	900					×		×	×	×
710	800	900	1000					×		×	×	×

表 4-100　套板边框厚度推荐尺寸　　　　　　　　　　　　　mm

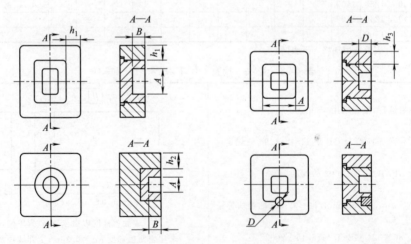

$A \times B$ 侧面	套板边框厚度			$A \times B$ 侧面	套板边框厚度		
	h_1	h_2	h_3		h_1	h_2	h_3
＜80×35	40～50	30～40	50～65	＜350×70	80～110	70～110	120～140
＜120×45	45～65	35～45	60～75	＜400×100	100～120	80～110	130～160
＜160×50	50～75	45～55	70～85	＜500×150	120～150	110～140	140～180
＜200×55	55～80	50～65	80～95	＜600×180	140～170	140～160	170～200
＜250×60	65～85	55～75	90～105	＜700×190	160～180	150～170	190～220
＜300×65	70～95	60～85	100～125	＜800×200	170～200	160～180	210～250

表 4-101 动模支承板厚度推荐值

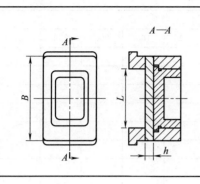

支承板所受总压力 P/kN	支承板厚度 h/mm
160～250	25、30、35
＞250～630	30、35、40
＞630～1000	35、40、50
＞1000～1250	50、55、60
＞1250～2500	60、65、70
＞2500～4000	75、85、90
＞4000～6300	85、90、100

表 4-102 圆形镶块尺寸（GB/T 4678.2—2003） mm

1）材料和硬度

材料由制造者选定，推荐采用：4Cr5MoSiVI、3Cr2W8V。

硬度 44～48HRC。

2）技术要求：

①锻造后完全退火。

②基准面的形位公差应符合 GB/T 1184—1996 的规定，t_1、t_2 为 5 级精度。

③其余应符合 GB/T 4679—2003 的规定。

3）标记

示例：$\phi D=63$mm，$H=32$mm 圆形镶块标记如下：

圆形镶块 63×32 GB/T 4678.2—2003

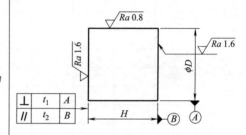

表面粗糙度以微米（μm）为单位

ϕD（h7）	H										
	32	40	50	63	80	100	125	160	200	250	320
63	×	×	×	×	×						
80	×	×	×	×	×						
100		×	×	×	×	×					
125		×	×	×	×	×					
160		×	×	×	×	×					
200			×	×	×	×	×				
250				×	×	×	×	×	×		
320					×	×	×	×	×		
400						×	×	×	×	×	×
500								×	×	×	×

表 4-103 矩形镶块尺寸（摘自 GB/T 4678.3—2003） mm

1）材料和硬度

材料由制造者选定，推荐采用 4Cr5MoSiVI、3Cr2W8V。

硬度 44～48HRC。

2）技术要求：

①锻造后完全退火。

②基准面的形位公差应符合 GB/T 1184—1996 的规定，t_1、t_2 为 5 级精度，t_3 为 7 级精度。

③其余按 GB/T 4679—2003 的规定。

3）标记

示例：$L_1=100$mm，$L_2=80$mm，$H=32$mm 的矩形镶块标记如下：

矩形镶块 100×80×32 GB/T 4678.3—2003

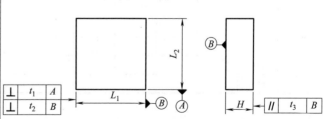

（全部表面粗糙度 $Ra=0.8\mu$m）

续表

L_1(h7)	L_2(h7)	H										
		32	40	50	63	80	100	125	160	200	250	320
100	80	×	×	×								
125	80	×	×	×	×	×						
	100	×	×	×	×	×						
	125	×	×	×	×	×						
160	100	×	×	×	×	×						
	125	×	×	×	×	×						
	160	×	×	×	×	×						
200	160		×	×	×	×						
	200		×	×	×	×	×					
250	200			×	×	×	×					
	250			×	×	×	×					
320	200				×	×	×	×				
	250				×	×	×	×				
	320				×	×	×	×				
400	250					×	×	×	×			
	320					×	×	×	×			
	400					×	×	×	×			
500	250						×	×	×	×		
	320						×	×	×	×		
	400						×	×	×	×		
	500							×	×	×	×	
630	250							×	×	×	×	
	320							×	×	×	×	
	400							×	×	×	×	
	500							×	×	×	×	
	630							×	×	×	×	×
710	320							×	×	×	×	
	400								×	×	×	×
	500								×	×	×	×
	630								×	×	×	×
	710								×	×	×	×
800	320								×	×	×	×
	400								×	×	×	×
	500								×	×	×	×
	630									×	×	×
	710									×	×	×
	800									×	×	×

4.6.3　导向件

（1）定模、动模导柱和导套

① 导柱的导滑段直径及导滑长度的确定。导柱、导套需有足够的刚性，当导柱为四根

时，选取导柱导滑段直径的经验公式为：

$$D = K\sqrt{F} \qquad\qquad (4\text{-}58)$$

式中　D——导柱导滑段直径，cm；

　　　F——模具分型面上的表面积，cm^2；

　　　K——比例系数，一般为 $0.07 \sim 0.09$。

例如：模板外形尺寸长 50cm，宽 40cm，采用四根导柱，试确定导柱的导滑段直径 D，K 值取 0.08，其计算式如下：

$$D = K\sqrt{F} = 0.08 \times \sqrt{50 \times 40} = 3.5\,(cm)$$

按表 4-106 标准尺寸系列可知 D 为 40mm。

② 导柱的导滑段长度 E 应大于型芯高出分型面的高度或镶块的高度 X 和导滑段的直径 D 之和，如图 4-68 所示。

③ 导柱、导套的安装形式和公差配合见表 4-104。

④ 方导柱、导块的结构形式与主要尺寸见表 4-105。

⑤ 导柱、导套一般布置在模板的四个角上，需保持导柱间最大的距离，如图 4-69 和图 4-70 所示。

⑥ 方导柱、导块的布置见图 4-71，推板导柱与导套的安装如图 4-72 所示。

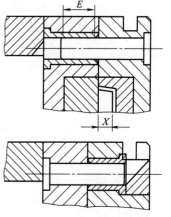

图 4-68　导柱导滑段的长度

表 4-104　导柱、导套的安装形式和公差配合

安装图例	说　明	安装图例	说　明
$\dfrac{H7}{e7}$　$\dfrac{H7}{m6}$　$d_2\left(\dfrac{H7}{k6}\right)$	导柱与导套的固定部位外径应一致，便于加工，保证精度		采用锁圈或弹性卡环固定导柱，制造简单，节省材料。孔的加工要保证同轴度
$\dfrac{H7}{e7}$　$\dfrac{H7}{m6}$　$d_2\left(\dfrac{H7}{k6}\right)$	导柱与导套的外径不一致，因而孔的加工，如采用一般方法难以保证装配精度		导柱、导套兼起定位销作用，四块板孔可组合后加工，易保证同轴度
$\dfrac{H7}{e7}$　$\dfrac{H7}{k6}$　$d_2\left(\dfrac{H7}{k6}\right)$	采用紧固螺钉固定。适用于动、定模模板较厚或无座板压紧的场合	$\dfrac{M7}{h7}$	带有锥度台阶的导柱，较省料。孔的加工要保证同轴度

235

表 4-105　方导柱、导块的结构形式和主要尺寸

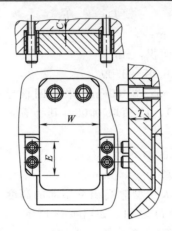

模具表面上的表面积/m²	≤0.12	>0.12~0.25	>0.25~0.65	>0.65~1.16	>1.16~2.00
方导柱厚度 T/mm	20	25	40	50	65
方导柱宽度 W/mm	60	75	120	150	200
导滑段长度 E/mm	大于高于分型面的型芯或镶块的长度与方导柱厚度之和				
间隙 C/mm	应大于动、定模热膨胀量之差。一般压铸模每1m长度间隙≥2.5mm				

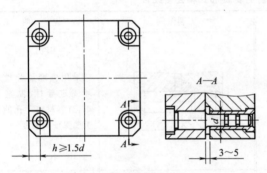

图 4-69　方形模具导柱的布置

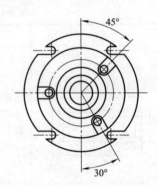

图 4-70　圆形模具导柱的布置

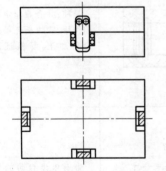

图 4-71　方导柱、导块的布置

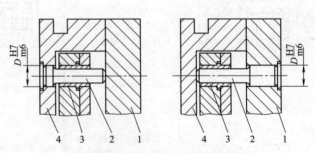

图 4-72　推板导柱和导套的安装

1—动模支承板；2—推板导柱；3—推板导套；4—动模座板

（2）定、动模导柱和导套的尺寸规格

① 带肩导柱（GB/T 4678.4—2003），见表 4-106。

表 4-106 带肩导柱 (GB/T 4678.4—2003)　　　　　mm

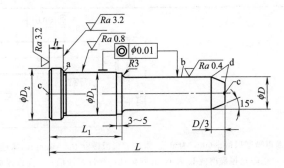

1)材料和硬度

推荐采用 T8A、GCr15。

硬度 50~55HRC。

2)技术要求

应符合 GB/T 4679—2003 的规定。

3)标记

示例:$D=16$mm,$L=63$mm,$L_1=25$mm 的带肩导柱标记如下:

带肩导柱 16×63×25 GB/T 4678.4—2003

表面粗糙度以微米(μm)为单位,未注表面粗糙度 $Ra=6.3\mu$m;未注倒角 $C1$。

a—可选砂轮越程槽或 R 为 1mm 圆角;b—允许开油槽;c—允许保留两端中心孔;d—圆弧连接

D(e7)	D1(m6)	$D_2\ {}^{0}_{-0.2}$	$h\ {}^{0}_{-0.1}$	L1	63	80	100	125	160	200	250	320	400	500
													L	
16	24	28	6	25	×	×								
				32	×	×	×	×						
				40		×	×	×	×					
				50		×	×	×	×					
				63			×	×	×	×				
20	28	32	6	32		×	×	×						
				40		×	×	×	×					
				50			×	×	×					
				63			×	×	×	×				
				80				×	×	×				
25	35	40	8	32		×								
				40			×	×	×					
				50			×	×	×					
				63					×	×	×			
				80						×	×			
32	42	48	8	40			×	×	×					
				50				×	×	×	×			
				63				×	×	×	×			
				80					×	×	×			
40	50	56	8	63					×	×	×			
				80						×	×			
				100						×	×	×	d	
50	63	71	12	80						×	×			
				100						×	×	×		
				125						×	×	×		
63	75	85	12	100							×	×		
				125							×	×		
				160							×	×	×	
80	95	105	16	125							×	×		
				160							×	×	×	
				200								×	×	×
				250									×	×

② 带头导柱（GB/T 4678.5—2003），见表 4-107。

表 4-107　带头导柱（GB/T 4678.5—2003）　　　　　　mm

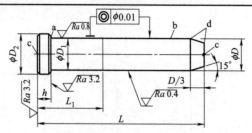

表面粗糙度以微米（μm）为单位，未注表面粗糙度 $Ra=6.3\mu m$；未注倒角 $C1$。

a—可选砂轮越程槽或 R 为 1mm 圆角；b—允许开油槽；c—允许保留两端中心孔；d—圆弧连接

1）材料和硬度

推荐采用 T10A、GCr15。

硬度 50～55HRC。

2）技术要求

应符合 GB/T 4679—2003 的规定。

3）标记

示例：$D=16mm$，$L=63mm$，$L_1=25mm$ 的带头导柱标记如下：

带头导柱　16×63×25　GB/T 4678.5—2003

D(e7)	D₁(m6)	$D_2{}_{-0.2}^{\ 0}$	$h_{-0.1}^{\ 0}$	L₁	L									
					63	80	100	125	160	200	250	320	400	500
16	16	20	6	25	×	×	×	×						
20	20	24	6	32		×	×	×	×					
				40		×	×	×	×					
				50			×	×	×	×				
25	25	30	6	40		×	×	×	×					
				50			×	×	×	×				
32	32	38	8	40			×	×	×					
				50			×	×	×	×				
40	40	46	8	50			×	×	×	×				
				63				×	×	×				
				80					×	×				
50	50	56	12	63					×	×				
				80						×	×	×		
				100						×	×	×		
63	63	71	12	80						×	×			
				100						×	×	×		
				125							×	×	×	
80	80	90	16	100							×	×		
				125							×	×	×	
				160								×	×	×
				200								×	×	×

③ 带头导套（GB/T 4678.6—2003），见表 4-108。

表 4-108　带头导套（GB/T 4678.6—2003）　　　　　　　　mm

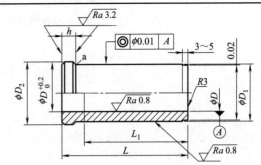

1) 材料和硬度

材料由制造者选定，推荐采用 T8A、GCr15。

硬度 50～55HRC。

2) 技术要求

应符合 GB/T 4679—2003 的规定。

3) 标记

示例：$D=16\text{mm}$，$L=20\text{mm}$ 的带头导套标记如下：

带头导套　16×20　GB/T 4678.6—2003

表面粗糙度以微米（μm）为单位，未注表面粗糙度 $Ra=6.3\mu\text{m}$；未注倒角 $C1$。

a—可选砂轮越程槽或 R 为 1mm 圆角

D(H8)	D_1(k6)	$D_2{}^{\,0}_{-0.2}$	$h{}^{\,0}_{-0.1}$	L_1	L									
					20	27	35	45	58	75	95	120	135	160
16	24	28	6	20	×									
				27		×	×	×	×					
20	28	32	6	27		×	×							
				30				×	×	×				
25	35	40	8	30					×					
				40						×	×	×		
32	42	48	8	45					×	×				
				50							×	×	×	
40	50	56	12	50						×	×			
				60								×	×	×
50	63	71	12	75							×	×		
				80									×	×
63	75	85	12	80								×	×	
				100									×	×
80	95	105	16	100									×	×
				120									×	×

④ 直导套（GB/T 4678.7—2003），见表 4-109。

表 4-109　直导套（GB/T 4678.7—2003）　　　　　　　　mm

1) 材料和硬度

推荐采用 T10A、GCr15。

硬度 50～55HRC。

2) 技术要求

应符合 GB/T 4679—2003 的规定。

3) 标记

示例：$D=16\text{mm}$，$L=25\text{mm}$ 的直导套标记如下：

直导套　16×25　GB/T 4678.7—2003

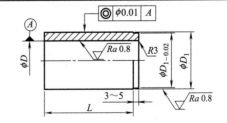

表面粗糙度以微米（μm）为单位，未注表面粗糙度 $Ra=3.2\mu\text{m}$。

D(H8)	16	20	25	32	40	50	63	80
D_1(r6)	26	30	36	45	54	66	80	100
L	25	32	40	50	63	80	100	120

（3）推板导柱和导套

① 推板导柱（GB/T 4678.9—2003），见表 4-110。

表 4-110　A 型、B 型推板导柱尺寸（GB/T 4678.9—2003）　　mm

1）材料和硬度

材料由制造者选定，推荐采用 T10A、GCr15。

硬度 50～55HRC。

2）技术要求

应符合 GB/T 4679—2003 的规定。

3）标记

示例：$D=20mm$，$L_1=80mm$ 的 B 型推板导柱标记如下：

推板导柱　B 20×80　GB/T 4678.9—2003

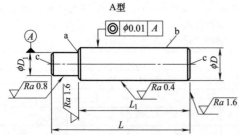

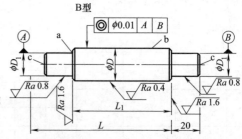

表面粗糙度以微米（μm）为单位，未注表面粗糙度 $Ra=6.3\mu m$；未注倒角 C1。

a—可选退刀槽或 R 为 1mm；b—允许开油槽；c—允许保留两端中心孔

表面粗糙度以微米（μm）为单位，未注表面粗糙度 $Ra=6.3\mu m$；未注倒角 C1。

a—可选退刀槽或 R 为 1mm；b—允许开油槽；c—允许保留两端中心孔

D(e8)	20			25			32				40			
D_1(j6)	12			16			20				25			
L	$L_{1}{}^{\ 0}_{-0.1}$													
	80	100	125	160	100	125	160	200	125	160	200	250	160	200	250	320
100	×													
125		×			×									
150			×			×			×					
185				×			×			×				
230								×			×		×	
300												×		×
360																×

② 推板导套（GB/T 4678.10—2003），见表 4-111。

表 4-111　推板导套（GB/T 4678.10—2003）　　mm

1）材料和硬度

材料由制造者选定，推荐采用 T10A、GCr15。

硬度 50～55HRC。

2）技术要求

应符合 GB/T 4679—2003 的规定。

3）标记

示例：$D=20mm$，$L=40mm$，$h=5mm$ 的推板导套标记如下：

推板导套　20×40×5　GB/T 4678.10—2003

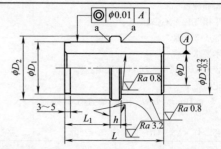

表面粗糙度以微米（μm）为单位，未注表面粗糙度 $Ra=6.3\mu m$；未注倒角 C1。

a—可选砂轮越程槽或 R 为 1mm 圆角

D(H9)	20		25		32		40
D_1(k6)	28		35		42		50
$D_2{}_{-0.2}^{0}$	32		40		48		56
$h_{-0.05}^{0}$	5,8						
L	$L1_{-0.2}^{0}$						
	16	20	25	25	32	32	40
32	×						
40	×	×					
50			×	×			
63			×	×	×		
80				×	×	×	
100						×	×

（4）推出机构的推出件

① 推杆（A 型）（GB/T 4678.11—2003），见表 4-112。

表 4-112 推杆（A 型）（GB/T 4678.11—2003）　　　　　mm

1）材料和硬度

推荐采用 4Cr5MoSiV1、3Cr2W8V。

硬度 45～50HRC。

淬火后表面可进行渗氮处理，渗氮层深度为 0.08～0.15mm，心部硬度为 40～44HRC，表面硬度≥900HV。

2）技术要求

应符合 GB/T 4679—2003 的规定。

3）标记

示例：$D=6$mm，$L=100$mm，$h=5$mm 的 A 型推杆标记如下：

推杆 A 6×100×5 GB/T 4678.11—2003

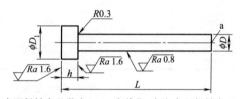

表面粗糙度以微米（μm）为单位，未注表面粗糙度 $Ra=6.3\mu m$。

a—端面不允许保留中心孔

D(e8)	3	4	5	6	8	10	12	16
D_1	6	8	10	12	14	16	18	22
L_{0}^{+2}	$h_{-0.05}^{0}$							
	5,8							
80	×	×	×					
100	×	×	×	×	×	×		
125	×	×	×	×	×	×	×	
160	×	×	×	×	×	×	×	×
200	×	×	×	×	×	×	×	×
250	×	×	×	×	×	×	×	×
320	×	×	×	×	×	×	×	×
400		×	×	×	×	×	×	×
500			×	×	×	×	×	×
630				×	×	×	×	×
800					×	×	×	×
1000						×	×	×

② 推杆（B 型）（GB/T 4678.11—2003），见表 4-113。

③ 复位杆（GB/T 4678.12—2003），见表 4-114。

表 4-113　推杆（B 型）（GB/T 4678.11—2003）　　　　　　　mm

1）材料和硬度

推荐采用 4Cr5MoSiV1、3Cr2W8V。

硬度 45～50HRC。

淬火后表面可进行渗氮处理，渗氮层深度为 0.08～0.15mm，心部硬度为 40～44HRC，表面硬度≥900HV。

2）技术要求

应符合 GB/T 4679—2003 的规定。

3）标记

示例：$D=3$mm，$L=80$mm，$h=5$mm 的 B 型推杆标记如下：

推杆　B　$3×80×5$　GB/T 4678.11—2003

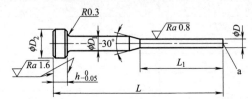

表面粗糙度以微米（μm）为单位，未注表面粗糙度 $Ra=6.3\mu$m。

a—端面不允许保留中心孔

$D(e8)$		3	4	5	6
D_1		6	7	8	10
D_2		12	13	14	16
$L_{\ 0}^{+0.2}$	$L_{1\ 0}^{+0.2}$	$h_{-0.05}^{\ 0}$			
		5,8			
80	40	×	×	×	
100	50	×	×	×	
125	80	×	×	×	×
160	100	×	×	×	×
200	125	×	×	×	×
250	150	×	×	×	×
320	150		×	×	×
400	150		×	×	×
500	175			×	×
630	175				×

表 4-114　复位杆（GB/T 4678.12—2003）　　　　　　　mm

1）材料和硬度

推荐采用 T8A、T10A。

硬度 50～55HRC。

2）技术要求

应符合 GB/T 4679—2003 的规定。

3）标记

示例：$D=10$mm，$L=80$mm，$h=5$mm 的复位杆标记如下：

复位杆　$10×80×5$　GB/T 4678.12—2003

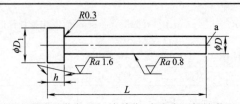

表面粗糙度以微米（μm）为单位，未注表面粗糙度 $Ra=6.3\mu$m。

a—端面不允许保留中心孔

$D(e8)$	10	12	16	20	25	32	40
$h_{-0.05}^{\ 0}$	5,8						
L	D_1						
	16	18	22	26	32	40	48
80	×	×					
100	×	×	×				
125	×	×	×	×			
160	×	×	×	×	×		
200	×	×	×	×	×		
250	×	×	×	×	×		
320			×	×	×	×	
400				×	×	×	×
500					×	×	×
630						×	×
800						×	×
1000						×	×

④ 推板垫圈（GB/T 4678.13—2003），见表 4-115。

表 4-115　推板垫圈（GB/T 4678.13—2003）　　　　　　　　　　mm

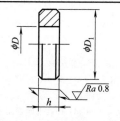

| 1)材料和硬度
推荐采用 45 钢。
硬度 40～45HRC。
2)技术要求
应符合 GB/T 4679—2003 的规定。
3)标记
示例：$D=9$mm，$h=5$mm 的推板垫圈标记如下：
推板垫圈　9×5　GB/T 4678.13—2003 | 表面粗糙度以微米（μm）为单位，未注表面粗糙度 $Ra=6.3$μm；未注倒角 $C1$。 |

D	D_1	$h^{+0.05}_{0}$
9	16	
11	20	5,8
13	25	
17	32	

⑤ 限位钉（GB/T 4678.14—2003），见表 4-116。

表 4-116　限位钉（GB/T 4678.14—2003）　　　　　　　　　　mm

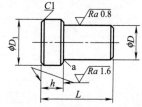

| 1)材料和硬度
材料由制造者自行选定，推荐采用 45 钢。
硬度 40～45HRC。
2)技术要求
应符合 GB/T 4679—2003 的规定。
3)标记
示例：$D=12$mm，$h=5$mm 的限位钉标记如下：
限位钉　12×5　GB/T 4678.14—2003 | 表面粗糙度以微米（μm）为单位；未注表面粗糙度 $Ra=6.3$μm；未注倒角 $C1$。
a—砂轮越程槽 |

D(m6)	12					16				
D_1	16					25				
L	$h^{0}_{-0.05}$									
	5	10	20	30	40	10	20	30	40	60
25	×									
32		×								
40			×			×				
50				×			×			
63					×			×		
71									×	
100										×

⑥ 扁推杆（GB/T 4678.16—2003），见表 4-117。

⑦ 推管（GB/T 4678.17—2003），见表 4-118。

⑧ A 型支承柱（GB/T 4678.18—2003），见表 4-119。

⑨ B 型支承柱（GB/T 4678.18—2003），见表 4-120。

⑩ 定位元件（GB/T 4678.19—2003），见表 4-121。

表 4-117 扁推杆（GB/T 4678.16—2003） mm

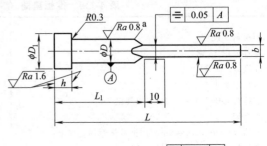

1) 材料和硬度

材料由制造者选定，推荐采用 4Cr5MoSiVI、3Cr2W8V。

硬度 45～50HRC。

淬火后表面可进行渗碳处理，渗碳层深度为 0.08～0.15mm，心部硬度 40～44HRC，表面硬度≥900HV。

2) 技术要求

应符合 GB/T 4678—2003 的规定。

3) 标记

示例：$a=0.8$mm，$b=3.5$mm，$L=80$mm，$h=5$mm 的扁推杆标记如下：

扁推杆 $0.8\times3.5\times80\times5$ GB/T 4678.16—2003

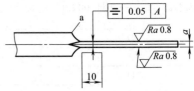

表面粗糙度以微米（μm）为单位；未注表面粗糙度 $Ra=6.3\mu m$。

a—圆弧半径小于 10mm

$D(e8)$	4		5		6		8		10		12		16	
D_1	8		10		12		14		16		18		22	
$a_{-0.015}^{0}$	0.8	1	1.2	1	1.2	1.5	2	1.5	2	1.5	2	2	2.5	2	2.5
$b_{-0.015}^{0}$	3.5		4.5		5.5		7.5		9.5		11.5		15.5	
L_{0}^{+2} $L_{1}{}_{-2}^{-1}$	$h_{-0.05}^{0}$													
	5，8													
80	40	×		×										
100	50	×		×										
125	63	×		×		×								
160	80			×		×		×						
200	100					×		×		×		×		×
250	125					×		×		×		×		×
320	160							×		×		×		×
400	200									×		×		×

表 4-118 推管（GB/T 4678.17—2003） mm

1) 材料和硬度

材料由制造者选定，推荐采用 4Cr5MoSiVI、3Cr2W8V。

硬度 45～50HRC。

淬火后表面可进行渗碳处理，渗碳层深度为 0.08～0.15mm，心部硬度 40～44HRC，表面硬度≥900HV。

2) 技术要求

应符合 GB/T 4679—2003 的规定。

3) 标记

示例：$D=2$mm，$L=80$mm，$h=5$mm 的推管标记如下：

推管 $2\times80\times5$ GB/T 4678.17—2003

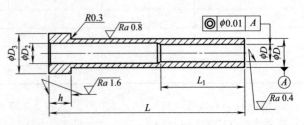

表面粗糙度以微米（μm）为单位；未注表面粗糙度 $Ra=6.3\mu m$；未注倒角 $C1$。

D（H6）	D_1（g6）	$D_{2-0.1}^{0}$	$D_{3-0.2}^{0}$	$h_{-0.05}^{0}$	L_1	L_{0}^{+2}						
						80	100	125	160	200	250	320
2	4	2.5	8		20	×	×	×				
2.5	5	3	10		20	×	×	×				
3	5	3.5	10		20	×	×	×	×			
4	8	4.5	14		30	×	×	×	×	×		
5	8	5.5	14	5,8	30	×	×	×	×	×		
6	10	6.5	16		30		×	×	×	×	×	
8	12	8.5	20		40		×	×	×	×	×	×
10	14	10.5	22		40		×	×	×	×	×	×
12	16	12.5	22		40			×	×	×	×	×

表 4-119　A 型支承柱（GB/T 4678.18—2003）　　　　　　　mm

1) 材料和硬度

推荐采用 45 钢。

硬度 28～32HRC。

2) 技术要求

应符合 GB/T 4679—2003 规定。

3) 标记

示例：

$D=40$mm，$L=80$mm 的 A 型支承柱标记如下：

支承柱　A　40×80　GB/T 4678.18—2003

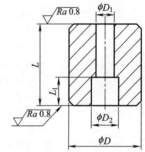

表面粗糙度以微米（μm）为单位；未注表面粗糙度 $Ra=6.3\mu$m；未注倒角 $C1$。

$D_{-0.2}^{0}$	$L_{+0.05}^{+0.15}$							D_1	D_2	L_1
	80	100	125	160	200	250	320			
25	×	×	×					9	15	9
32	×	×	×					9	15	9
40	×	×	×					11	18	11
50	×	×	×	×				11	18	11
63	×	×	×	×	×	×	×	13	20	13
80	×	×	×	×	×	×	×	13	20	13

表 4-120　B 型支承柱（GB/T 4678.18—2003）　　　　　　　mm

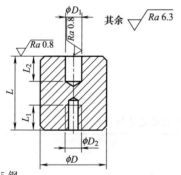

其余　$\sqrt{Ra\,6.3}$

1) 材料：45 钢。

2) 热处理：28～32HRC。

3) 技术要求

应符合 GB/T 4679—2003 规定。

4) 标记

$D=32$mm，$L=80$mm 的 B 型支承柱

支承柱　B　32×80　GB/T 4678.18—2003

$D_{-0.2}^{0}$	$L_{+0.05}^{+0.15}$							D_1（H7）	D_2	L_1	L_2
	80	100	125	160	200	250	320				
25	×	×	×					8	M8	15	15
32	×	×	×					8	M8	15	15
40	×	×	×					10	M10	18	18
50	×	×	×	×				10	M10	18	18
63	×	×	×	×	×	×	×	12	M12	20	20
80	×	×	×	×	×	×	×	12	M12	20	20

表 4-121　定位元件（GB/T 4678.19—2003）　　　　　　　　　　　mm

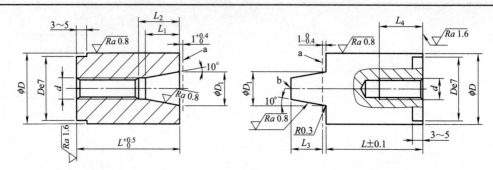

表面粗糙度以微米（μm）为单位；未注表面粗糙度 $Ra=6.3\mu m$；未注倒角 C1。

a—基准面；b—允许保留中心孔

1）材料和硬度

材料由制造者选定，推荐采用 T10A、GCr15。

硬度 50～55HRC。

2）技术要求

应符合 GB/T 4679—2003 的规定。

3）标记

示例：

$D=12mm$ 的定位元件标记如下：

定位元件　12　GB/T 4678.19—2003

D(k6)	D_1	d	L	L_1	L_2	L_3	L_4
12	6	M5	19	7	9	5	11
16	10	M5	24	8	10	6	11
20	12	M8	31	11	13	9	15
25	16	M8	31	12	14	10	15
32	20	M10	39	16	18	14	18
40	25	M10	49	20	22	18	18
50	32	M12	49	27	29	25	20
60	40	M12	54	34	37	32	20

4.6.4　压铸模结构零件的公差和配合

（1）结构零件轴和孔的配合和精度

① 固定零件的配合类别和精度等级见表 4-122。

② 滑动零件的配合类别和精度等级见表 4-123。

③ 压铸模零件的配合精度选用示例见图 4-73。

表 4-122　固定零件的配合类别和精度等级

工作条件	配合类别和精度	典型配合零件举例
与金属液接触受热量较大	$\frac{H7}{h6}$（圆形）或 $\frac{H8}{h7}$	套板和镶块、镶块和型芯
	$\frac{H8}{h7}$（非圆形）	套板和浇口套、镶块、分流锥、导流块等
不与金属液接触受热量较小	H7/k6	套板和导套的固定部位
	H7/m6	套板和导柱、斜销、楔紧块、定位销等固定部位

表 4-123　滑动零件的配合类别和精度等级

工作条件	压铸使用合金	配合类别和精度	典型配合零件举例
与金属液接触受热量 较大	锌合金	H7/f7	推杆与推杆孔；型芯、分流锥和卸料板上 的滑动配合部位；型芯和滑动配合的孔等
	铝合金、镁合金	H7/e8	
	铜合金	H7/d8	
	锌合金	H7/e8	成型滑块和镶块等
	铝合金、镁合金	H7/d8	
	铜合金	H7/c8	
受热量不大	各种合金	H8/e7	导柱和导套的导滑部位
		H9/e7	推板导柱和推板导套的导滑部位
		H7/e8	复位杆与孔

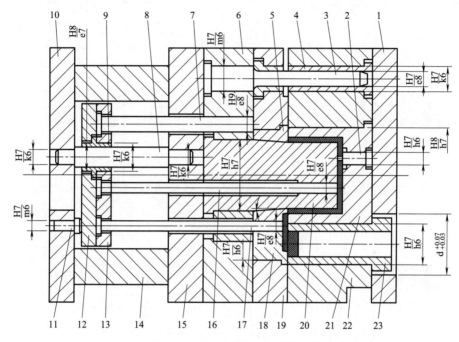

图 4-73　压铸模零件的配合精度选用示例

1—定模座板；2—型芯；3—导柱；4—导套；5—卸料沿口；6—动模板；7—卸料推杆；8—推板导柱；
9—推板导套；10—动模座板；11—限位钉；12—推板；13—推杆固定板；14—垫块；15—支承板；16—推杆；
17—浇道推杆；18—浇道镶块；19—卸料板；20—主型芯；21—定模镶块；22—定模板；23—浇口套

（2）结构零件的轴向配合

① 镶块、型芯、导柱、导套、浇口套与套板的轴向偏差值见表 4-124。

② 推板导套、推杆、复位杆、推板垫圈和推杆固定板的轴向配合偏差值见表 4-125。

表 4-124　镶块、型芯、导柱、导套、浇口套与套板的轴向偏差值　　　　　mm

装配方式	结构名称	偏　差　值
台阶压紧式	镶块、型芯和套板	$H^{+0.05}_{0}$　$h^{0}_{-0.10}$　　$H^{+0.05}_{0}$　$h_1{}^{+0.10}_{0}$

装配方式	结构名称	偏 差 值
台阶压紧式	导柱、导套和套板	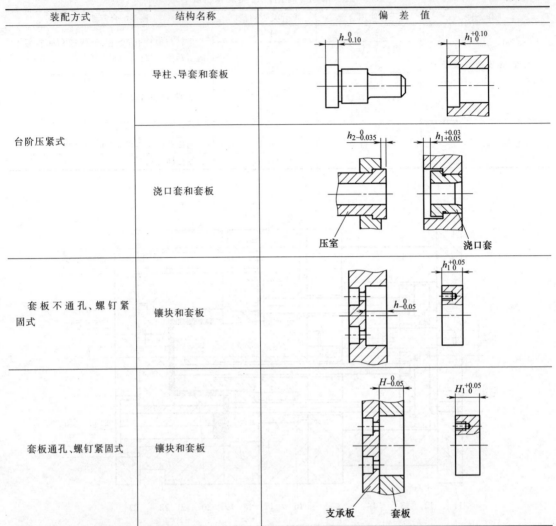
	浇口套和套板	
套板不通孔、螺钉紧固式	镶块和套板	
套板通孔、螺钉紧固式	镶块和套板	

注：表中套板偏差值指零件单件加工的偏差。在装配中，型芯和镶块等零件的底面高出或低于套板底面时，应配磨平齐，镶块分型面允许高出套板分型面 0.05~0.10mm。

表 4-125　推板导套、推杆、复位杆、推板垫圈和推杆固定板的轴向配合偏差值　　mm

装配方式	直接压紧式	推板导套台阶夹紧式	推板垫圈夹紧式
结构件名称	推杆固定板和推板导套、推杆(复位杆)	推杆固定板和推杆导套、推杆(复位杆)	推杆固定板和推板导套、推板垫圈、推杆(复位杆)
偏差值			

4.6.5　形位公差和表面粗糙度

（1）零件的形位公差
① 模架结构零件的形位公差和参数见表 4-126。

表 4-126　模架结构零件的形位公差和参数

零件部位		图　示	选用精度(GB/T 1184—1996)	零件部位		图　示	选用精度(GB/T 1184—1996)
导滑部位	带肩导柱			模板	套板、座板、支承板	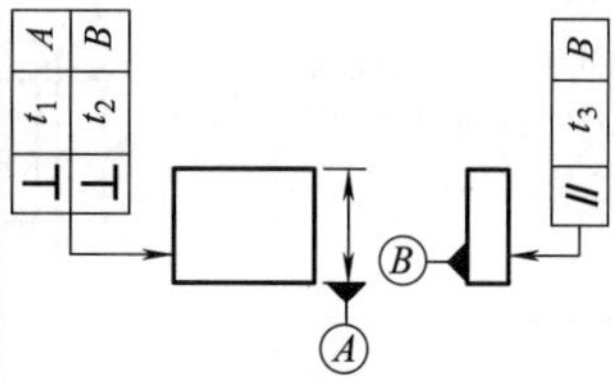	做套板时，基准面的形位公差 t_1、t_3 为 5 级精度，t_2 为 7 级精度；做座板、支承板时，形位公差均按未注公差的规定，其等级按 C 级
	带头导柱				推板	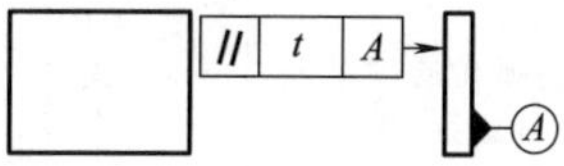	t 为 6 级精度
	推板导套				垫块	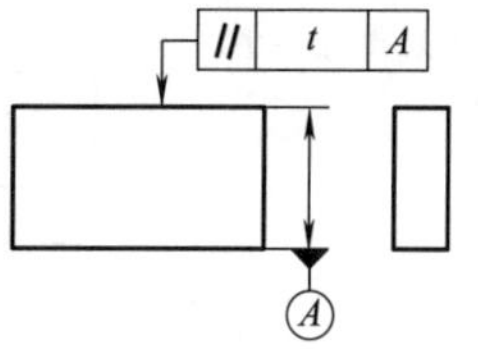	t 为 5 级精度
	直导套						
	推杆导柱						
	带头导套						

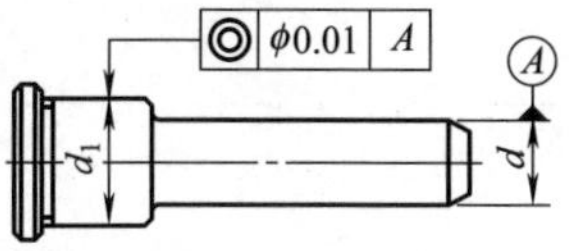

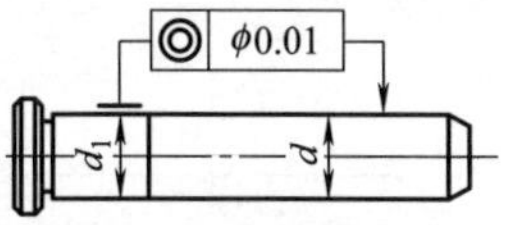

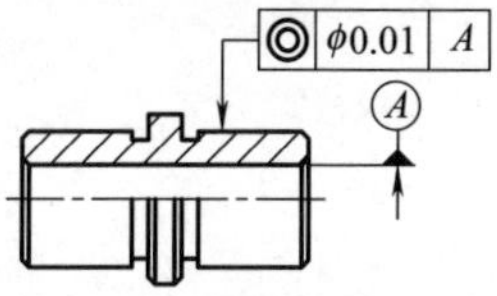

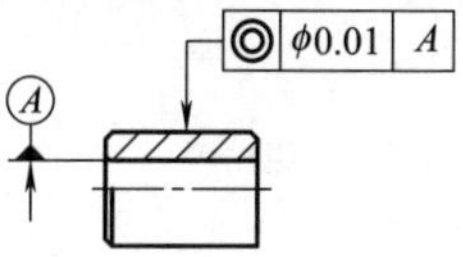

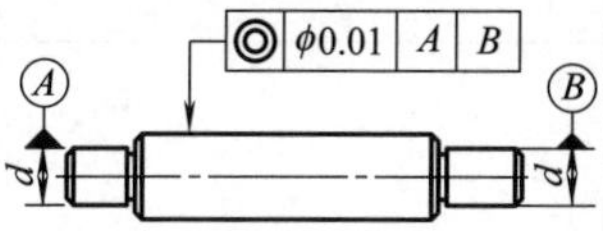

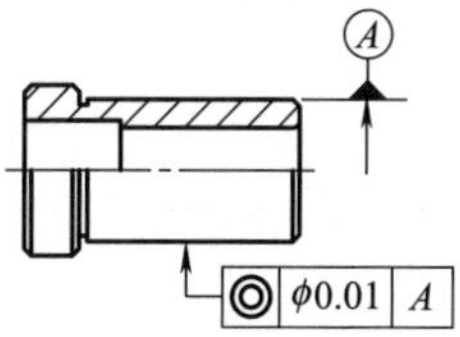

② 套板、镶块和相关固定结构部位的形位公差和参数见表 4-127。

表 4-127　套板、镶块和相关固定结构部位的形位公差和参数

零件部位	有关要素的形位要求	图　示	选用精度(GB/T 1184—1996)
导柱或导套的固定孔	导柱或导套安装孔的轴线与套板分型面的垂直度	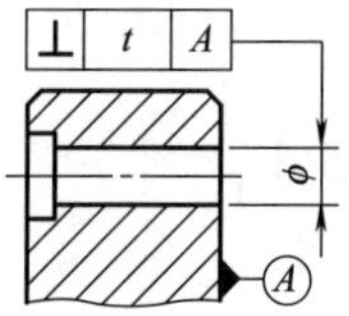	t 为 5～6 级精度

零件部位	有关要素的形位要求	图 示	选用精度(GB/T 1184—1996)
套板安装型芯和镶块的孔	套板上型芯固定孔的轴线与其他各板上的公共轴线的同轴度		圆型芯孔 t 为 6 级精度; 非圆型芯孔 t 为 7~8 级精度
套板	套板上镶块圆孔的轴线与分型面的端面圆跳动(以镶块孔外缘为测量基准)		t 为 6~7 级精度
套板	套板上镶块孔的表面与其分型面的垂直度		t 为 7~8 级精度
套板	套板上镶块圆孔的轴线与分型面的端面圆跳动(以镶块孔外缘为测量基准)		t_1、t_2 为 6~7 级精度
套板	套板上镶块孔的表面与其分型面的垂直度		t_1、t_2 为 7~8 级精度
镶块	镶块上型芯固定孔的轴线对其分型面的垂直度		t 为 7~8 级精度
镶块	镶块相邻两侧面的垂直度		t_1 为 6~7 级精度
镶块	镶块相对两侧面的平行度		t_2 为 5 级精度
镶块	镶块分型面对其侧面的垂直度		t_3 为 6~7 级精度
镶块	镶块分型面对其底面的平行度		t_4 为 5 级精度

零件部位	有关要素的形位要求	图　示	选用精度(GB/T 1184—1996)
镶块	圆形镶块的轴心线对其端面的跳动	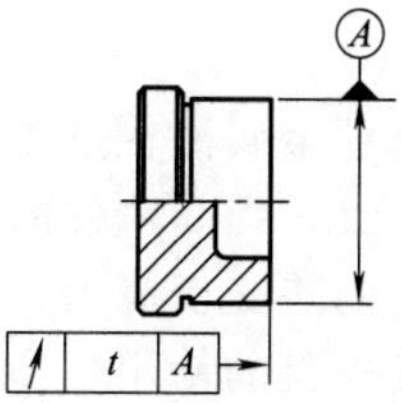	t 为 6～7 级精度
	圆形镶块各成型台阶表面对安装表面的同轴度	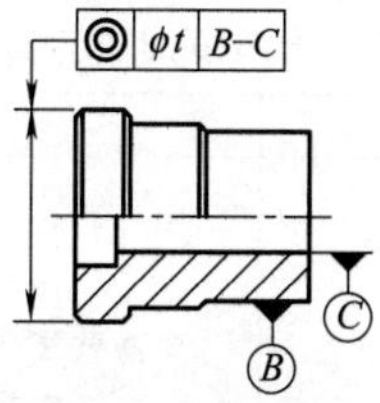	t 为 5～6 级精度

（2）零件的表面粗糙度

压铸模各类零件工作部位推荐的表面粗糙度可参照表 4-128。

表 4-128　压铸模各类零件工作部位推荐的表面粗糙度

分　类		工　作　部　位	表面粗糙度 $Ra/\mu m$						
			6.3	3.2	1.6	0.8	0.4	0.2	0.1
成型表面		型腔和型芯					○	○	○
受金属液冲刷的表面		内浇口附近的型腔、型芯、内浇口及溢流槽入口						○	○
浇注系统表面		直浇道、横浇道、溢流槽						○	○
安装面		动、定模座板、垫块与压铸机的安装面				○			
受压力较大的摩擦表面		分型面、滑块楔紧面					○	○	
导向部位表面	轴	导柱、导套和斜销的导滑面						○	
	孔						○		
与金属液不接触的滑件动表面	轴	复位杆与孔的配合面,滑块、斜滑块机构的滑动表面;导柱和导套						○	
	孔				○				
与金属液接触的滑动件表面	轴	推杆与孔的配合表面,推件板镶块和型芯的滑动面,滑块的密合面						△	○
	孔				△	○			
固定配合表面	轴	导柱、导套、斜销、弯销、楔紧块和模套、型芯和镶块等固定部位						○	
	孔				○				
组合镶块拼合面		成型镶块的拼合面,精度要求较高的固定组合面						○	
加工基准面		划线的基准面,加工和测量基准面				○			
受压紧力的台阶表面		型芯、镶块的台阶表面				○			
不受压紧力的台阶表面		导柱、导套、推杆和复位杆台阶表面		○	○				
排气槽表面		排气槽				○	○		
非配合表面		其他	○	○					

注：○、△均表示适用的表面粗糙度，其中△表示适用于异形零件。

4.7 加热与冷却系统设计

4.7.1 压铸模的加热计算

压铸模加热或预热的作用，是为了避免金属液在进入模具中激冷，以利于金属液充填过程中的压力传递。防止铸件产生冷隔与裂纹，提高铸件的表面质量。压铸前的预热使模具达到较好的热平衡，降低模具在压铸过程中的热交变应力，使铸件的凝固速度均衡，稳定铸件的尺寸精度，提高生产效率，同时也提高模具的使用寿命。

压铸模的加热计算参照表 4-129。

表 4-129 压铸模加热计算

计算项目	计算公式	说　明
(1)压型温度	$T_m = \dfrac{1}{3} T_j \pm 25°$	式中　T_m——压型温度，℃ 　　　T_j——合金浇注度，℃ 对薄壁复杂件取上限，厚壁件取下限。压铸合金的压铸模预热温度和工作温度，通常铝合金 200~300℃；镁合金 220~320℃；锌合金 150~200℃；铜合金 300~380℃。或参见表 1-51
(2)模具热平衡关系	$Q = Q_1 + Q_2 + Q_3$	式中　Q——金属液传给模具的热量，kJ/h 　　　Q_1——模具自然传走的热量，kJ/h 　　　Q_2——特定部位传走的热量，kJ/h 　　　Q_3——冷却系统传走的热量，kJ/h
(3)合金传给模具的热量	$Q = qNm$	式中　q——金属从浇注温度到铸件推出温度所放出的热量，kJ/kg，锌合金为 175.8kJ/kg；镁合金为 711.8kJ/kg；铝-硅合金为 887.6kJ/kg；铝-镁合金为 795.5kJ/kg；铜合金为 477.3kJ/kg 　　　N——压铸生产率，个/h 　　　m——每次压铸合金的质量(含浇注系统、溢流槽)，kg
(4)模具自然传出的热量	$Q_1 = V_1 A_m$	式中　V_1——模具自然传热的热流密度，kJ/(m²·h)，锌合金为 4186.8kJ/(m²·h)；铝合金和镁合金为 6280.2kJ/(m²·h)；铜合金为 8373.6kJ/(m²·h) 　　　A_m——模具的总表面积，m²；A_m=模具侧面积+动、定型座板底面积+分型面积×开型率。其中，开型率=开型时间/压铸周期
(5)计算特定部位传出的热量 Q_2	(1)分流锥(热压室压铸机)、浇口套、喷嘴、压室传出的热量 Q_2' 为： $Q_2' = V_1 A_1 + V_2 A_2$ (2)压射冲头、压铸机固定座板等部位传走的热量 Q_2''，这些热量可在压铸过程中对每台压铸机进行测定。该部位传走的热量为： $Q_2 = Q_2' + Q_2''$	式中　V_1——分流锥冷却通道传热的热密度，(kJ/m²·h)，分流锥 V_1 为 251.2×10⁴kJ/(m²·h) 　　　V_2——浇口套、喷嘴、压室冷却通道的热流密度，(kJ/m²·h)，V_2 为 209.3×10⁴kJ/(m²·h) 　　　A_1——分流锥冷却通道的表面积，m² 　　　A_2——浇口套、喷嘴、压室冷却通道的表面积之和，m²

计算项目	计算公式	说　明
（6）冷却系统传走的热量 Q_3	$Q_3=Q-Q_1-Q_2=\sum FV_3$ 冷却通道的总面积与模具结构、型腔分布、通道直径和个数有关，即： $\sum A=Q_3/V_3=n\pi dl$ $n=\sum A/\pi dl$	式中　A——每个冷却通道的表面积，m^2 　　　　V_3——冷却通道的热流密度，$kJ/(m^2 \cdot h)$ 　　　　n——冷却通道个数 　　　　l——单个通道有效工作长度，即型腔的投影长度，m 　　　　d——预先确定的通道直径，m，小型模具 d 取 $\phi 6 \times 10^{-3}\sim 12 \times 10^{-3}$ m；大型模具 d 取 $\phi 15 \times 10^{-3}\sim 20 \times 10^{-3}$ m 热流密度 V_3 可根据型腔投影长度 l，单道通道入口至出口长度 L，冷却通道与型腔壁间距 S 与通道直径 d 之间的关系大致确定，热流密度值见表 4-130

表 4-130　冷却通道热流密度

S 与 d 的关系	$V/[kJ/(m^2 \cdot h)]$	
	$l<L/2$	$l>L/2$
$S<2d$	146.5×10^4	125.6×10^4
$2d<S<3d$	125.6×10^4	104.7×10^4
$S>3d$	104.7×10^4	83.7×10^4

注：对于冷却通道为内外管道时，$V=167\times 10^4 kJ/(m^2 \cdot h)$，通常 $S\geqslant 20mm$。

4.7.2　压铸模的加热方法

模具加热的方法有燃气加热等，如喷灯、柴油喷枪、电阻加热器、电感应加热器和红外线加热器等，见表 4-131。

表 4-131　模具的加热方法

序号	加热方法	特　点
1	燃气加热	燃气加热通常用喷灯进行加热，成本低，较简便。但需要较长的加热时间才能使模具温度达到工作温度，加热时对模具凸起部位易过热并导致型腔软化，而凹入部位加热不足的缺陷等。这种加热方法在实际生产中不太理想
2	电加热	电加热是用电热管、电热板、环形加热器等加热器。其中使用较广泛的是电热管。常用的电热管如 SRM3 型，其型号规格见表 4-132。其外壳材料为不锈钢管，管内装入螺旋形金属电阻丝，可根据需要选用合适的规格。电热管布置在动、定模套板或镶块、支承板和座板上，按实际需要设置电热元件的安装孔，布置时应避免与活动型芯或推杆发生干扰
3	低压大电流加热法	低电压是为了安全用电，通过低电压变压器输出低电压大电流，采用电热丝加热模具。电热元件的安装孔不能水平设置，以免电热丝受热后变形而造成短路。用于模具加热的变压器推荐容量为 20kV·A 单相变压器，推荐其初级电压为 380V，次级电压为 10～20V，初级电流为 52.6A，次级电流为 1000A。低电压大电流加热元件总体结构见图 4-74
4	传热油加热-冷却装置	采用传热油加热-冷却装置，其装置既可用于压铸模预热，也可用于压铸模的冷却。这种装置是通过通入温度达 300℃ 的换热器中的热油或不可燃的传热液，在模具的冷却通道内循环，使模具加热至所需要的工作温度，通过控制流体温度来控制模具温度，此预热方法在国内应用尚不多见
5	低熔合金加热	对于锌合金等低熔点合金，由于其熔点低，可不用外部预热压铸模具，而直接在冷的压铸模具中压铸，用浇入金属液预热模具，开始压铸的几件不合格可不要，达到压出铸件合格才可进行正常压铸工作。也有厂家直接压铸铝合金等高熔点合金来预热模具，虽然较省事，但对模具寿命有影响，对于有筋肋复杂的模具型腔不宜用此方法来预热模具，以免黏附金属清理困难

表 4-132 SRM3 型电热管规格

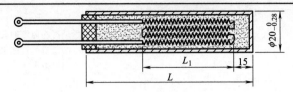

SRM3 型电热管结构

型 号	总长 L/mm	功率/kW	发热长 L_1/mm	电压/V	最高工作温度/℃
SRM3-220/0.3	150	0.3	90±10		
SRM3-220/0.5	200	0.5	150±10		
SRM3-220/0.8	300	0.8	250±10		
SRM3-220/1.0	350	1.0	300±10		
SRM3-220/1.2	450	1.2	400±10		
SRM3-220/1.5	550	1.5	500±20	220	400
SRM3-220/1.8	650	1.8	600±20		
SRM3-220/2.2	750	2.2	700±20		
SRM3-220/2.5	850	2.5	800±20		
SRM3-220/3.0	1000	3.0	950±20		
SRM3-220/3.2	1100	3.2	1050±20		

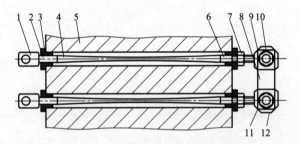

图 4-74 低电压大电流加热元件总体结构

1,8,9—连接板；2—连接柱；3—绝缘垫圈；4—电热丝；
5—模板；6—调整螺杆；7,12—螺母；10—螺钉；11—垫圈

4.7.3 压铸模加热功率计算

模具加热所需的功率可通过下式进行计算：

$$P = \frac{mck(\theta_s - \theta_i)}{3600t} \tag{4-59}$$

式中　P——加热所需的功率，kW；

　　　m——需要加热的模具（整套压铸模或定模、动模）的质量，kg；

　　　c——比热容，kJ/(kg·k)，钢的比热容取 $c=0.460$kJ/(kg·℃)；

　　　θ_s——模具加热温度，见表 1-51，℃；

　　　θ_i——模具初温（室温），℃；

　　　k——系数，补偿模具在加热过程中因传热散失的热量，一般取 1.2~1.5，模具尺寸
　　　　　大时取较大的值；

　　　t——加热时间，h。

4.7.4　压铸模电加热装置

（1）压铸模电热元件的安装孔和测温孔的位置

压铸模电热元件的安装孔和测温孔的位置见图 4-75。

（2）设计时应注意的事项

① 加热孔一般布置在动、定模套板（或镶块）、支承板和座板上，按实际需要在动、定模部分可分别设置 4～8 个电热元件安装孔。孔的位置应避免与活动型芯或推杆发生干扰。如果选用 SRM3 型管状电热元件时，模具的孔径和电热元件的管体外径的配合间隙不应大于 0.8mm，否则会降低传热效率。

② 加热孔的方向，当采用低压大电流加热元件时，加热孔应设置在模具工作位置的垂直方向上，以避免高温时由于电阻丝软化变形后与孔壁接触而造成短路。

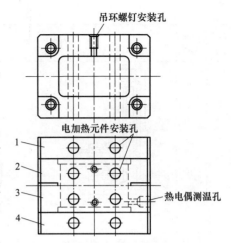

图 4-75　电热元件的安装孔和测温孔位置
1—定模座板；2—定模套板；
3—动模套板；4—支承板

③ 测温孔的位置，在动、定模套板上应布置供安装热电偶的测温孔，以便控制模温，其配合尺寸，包括螺纹、孔径和深度应按选用的热电偶的尺寸规格而定。

4.7.5　压铸模冷却系统设计

（1）压铸模的冷却方法

① 水冷。水冷是在模具内设置冷却水道，使冷却水循环流入模具带走热量，冷却速度较快，控制较方便，效果好，成本低。水道的设置增加模具的复杂程度。适用于壁厚较厚的铸件和具有大、中型镶块及压铸铜合金等高熔点金属模具。水道的布置在模具拼合部位，应用耐高温的材料进行密封，防止泄漏。

② 风冷。风冷是利用鼓风机或压缩空气机，靠风力对模具进行散热，特别是模具中的细长型芯或不适应水冷的部位，采用压缩空气进行风冷，其方法较简便，但冷却速度慢，生产效率低。适宜要求散热量较小的模具。

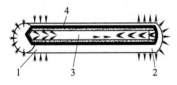

图 4-76　热管工作原理示意图
1—蒸发区；2—冷凝区；
3—蒸汽；4—毛细层

③ 在模具形成热节的部位用传热系数高的合金（铍青铜、钨基合金等）间接冷却，将铍青铜销旋入固定型芯，铜销的末端带有散热片以加热冷却效果。

④ 用热管冷却。热管是装有传热介质（通常为水）的密封金属管。管内壁敷有毛细层，其工作原理如图 4-76 所示。传热介质从热管的高温端（蒸发区）吸收热量后蒸发，蒸汽在低温端（冷凝区）冷凝，再通过管内的毛细层回到高温端。热管垂直设置，冷凝区在上部时换热效率最高，冷凝区一般可用水冷或风冷。其应用示例见表 4-133 中图 10。

⑤ 用模具温度控制装置对模具进行冷却。

（2）常用的冷却形式

常用的冷却形式见表 4-133。

（3）型芯常用的冷却形式

型芯常用的冷却形式见表 4-134。

（4）浇口系统及分流锥的冷却形式

表 4-133 常用的冷却形式

冷却方法	冷却部位	图 例	说 明
风冷却形式	细长小型芯的冷却	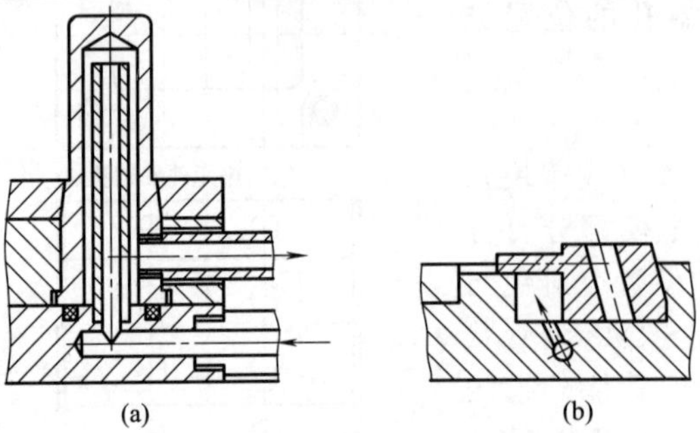 (a) (b) 图 1	对压铸模中特别细长的小型芯或难以采用水冷的部位,可采用压缩空气的风冷方式。图 1(a)为细而长的小型芯。采用水冷时,冷却水中的杂质或水垢容易堵塞水道。图 1(b)的侧型芯很难设水道,而采用压缩空气冷却的方法较简便。在侧抽芯完成抽芯动作后移时,开启压缩空气的孔道,冷却细小的侧型芯
	铜散热塞散热	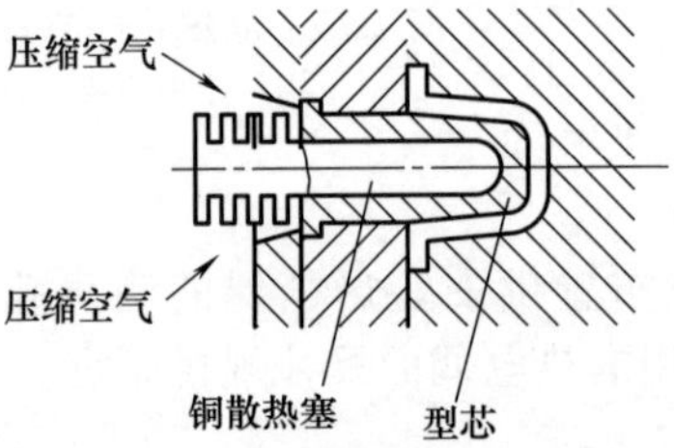 图 2	采用传热系数高的合金,如铍青铜、钨基合金等,间接冷却,将铜塞镶入固定的型芯内,散热塞后部有散热翅片,压缩空气吹向翅片散失型芯传出的热量
	气道风冷	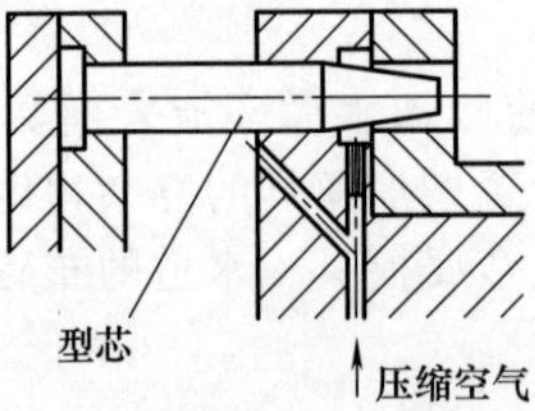 图 3	压缩空气从气道吹入冷却型芯
水冷却形式	串联的连通形式	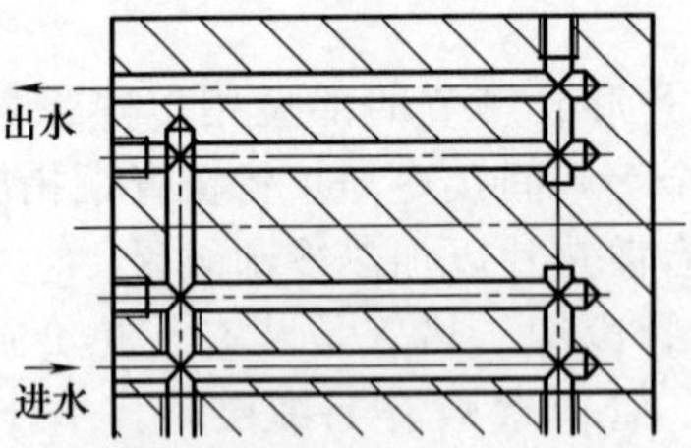 图 4	冷却介质从进水口依次流入直径相等的水道,并依次串联经过模具成型区域,带走热量,从出水口排出。 　其过程中,从进水口流入的冷却介质吸收的热量较多,但冷却介质也随着流程的延长,吸收了前段的热量,而在出水口的水温明显升高,因此,要提高冷却效果的主要途径,就是设法缩小冷却介质在出水口处与进水口处的温差
	并联的连通形式	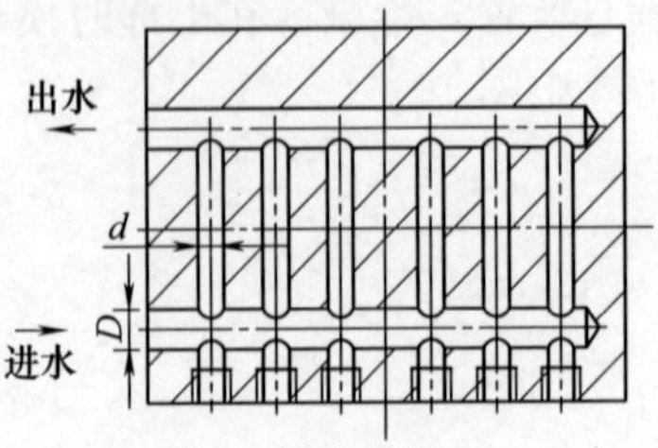 图 5	冷却介质从进水口流入主干道后,分若干个分支水道,分别流入模具成型区域,带走热量后,同时流入主干道,从模体排出。 　在并联连通方式中,各分支水道直径 d 的横截面积之和,必须小于进水主干水道直径 D 的横向截面积,否则冷却介质从近处的水道走捷径短路通过,而远处的分支水道却没有冷却介质通过,影响均匀冷却效果

冷却方法	冷却部位	图　例	说　明
水冷却形式	型腔串、并联冷却形式	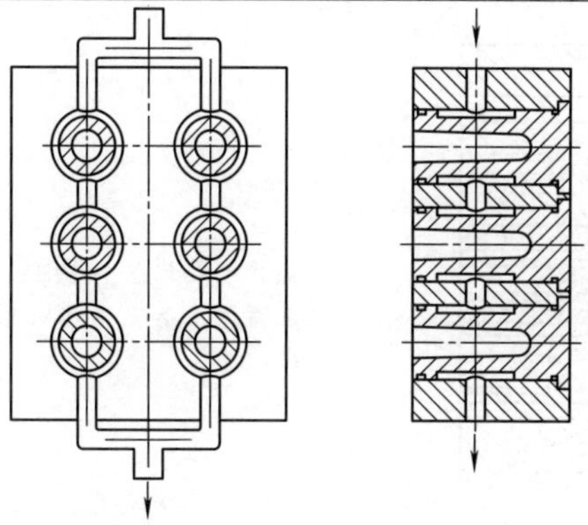 图 6	在多型腔的压铸模中,为有效地利用模具的空间,冷却水道可采用串、并联相结合的连通形式,冷却水从定模一侧流入后,以并联的形式分支出几股分支水道,并以串联的形式依次流过各型腔镶块的外部环形水道,将带走的热量流出,汇入出水口,排出模体
	型腔的冷却形式	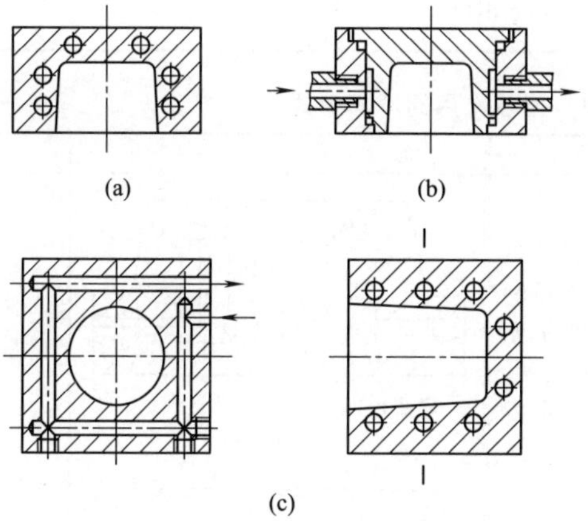 (a)　　　　　(b)　(c)图 7	图 7(a)沿着型腔的侧边,设置若干个并联或串联的循环水路;当采用整体组合式结构时,在其组合面上设置环形水道。进水后,分两路沿型腔绕行,如图 7(b)所示。其结构简单,冷却效果较好,但应注意环形水道两端的密封,图 7(b)中为水道的两端设置铍青铜合金的密封环。 　当压铸件精度要求较高时,为使型腔各部冷却均匀,图 7(c)所示的多层冷却形式,用并联或串联的形式连通,每层的冷却水都围绕型腔运行
	型腔的螺旋式冷却	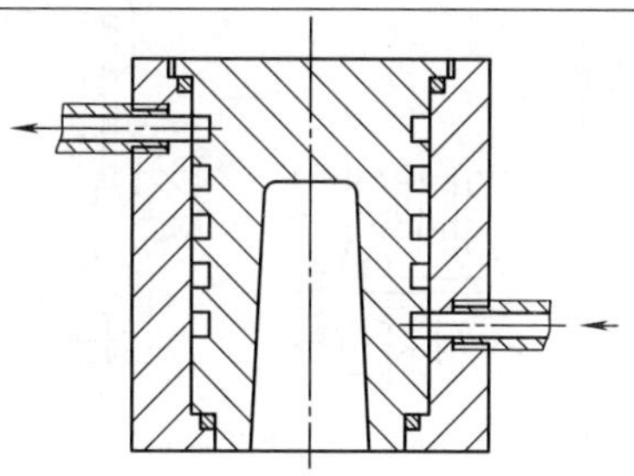 图 8	型腔较深的整体组合式结构,可采用螺旋水道的冷却方式,冷却水自下而上,沿螺旋方向绕型腔流动,其冷却效果较好
其他冷却形式	用铍青铜间接冷却	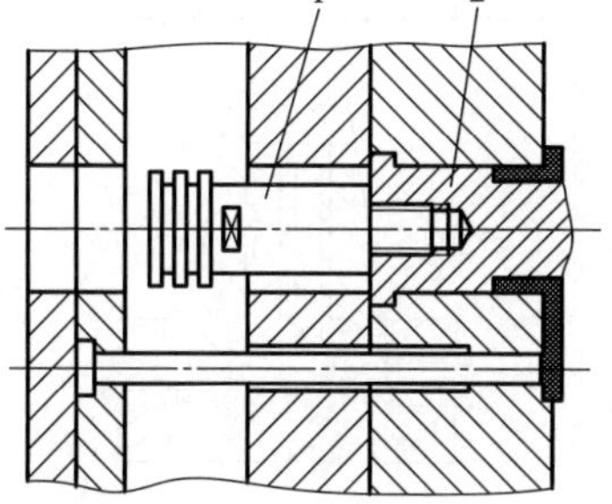 图 9 1—铍青铜;2—型芯	在模具形成热节点的部位采用传热系数高的合金(铍青铜、钨基合金等)间接冷却。 　用铍青铜制成销旋入型芯,使铜销的末端进行散热,如铜销的末端带有散热片,冷却效果会更好

冷却方法	冷却部位	图　例	说　明
其他冷却形式	用热管冷却型芯	图 10 1—热管；2—冷却水入口；3—冷却水出口	热管 1 安装在型芯细长部位，冷却水从入口 2 通过水道流经热管后将热量从出口 3 排出

表 4-134　型芯常用的冷却形式

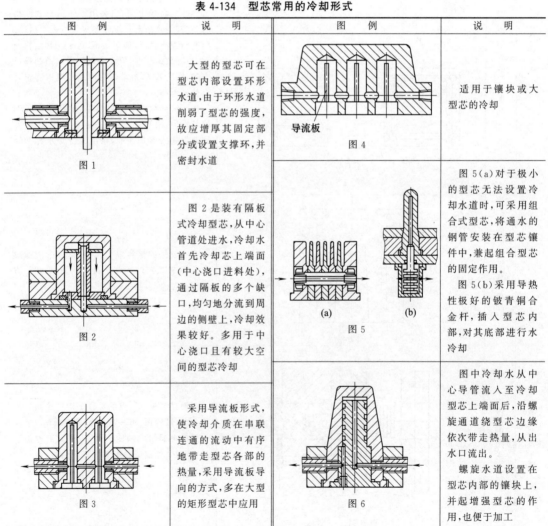

图　例	说　明	图　例	说　明
图 1	大型的型芯可在型芯内部设置环形水道，由于环形水道削弱了型芯的强度，故应增厚其固定部分或设置支撑环，并密封水道	图 4 导流板	适用于镶块或大型芯的冷却
图 2	图 2 是装有隔板式冷却型芯，从中心管道处进水，冷却水首先冷却型芯上端面（中心浇口进料处），通过隔板的多个缺口，均匀地分流到周边的侧壁上，冷却效果较好。多用于中心浇口且有较大空间的型芯冷却	图 5 (a)　(b)	图 5(a)对于极小的型芯无法设置冷却水道时，可采用组合式型芯，将通水的钢管安装在型芯镶件中，兼起组合型芯的固定作用。 图 5(b)采用导热性极好的铍青铜合金杆，插入型芯内部，对其底部进行水冷却
图 3	采用导流板形式，使冷却介质在串联连通的流动中有序地带走型芯各部的热量，采用导流板导向的方式，多在大型的矩形型芯中应用	图 6	图中冷却水从中心导管流入至冷却型芯上端面后，沿螺旋通道绕型芯边缘依次带走热量，从出水口流出。 螺旋水道设置在型芯内部的镶块上，并起增强型芯的作用，也便于加工

浇口系统及分流锥的冷却形式见表 4-135。

表 4-135　浇口系统及分流锥的冷却形式

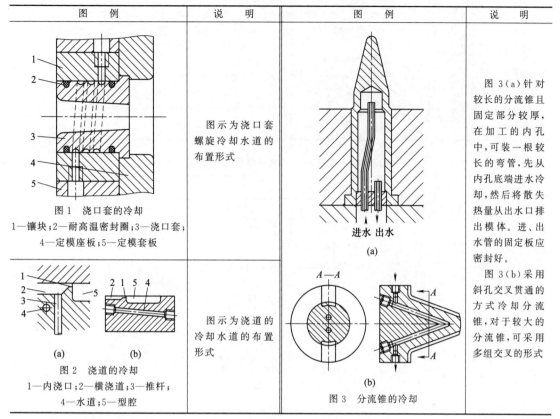

图　例	说　明	图　例	说　明
图 1　浇口套的冷却 1—镶块；2—耐高温密封圈；3—浇口套； 4—定模座板；5—定模套板	图示为浇口套螺旋冷却水道的布置形式	图 3　分流锥的冷却 (a) 进水　出水	图 3（a）针对较长的分流锥且固定部分较厚，在加工的内孔中，可装一根较长的弯管，先从内孔底端进水冷却，然后将散失热量从出水口排出模体。进、出水管的固定板应密封好。
图 2　浇道的冷却 (a)　　(b) 1—内浇口；2—横浇道；3—推杆； 4—水道；5—型腔	图示为浇道的冷却水道的布置形式		图 3（b）采用斜孔交叉贯通的方式冷却分流锥，对于较大的分流锥，可采用多组交叉的形式

（5）水冷法的设计要点

① 同一模具尽量采用较少的冷却水道和水嘴的规格，以减少制造的复杂性。

② 在模具镶拼结构中有冷却水通过时，应要求有密封和防止泄漏措施。对于组合式薄片镶块的冷却通道，可用铜管或钢管装入镶块中，其兼作定位销。水管内径一般为 $10\sim18mm$，冷却水道直径一般为 $6\sim14mm$。采用数条直径小的水道冷却效果要比用一条大直径的水道好。

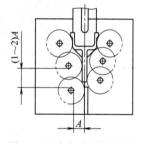

图 4-77　冷却水道的间距

③ 水道之间的距离和水道与型腔之间距离的关系见图 4-77，图中的 A 值对锌合金取 $15\sim20mm$；对铝合金和镁合金取 $20\sim30mm$。

④ 采用隔板式水道时，应在隔板螺栓上做出隔板位置标记，以便在安装时保持其正确位置。隔板式水道常用尺寸见表 4-136。

⑤ 水道与模具其他结构之间的最小距离见表 4-137。

⑥ 水道孔较长时，应考虑加工的可能性，要能便于加工。水道接头应尽可能设在模具的下面和侧面，尺寸应尽量标准化。

（6）冷却通道的计算

1）冷却通道与压铸模型腔壁间的距离 S 的确定。当压铸件壁越厚，距离 S 应该越小，其最小距离应保证大于冷却通道直径 d 的 $1.5\sim2$ 倍，即：

$$S_{min}\geqslant(1.5\sim2)d \qquad (4\text{-}60)$$

表 4-136 隔板式水道常用尺寸

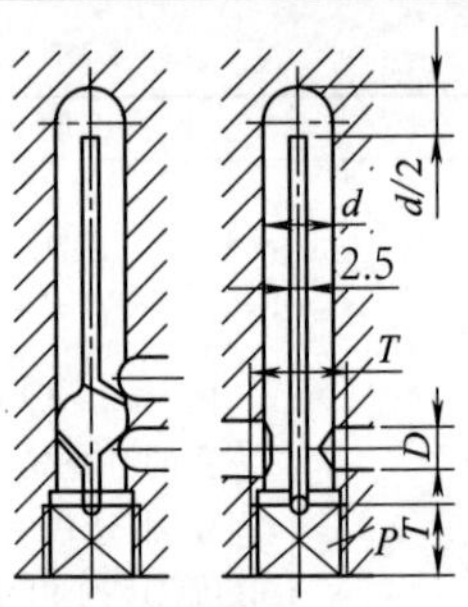

	水道公称直径 DN /in	1/8	1/4	3/8
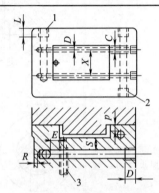	水道实际尺寸 D /mm	7.9	11.1	14.7
	螺塞锥管螺纹 P /in	3/8	1/2	3/4
	螺纹底孔深度 T /mm	14.7	17.9	23.4
	隔板水道直径 d /mm	12.7	17.5	22.2

表 4-137 冷却水道与模具其他结构之间的最小距离

1—水道堵头；2—管螺纹；3—推杆

项　　目		最小距离/mm		
		1/8in 管	1/4in 管	3/8in 管
水道直径 D /mm		7.9	11.1	14.7
堵头螺纹长度 L /mm		8.0	12.0	15.0
水嘴过孔直径 C /mm		12.0	15.0	18.0
水道中心距 X /mm		14.0	17.0	22.0
水道与型腔表面的距离 S /mm	锌合金压铸模	15.0	15.0	15.0
	铝合金压铸模	19.0	19.0	19.0
	镁合金压铸模	19.0	19.0	19.0
	黄铜压铸模	25.0	25.0	25.0
水道与分型面的距离 p /mm		16.0	16.0	16.0
水道与镶块边缘的距离 R /mm	锌合金压铸模	6.5	6.5	6.5
	铝合金、镁合金、黄铜压铸模	13.0	13.0	13.0
水道与推杆孔的距离 E /mm	锌合金压铸模	6.5	6.5	6.5
	铝合金、镁合金、黄铜压铸模	13.0	13.0	13.0

2) 冷却通道的直径 d 与长度 l 的确定。冷却通道传走的热量与通道的表面积及热流密度的关系可用下式表示：

$$Q_3 = \Sigma A_L V \tag{4-61}$$

式中　Q_3——冷却通道传走的热量，J/h；

　　　A_L——每条冷却通道的表面积，m^2；

　　　V——热流密度，$J/(h \cdot m^2)$。

3）热流密度 V 与下述因素有关：①冷却通道与型腔壁面的距离 S；②单根通道的有效长度 l（按型腔投影段的长度计算）和通道直径；③通道总长度 L（按模具上从入水口起至出水口为止的长度计算）。

根据单根通道长度 l 与通道总长度 L 的比值，以及 S 与 d 之间的关系，可以决定热流密度 V 值，查表 4-130，确定 V 值。

根据压铸件的大小确定单个通道的有效长度 l 和通道的数量 n。根据模具结构及其尺寸大小决定通道的总长度 L。S 与 d 的关系可先作大致选定。

根据式（4-61）可求得冷却通道总面积 $\sum A_L$，即：

$$\sum A_L = Q_3/V \tag{4-62}$$

确定水道直径 d，由下式关系：

$$n\pi dl = \sum A_L \tag{4-63}$$

可得：

$$d = \sum A_L / n\pi l \tag{4-64}$$

式中　d——冷却水道直径，mm；

　$\sum A_L$——冷却水道总有效表面积，m^2；

　n——水道数量；

　l——单个通道的有效长度，m。

根据预先设定的 S 和 d 的关系进行核对 S。如果通道直径 d 已确定，则应先求出总有效长度 L_0。

由式　　　　　　　　　　　　$d = \sum A_L / n\pi l$

可得：　　　　　　　　　　　$L_0 = nl = \sum A_L / \pi d \tag{4-65}$

由单个有效长度 l 确定通道个数 n：

$$n = L_0 / l \tag{4-66}$$

式中　L_0——通道总有效长度，m；

　l——单个通道有效长度，m；

　n——通道数量。

4）当动模和定模上分别设置冷却通道时，则应将 Q_3 作适当分配，一般被金属所包容的半模上分配 Q_3 的份额应多一些。

5）计算实例。

已知压铸铝合金箱形件，外形尺寸为 $56\text{cm} \times 56\text{cm} \times 65\text{cm}$，压铸模具总表面积 $F_m = 2.24\text{m}^2$，每次浇注合金量 $m = 3.3\text{kg}$，预定压铸生产率为 $N = 46$ 次/h，模具及压铸机上特定部位传走的热流量为 $Q_2 = 6.76 \times 10^4 \text{J/h}$。试计冷却通道的有关尺寸。

计算过程如下：

① 计算冷却通道传走的热量 Q_3，由热平衡表达式可知：

$$Q_3 = Q - Q_1 - Q_2$$

式中　$Q = qmN$；$Q_1 = V_1 A_m$；$Q_2 = 6.76 \times 10^7$ （J/h）

　其中 $q = 8.8760 \times 10^5 \text{J/kg}$，$V_1 = 6.2802 \times 10^6 \text{J/(h·m}^2)$

　$Q = 8.8760 \times 10^5 \times 46 \times 3.3 = 13.474 \times 10^7$ （J/h）

　$Q_1 = V_1 F_m = 6.2802 \times 10^6 \times 2.24 = 1.4068 \times 10^7$ （J/h）

所以：$Q_3 = 13.474 \times 10^7 - 1.4068 \times 10^7 - 6.76 \times 10^7 = 5.307 \times 10^7$ （J/h）

② Q_3 在动、定模上的分配。动、定模上分配 Q_3 的分额估计为：动模上约占 2/3，即 $3.538 \times 10^7 \text{J/h}$；定模上约占 1/3，即 $1.769 \times 10^7 \text{J/h}$。

③ 冷却通道尺寸计算。

a. 在动模上，选定 $S > 2d$，$l < L/2$，冷却通道选用内外管道，按表 4-130，其热流密度

值 $V=1.675\times10^9\,\mathrm{J/(h\cdot m^2)}$，则动模内全部冷却通道的表面积为：

$$\sum A_\mathrm{L}=\frac{Q_3\times2/3}{V}=\frac{3.538\times10^7}{1.675\times10^9}=2.112\times10^{-2}(\mathrm{m^2})$$

设在动模上有 6 个通道，每个冷却通道的有效长度 l 为 $10\times10^{-2}\,\mathrm{m}$，则通道直径为：

$$d=\frac{\sum A_\mathrm{L}}{n\pi l}=\frac{2.112\times10^{-2}}{6\times3.14\times10\times10^{-2}}=1.12\times10^{-2}\,\mathrm{m}\quad\text{取}\ d=12\mathrm{mm}。$$

b. 在定模上，选定 $S>3d$，$l/L<1/2$，查表得 $V=8.37\times10^8\,\mathrm{J/h\cdot m^2}$，则定模内全部冷却通道的总面积为：

$$\sum A_\mathrm{L}=\frac{Q_3/3}{V}=\frac{1.769\times10^7}{8.37\times10^8}=2.11\times10^{-2}(\mathrm{m^2})$$

又设通道直径 $6\times10^{-3}\,\mathrm{m}$，于是总长度为：

$$L=\frac{\sum A_\mathrm{L}}{\pi d}=\frac{2.11\times10^{-2}}{3.14\times6\times10^{-3}}=1.12\mathrm{m}$$

根据型腔投影长度，预定设置的通道有效长度为 $30\times10^{-2}\,\mathrm{m}$，可计算通道路个数 n 为：

$$n=L/l=1.12/(30\times10^{-2})=3.5（根）$$

取 $n=4$，若设 4 根通道，每个通道的有效长度为：

$$l=l_0/n=1.12/4=0.28\mathrm{m}$$

取 $l=28\mathrm{cm}$。

④ 核对距离 S：

a. 动模上 $S>2d$，即 $S>2\times12$，取 $S=25\mathrm{mm}$。

b. 定模上 $S>3d$，即 $S>3\times6$，取 $S=20\mathrm{mm}$。

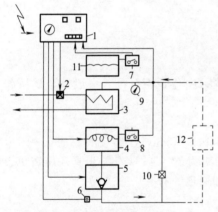

图 4-78　模具温度控制装置结构

1—控制板；2—冷却用电磁阀；3—冷却器；
4—加热器；5—泵；6—温度测头；7—液面控制；
8—安全调温器；9—压力表；10—旁路阀；
11—膨胀箱；12—模具

（7）压铸模具的温度控制装置

模具温度控制装置用来预热压铸模具以及在压铸过程中将模具的温度保持在一定的范围内，以满足提高压铸件质量及压铸生产自动化的需要。模具温度控制装置是将一定温度的高温导热油用油泵注入模具的通道，从而控制模具的温度。采用模具温度控制既能有效地控制模具的温度，还能提高模具使用寿命 2~3 倍。常用模具温度控制装置结构见图 4-78。

1）模具温度控制装置的选用

模具温度控制装置用来预热压铸模具及保持模具在压铸过程中的热平衡，应根据计算来选用合适的模具温度控制装置的加热和冷却功率。如动、定模的预热规范或工作温度的不同，则应选用双回路或多回路模具温度控制装置，分别核算每个回路的加热和冷却功率是否满足需要。

① 核算模具温度控制装置的加热功率。

计算模具预热所需要的加热功率 P，按式（4-59）进行计算。模具温度控制装置的加热功率应大于所需要的加热功率 P。

② 核算模具温度控制装置的冷却功率。

计算压铸过程中金属液传入模具的热量 Q，按表 4-129 中的（3）项公式计算。

压铸模的浇口套和分流锥（有时还包括横浇道部分）一般采用水冷。在计算时压铸金属的质量不应包括在浇注系统。而应按下式计算所需的冷却功率：

$$P_L = kQ_1 \qquad (4\text{-}67)$$

式中　P_L——所需要的冷却功率，kW；

　　　Q_1——金属液传入模具的热流量，J/h；

　　　k——系数，取 1.2～1.5，模具温度高时取小的值。

模具温度控制装置的冷却功率应大于所需的冷却功率 P_L。

2）压铸模具温度控制装置选用实例

电动机端盖压铸模具质量为 780kg，预热温度 220℃，要求预热时间 1.5h，铸件质量（不包括浇注系统）为 2×0.35kg，材料为 YZAlSi9Cu4，每小时压射次数约 150 次。

根据式（4-59）计算压铸模预热所需的加热功率，取系数 $k=1.5$，$\theta_1=20℃$，则：

$$P = \frac{mc(\theta_s - \theta_i)k}{3600t} = \frac{780 \times 0.46 \times (220-20) \times 1.5}{3600 \times 1.5} = 19.9\text{kW}$$

按式（4-67）和式 $Q=mqn$，已知 $q=888$，计算压铸模冷却所需的功率，取系数 $k=1.2$。

$$P_L = kQ_1 = k\frac{mqn}{3600} = 1.2 \times \frac{2 \times 0.35 \times 888 \times 150}{3600} = 31.1\text{kW}$$

根据计算，可选用功率为 20kW，冷却功率为 40kW 的模具温度控制装置，如选择每一回路加热功率为 10kW，冷却功率为 20kW 的双回路模具温度控制装置，则对模具两半模可分别控温，效果更好。

3）控温通道设计要点

① 布置控温通道（见图 4-79），距离 c 约为冷却水道相应距离的一半，对于合模力为 600kN 以下压铸机的压铸模 $c=15～25$mm，大型模具 $c=30～35$mm。导热油控温通道由于距离 c 较小，不宜用于水冷系统，以免引起模具裂纹。

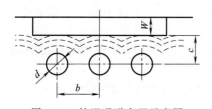

图 4-79　控温通道布置示意图

表 4-138　控温通道壁厚与直径值

铸件壁厚 W/mm	通道直径 d/mm
≤2	8～10
>2～4	>10～12
>4～6	>12～15
$c=(2～3)d$	
$b \leqslant 3d$	

② 采用数条较多的小直径的通道的控温效果要比条数较少的大直径通道要好，但直径过小会增加导热油的流动阻力。一般导热油控温通道的直径为 12mm 左右，见表 4-138。

③ 导热油的换热系数约为水的换热系数的 1/2，因此在同样的条件下，控温通道的传热面积是冷却水道的 2～3 倍。控温通道传热面积与型腔表面积之比一般为 1∶1。

④ 导热油控温通道的形式与冷却水道相仿，采用螺旋式通道导热油的流态为湍流，可提高传热效率（图 4-80）。

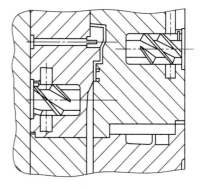

图 4-80　双螺旋控温通道的应用

4）螺旋式冷却结构的深腔压铸模

图 4-81 是螺旋式冷却结构的深腔压铸模。型腔采用整体组合形式，并采用中心浇口进料，为了能达到较好的冷却效果，对型腔和型芯分别采用螺旋式冷却形式。型腔镶块 7 的外

侧壁，加工成外螺旋水道，冷却水从温度较高的内浇口附近流入，环绕型腔镶块外壁后流出。在型芯 6 内加工成螺纹，并镶入芯轴 8，组成螺旋水道，冷却水从芯轴的中心流入，沿螺旋水道环绕后流出。

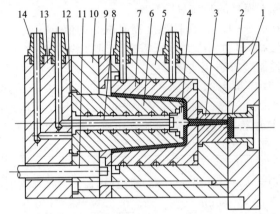

图 4-81 螺旋式冷却结构的深腔压铸模

1—定模座板；2—浇口套；3—浇道镶块；4—镶件；5—定模板；

6—型芯；7—型腔镶块；8—芯轴；9—卸料板；10—动模板；

11—卸料推杆；12—密封环；13—支承板；14—水嘴

模具冷却结构的特点：

① 型腔和型芯均单独采用旋向相反的螺旋水道，并沿金属液充填方向流动，使压铸件的冷却速度趋于一致，以减小压铸变形。

② 型芯的水道从中心孔流入后，首先冷却内浇口，加快冷却速度。

③ 型腔和型芯的螺旋水道都开在靠近压铸件一侧，增加了水道的导热面积，提高了冷却效果。

④ 在内浇口部位设置镶件 4，其作用是对于因受金属液冲击而易于损坏，可随时更换。成型中心孔具有分流锥作用，也便于加工型芯的内螺纹。

⑤ 由于冷却水道占了推杆的设置空间，故采用了卸料板式的脱模形式。

第5章
压铸新工艺及其模具

5.1 半固态金属压铸工艺

半固态金属压铸是在金属液以一定的冷却速率进行凝固过程中，通过搅拌装置以剧烈的搅拌作用，制得的部分固态与部分液态的混合金属（或合金）浆料。这种浆料中的固体组分占 $40\%\sim55\%$，仍具有很好的流动性，将这种金属（或合金）浆料直接输入压铸机的压室，压射到压铸模的型腔内成型。这种压铸成型法，称为半固态浆液压铸。通过半固态浆料预制成一定重量、大小的锭块，送入压铸机压室进行压铸，也称为半固态锭料重温铸造。

5.1.1 半固态金属压铸的特点

半固态金属浆料或坯料与普通压铸相比，具有许多优点。

① 半固态锭块是在保持其原来形状的状态下送入压室，从而减少了与压室的接触面积。

② 浆料中 50% 是固体组分的半固态金属，就有 50% 熔化潜热散失了。降低了合金浇铸温度，成型模具工作温度低，留模时间也短，因而减少了对压室、压铸模型腔的冲击，可提高压铸模的使用寿命。

③ 大大提高了压铸件的质量，半固态金属的黏度比全液态金属黏度高，内浇道处的流速低，充填平稳、无喷溅、无湍流、卷入气体少，铸件的致密性得到提高。半固态在型腔中的收缩较小，缩松气孔也较少，铸件也可进行热处理。

④ 半固态合金的铸件晶粒细化，组织分布较均匀，力学性能大大提高，并改善了铸件质量。

⑤ 降低能量消耗，提高了生产率，压铸件质量也较精确，不需要保温炉，节约金属及能量，也改善了工作环境和劳动条件。

⑥ 压铸工艺较简单，由于半固态锭料可以重新加热软化，易于实现自动化。

5.1.2 半固态合金的制备工艺

半固态合金浆料的制备，目前除机械搅拌法外，还有一些新的方法，如电磁搅拌法、超声振动搅拌法、应变激活法、喷射铸造法、控制浇注温度法、喷射沉积法及液相线法等。目前已在工业上应用的主要有电磁搅拌法和应变激活法，其他方法还在试验阶段，尚未投入工业应用。

① 机械搅拌法。它有两种类型：一种是采用由两个同心带齿圆筒组成的搅拌装置，其内筒静止，外筒旋转，以获得非枝晶组织的半固态的浆料；另一种是在熔融的金属中插入搅拌器进行搅动。机械搅拌法的设备比较简单，并通过控制搅拌温度、搅拌速度和冷却速度等工艺参数来研究合金搅动凝固规律及半固态金属的流变性能。

机械搅拌法的缺点是：操作较困难，生产效率低，其固相率只能限制在 30%～60% 范围内。插入熔融金属的搅拌器尚有造成污染而影响材料的性能等；对于黑色金属，由于搅拌桨叶材料的限制，应用也受到限制。镁合金容易氧化，也不宜采用这种方法。

② 电磁搅拌法。它利用电磁感应在熔融的金属液中产生感应电流，感应电流在外加旋转磁场的作用下促使金属固态浆料激烈地搅动，使枝晶组织转变为非枝晶组织。将电磁搅拌法与连铸技术相结合可以生产连续的搅拌铸锭，半固态压铸是目前工业中应用的主要生产工艺方法。

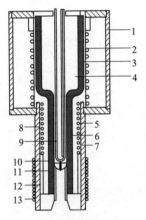

图 5-1　传统半固态浆料
连续制备装置

1—外壳；2—感应线圈；3—坩埚；
4—熔融金属；5—感应冷却线圈；
6—耐火材料；7—热电偶；8—陶
瓷材料；9—金属浆液；10—感应
线圈；11—陶瓷套筒；12—绝缘
材料；13—感应线圈

产生旋转磁场的方法主要有两种：一种是在感应圈内通交变电流的传统方法，如图 5-1 所示；另一种是旋转永磁体法。旋转永磁体法，造价低，能耗少，同时电磁感应由高性能的永磁材料组成，其内部产生的磁场强度高。通过改变永磁体的排列方式，可以使金属液产生明显的三维流动，提高了搅拌效果。

电磁搅拌法与机械搅拌法相比，电磁搅拌法不会造成金属浆料的污染，不会卷入气体，金属浆料的质量也较高，而参数控制也较方便。缺点是工艺较复杂，设备投资较大，工艺也较复杂，制造成本较高。

③ 应变激活法。它将常规铸锭经热态挤压预变形制成半成品棒料，通过变形破碎铸态组织，然后对热变形棒料再施加少量的冷变形，在组织中预先储存部分变形能量，最后按需要将变形后的金属棒料分切成一定大小，加热到固液两相区等温一定时间，快速冷却后可获得非枝晶组织铸锭。在加热过程中先是发生再结晶，然后部分熔化，最终球形固相颗粒分散在液相中，获得半固态组织。此方法制备的压铸金属坯料纯净，产量较大，对制备熔点较高的非枝晶合金具有独特的优越性。其缺点主要是制备坯料尺寸较小，只适合制作小型零件毛坯，但另需增加一道预变形工序，增加成本。

5.1.3　半固态压铸成型工艺过程

半固态压铸成型工艺方法分流变压铸和触变压铸两种：流变压铸是将制备的浆料在保持其半固态温度下直接压射到型腔成型铸件，如图 5-2（a）所示；触变压铸是在半固态浆料连续制备器中将浆液灌入制锭模制成锭料，再将锭料分切成一定大小的锭块，成型时将切分的锭块重新加热到半固态温度（即有一定的软度），然后送入压室进行压铸成型，如图 5-2（b）所示。

由于直接获得的半固态合金浆料的保存和输送不方便，故流变压铸在实际中应用很少，而只有一种为射铸的流变压铸成型技术已在应用。射铸成型类似塑料的注射成型法，它是一种将粉末或块状金属由料斗送入高温螺旋混炼机加热到半熔化状态（固相率为 30%～40%）

后，以混炼螺旋为活塞，通过喷嘴高速射入模具型腔内成型铸件的方法，此方法只应用于镁合金成型。

触变压铸工艺由于半固态坯料加热、输送较方便，并易于实现自动化操作，因此是一种主要的工艺方法。而普通压铸工艺中有一个缺点，是在液态下压铸易卷入空气，压铸件中形成气泡，故普通的压铸件是不能进行热处理的。而触变压铸在半固态时，通过控制半固态金属的黏度和固相率，可以改变熔体充型时的流动状态，能抑止气泡的产生，使铸件的内在质量大大提高，并可以经过热处理达到高品质化，可以应用于制造重要的零件上，也可以压铸出锻造难以成型的复杂零件。

金属半固态压铸技术已应用在铝合金、铜合金、镁合金、钢、高温合金等零件生产，对变形铝合金和铸造铝合金均能全面适用，零件质量轻则 20g，重至 15kg。已在汽车、家用电器、电子产品、通信器材、航空航天等行业生产大批零件。目前，半固态压铸技术已在国内外应用较广泛，尤其是汽车制造行业，利用半固态铝合金触变成型工艺生产汽车的主要零件，

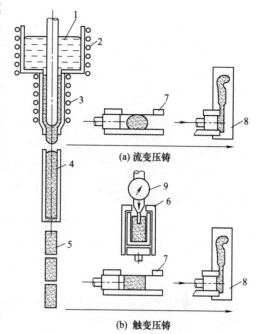

图 5-2 半固态压铸装置原理示意图
1—液体合金；2—感应加热器；3—冷却器；
4—流变压铸锭；5—坯料；6—坯料重新加热装置；
7—压射室；8—压铸模；9—软度指示计

如制动泵体、连杆端头、转向齿杆壳体、发动机活塞、轮毂、传动系统等零件。

5.2 真空压铸

5.2.1 真空压铸的特点

真空压铸是利用真空抽气装置将压铸模型腔内的空气抽出，然后压射金属液的压铸成型方法。其真空度一般在 8000～18700Pa 范围内。真空压铸的特点如下。

① 真空压铸由于型腔内空气极少，可以消除或减少铸件内部的气孔，使铸件的致密度增大，其表面质量和力学性能也大大提高，其镀覆性能有所改善，并可进行热处理。

② 模具型腔内空气抽出，大大减小了型腔内的反压力。可使用较低的压射比压（较常用的压射压力低 10%～15%，甚至达 40%），能使用铸造性能较差的合金压铸成型，使用小型压铸机也能压铸较大或较薄的铸件，并能提高铸件的机械性能。

③ 真空压铸法可提高生产率 10%～20%，由于模腔中反压力减小，增大了压铸件的结晶速度，缩短了压铸件在模腔内的停留时间。

④ 可减小浇注系统和排气系统尺寸。但密封结构复杂，制造安装较麻烦，成本较高。

5.2.2 真空装置简介

真空压铸是将模腔内的空气迅速抽出达到所要求的真空度，因此应根据模腔的容积设计真空压铸系统装置，如图 5-3 所示。在真空泵 1 与真空罐 3 之间的管路上装有抽气阀 2，当开启或停止真空泵时，用于打开和关闭与真空罐之间的通道。模具 8 和压室下部分别用密封

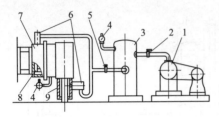

图 5-3　真空压铸系统示意图
1—真空泵；2—抽气阀；3—真空罐；
4—真空表；5—控制阀；6—过滤器；
7，9—密封罩；8—模具

罩 7、9 密封，密封罩的抽气口和管道之间装有过滤器 6，以防金属碎屑吸入管道中去。当不设置过滤器时，可采用液压缸推动柱塞开启和封住排气口，此方式可消除因过滤器金属碎屑遮封影响排气效果的负作用。在密封罩与真空罐之间的管道上装有控制阀 5，可在压铸生产的每一循环中开、关各一次。真空罐和密封罩上均装有真空表，分别指示其内的真空度。外设的控制系统（图中未示）用来控制真空控制阀或同时控制压铸机的有关操作程序。

5.2.3　模具密封和抽气

真空压铸模与普通压铸模的结构大体相同，由于铸件激冷速度快，为了有利于补缩，故内浇口厚度比普通压铸模加大 10％～25％。因铸件冷凝较快，结晶细密，故合金的线收缩率要比普通压铸时稍小，但铸件壁厚在 3mm 以下时无明显差别。

（1）模具的密封

模具的密封结构主要有两种：一是利用模具直接密封；二是利用密封罩密封。

1）利用模具直接密封。是对模具的分型面、定模安装面和活动部位（如推杆）进行密封。

① 模具分型面和定模安装面密封的常用方式见图 5-4。图中所示的是接合平面的密封环形槽的断面形状。当密封模具分型面时，环形槽应布置在型腔的外围；当密封定模安装面时，环形槽应布置在浇口套的外围。

图 5-4（a）结构简单、制造方便，可用于定模安装面密封。图 5-4（b）、（c）比（a）结构复杂些，其可靠性较好，一般取尺寸 $b=5\sim10$mm，密封定模安装面时，尺寸 h 取 1mm；密封模具分型面时，尺寸 h 取 2～3mm。图 5-4（d）所示的结构较复杂，但密封的可靠性更好，适合于高真空度的分型面密封。图 5-4（d）中 A_1、A_2、A_3 为密封填料，一般可用硅橡胶或石棉橡胶。图 5-4（d）中 B为压环，分布于型腔外围成一封闭环形状。采用碟形弹簧的压紧机构 C 起压紧作用。它一般可在封闭环形上均布 6～12 个，但需视封闭环周长而定，周长越长，则个数越多。

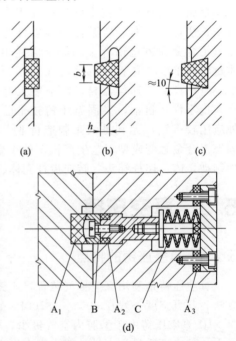

(a)　　　　(b)　　　　(c)

A_1　B　A_2　C　　　A_3
(d)

图 5-4　模具分型面和定模安装面的密封

② 活动部位密封的常用方式是对推杆的密封，见图 5-5。图 5-5（a）采用螺纹套压紧密封填料，图 5-5（b）是利用支承板压紧填料，图 5-5（c）是采用小压板压紧填料。根据不同的场合采用不同的密封填料方式。使推杆在填料密封保持无间隙状态下，而填料既保持具有弹性，推杆仍有良好的滑动性。

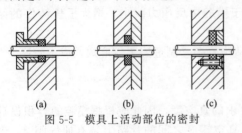

(a)　　　　(b)　　　　(c)
图 5-5　模具上活动部位的密封

2）利用密封罩密封。采用密封罩尤其是通用密封罩密封比模具直接密封所需的抽气量要大，故应选用较大容量的真空罐和较大速率的真空泵，以满足能获得必要的真空度。

密封罩有专用密封罩和通用密封罩两种。

① 专用密封罩。见图 5-6，它只适用于一副模具专用，可以省去对模具分型面的密封，但对模具活动部位仍需密封。这种密封方式对一般压铸模，稍作变动就能实现真空压铸。

② 通用密封罩。见图 5-7，它一般只适用于小型压铸模的密封，以使真空系统的抽气量能够相适应。其内、外罩之间需有一定的配合长度，可根据不同模具的闭合高度用螺栓调节密封罩的合模空间。

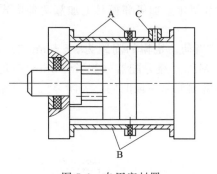

图 5-6　专用密封罩

A—密封填料；B—外罩；C—内罩

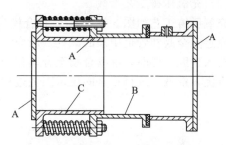

图 5-7　通用密封罩

（2）模具的抽气

① 采用通用密封罩（图 5-7）时，可在压铸机合模过程中未合严时停止，进行抽气，然后继续合模行程使模具闭合。

② 采用专用密封罩（图 5-6）时，型腔内的气体可通过排气槽（与普通压铸模的排气槽相同）或活动部位（如推杆）的间隙抽出。

③ 使用模具直接密封时，可以用与型腔连通的排气槽抽气，见图 5-8。

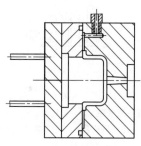

图 5-8　从模具型腔抽气的方法

5.3　充氧压铸

5.3.1　充氧压铸的原理

充氧压铸是在铝金属液充填型腔之前，将干燥的氧气充入压室和模具型腔，以置换型腔中的空气和其他气体，当铝金属液充填时，氧气在排出的同时又与金属液发生化学反应：

$$4Al+3O_2 \Longrightarrow 2Al_2O_3$$

上述化学反应可形成 $2Al_2O_3$ 小微粒，从而消除不加氧时铸件内部形成的气孔，这些 $2Al_2O_3$ 小微粒，约在 $1\mu m$ 以下，以其质量占压铸件总质量的 $0.1\% \sim 0.2\%$，均匀地分散在铸件内部，提高铸件的致密性，不影响加工及力学性能，并可使铸件进行热处理。

5.3.2　充氧压铸的特点

① 消除或减少气孔，提高压铸件质量，压铸件的强度比普通压铸法可提高 10%，伸长率增加 $1.5\sim 2$ 倍。压铸件可进行热处理，并且热处理后强度又能提高 30%，屈服极限增加 100%，冲击韧性也显著提高。

② 充氧压铸件能在 $200\sim 300℃$ 温度环境中工作，具有耐蚀性，可焊接性。

③ 与真空压铸比较，其结构简单，操作方便，投资较少。

④ 充氧压铸的模具温度应比普通压铸时略高，以使涂料尽早挥发成气体排出，应选用发气少挥发快的涂料，型腔中的涂料应及时清洗掉。

⑤ 油类与氧气混合时，易发生燃烧或爆炸，故充氧压铸时应重视生产安全措施。

5.3.3 充氧压铸的装置及工艺参数

（1）充氧压铸装置

充氧压铸装置如图 5-9 所示。充氧的方法一般常用压室加氧和模具上加氧两种形式。

（2）充氧压铸工艺参数

充氧压铸工艺如图 5-10 所示，在合模过程中，当动、定模的间距为 3～5mm 时，从氧气瓶通过安全阀和管道中来的氧气（压力 0.3～0.5MPa）经分配器（20 个 ϕ3mm 孔均匀进气）充入型腔。此时，继续合模至合模完毕后，再继续充氧一段时间，关闭氧气阀，略等片刻，再浇入铝液，进行正常的压铸工艺过程。

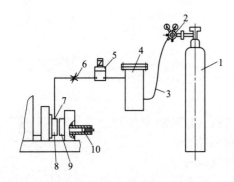

图 5-9 充氧压铸装置示意图

1—氧气瓶；2—氧气表；3—氧气软管；4—干燥器；5—电磁阀；
6—节流器；7—接嘴；8—动模；9—定模；10—压射冲头

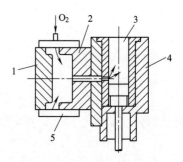

图 5-10 充氧压铸工艺示意图

1—动模；2—定模；3—压室；
4—反料活塞；5—分配器

充氧压铸时，应严格控制有关工艺参数。

① 充氧时间。根据压铸件大小及复杂程度而定，一般在动、定模相距 3～5mm 处开始充氧，稍停 1～2s 再合模，合模后继续充氧一段时间。

② 充氧压力。充氧压力一般为 0.3～0.5MPa，需确保充氧流量，充氧结束应立即压铸。

③ 压射速度与压射比压。压射速度与压射比压与普通压铸基本相同。压铸模具预热温度略高，一般为 250℃，以便使涂料中的气体尽快挥发排除。

④ 应合理设计压铸模的浇注系统和排气系统，以避免发生氧气孔。

5.3.4 充氧压铸机构与模具

（1）压室充氧的机构

① 立式冷压室压铸机充氧装置（见图 5-11）。其方式是从反料冲头中间的通道充氧，结构简单，密封可靠，并且容易保证质量。适合于中心浇口的铸件。充氧、排气方式有两种：一是合模至 3～5mm 间隙时进行充氧、排气，如图 5-11 所示；然后合模至闭紧后继续充氧，型腔中的气体从排气槽排出。二是采用调整合模速度的方法，以逐渐减慢合模速度，在合模过程中充氧、排气。

② 卧式冷压室压铸机充氧装置（见图 5-12）。它是采用封闭套密封压室的方式。充氧时，封密套由液压缸的活塞带动齿条下行转动封闭套，使其充氧口对准压室浇料口进行充

氧、排气，充氧完毕再上行转动封闭套使套的浇料口对准压室的浇料口，浇入金属液进行压铸。在充氧的同时封闭了压室浇料口，充氧的气流方向与合金液充填模具型腔的方向一致，具有较好的效果。

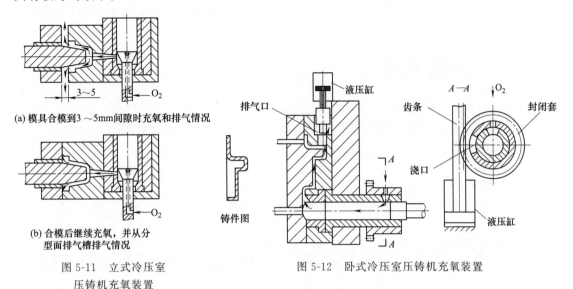

(a) 模具合模到3~5mm间隙时充氧和排气情况

(b) 合模后继续充氧，并从分型面排气槽排气情况

图 5-11　立式冷压室
压铸机充氧装置

图 5-12　卧式冷压室压铸机充氧装置

（2）模具上开设充氧口和排气口的结构

模具上开设充氧口，其位置可选择在与浇口系统、排气系统开设部位相适应，并根据铸件的形状、复杂程度、模具结构等确定，必要时可以在几处开设充氧口和排气口。但开设时要注意气流方向，以使氧气能取代型腔中的空气，同时力求简化模具结构。

① 模具上开设充氧口的结构（见图 5-13）。模具上开设充氧口以压室的浇料口作为排气口，比较适合于卧式压铸机。如用于立式压铸机时，则应采用能使反料冲头（下冲头）向下动作的装置，用以打开喷嘴口排气。图中的结构，是利用液压模座的活塞拉推板使推管后退 l 距离留出充氧通道。充氧时，型腔中的空气经浇注系统从压室往浇料口排出，充氧完毕，浇入合金液的同时，液压模座的活塞推动推板前移 l 距离使推管封住充氧通道并处于工作位置。

② 模具上开设排气口的结构（见图 5-14）。压室充氧时，模具结构较复杂，特别是带抽

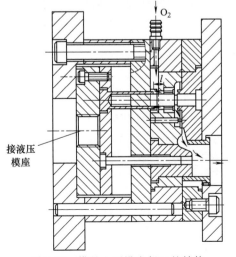

图 5-13　模具上开设充氧口的结构

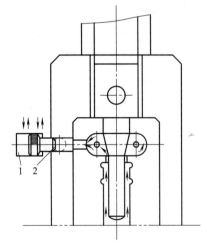

图 5-14　模具上开设排气口的结构
1—液压缸；2—排气口

芯并具有深腔部位的型腔，往往型腔中的空气不容易排尽，因此有时在模具上需开设排气口，如图 5-14 所示。型腔端部较狭窄，有一定凹处；先利用液压缸使柱塞后退，打开排气口，使充氧时排气。压铸时，再使柱塞前进，封住排气口，从而使充氧压铸具有更好的效果。

由于氧气充入和气体排出都要通过内浇口，故在可行的情况下，模具的内浇口稍大一些是有利的。

5.4 精速密压铸

精速密压铸是一种精确的、快速的和密实的压铸方法，也称为套筒双冲头压铸法，它是由两个套在一起的内、外压射冲头进行压射动作的，其结构如图 5-15 所示。

5.4.1 精速密压铸法的原理和特点

(1) 精速密压铸法的原理

精速密压铸法的压射过程如图 5-16 所示。当金属液浇入压室后，使压射缸开始工作，推动内、外压射冲头共同前进，进行压射。在压射过程中，压射速度从第 1 速转为第 2 速，金属液开始充填型腔。当型腔充满后，压力系统升高压力，给内压射冲头加压，使其继续向前运动，压射速度从第 1 速转为第 3 速，给余料（料饼）中心未凝固的金属液施压，补充型腔内凝固时的缩空部位，起补充和压实作用。

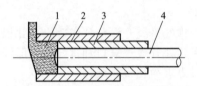

图 5-15　精速密压铸法压射结构
1—余料；2—压室；3—外压射冲头；
4—内压射冲头

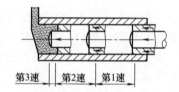

第3速　第2速　第1速

图 5-16　精速密压铸压射过程示意图

(2) 精速密压铸法的特点

① 用低的压射速度，其压射速度为普通压铸的 10% 或更低，则为慢速充填。

② 需要厚的内浇口（内浇口厚度为 5～10mm），由于内浇口截面积较大，有利于传递压力，提高压铸件的致密性和强度，内浇口开设在铸件下部厚壁处，其厚度等于铸件壁厚。

③ 模具型腔在受控的情况下冷却，控制压铸件能顺序凝固，有利于消除压铸件的缩孔和气孔，提高合格率。

④ 需要内、外两个压射冲头工作，内压射冲头的压力一般为 35～100MPa，其前进距离为 50～150mm。内压射冲头（小冲头）辅助压实，并降低压射速度。

⑤ 延长了模具寿命，精速密压铸法压出的铸件与一般压铸件相比，压铸件内部组织均匀且密度大，强度高，尺寸公差小，废品率低，压铸件可焊接性良好，也可进行热处理。

⑥ 材料消耗多，浇口及余料的切除较困难。

5.4.2 模具设计要点

精速密模具设计与普通压铸模具设计时的主要差别是对浇注系统和冷却系统的设计。

(1) 内浇口的设计要点

① 内浇口的位置应设置在压铸件下部厚壁处，用低的压射速度，可以减少压射过程中卷入空气，使金属液自下而上，由厚部位至薄部位定向充填，有利于压力传递。

② 内浇口的截面积应设计得较厚、大，一般内浇口厚度取 5～15mm，其截面积平均为普通压铸模内浇口截面积的 10 倍。金属液射入内浇道的速度为 4～6m/s，为普通压铸的 20%。

内浇口截面积 A 按下式计算：

$$A = Q/vt \tag{5-1}$$

式中　A——内浇口截面积，cm^2；

　　　Q——铸件体积，cm^3；

　　　v——内浇口速度，m/s，一般取 200～300m/s；

　　　t——充填时间，s，一般取 0.3～1s。

③ 内浇口的形状应尽可能减少金属液的热量损失，减小流动阻力，以利于压力传递和补缩，并能减少内浇口处因过热而引起的粘膜倾向。

（2）冷却系统设计要点

双压射冲头压铸时，为了使具有延时补压作用的内压射冲头达到有效的补压目的，希望从液态金属与内浇口相对的一端，即最后充填的部位开始冷却，越接近内浇口时冷却越慢，直至使内浇口、横浇道、压射料饼依次冷却，达到定向冷却，即由远及近向内浇道方向顺序凝固，以控制模具的温度满足前述对冷却过程的要求。

5.5　黑色金属压铸

黑色金属比有色金属熔点高，冷却速度快，流动性差，凝固范围窄。因而，黑色金属压铸时，压室和压铸模工作条件十分恶劣，模具寿命较低，一般模具材料很难适应要求。由于黑色金属在液态下保温易于氧化，而给压铸工艺上带来困难。因此，要求具有耐高温、热硬性好及抗热疲劳性强的耐热合金作为压铸模材料，才能适应压铸黑色金属的要求。

目前已能压铸的灰口铸铁、可锻铸铁、球墨铸铁、碳钢、不锈钢及各种合金钢均可压铸成型。

5.5.1　对压铸机的要求

1）为了提高模具使用寿命，要求采用新的模具材料，在尽可能降低浇注温度的同时，也要求压铸机有高的压射比压，一般应大于 150MPa，并应有较大的调节范围，压射速度也可调节，一般需有两级压射，可瞬时增压。

2）由于黑色金属的压射比压较大，冷凝收缩也大，故要求压铸机有较大的锁模力、开模力及顶出力。

3）黑色金属压铸一般适合于卧式压铸机，而立式压铸机，因反料冲头切断余料困难，且浇注系统的浇道较长，故对强度高的黑色金压铸不太适合。

4）为了避免在高温金属液的冲击下，压室因受力不均匀而产生变形和金属液快速散热形成凝固的金属表皮渗入压室与冲头的间隙，造成压射机构发生故障，因此压射冲头需作必要的改进，可按下列两种形式。

① 压射冲头前端锐角倒圆，如图 5-17 所示。中空部位通水冷却，使金属液在冲头端面边缘形成冷环，以避免缝隙中窜入金属液形成夹片，而阻塞冲头运动。设计的压室直径 D_1 与冲头直径 D 的配合为 $D_1 = D + (0.4 \sim 0.45)$；浇口套直径 $D_2 = D_1 + (0.08 \sim 0.12)$。

② 压射冲头采用台阶式结构，如图 5-18 所示。冲头顶端有一梯形凸缘，其后端均保持棱角，见图中的 A、B 两处。其结构特点如下。

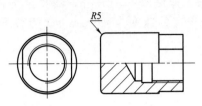

图 5-17　锐角倒圆的压射冲头

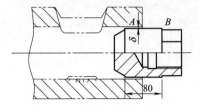

图 5-18　台阶式压射冲头（δ 为单边间隙值）

a. 当冲头向前推动金属液时，因凸缘与压室间的空隙较小，渗入的金属液很快凝固成金属环，阻止溶液继续渗入压室与冲头的间隙，不致使冲头被咬住。

b. 当金属液流入压室时，易产生黏结、凸起和热裂纹。因 A 处的棱边，冲头运动时起刮铲作用，使冲头能正常前进完成压射动作。

c. 当冲头做回程运动时，后端 B 处的棱边可对压室的残余物进行清理。

压射冲头在不通水冷却时，与压室的配合间隙见表 5-1。

表 5-1　压射冲头与压室配合间隙

压室直径/mm	40	50	60	70
间隙/mm	0.07～0.15	0.10～0.15	0.125～0.175	0.125～0.175

注：表中为冲头不通水冷却时的间隙值。

5.5.2　黑色金属压铸工艺

黑色金属压铸的工艺特点是低温、低速，且具有较大的内浇道，并需充分预热压铸模及压铸结束应尽快取出铸件。以下有关压铸工艺的部分参数供参考。

① 压铸模预热温度一般为 200～250℃，连续生产保持温度为 200～300℃。使用钼合金压铸模的温度为 371～436℃，若能达到 480～578℃，效果会更好。

② 低温浇注可减轻压铸模受热程度，以减少模具的热疲劳，并减小合金的凝固收缩。通常选择浇注温度：铸铁为 1200～1250℃；中碳钢为 1440～1460℃；合金钢为 1550～1560℃。

③ 冲头压射速度为 0.12～0.24m/s，铸件出模温度为 760℃。

④ 涂料可按表 5-2 中选取，或可采用一号胶体石墨水剂，其成分为：石墨粉为 21％；其余为水。涂料的灰粉应在 2％以下，涂料要求加热后喷涂，应防止模具降温过快。

表 5-2　黑色金属压铸涂料

序号	化学成分(质量分数)/%						用　　途
	石英粉	氧化铝	石磨粉	水玻璃	高锰酸钾	水	
1	15	—	5	5	0.1	其余	浇注温度低于1500℃的合金
2	—	15	5	5	0.1		浇注温度高于1500℃的合金
备注	在800℃下烘烤2h后过筛	在1200℃下烘烤2h后过筛	稍加热，过270筛	模数$m \geqslant 2.7$			

5.5.3　黑色金属压铸模设计要点

（1）模具设计原则

① 由于模具寿命低，对成型部位应采用能快速更换的组合结构，组合件可用压铸、熔

模铸造、液态金属冲压及机械加工方法成批生产。

② 型腔应尽量做成整体镶块,不能用镶拼式型腔,以防镶拼缝处在高温和压力冲击下很快扩展成大裂纹。

③ 模具应力求保持热平衡,过热部位应设置较多的冷却通道。

④ 模具的体积应比压铸有色合金时适当增大,以增加模具的热容量,减小温度的波动范围。

(2) 模具各主要部分的设计

1) 浇注系统和排气系统

① 黑色金属压铸件的浇道截面积宜做大,但长度宜短,以使金属液平稳进入型腔,浇口厚度一般为铸件壁厚的 $70\% \sim 100\%$,侧浇口浇注系统见图 5-19。侧浇道转为中心浇口的浇注系统见图 5-20。

② 排气槽应稍宽些,其深度为 $0.15 \sim 0.2 mm$。而溢流槽外面的排气槽深度为 $0.3 mm$,溢流槽进口的深度应比有色金属压铸时深些。

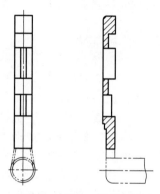

图 5-19 侧浇口浇注系统

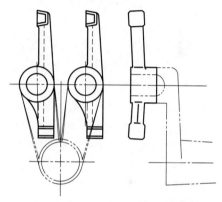

图 5-20 侧浇道转为中心浇口的浇注系统

2) 推杆的设计 由于黑色金属压铸金属液的浇注温度高,而对于较细的推杆,受金属液冲刷后很容易失去棱边,变成如图 5-21 所示,使铸件上出现毛刺产生不平整,故应采取如下措施。

① 利用铸件的特点,不采用推杆推件,如图 5-22 所示,利用铸件的斜度脱件,开模

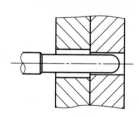

图 5-21 推杆棱边变钝

(a)   (b)

图 5-22 不采用推杆推件的方式

时,在压射冲头推动下,使铸件带往动模,取件时,先将铸件向上侧移,然后即可取出。

② 可将推杆设置在浇道、溢流槽或辅助筋上,如图5-23 所示。

③ 推杆设置在铸件上时,可采用将推杆的前端制成可更换的结构,见图 5-24。推件时,使卸件活块和压铸件一起被顶出型腔,卸下经冷却后再装上使用。

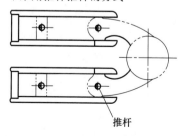

推杆

图 5-23 推杆不设在铸件上的方式

3）应用组合式的结构

① 快换镶块。当成型部位镶块烧蚀、磨损后应能及时进行更换，如图 5-25 所示，其结构只需松开螺钉，将压板转动，抽出插板即可更换镶块。

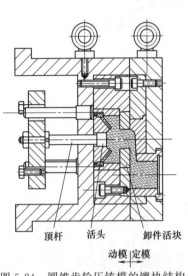

图 5-24　圆锥齿轮压铸模的镶块结构

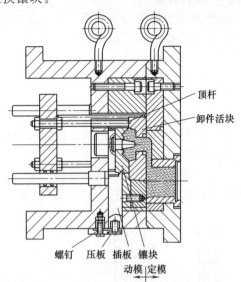

图 5-25　直齿圆锥齿轮压铸模

② 卸件活块。采用活块结构如图 5-24 和图 5-25 所示。这两种活块在分型面上的一端导入金属液的浇道的一部分，另一端是型腔的一部分；取件时，推杆可直接顶活块，而活块和浇道一起将铸件带出。其优点是使铸件没有推杆痕迹也不变形；由于铸件全部在动模内成型，尺寸精度高，模具结构简单，有利于模具零件快换，但操作时劳动强度较大。

组合式结构中，活块的数量一般有 10～20 副，以便不间断生产。活块与孔的配合间隙过小，因热胀时易卡死；间隙过大，金属易窜入，也会卡死活块。推荐的活块与孔的配合间隙见表 5-3。

表 5-3　推荐的活块与孔的配合间隙　　　　　　　　　　　　　　　　　　mm

公称尺寸	锥面斜度	配合间隙
100	3°	0.55～0.65
120	2°	0.50～0.60
140	2°	0.40～0.55

注：活块材料为 5CrMnMo，模板为 45 钢。

4）收缩率与脱模斜度　黑色金属压铸中，铸件外形尺寸的线收缩率为 1.3%～2.3%，内孔尺寸的线收缩率为 0.9%～1.6%。由于收缩率较大，故脱模斜度也应比有色金属压铸的脱模斜度适当加大，一般铸件内表面脱模斜度应大于 1°30′，外表面脱模斜度应大于 1°。

（3）模具材料的选择

黑色金属压铸中，常用于制造成型零件的模具材料有：纯钼、钼基合金 MTZ、钨基合金 WNiMoFe、高合金铁素体 3W23Cr4MoV 等。

MTZ 合金膨胀系数小（为普通模具钢的 1/3～1/2）；导热率高（为普通模具钢的 5～7 倍）；熔点高达 2622℃，并在压铸温度范围内不产生相变，可提高模具寿命。

WNiMoFe 合金对于黑色金属可熔性低，能降低热蚀和粘膜，钨导热性高，膨胀系数低，抗热疲劳性能较好。但加工困难，室温下易脆，因而钨基合金用于制造压铸模具的成型零件时，多采用粉末冶金法。

3W23Cr4MoV 钢是较理想的模具材料。制成模具镶块经渗铝后，可提高模具寿命。这种材料对熔炼要求不高，熔液质量好，易于压铸成型，机械加工性能好，高温强度较高，具有较好的高温抗氧化性能和较好的热震性，常用在退火状态下使用。

第6章
压铸模常用国家标准

6.1 （附录 F）压铸模技术条件（摘自 GB/T 8844—2003）

（1）范围

本标准规定了压铸模的要求、验收规则、标志、包装、运输、储存等。适用于有色金属压铸模的设计、制造和验收。

（2）规范性引用文件（略）

（3）零件技术要求

① 设计压铸模宜选用 GB/T 4678.1～4678.19—2003 规定的压铸模零件。

② 模具成型零件和浇注系统零件所选用的材料应符合相应牌号的技术标准。

③ 模具成型零件和浇注系统零件的推荐材料和热处理硬度见表 6-1。

表 6-1 模具成型零件和浇注系统零件的推荐材料和热处理硬度

模具零件名称	模具材料	硬度（HRC）	
		用于压铸锌合金、镁合金、铝合金	用于压铸铜合金
型芯、定模镶块、动模镶块、活动镶块、分流锥、推杆、浇口套、导流块	4Cr5MoSiV1	44～48	—
	3Cr2W8V	44～48	38～42

④ 压铸锌、镁、铝合金的成型零件经淬火工艺处理后，如果成型面需要进行渗氮处理，则渗氮层深度应为 0.08～0.15mm，硬度≥600HV。

⑤ 模具零件的几何形状、尺寸、表面粗糙度应符合图样要求。

⑥ 模具零件不允许有裂纹，成型零件表面不允许有划痕、压伤和锈蚀等缺陷。

⑦ 成型部位未注公差尺寸的极限偏差应符合表 6-2 规定。

⑧ 成型部位转接圆弧未注公差尺寸的极限偏差应符合表 6-3 的规定。

⑨ 成型部位未注角度和锥度公差应符合表 6-4 的规定。锥度公差按锥体母线长度决定，角度公差按角度短边长度决定。

表 6-2 成型部位未注公差尺寸的极限偏差

基本尺寸/mm	≤10	>10~50	>50~180	>180~400	>400
极限偏差值/mm	±0.03	±0.05	±0.10	±0.15	±0.2

表 6-3 成型部位转接圆弧未注公差尺寸的极限偏差

基本尺寸/mm	≤6	>6~18	>18~30	>30~120	>120
凸圆弧极限偏差/mm	0 −0.15	0 −0.20	0 −0.30	0 −0.45	0 −0.60
凹圆弧极限偏差/mm	+0.15 0	+0.2 0	+0.30 0	+0.45 0	+0.60 0

表 6-4 成型部位未注角度和锥度公差

锥体母线或角度 短边长度/mm	≤6	>6~18	>18~50	>50~120	>120
极限偏差值	±30′	±20′	±15′	±10′	±5′

⑩ 成型部位未注脱模斜度时，形成铸件内侧壁的脱模斜度应不大于表 6-5 的规定值，对构成铸件外侧壁的脱模斜度应不大于表 6-5 规定的二分之一。

表 6-5 成型部位未注脱模斜度时铸件内侧壁的脱模斜度

脱模高度/mm		≤3	>3~6	>6~10	>10~18	>18~30	>30~50	>50~80	>80~120	>120~180	>180~250
铸件 材料	锌合金	3°	2°30′	2°	1°30′	1°15′	1°	0°45′	0°30′	0°30′	0°15′
	镁合金	4°	3°30′	3°	2°15′	1°30′	1°15′	1°	0°45′	0°30′	0°30′
	铝合金	5°30′	4°30′	3°30′	2°30′	1°45′	1°30′	1°15′	1°	0°45′	0°30′
	铜合金	6°30′	5°30′	4°	3°	2°	1°45′	1°30′	1°15′	1°	—

⑪ 圆型芯的脱模斜度应不大于表 6-6 规定值。

表 6-6 圆型芯的脱模斜度

脱模高度/mm		≤3	>3~6	>6~10	>10~18	>18~30	>30~50	>50~80	>80~120	>120~180	>180~250
铸件 材料	锌合金	2°30′	2°	1°30′	1°15′	1°	0°45′	0°30′	0°30′	0°20′	0°15′
	镁合金	3°30′	3°	2°	1°45′	1°30′	1°	0°45′	0°45′	0°30′	0°30′
	铝合金	4°	3°30′	2°30′	2°	1°45′	1°15′	1°	0°45′	0°30′	0°30′
	铜合金	5°	4°	3°	2°30′	2°	1°30′	1°15′	1°	—	—

⑫ 文字符号的脱模斜度取 10°~15°为宜。

⑬ 当图样中未注脱模斜度方向时，应按减小铸件壁厚方向制造。

⑭ 非成型部位未注公差尺寸的极限偏差应符合 GB/T 1804—2000 中 m 的规定。

⑮ 螺钉安装孔、推杆孔、复位杆孔等未注孔距公差的极限偏差应符 GB/T 1804—2000 中 f 的规定。

⑯ 模具零件图中螺纹的基本尺寸应符合 GB/T 196—2003 的规定，选用的公差与配合应符合 GB/T 197—2003 的规定。

⑰ 模具零件图中未注形位公差应符合 GB/T 1184—1996 中 H 的规定。

⑱ 模具零件非工作部位棱边均应倒角或倒圆，成型部位未注明的圆角半径按 $R0.5\mathrm{mm}$ 制造，型面与分型面或与型芯、推杆等相配合的交接边缘不允许倒角或倒圆。

（4）总装技术要求

① 模具分型面对定、动模座板安装平面的平行度应符合表 6-7 的规定。

表 6-7 模具分型面对定、动模座板安装平面的平行度 mm

被测面最大直线长度	≤160	>160~250	>250~400	>400~630	>630~1000	>1000~1600
公差值	0.06	0.08	0.10	0.12	0.16	0.20

② 导柱、导套轴线对定、动模座板安装平面的垂直度应符合表 6-8 的规定。

表 6-8　导柱、导套轴线对定、动模座板安装平面的垂直度　　　　mm

导柱、导套有效长度	≤40	>40～63	>63～100	>100～160	>160～250
公差值	0.015	0.020	0.025	0.030	0.040

③ 在合模位置，复位杆端面应与其接触面贴合，允许有不大于 0.05mm 的间隙。

④ 模具所有活动部分应保证位置准确，动作可靠，不得有歪斜或卡滞现象，要求固定的零件不得相对窜动。

⑤ 浇道转接处应光滑连接，镶拼处应密合，未注脱模斜度应不小于 5°，表面粗糙度 $Ra≤0.4\mu m$。

⑥ 滑块运动应平稳，合模后滑块与楔紧块应压紧，接触面积应不小于四分之三，开模后限位应准确可靠。

⑦ 合模后分型面应紧密贴合，如有局部间隙，其间隙不大于 0.05mm（排气槽除外）。

⑧ 冷却水路应通畅，不得有渗漏现象，进水口和出水口应有明显标记。

⑨ 模具应设吊环螺钉，确保安全吊装，起吊时模具应平稳，便于装模。

（5）验收规则

① 验收应包括以下内容：外观检查、尺寸检查、模具材质和热处理要求检查、试模和压铸件检查、质量稳定性检查。

② 模具供方应按模具图和本技术条件对模具零件和整套模具进行外观与尺寸检查。

③ 模具供方应对模具零件进行热处理要求检查。

④ 完成②和③项目检查并确认合格后，可进行试模。

试模用压铸机应符合要求，试模所用铸件材料应与铸件图要求相符，试模应严格遵守压铸工艺规程，模具活动部分应动作灵活、稳定、准确、可靠，冷却水路及液压油路应通畅，不渗漏。模具排气良好，金属液没有飞溅现象。

⑤ 试模工艺稳定后，应连续提取 5～10 模压铸件进行检验。模具供方和顾客确认铸件合格后，由模具供方开具合格证并随模具交付顾客。

⑥ 模具质量稳定性检验的生产批量：锌合金为 3000 模；铝、镁合金为 1500 模；铜合金为 150 模。

除模具供方和顾客约定外，上述工作应在接到被检模具后一个月内完成，期满未达到稳定性检验批量时，即视为此项检验工作完成。

⑦ 模具顾客在稳定性检验期间，应按图样和本技术条件对模具主要零件的材质、热处理和表面处理情况进行检查或抽查，发现的质量问题应由制造方解决。

（6）标志、包装、运输、储存

① 在模具非工作面的明显处应做出标志。标志一般包含以下内容：模具号、出厂日期、供方名称。

② 模具交付前应擦干净，所有零件的表面应涂覆防锈剂。

③ 出厂模具根据运输要求进行包装，应防潮、防磕碰，保证在正常运输中模具完好无损。

6.2　（附录 D）压铸模零件技术条件（摘自 GB/T 4679—2003）

（1）范围

本标准规定了压铸模零件的要求，检验规则及标志、包装、运输和储存等。

本标准适用于 GB/T 4678.1～4678.19—2003 所规定的压铸模零件。

（2）规范性引用文件（略）

下列文件中的条款通过本标准的引用而成为本标准的条款。凡是注日期的引用文件，其随后所有的修改单（不包括勘误的内容）或修订版均不适用于本标准，然而，鼓励根据本标准达成协议的各方研究是否可使用这些文件的最新版本。凡是不注日期的引用文件，其最新版本适用于本标准。

GB/T 145—2001：中心孔。

GB/T 1184—1996：形状和位置公差、未注公差值。

GB/T 1804—2000：一般公差、未注公差的线性和角度尺寸的公差。

GB/T 4678.1～19—2003：压铸模零件。

GB/T 6403.5—1986：砂轮越程槽。

（3）技术要求

① 图样中未注公差尺寸的极限偏差应符合 GB/T 1804 中 m 的规定。

② 图样中未注的形状和位置公差应符合 GB/T 1184 中 H 的规定。

③ 零件不允许有锈斑、碰伤和凹痕等缺陷，保持无脏物和油污。

④ 模具零件所选用的材料应符合相应牌号的技术标准。

⑤ 零件经热处理后硬度应均匀，不允许有裂纹、脱碳、氧化斑点。

⑥ 图样中未注尺寸的砂轮越程槽应符合 GB/T 6403.5 的规定。

⑦ 图样中未注尺寸的中心孔应符合 GB/T 145 的规定。

⑧ 制造方应在模板的侧向基准面上设 $\phi6mm$、深 0.5mm 的涂色平底坑作为标记，其位置离各基准面的边距为 8mm。

⑨ 当模具零件质量超过 25kg 时，应设起吊螺孔。

⑩ 零件均应去毛刺，图样中未注尺寸的倒角为 0.5mm×45°。

（4）检验规则

① 零件按 GB/T 4678.1～4678.19 和本标准的规定进行检验。

② 零件批量供货时，由订货方按零件数量的 10% 抽检，但抽样数量不得少于 5 件，其中 1 件不合格时，加倍抽样复检，若仍不合格，则判定该批零件为不合格。

（5）标志、包装、运输、储存

① 检验合格的零件，若有标记部位应做出标记，无标记部位的小零件需附有合格标签。

② 零件在入库前应擦洗干净，并在所有表面涂覆防锈剂。

③ 零件包装应防潮，防止磕碰，保证在运输中零件完整无损。

6.3 压铸件的国家标准

6.3.1 铝合金压铸件（摘自 GB/T 15114—2009）

（1）范围

本标准规定了铝合金压铸件的技术要求，质量保证，试验方法及检验规则，交付、包装、运输和储存等要求。本标准适用于铝合金压铸件。

（2）规范性引用文件

略。

（3）技术要求

1）化学成分

压铸件的化学成分应符合表 1-5（GB/T 15114—2009）的规定。

2）力学性能

① 如果没有特殊规定，力学性能不作为验收依据。

② 附录 A 列出的力学性能（见表 1-4）是采用 GB/T 13822 规定的压铸单铸试棒确定的典型力学性能，其数值供参考。

③ 当采用压铸件本体检验时，由供需双方商定技术要求。

3）压铸件尺寸

① 压铸件的几何形状和尺寸应符合铸件图样的规定。

② 压铸件的尺寸公差应按 GB/T 6414—1999 的规定执行。受分型面和模具活动部分影响的尺寸公差还需要增加一个附加量，可参照附录 B、附录 C（见表 1-6、表 1-7）。有特殊规定和要求时，须在图样上注明。

③ 压铸件的尺寸公差不包括铸造斜度。其不加工表面：包容面以小端为基准，被包容面以大端为基准；待加工表面：包容面以大端为基准，被包容面以小端为基准。有特殊规定和要求时，须在图样上注明。

④ 压铸件有形位公差要求时，可参照附录 D（见表 1-8～表 1-10）。其标注方法应符合 GB/T 1182—2008 的规定。

4）加工余量

压铸件加工余量按 GB/T 6414—1999 的规定执行。若有特殊规定和要求时，其加工余量须在图样上注明。

5）表面质量

① 铸件表面粗糙度应符合图样或客户的要求。

② 铸件不允许有裂纹、欠铸和任何穿透性缺陷。

③ 铸件允许存在擦伤、凹陷、缺肉和网状毛刺等缺陷，但其缺陷的程度和数量应与供需双方商定的标准相一致。

④ 铸件的浇口、飞边、溢流口、隔皮、顶杆痕迹等应进行清理，其允许留有的痕迹，由供需双方商定。

⑤ 如图样无特别规定，有关压铸工艺部分的设置，如顶杆位置、分型线的位置、浇口和溢流口的位置等，由供方自行确定。

⑥ 压铸件需要特殊加工的表面，如抛光、喷丸、镀铬、涂覆、阳极氧化、化学氧化等应在图样上注明。

6）内部质量

① 压铸件如能满足其使用要求，则压铸件气孔、缩孔缺陷不作为报废的依据。

② 对压铸件的气压密封性、液压密封性、内部缺陷及本标准未列项目有要求时，应符合供需双方商定的验收标准。

③ 在不影响压铸件使用的条件下，经需方同意，供方可以对压铸件进行浸渗、修补和变形校正处理。

（4）质量保证

① 当供需双方合同或协议中有规定时，供方应对合同中规定的所有试验和检验项目负责。合同或协议中无规定时，经需方同意，供方可以用自己适宜的手段执行本标准所规定的试验和要求。需方有权对标准中的任何试验和检验项目进行检验，其质量标准应根据供需双方之间的协议而定。

② 根据压铸生产特点，规定一个检验批量是指每台压铸设备在正常操作情况下，一个

班次的生产量。设备、模具和操作连续性的任何重大变化都应视为一个新的批量开始。

供方对每批压铸件都要随机或统计地抽样检验，确定是否符合全部技术要求或图样的规定，检验结果应予以记录。

（5）检验方法及检验规则

1）化学成分

① 化学成分的检验方法分别按 GB/T 20975.3～20975.5、GB/T 2095.7、GB/T 2095.8、GB/T 20975.10～20975.12、GB/T 20975.14 和 GB/T 20975.16 的规定执行。在保证分析精度的条件下，允许使用其他方法，其化学成分应符合表 1-5 中的规定。

为了防止争议的发生，分析方法需经供需双方商定。

② 化学成分的检验频率：每炉次或班次取样一组。如有特殊要求，由供需双方商定。

③ 化学成分第一次检验不合格，允许重新取样，如仍不合格，则该炉合金可判定为不合格。

④ 化学成分的试样也可取自压铸件，但检验结果应符合表 1-5 的规定。

2）力学性能

① 合金力学性能的检验方法按照 GB/T 228 和 GB/T 231.1 的规定执行。

② 采用压铸试棒进行检验时，试样每组 3 根。如受检的 3 根试样中有 2 根力学性能不合格，则判定该批铸件性能不合格。允许用加倍的试样进行第二次检验，如果第二次检验中有 2 根试样不合格，但总的平均值合格时，可认为该批铸件性能合格。如不合格试样多于 2 根，则认为该批铸件性能不合格。

③ 压铸试棒的取制应符合 GB/T 13822 的规定。

④ 采用压铸件本体检验时，取样部位、试验尺寸和力学性能由供需双方商定。

3）几何尺寸

压铸件几何尺寸的检验，可按检验批量抽检或按 GB/T 2828.1、GB/T 2829 的规定进行，抽检结果必须符合（3）-3）的规定。

4）表面质量

① 压铸件表面质量应逐件检查，抽检结果应符合（3）-5）的规定。

② 压铸件表面粗糙度按 GB/T 6060.1 的规定执行。

③ 压铸件需喷丸、抛丸、喷砂加工的表面粗糙度按 GB/T 6060.3 的规定执行。

5）内部质量

① 压铸件内部质量的试验方法及检验规则由供需双方商定，可以包括无损检测、耐压试验、金相图片和压铸件解剖等，其检验结果应符合（3）-6）的规定。

② 经浸渗和修补处理后的压铸件应做相应的质量检验。

6）铸件的交付、包装、运输与储存

① 当在合同或协议中有要求时，供方应向需方提交检验报告，以证明每批压铸件的取样、试验和检验符合本标准的规定。

② 合格压铸件交付时，必须附有检验合格证。

合格证上应写明产品名称、产品编号、数量、制造厂名。检验合格印记和交付时间。

有特殊检验项目时，应在检验合格证上注明检验条件和结果。

③ 压铸件的包装、运输与储存，由供需双方商定。

6.3.2 镁合金压铸件（根据 GB/T 25747—2010）

（1）范围

本标准规定了镁合金压铸件的技术要求，质量保证，试验方法及检验规则，交付、包装、运输和储存等要求。

本标准适用于镁合金压铸件。

（2）规范性引用文件

略。

（3）技术要求

1）化学成分

压铸件的化学成分应符合表1-15（GB/T 25747—2010）的规定。

2）力学性能

① 如果没有特殊规定，力学性能不作为验收依据。

② 附录A列出的力学性能是采用GB/T 13822（见表1-16）规定的压铸单铸试棒确定的典型力学性能，其数值供参考。

③ 当采用压铸件本体检验时，由供需双方商定技术要求。

3）压铸件尺寸

① 压铸件的几何形状和尺寸应符合铸件图样的规定。

② 压铸件的尺寸公差应按GB/T 6414的规定。受分型面和模具活动部分影响的尺寸公差还需要增加一个附加量，可参照附录B、附录C（见表1-17、表1-18）。有特殊规定和要求时，须在图样上注明。

③ 压铸件的尺寸公差不包括铸造斜度。其不加工表面：包容面以小端为基准，被包容面以大端为基准；待加工表面：包容面以大端为基准，被包容面以小端为基准。有特殊规定和要求时，须在图样上注明。

④ 压铸件有形位公差要求时，可参照附录D（见表1-19～表1-21）。其标注方法按GB/T 1182的规定。

4）加工余量

压铸件加工余量按GB/T 6414的规定。若有特殊规定和要求时，其加工余量须在图样上注明。

5）表面质量

① 铸件表面粗糙度应符合图样或客户的要求。

② 铸件不允许有裂纹、贯穿性欠铸等穿透性缺陷。

③ 铸件允许存在擦伤、欠铸、凹陷、缺肉和网状毛刺等缺陷，但其缺陷的程度和数量应与供需双方商定的标准相一致。

④ 铸件的浇口、飞边、溢流口、隔皮、顶杆痕迹等应进行清理，其允许留有的痕迹，由供需双方商定。

⑤ 如图样无特别规定，有关压铸工艺的设置，如顶杆位置、分型线的位置、浇口和溢流口的位置等，由供方自行确定。

⑥ 压铸件需要特殊加工的表面，如抛光、喷丸、抛丸、镀铬、涂覆、阳极氧化、化学氧化等须在图样上注明。

6）内部质量

① 压铸件如能满足其使用要求，则压铸件气孔、缩孔缺陷不作为报废的依据。

② 对压铸件的气压密封性、液压密封性、内部缺陷及本标准未列项目有要求时，应符合供需双方商定的验收标准。

③ 在不影响压铸件使用的条件下，经需方同意，供方可以对压铸件进行浸渗、修补和变形校正处理。

（4）质量保证

① 当供需双方合同或协议中有规定时，供方对合同中规定的所有试验和检验项目负责。合同或协议中无规定时，经需方同意，供方可以用自己适宜的手段执行本标准所规定的试验和要求。需方有权对标准中的任何试验和检验项目进行检验，其质量标准应根据供需双方之间的协议而定。

② 根据压铸生产特点，规定一个检验批量是指每台压铸设备在正常操作情况下，一个班次的生产量。设备、模具和操作连续性的任何重大变化都应视为一个新的批量开始。

③ 供方对每批压铸件都要随机或统计地抽样检验，确定是否符合全部技术要求或图样的规定。检验结果应予以记录。

（5）试验方法及检验规则

1）化学成分

① 化学成分的检验方法分别按 GB/T 13748.1、GB/T 13748.4、GB/T 13748.8～13748.10、GB/T 13748.12、GB/T 13748.14 和 GB/T 13748.15 的规定。在保证分析精度的条件下，允许使用 GB/T 13748.20 和 GB/T 13748.21 的光谱分析等其他试验方法，其化学成分应符合表 1-15 中的规定。

为了防止争议的发生，分析方法需经供需双方商定。

② 化学成分的检验频率：每炉次或班次取样一组。如有特殊要求，由供需双方商定。

③ 化学成分第一次检验不合格，允许重新取样，如仍不合格，则该炉合金可判为不合格。

④ 化学成分的试样也可取自压铸件，但检验结果应符合表 1-15 的规定。

2）力学性能

① 力学性能的抗拉强度、伸长率试验方法按 GB/T 228 的规定执行，硬度试验方法按 GB/T 231.1 的规定执行。

② 采用压铸试棒进行检验时，试样每组 3 根。如受检的 3 根试样中有 2 根力学性能不合格，则判定该批铸件性能不合格。允许用加倍的试样进行第二次检验，如果第二次检验中有 2 根试样不合格，但总的平均值合格时，可认为该批铸件性能合格。如不合格试样多于 2 根，则认为该批铸件性能不合格。

③ 压铸试棒的取制应符合 GB/T 13822 的规定。

④ 采用压铸件本体检验时，取样部位、试样尺寸和力学性能由供需双方商定。

3）几何尺寸

压铸件几何尺寸的检验，可按检验批量抽检或按 GB/T 2828.1、GB/T 2829 的规定进行抽检，抽检结果必须符合（3)-3 的规定。

4）表面质量

① 压铸件表面质量逐件检查，检验结果应符合（3)-5 的规定。

② 压铸件表面粗糙度按 GB/T 6060.1 的规定执行。

③ 压铸件需喷丸、抛丸、喷砂加工的表面粗糙度按 GB/T 6060.3 的规定执行。

5）内部质量

① 压铸件内部质量的试验方法及检验规则由供需双方商定，可以包括无损检测、耐压试验、金相图片和压铸件解剖等，其检验结果应符合（3)-6 的规定。

② 经浸渗和修补处理后的压铸件应做相应的质量检验。

6）铸件的交付、包装、运输与储存

① 当在合同或协议中有要求时，供方应向需方提交检验报告，以证明每批压铸件的取样、试验和检验符合本标准的规定。

② 合格压铸件交付时，必须附有检验合格证。

合格证上应写明产品名称、产品编号、数量、制造厂名、检验合格印记和交付时间。

当有特殊检验项目时，应在检验合格证上注明检验条件和结果。

③ 压铸件的包装、运输与储存，由供需双方商定。

6.3.3　锌合金压铸件（摘自 GB/T 13821—2009）

（1）范围

本标准规定了锌合金压铸件的分类、分级和标记，技术要求，试验方法及检验规则，包装、运输和储存等要求。

本标准适用于锌合金压铸件。

（2）规范性引用文件（略）

（3）铸件的分类、分级和标记

① 锌合金压铸件的分类。

锌合金压铸件按使用要求分为两类，见表 1-24。

② 锌合金压铸件表面分级。

锌合金压铸件表面按使用要求分为三级，见表 1-25。分级条件可按照表 1-25 中的说明，并参考附录 A（见表 1-27）确定分级。如果有更高要求的部位，应在图样中有关表面分别注明。

③ 铸件标记。

铸件应有零件号、生产班次、日期等具有可追溯的标记。

（4）技术要求

1）化学成分

压铸件的化学成分应符合表 1-26（GB/T 13821—2009）的规定。

2）力学性能

① 除非在合同、订单或图样上有具体规定，本标准列出的压铸件不以拉伸试验所测定的力学性能作为检验依据。

② 本标准附录 B（见表 1-28）中列出了在严格控制条件下压铸试样的典型力学性能。

3）压铸件尺寸

① 压铸件的几何形状和尺寸应符合铸件图样的规定。

② 压铸件的尺寸公差应符合 GB/T 6414 的规定。有特殊规定和要求时，须在图样上注明。

③ 压铸件的尺寸公差不包括铸造斜度。其不加工表面：包容面以小端为基准，被包容面以大端为基准；待加工表面：包容面以大端为基准，被包容面以小端为基准。有特殊规定和要求时，须在图样上注明。

4）加工余量

压铸件加工余量按 GB/T 6414 的规定执行。若有特殊规定和要求时，其加工余量须在图样上注明。

5）表面质量

① 铸件表面粗糙度应符合图样或客户的要求。

② 铸件不允许有裂纹、欠铸和任何穿透性缺陷。

③ 铸件允许存在擦伤、凹陷、缺肉和网状毛刺等缺陷，但其缺陷的程度和数量应与供需双方商定的标准相一致。

④ 铸件的浇口、飞边、溢流口、隔皮、顶杆痕迹等应进行清理，其允许留有的痕迹，由供需双方商定。

⑤ 如图样无特别规定，有关压铸工艺的设置，如顶杆位置、分型线的位置、浇口和溢

流口的位置等，由供方自行确定。

⑥ 压铸件需要特殊加工的表面，如抛光、喷丸、抛丸、镀铬、涂覆、阳极氧化、化学氧化等应在图样上注明。

6）内部质量

① 压铸件如能满足其使用要求，则压铸件气孔、缩孔缺陷不作为报废的依据。

② 在不影响压铸件使用的条件下，经需方同意，供方可以对压铸件进行浸渗、修补和变形校正处理。

③ 对本标准未列项目验收时，由供需双方商定。

（5）质量保证

① 当供需双方合同或协议中有规定时，供方应对合同中规定的所有试验和检验项目负责。合同或协议中无规定时，经需方同意，供方可以用自己适宜的手段执行本标准所规定的试验和要求。需方有权对标准中的任何试验和检验项目进行检验，其质量标准应根据供需双方之间的协议而定。

② 根据压铸生产特点，规定一个检验批量是指每台压铸设备在正常操作情况下，一个班次的生产量。设备、模具和操作连续性的任何重大变化都应视为一个新的批量开始。

③ 供方对每批压铸件都要随机或统计地抽样检验，确定是否符合全部技术要求或图样的规定，检验结果应予以记录。

（6）试验方法及检验规则

1）化学成分

① 化学成分的检验方法分别按 GB/T 12689.1、GB/T 12689.3～12689.7、T12689.10的规定执行。在保证分析精度的条件下，允许使用其他方法，其化学成分应符合表 1-26 中的规定。

为了防止争议的发生，分析方法需经供需双方商定。

② 化学成分的检验频率：每炉次或班次取样一组。如有特殊要求，由供需双方商定。

③ 化学成分第一次检验不合格，允许重新取样，如仍不合格，则该炉合金可判为不合格。

④ 化学成分的试样也可取自压铸件，但检验结果应符合表 1-26 的规定。

⑤ 光谱分析的取样方法按 GB/T 5678 规定执行。

2）力学性能

① 合金力学性能的检验方法按照 GB/T 228 和 GB/T 231.1 的规定执行。

② 采用压铸试棒进行检验时，试样每组 3 根。如受检的 3 根试样中有 2 根力学性能不合格，则判定该批铸件性能不合格。允许用加倍的试样进行第二次检验，如果第二次检验中有 2 根试样不合格，但总的平均值合格时，可认为该批铸件性能合格。如不合格的试样多于2 根，则认为该批铸件性能不合格。

③ 压铸试棒的取制应符合 GB/T 13822 的规定。

④ 采用压铸件本体检验时，取样部位、试样尺寸和力学性能由供需双方商定。

3）几何尺寸

压铸件几何尺寸的检验，可按检验批量抽检或按 GB/T 2828.1、GB/T 2829 的规定执行，抽检结果必须符合（4）-3）的规定。

4）表面质量

① 压铸件表面质量逐件检查，检验结果应符合（4）-5）的规定。

② 压铸件表面粗糙度用 GB/T 6060.1、GB/T 6060.3 的规定比较样块测定。

③ 压铸件需喷丸、抛丸、喷砂加工的表面粗糙度按 GB/T 6060.3 的规定执行。

5）内部质量

　　① 压铸件内部质量的试验方法及检验规则由供需双方商定，可以包括无损检测、耐压试验、金相图片和压铸件解剖等，其检验结果应符合（4)-6）的规定。

　　② 经浸渗和修补处理后的压铸件应做相应的质量检验。

　　(7) 铸件的交付、包装、运输与储存

　　① 当在合同或协议中有要求时，供方应向需方提交检验报告，以证明每批压铸件的取样、试验和检验符合本标准的规定。

　　② 合格压铸件交付时，必须附有检验合格证。

　　合格证上应写明产品名称、产品编号、数量、制造厂名、检验合格印记和交付时间。

　　有特殊检验项目时，应在检验合格证上注明检验条件和结果。

　　③ 压铸件的包装、运输与储存，由供需双方商定。

6.3.4　铜合金压铸件（根据 GB/T 15117—1994）

　　（1）技术要求

　　1）合金化学成分

　　合金化学成分应符合 GB/T 15116—1994 的规定。

　　2）力学性能

　　① 当采用压铸试样检验时，其力学性能应符合 GB/T 15116—1994 的规定。

　　② 当采用压铸件本体检验时，其力学性能数值由供需双方商定。

　　3）铸件尺寸

　　① 铸件的几何形状和尺寸，应符合铸件图的规定。

　　② 铸件尺寸公差应按 GB/T 6414—1999 的规定执行，有特殊规定和要求时，应在图样上注明。

　　③ 铸件尺寸公差不包括铸造斜度。

　　④ 铸件需要机械加工，其加工余量应在图样上注明，或按 GB/T 6414—1999 的规定执行。

　　4）表面质量

　　① 铸件表面粗糙度应符合 GB/T 6060.1—1997 的规定。

　　② 铸件不允许有裂纹、欠铸、疏松、气泡和任何穿透性缺陷。

　　③ 铸件允许存在擦伤、凹陷、缺肉和网状毛刺等缺陷，但其缺陷的程度和数量，应该与供需双方同意的标准相一致。

　　④ 铸件的浇口、飞边、溢流口、隔皮、顶杆痕迹等应清理干净，但允许留有痕迹。

　　⑤ 若图样无特别规定，有关压铸工艺部分的设置，如顶杆位置、分型线的位置、浇口和溢流口的位置等由供方自行规定，否则图样上应注明或由供需双方商定。

　　5）内部质量

　　① 压铸件若能满足其使用要求，则铸件内部缺陷不作为报废的依据。

　　② 对铸件的气压密封性、液压密封性、内部缺陷及 GB/T 15117—1994 未列项目有要求时，这些标准可以包括 X 射线照片、无损探伤、耐压试验和铸件剖面等。

　　③ 在不影响压铸件使用的条件下，当征得需方同意，供方可以对压铸件进行浸渗和修补处理。

　　（2）质量保证

　　1）当供需双方合同或协议中有规定时，供方应对合同时规定的所有试验和检验负责。合同或协议中无规定，经需方同意，供方可以用自己适宜的手段执行 GB/T 15117—1994 所规定的试验和检验要求。需方有权对 GB/T 15117—1994 中的任何试验和检验项目进行检验，其质量保证标准应根据供需双方之间的协议而定。

2）为达到正规检验目的，一个检验批量要求是由一个班次生产的，并由生产者确定和记录。设备、化学成分、铸型和操作连续性的显著变动，都认为是新的检验批量。供方对每批铸件都随机或统计地抽样检验，确定是否符合合同中或技术要求和铸件图的规定要求，检验结果应予以记录。

3）试验方法及检验规则。

① 化学成分。

a. 合金化学成分的检验方法、检验规则和复检应符合 GB/T 15116—1994 的规定。

b. 化学成分试样也可取自铸件，但必须与 GB/T 15116—1994 一致。

② 力学性能。

a. 力学性能的检验方法、检验频率和检验规则，应符合 GB/T 15116—1994 的规定。

b. 采用铸件本体为试样时，切取部位的尺寸、形式由供需双方商定。

③ 铸件几何尺寸的检查，可按批次抽检或按 GB/T 2828—1987、GB/T 2829—2002 的规定进行，抽检结果必须符合第（1）条第 3）款的规定。

④ 铸件表面质量应逐件检查，检查结果应符合第（1）条第 4）款的规定。

⑤ 铸件表面粗糙度按 GB/T 6060.1—1997 的规定执行。

⑥ 经浸渗和修补处理后的铸件，应做相应的质量检验。

4）铸件的交付、包装、运输、储存。

① 当在合同或协议中有要求时，供方应提供需方一份检验证明，用来说明每批铸件已符合 GB/T 15117—1994 的规定要求。

② 合格铸件交付时，必须附有检验合格证。其上应写明下列内容：零件名称、零件号、合金牌号、数量、交付状态、制造厂名、检验合格印记和交付时间。有特殊检验项目者，应在检验合格证上注明检验的条件和结果。

第7章
常用压铸模材料

7.1 压铸模具材料及其他零件材料

常用压铸模具用材料的选用见表 7-1～表 7-3。

表 7-1 常用压铸模具用材料的选用

压铸材料	生产批量/件		
	5×10^4	25×10^4	100×10^4
锌合金 （尺寸 25×50mm）	3Cr2Mo 35～40HRC	3Cr2Mo 35～40HRC	H13（A1S1） 4Cr5MoSiV1 42～46HRC
锌合金 （尺寸 50×100mm）	3Cr2Mo 35～40HRC	3Cr2Mo 35～40HRC	H13（A1S1） 4Cr5MoSiV1 42～46HRC
铝、镁合金	4Cr5MoSiV1 4Cr5MoSiV 4Cr5W2VSi， 42～46HRC	4Cr5W2VSi 4Cr5MoSiV1， 42～46HRC	H13（A1S1） 4Cr5MoSiV1， 4Cr3Mo3SiV 42～46HRC
铜合金	H20，H21（A1S1） 3Cr2W8V（35～40HRC） 4Cr4W4Co4V2Mo[①]（H19） 35～40HRC	Y4（4Cr3Mo2MnVNbB）、 3Cr2W8V、 3Cr3Mo3W2V（HM-1） H21（A1S1）	Y4（4Cr3Mo2MnVNbB） CH761

① 非国家标准牌号，仅供参考。

表 7-2 压铸模成型部分零件材料

合 金		压铸模型零件名称			
		型腔型芯与浇口镶块	分流锥	浇口套	扁顶杆、形状复杂顶杆
铝合金 锡合金 锌合金	选用	5CrNiMo、3Cr2W8V	T8A	T8A	T8A
	代用	T10A、5CrMnMo、GCr15	T10A 球墨铸铁	T10A	T10A
	热处理	精加工后热处理	48～50HRC	50～55HRC	45～50HRC

合　　金		压铸模型零件名称				
		型腔型芯与浇口镶块		分流锥	浇口套	扁顶杆、形状复杂顶杆
铝合金镁合金	选用	3Cr2W8V		—	—	5CrMnMo
	代用	4Cr5MoSiV1		—	—	T8A
	热处理	①热理不易变形的压铸模,精加工后进行热处理;型腔硬度为42～46HRC,型芯硬度为44～48HRC。②热处理易变形的压铸模,精加工前进行调质,硬度31～35HRC,精加工试模后进行渗氮		44～48HRC	48～50HRC	45～50HRC
铜合金	选用	3Cr2W8V		42～44HRC	44～46HRC	44～46HRC
	热处理	精加工后进行热处理:镶块型腔硬度为42～44HRC,型芯硬度为38～42HRC				

铸型零件名称	挤压铸造模型零件选材			
	锌合金铸件用铸型	铝合金、镁合金铸件用铸型	铜合金铸件用铸型	黑色金属铸件用铸型
凹型镶块	5CrNiMo 5CrMnMo 4Cr5MoSiV1 4Cr5MoSiV	4Cr5MoSiV1 3Cr2W8V 4Cr5MoSiV 4Cr5W2SiV	3Cr2W8V 4Cr5WSi2V 4Cr5MoSiV1	3Cr2W8V 4Cr2W8Co5V 4Cr5MoSiV1
冲头 型芯 芯轴	4Cr5MoSiV1 5CrNiMo	3Cr2W8V 4Cr5MoSiV1	3Cr2W8V	难溶金属 Inconel718 3Cr2W8V
推杆 卸料套筒	5CrMnMo T8A、T10A	5CrNiMo 4Cr5MoSiV1 3Cr2W8V	3Cr2W8V 4Cr5W2SiV 4Cr5MoSiV1	3Cr2W8V 4Cr5MoSiV1

表7-3　压铸模其他零件用材料

零件名称	零件用材料		热处理后硬度（HRC）
	选用	代用	
动、定模型座板 动、定模型套板	35	球墨铸铁	35、45钢调质后硬度 28～32
顶杆固定板 顶杆板	45	Q235	
垫块、底板		球墨铸铁	
导柱	9Mn2V、T8A	T10A	52～57
导套	T8A	T10A	47～52
复位杆	9Mn2V、T8A		50～55
顶杆	5CrNiMo、T8A	T10A	45～50
斜销		T10A	
滑块	5CrMnMo、T8A	60	45～50
压紧块		60	
滑块延长板	5CrMnMo、T8A	60、45	45～50
齿杆齿条	45、40Cr		
定位销	45、T8A		45～50
弹簧	T8A	45	42～47
挡销			
吊钩	Q235	45	
管接嘴	45		42～47

7.2　压铸模的热处理

压铸件材料可分为锌合金压铸模、铝合金压铸模、铜合金压铸模和黑色金属压铸模。压铸材料的工作温度不同，选用压铸模材料和热处理工艺也不同。

① 有色金属压铸模材料的选用及热处理规范分别见表 7-4 和表 7-5。

表 7-4　铝合金压铸模热处理规范

钢　号	预热/℃	预热/℃	淬火温度/℃	*回火温度/℃	**回火温度/℃	硬度(HRC)
3Cr2W8V	450～500	800～850	1050～1080	600(3h)	640(2h)	42～48
4Cr5MoSiV	450～500	800～850	1010～1030	600(3h)	650(2h)	44～49
4Cr5MoSiV1	450～500	800～850	1010～1030	600(3h)	650(2h)	44

注：*与**为两种可选择的规范。

表 7-5　铜合金压铸模热处理规范

钢　号	锻造温度/℃	退火温度/℃	淬火 温度/℃	淬火 冷却方式	回火温度/℃	硬度(HRC)
3Cr2W8V	1100～850	850	1100～1150	油,空气, 500℃盐浴	670～700	290～375
3Cr2W9Co5V	1100～880	760～800	1130～1180		670～700	290～375
3Cr3Mo3V	1100～850	710～750	1020～1070		670～700	290～375
4Cr3Mo2MnVNbB (Y4)	1080～1120	等温退火 840～860 保温 2～4h 等温温度 680 保温 4～6h	1050～1100	油冷	600～630 回火 2 次,2h	58～59 / 44～52

注：Y4 钢在力学性能上，其冷热疲劳及热裂纹扩展速率明显优于 3Cr2W8V 钢，是铜合金压铸模的理想材料，模具使用寿命有较大的提高。

② 黑色金属压铸模材料。

钢的熔点为 1500～1600℃，黑色金属压铸模应采用难熔金属及高导热黑色金属制作压铸模，其牌号和化学成分参照表 7-6。

表 7-6　黑色金属压铸模材料化学成分

模具材料	化学成分(质量分数)/%												
	C	Si	Mn	Cr	W	Mo	V	Ti	Zr	Mg	Be	Co	其余
3W23Cr4MoV	0.3	0.4	0.3	4.5	23.0	1.2	0.3	0.2					Fe
铬锆钒铜				0.7		0.4			0.4				Cu
铬锆镁铜				0.4					0.15	0.05			Cu
钴铍铜											0.4～2.0	0.5～3.0	Cu

③ 常用模具用钢气体渗氮和气体氮碳共渗工艺规范见表 7-7。

表 7-7　常用模具用钢气体渗氮和气体氮碳共渗工艺规范

钢　号	技术要求 硬度(HV)	技术要求 深度/mm	渗氮温度/℃	气体比例/% 氨气	气体比例/% 载气体(RX 气)	氨分解率/%	保温时间/h	应　用
3Cr2W8V	>1000	0.05～0.10	530～550	50	50	30～40	5	压铸模、热锻模、热挤模、温挤模
4Cr5MoSiV								
4Cr5MoSiV1		0.10～0.20		100		30～40	10～20	
4Cr5W2SiV								

钢 号	技术要求		渗氮温度 /℃	工艺参数				应 用
	硬度 (HV)	深度 /mm		气体比例/%		氨分解率 /%	保温时间 /h	
				氨气	载气体 (RX气)			
Cr12MoV Cr12Mo1V1 Cr5Mo1V	>1000	0.03~0.05	510	40	60	30~40	3	冷镦模、冷挤模、冲裁模
		0.05~0.07		40	60	25~35	6	拉深模、踏弯模、陶土模
W6Mo5Cr4V2 W18Cr4V	>1000	0.03~0.05	540	30	70	30~40	3	冲裁模、冷挤模
		0.05~0.07		50	50	30~40	5	拉深模、踏弯模
7Cr7Mo2V2Si 5Cr4Mo3SiMnVAl 6Cr4W3Mo2VNb	>900	0.03~0.05	540	30	70	30~40	3	冲裁模、冷挤模、冷镦模
		0.05~0.07		50	50	30~40	5	拉深模、踏弯模
38CrMoAlA 25CrNi3MoAl 06Ni6CrMoVTiAl	>900	0.30~0.40	530	90	10	25~35	25	塑料成型模
SM4Cr13 Cr12Mn5Ni4Mo3Al	>900	0.10~0.20	530	90	10	30~40	10	塑料成型模

第8章
压铸模实用图例

8.1 金属浇铸模与机架

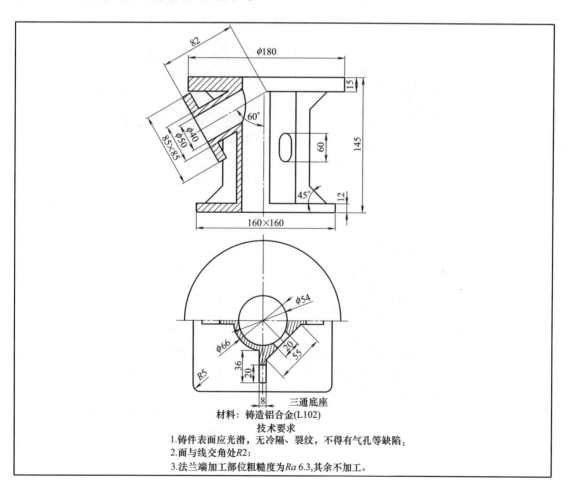

三通底座

材料：铸造铝合金(L102)

技术要求

1.铸件表面应光滑，无冷隔、裂纹，不得有气孔等缺陷；

2.面与线交角处R2；

3.法兰端加工部位粗糙度为Ra 6.3,其余不加工。

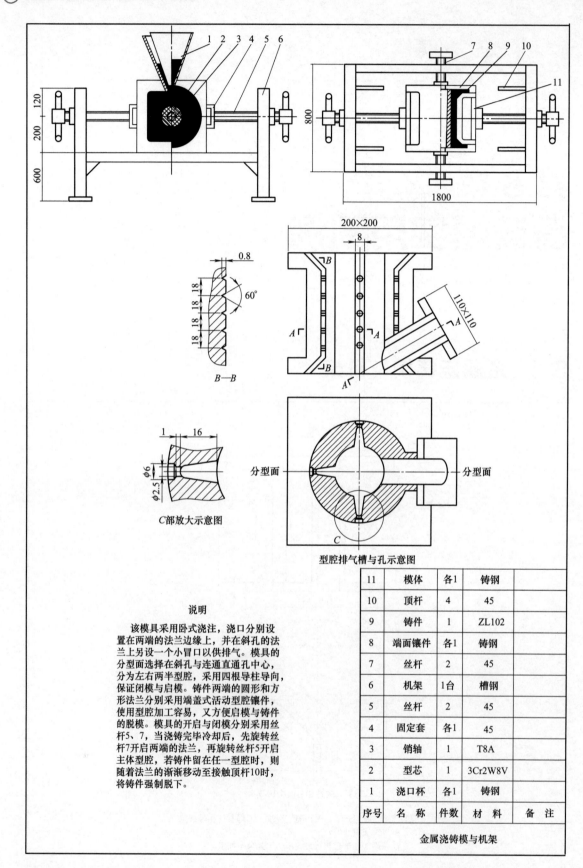

B—B

C部放大示意图

型腔排气槽与孔示意图

分型面　　　　分型面

说明

该模具采用卧式浇注，浇口分别设置在两端的法兰边缘上，并在斜孔的法兰上另设一个小冒口以供排气。模具的分型面选择在斜孔与连通直通孔中心，分为左右两半型腔，采用四根导柱导向，保证闭模与启模。铸件两端的圆形和方形法兰分别采用端盖式活动型腔镶件，使用型腔加工容易，又方便启模与铸件的脱模。模具的开启与闭模分别采用丝杆5、7，当浇铸完毕冷却后，先旋转丝杆7开启两端的法兰，再旋转丝杆5开启主体型腔，若铸件留在任一型腔时，则随着法兰的渐渐移动至接触顶杆10时，将铸件强制脱下。

11	模体	各1	铸钢	
10	顶杆	4	45	
9	铸件	1	ZL102	
8	端面镶件	各1	铸钢	
7	丝杆	2	45	
6	机架	1台	槽钢	
5	丝杆	2	45	
4	固定套	各1	45	
3	销轴	1	T8A	
2	型芯	1	3Cr2W8V	
1	浇口杯	各1	铸钢	
序号	名　称	件数	材　料	备　注
金属浇铸模与机架				

8.2 转子压铸模

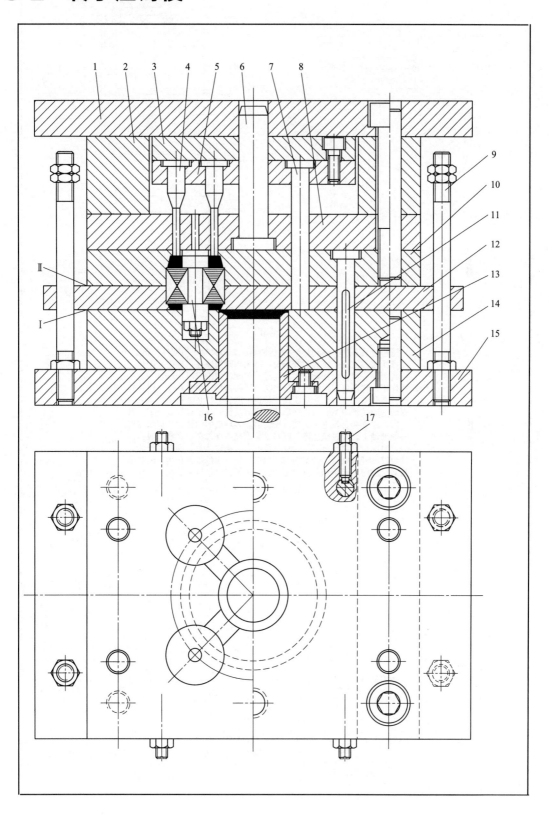

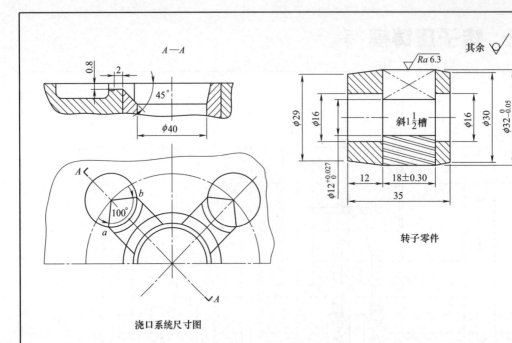

浇口系统尺寸图

转子零件

说明

压铸模装于JLQ-25型全立式压铸机上，模具为一模四件，由定、动模两部分组成。模具的开启与合模采用四根导柱11导向并限位。模具两次分型，由活动模板12通过限位螺杆9和导柱11及限位螺钉17的作用，将浇口和余料柄自动拉断。压铸初始，模具在全开启位置时，两分型面开启至一定距离，将选好的转子铁芯放置于第二分型面的活动模板12型腔内，然后将铝溶液从第一分型面加入压射容杯13内，并立即合模进行压铸。压铸时，容杯内的铝液在压铸机压射头的推动下，经过横浇道及浇口处急骤高压注入型腔充模。经冷却一定时间后启模，首先第一分型面开启，浇口及余料柄自动拉断，动模继续开启至第二分型面时，由于压铸机上的推杆作用，通过推板3及推杆4将转子铁芯推出型腔，压铸操作全过程完成。

序号	名　称	件数	材　料	备　注
17	限位螺钉	4	45	
16	转子假轴	4	Cr12	50～55HRC
15	定模座板	1	45(调质)	25～32HRC
14	定模套板	1	45(调质)	25～32HRC
13	压射容杯	1	3Cr2W 8V(氮化)	45～50HRC
12	活动模板	1	3Cr2W 8V(氮化)	45～50HRC
11	限位导柱	4	T8A	50～55HRC
序号	名　称	件数	材　料	备　注

10	动模型板	1	3Cr2W 8V(氮化)	48～52HRC
9	限位螺杆	4	45	
8	支承板	1	45(调质)	25～32HRC
7	复位杆	4	T8A	50～55HRC
6	推板导柱	2	T8A	50～55HRC
5	推杆固定板	1	45(调质)	25～32HRC
4	推杆	16	T8A	50～55HRC
3	推板	1	45(调质)	25～32HRC
2	垫块	2	45	
1	动模座板	1	45(调质)	25～32HRC
序号	名　称	件数	材　料	备　注

转子压铸模

8.3　电机壳体压铸模

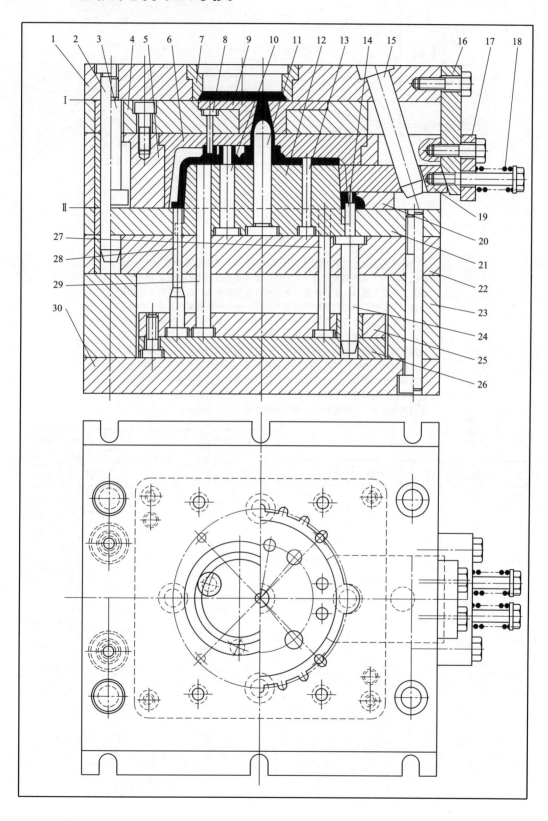

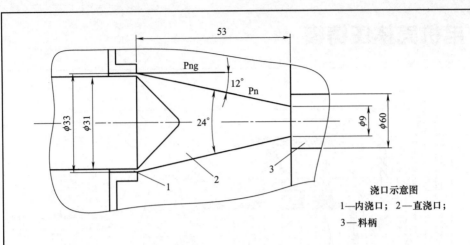

浇口示意图
1—内浇口; 2—直浇口;
3—料柄

说明

　　该模具装于J1125B型卧式冷压室压铸机上,压室直径选用ϕ60mm,压射比选取40MPa,模具设计为一模一件。根据铸件具有中心轴孔,故采用中心圆锥环形内浇口。模具由第一分型面自动拉断料柄。以铸件的止口端面为第二分型面,铸件自动脱出型腔及型芯。铸件的侧壁窗口其滑块的抽芯结构与常规设计不同的是斜导柱15与滑块19都设置于第一分型面,即定模一、二分型面之间,使其结构紧凑。模具开启时,在第一分型面开启之际,利用压射头的送料力将余料柄推出于一分型面间而自由落下,动模继续开启至浇口板4,被4个限位螺钉3控制其开度,料柄则自动拉断。同时滑块也在第一分型面开启时通过斜导柱15的作用而抽出。模具继续开启至第二分型面间,包紧在主型芯12上的铸件,经压铸机排杆的作用,推动顶板26连着的顶杆28、29将铸件顶出被包着的主型芯而自动脱落。

序号	名　称	件数	材　料	备　注
30	动模座板	1	45(调质)	28～32HRC
29	顶杆	4	T8A	50～55HRC
28	顶杆	4	T8A	50～55HRC
27	复位杆	4	T8A	50～55HRC
26	顶板	1	45(调质)	28～32HRC
25	顶杆固定板	1	45(调质)	28～32HRC
24	顶杆导柱	4	T8A	50～55HRC
23	垫板	1	HT200	
22	支承板	1	45(调质)	28～32HRC
21	固定板	1	45(调质)	28～32HRC
20	滑块盖板	1	45(调质)	28～32HRC
19	滑块	1	3Cr2W8V	调质30～35HRC 软氮50～55HRC
18	弹簧	2	65Mn	
17	支架	1	45(调质)	28～32HRC
16	斜楔块	1	T10A	48～56HRC
序号	名　称	件数	材　料	备　注

序号	名　称	件数	材　料	备　注
15	斜导柱	1	T10A	53～58HRC
14	小圆柱型芯	3	3Cr2W8V	调质30～35HRC 软氮48～52HRC
13	小圆柱型芯	各1	3Cr2W8V	调质30～35HRC 软氮48～52HRC
12	主型芯	1	3Cr2W8V	调质30～35HRC 软氮48～52HRC
11	型芯	1	3Cr2W8V	调质30～35HRC 软氮48～52HRC
10	圆柱型芯	3	3Cr2W8V	调质30～35HRC 软氮48～52HRC
9	浇口套	1	3Cr2W8V	调质30～35HRC 软氮44～48HRC
8	小圆柱型芯	2	3Cr2W8V	调质30～35HRC 软氮48～52HRC
7	浇口套	1	3Cr2W8V	调质30～35HRC 软氮44～48HRC
6	型腔镶件	1	3Cr2W8V	调质30～35HRC 软氮48～52HRC
5	固定板	1	45(调质)	28～38HRC
4	浇口板	1	45(调质)	28～38HRC
3	限位螺钉	4	45	28～38HRC
2	导柱	4	T10A	50～55HRC
1	定模座板	1	45(调质)	28～32HRC
序号	名　称	件数	材　料	备　注
		电机壳体压铸模		

8.4 吊扇转子压铸模

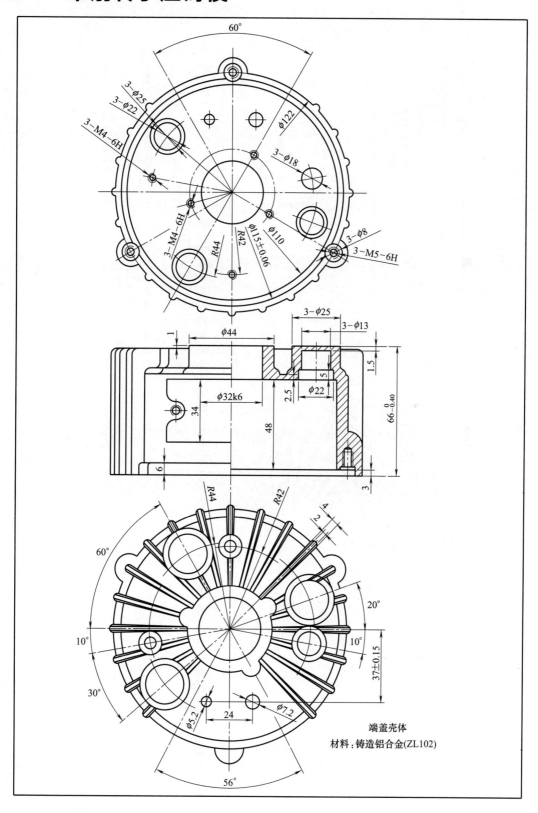

端盖壳体
材料：铸造铝合金(ZL102)

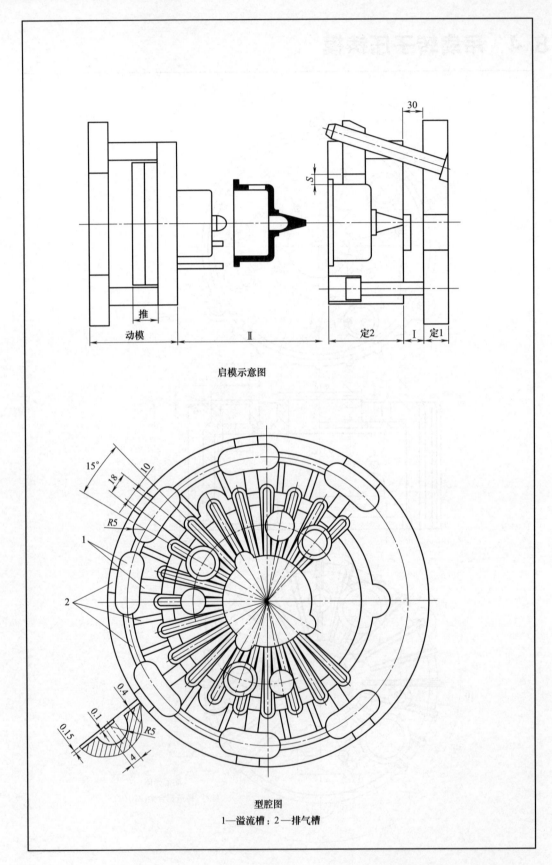

启模示意图

型腔图
1—溢流槽；2—排气槽

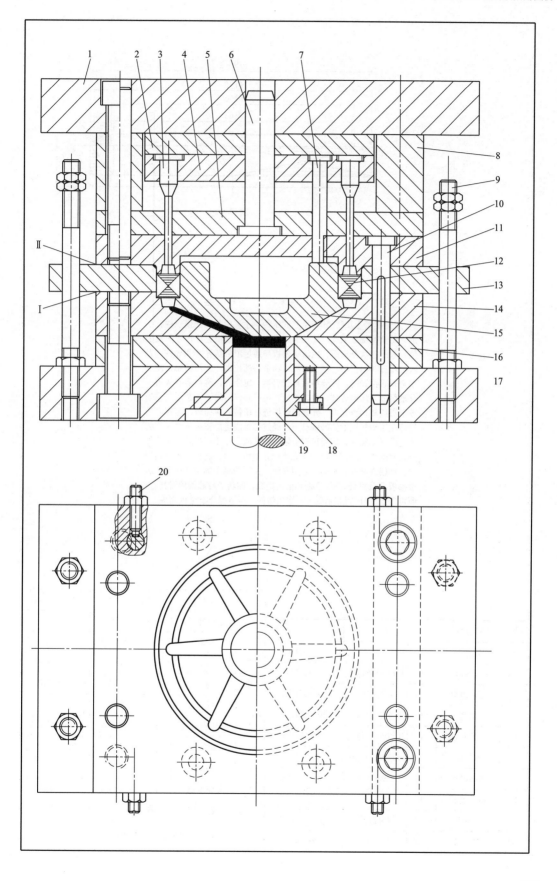

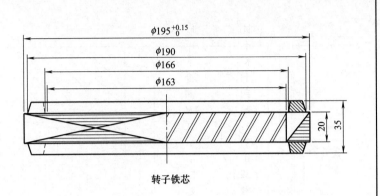

转子铁芯

说明

　　压铸模装于JLQ-50型全立式压铸机上，模具为一模一件，由定、动模两部分组成。模具的开启与合模由四根导柱10导向兼限位。采用二次分型面，由活动模板13通过限位螺杆9和导柱10及限位螺钉20的作用，便于将浇口和余料柄拉出。压铸初始，模具在全开启位置时，两分型面也开启至一定距离，将铝溶液从第一分型面加入压射容杯18内，然后，将已叠好的转子铁芯套入芯轴放于浇道板14锥孔内，并立即合模进行压铸。压铸时，容杯内的铝液在压铸机压射头的推动下，经过芯轴浇道急骤高压注入型腔，先充满下端铝环，后经过转子铁芯槽充满上端铝环型腔。经冷却一定时间后，进行启模，首先第一分型面开启，浇口及余料柄拉出，动模继续开启至第二分型面时，由压铸机上的推杆作用，通过推板2及推杆3将转子铁芯推出型腔，如转子与芯轴同时托起，即可通过推杆7将芯轴脱下，取出铸件。压铸操作全过程完成。

序号	名　称	件数	材　料	备　注
20	限位螺钉	4		
19	压射柱	1	3Cr2W8V(氮化)	48～52HRC
18	压射容杯	1	3Cr2W8V(氮化)	48～52HRC
17	定模座板	1	45(调质)	25～32HRC
16	垫板	1	45(调质)	30～35HRC
15	转子芯轴	1	3Cr2W8V(氮化)	45～50HRC
14	浇道板	1	3Cr2W8V(氮化)	48～52HRC
13	活动模板	1	3Cr2W8V(氮化)	48～52HRC
12	转子铁芯	1		
11	固定板	1	45(调质)	25～32HRC
序号	名　称	件数	材　料	备　注

序号	名　称	件数	材　料	备　注
10	限位导柱	4	T8A	50～55HRC
9	限位螺杆	4	45	
8	垫块	1	45(调质)	25～32HRC
7	推杆	4	T8A	50～55HRC
6	导柱	2	T8A	50～55HRC
5	推板导柱	2	T8A	50～55HRC
4	推杆固定板	1	45(调质)	25～32HRC
3	推杆	4	T8A	50～55HRC
2	推板	1		
1	动模座板	1	45(调质)	25～32HRC
序号	名　称	件数	材　料	备　注

吊扇转子压铸模

参 考 文 献

[1] 冯炳尧，等. 模具设计与制造简明手册. 3版. 上海：上海科学技术出版社，2008.

[2] 许发樾，等. 实用模具设计与制造手册. 2版. 北京：机械工业出版社，2005.

[3] 陈锡栋，等. 实用模具技术手册. 北京：机械工业出版社，2001.

[4] 王鹏驹，等. 压铸模具设计师手册. 北京：机械工业出版社，2008.

[5] 黄勇. 压铸模具简明设计手册. 北京：机械工业出版社，2010.

[6] 娄延春. 铸造标准应用手册. 北京：机械工业出版社，2011.

[7] 李钟猛. 型腔模设计. 西安：西北电讯工程学院出版社，1985.

[8] 章飞，等. 型腔模具设计与制造. 北京：化学工业出版社，2003.

[9] 林慧国，等. 模具材料应用手册. 北京：机械工业出版社，2004.

[10] 刘志明. 电机壳体压铸模设计. 模具工业，1993（6）：39-44.

[11] 刘志明. 微电机转子压铸模. 机械开发，1996（4）：39-61.

[12] 刘志明. 金属浇铸模与机架设计. 机械工程技术，2005.（3）：34-37.

后　记

　　本书编制历近十年的时间，有关国家标准也经过了多次更新，尽可能适宜读者现时参阅的需要。余原在企业从事模具技术工作，并亲历了模具制造业较发达地区的模具设计及制造工作，发现现时的模具设计人才与模具设计相关资料相当欠缺，有些模具的设计甚至完全依赖设计者自身的经验。鉴于此，余依据四十多年的模具设计与制造经验精心编制了这套综合性的简明模具设计资料，以供从事模具设计、制造等工作的专业技术人员参考。

　　余编纂本书竭尽退休后十年之余，这也正是斯人曾业精于勤的守望，以奉献理念为本，职以专业淡泊其余，为传承模具文化奉献微薄之力。为避免差错，作者在编写此书时参阅了大量可靠的文献资料，并进行了多次校对，勘误求正。尽管如此，书中仍难免有疏漏之处，诚请读者批评指正。

　　承蒙化学工业出版社有关领导的诚荐支持和帮助出版本套书，并精心策划拟选题暨编辑、编审及校对的细致严谨工作。本书编写之时，得到了曾在江西天河传感器科技有限公司的简文辉、钟松荣、张洪恒、张巍林等工程师的友情帮助，谊情致谢！同时本套书的完成也得益于永新祥和电脑服务部的吴老师指导 CAD 学习，以及家人的支持和爱女在电脑使用中的相关技术处理、图文的输入与输出打印事宜协助之举，一并致谢！

编著者

于宁波